KB273767

수학의 이유

수학의 이유

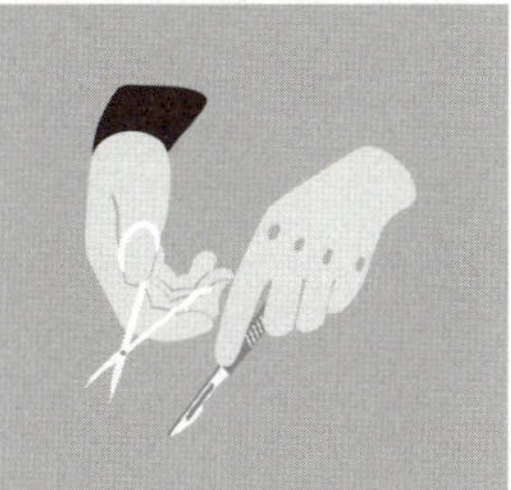

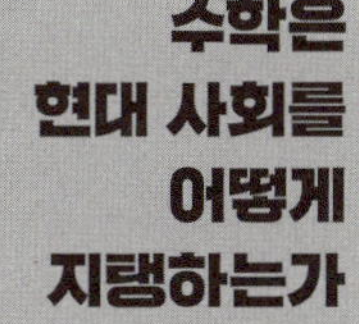

수학은
현대 사회를
어떻게
지탱하는가

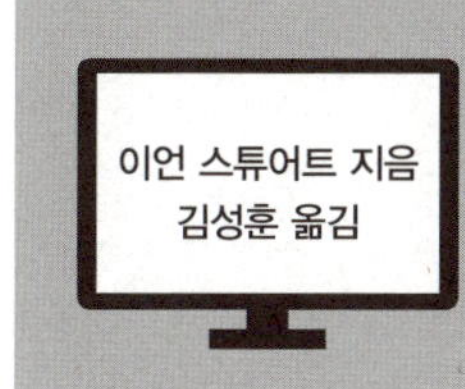

이언 스튜어트 지음
김성훈 옮김

반니

차례

1
터무니없는 효용성

수학이라는 언어는 물리 법칙을 공식화하는 데 기적처럼 적절하다. 그리고 이 사실은 우리가 과연 이런 것을 받을 자격이 있나 싶을 정도로 놀라운, 이해하기 힘든 선물이다. 우리는 당연히 여기에 감사한 마음을 가져야 한다. 미래의 연구에도 수학이 유효하기를, 좋든 싫든 수학이 우리의 즐거움으로 확장되기를 바라야 한다. 물론 다양한 학습 분야에서 우리를 당혹스럽게도 할 테지만 말이다.
— 유진 위그너, 〈자연과학에서 수학의 터무니없는 효용성〉

수학은 어디에 쓰는 것일까?

일상생활에서 수학은 대체 우리를 위해 무엇을 하고 있을까?

불과 얼마 전까지만 해도 이 질문에 답하기는 어렵지 않았다. 일반 시민은 항상 기초적인 산수를 이용했다. 쇼핑을 할 때 청구서를 확인하기 위해서라도 수학이 필요했다. 목수들도 기초적인 기하학을 알 필요가 있었고 측량사와 항해사들도 삼각법을 알아야 했다. 그리고 공학을 하는 사람들은 미적분학에 대한 전문지식이 있어야 했다.

요즘은 상황이 달라졌다. 슈퍼마켓 계산대가 쇼핑 금액을 계산하고 특별 할인 판매가도 알아서 적용한 다음, 세금도 자동으로 계산

"

해서 추가해준다. 우리는 그저 레이저 스캐너가 바코드를 읽을 때 나는 삐 소리를 들으며 소리가 상품과 일치하기만 하면 이 전자 장치가 알아서 잘하고 있겠거니 생각한다. 많은 직업이 여전히 폭넓은 수학 지식에 의존하고 있지만 그런 분야에서도 수학적 작업은 대부분 알고리즘이 내장된 전자 장치에 맡기고 있다.

수학이란 분야는 없어졌을 때 그 존재가 부각된다.

그럼 수학은 이제 불필요한 존재라고 결론 내리기 쉽지만 이는 잘못된 생각이다. 수학이 없다면 오늘날의 세상은 무너지고 말 것이다. 그 증거로 여러분에게 수학이 정치, 법률, 콩팥 이식, 슈퍼마켓 배송 스케줄, 인터넷 보안, 영화의 특수 효과, 스프링 제조 등에 어떻게 적용되는지 보여주려고 한다. 우리는 의학 스캐너, 디지털 사진, 초고속 광섬유 광대역 인터넷, 위성 항법 등의 분야에서 수학이 어떻게 필수적인 역할을 하는지, 기후 변화의 영향을 예측하는 데 어떤 도움을 주는지, 테러리스트와 인터넷 해커로부터 어떻게 우리를 보호할 수 있는지도 살펴볼 것이다.

놀랍게도 이런 응용 분야 중 상당수가 원래는 아예 다른 이유로 등장한 수학에 의존하고 있다. 그저 직감적으로 매력을 느껴 따라가다 생겨난 수학도 많다. 나는 이 책을 쓰려고 자료를 조사하다가 내 전공 분야에서 전혀 생각지도 못한 용도를 발견하고 여러 번 놀랐다. 공간 채움 곡선space-filling curve, 사원수quaternion, 위상 수학topology 등 실용적 응용이 가능하리라고는 생각지도 못했던 분야가 동원되는 경우도 많았다.

수학은 개념과 방법론으로 구성된 한계를 모르는 거대한 창의적 체계다. 비디오 게임, 국제 항공 여행, 위성통신, 컴퓨터, 인터넷, 휴대폰 등 21세기를 기존의 시대와는 완전히 다른 시대로 만들고 있는 혁신적 기술의 표면 아래에는 수학이 자리하고 있다.[1] 스마트폰의 표면을 긁어보면 그 아래에는 수학이 밝게 반짝이고 있을 것이다.

그렇다고 이 말을 곧이곧대로 따라하지는 마시고.

* * *

거의 기적 같은 성능으로 무장한 컴퓨터 때문에 수학자 혹은 수학 그 자체가 무용지물이 되고 있다고 생각하는 경향이 있다. 하지만 현미경이 생물학자를 대신하지 못하듯, 컴퓨터도 수학자를 대신하지 못한다. 컴퓨터는 수학을 하는 방식을 바꿔주지만 대부분 지루한 일을 해야 하는 부담을 덜어줄 뿐이다. 컴퓨터는 우리에게 생각할 시간을 벌어주고 패턴 찾기를 도와주며 수학을 더 빠르고 효과적으로 발전시키는 데 도움이 될 막강한 신무기를 보태준다.

사실 수학이 그 어느 때보다도 필요해진 가장 큰 이유는 더 저렴하고 강력한 컴퓨터가 일반에 널리 보급되었기 때문이다. 이런 컴퓨터의 등장으로 수학을 실세계의 문제에 적용할 수 있는 새로운 기회가 열렸다. 너무 많은 계산이 필요해서 지금까지는 실용적이지 못했던 방법들이 이제는 일상적인 것으로 자리 잡았다. 종이와 펜으로 계산하던 시대에는 수십억 번의 계산을 해야 한다면 가장 위대한 수학자라도 절망하며 두 손을 들고 말 것이다. 하지만 오늘날에는 이런 일을 밥 먹듯이 한다. 눈 깜짝할 사이에 그런 계산을 척척할 수 있는 기술이 있기 때문이다.

수학자들은 오래전부터 수없이 많은 다른 직업의 종사자들과 마찬가지로 컴퓨터 혁명의 최전선에 있었다. 조지 불George Boole을 생각해보자. 그는 현대 컴퓨터 구조의 토대를 이루는 기호 논리학의 선구자다. 앨런 튜링Alan Turing과 그의 범용 튜링 기계는 어떤가. 범용 튜링 기계는 계산이 가능한 것은 무엇이든 계산할 수 있는 수학 체계다. 그리고 무함마드 알−콰리즈미Muhammad al-Khwarizmi는 서기 820년에 펴낸 대수학 교과서에서 체계적인 계산 절차의 역할을 강조했고 이제 이런 절차를 그의 이름을 따서 '알고리즘algorithm'이라고 부른다.

컴퓨터에 인상적인 능력을 부여해준 알고리즘들은 대부분 명확한 수학적 토대를 갖고 있다. 관련 기술 중에는 기존의 수학적 개념들을 모아둔 창고에서 그대로 꺼내 쓴 것이 많다. 구글의 페이지랭크 알고리즘이 그 예다. 이 알고리즘은 웹사이트가 얼마나 중요한지를 정량적으로 평가해서 수십억 달러 규모의 산업을 만들어냈다. 심지어 인공지능의 세련된 딥러닝 알고리즘도 행렬이나 가중치 그래프weighted graph같이 확실히 검증된 수학적 개념들을 이용한다. 문서에서 특정 문자열을 검색하는 평범한 작업에서조차 유한 상태 오토마톤finite-state automaton이라는 수학적 도구를 흔히 사용한다.

이런 흥미진진한 발전에 수학이 관여하고 있다는 사실을 사람들은 잘 모른다. 그러니 다음에 언론에서 컴퓨터의 기적 같은 새로운 능력을 화려한 무대 위에 올려 조명할 때는 수많은 수학, 공학, 물리학, 화학, 심리학이 그 뒤에 숨어서 뒷받침하고 있다는 사실을 명심하자. 이 숨은 조력자들의 뒷받침이 없었다면 디지털 슈퍼스타도 무대 위에서 스포트라이트를 받으며 뽐낼 수 없었을 것이다.

* * *

오늘날에는 수학의 중요성을 쉽게 간과한다. 대부분 무대 뒤에 숨어 있기 때문이다. 도시의 길거리를 따라 걷다 보면 은행, 청과물 가게, 슈퍼마켓, 패션 아울렛, 자동차 정비, 변호사, 패스트푸드, 골동품, 자선 단체 그리고 수천 가지 다른 활동과 직종의 간판이 자신의 중요성을 뽐내듯 우리를 압도하고 있다. 하지만 수학 자문을 해준다는 간판은 찾아볼 수 없고 슈퍼마켓에서도 수학이 들어 있는 통조림은 팔지 않는다.

하지만 조금만 더 깊이 파고들어가면 수학의 중요성은 금세 드러난다. 항공기 설계에는 항공역학의 수학 방정식이 절대적으로 중요하다. 항해는 삼각법에 의존한다. 요즘에는 크리스토퍼 콜롬버스 Christopher Columbus의 시대와는 다른 방식으로 삼각법을 이용한다. 펜, 잉크, 항해 탁자 대신 수학을 전자 장치 안에 담아놓았기 때문이다. 하지만 그 밑바탕 원리는 대동소이하다. 신약 개발은 통계학을 이용해 약물의 안정성과 효과를 검증한다. 위성통신은 궤도역학 orbital dynamics에 대한 깊은 이해를 바탕으로 한다. 일기예보는 대기가 어떻게 이동하는지, 그 안에 얼마나 많은 습기가 들어 있는지, 그 대기가 얼마나 따뜻하거나 차가운지 그리고 이 모든 특성이 어떻게 상호 작용하는지 말해줄 방정식의 해를 필요로 한다. 이것 말고도 수천 가지 사례가 있다. 우리는 여기에 수학이 관여하고 있음을 알아차리지 못한다. 그것을 몰라도 그 결과물이 주는 혜택을 맘껏 누릴 수 있기 때문이다.

다양한 인간 활동에서 수학을 그렇게 유용하게 이용하는 이유는 무엇일까?

이는 새로운 질문이 아니다. 1959년에 물리학자 유진 위그너Eugene Wigner는 뉴욕대학교에서 '자연과학에서 수학의 터무니없는 효용성The Unreasonable Effectiveness of Mathematics in the Natural Sciences'이라는 제목으로 명강연을 했다.[2] 그는 과학에 초점을 맞추었지만 농업, 의학, 정치, 스포츠 등 어떤 분야에서라도 터무니없을 정도로 큰 수학의 효용성을 주장할 수 있었을 것이다. 위그너도 이런 효용성이 '다양한 학문 분야'로 넓혀지기를 바랐다. 그리고 분명 그렇게 됐다.

그의 강연 제목에서 핵심 단어가 눈에 확 들어온다. 예상치 못한 표현이기 때문이다. '터무니없는'이라니! 일단 중요한 문제를 풀거나 유용한 도구를 발명할 때 어떤 방법론을 사용했는지 알고 나면 수학의 용도는 대부분 전적으로 합리적이다. 한마디로 터무니가 있다! 예를 들어 공학자들은 항공역학의 방정식을 이용해서 항공기를 설계한다. 애초에 항공역학이 만들어진 이유가 그 때문이다. 일기예보에 사용하는 수학도 대부분 그런 목적을 염두에 두고 만들어졌다. 통계학 역시 인간의 행동에 관한 데이터에서 대규모 패턴을 발견해서 등장하게 됐다. 다초점 렌즈 안경을 설계하는 데 필요한 수학도 양이 상당한데 그 수학들 대부분은 광학을 염두에 두고 개발된 것들이다.

위그너의 말처럼 중요한 문제를 해결하는 수학의 능력이 터무니 없어 보이는 경우는 애초에 수학을 개발한 동기와 궁극적으로 그 수학을 적용한 분야 사이에 상관관계가 존재하지 않을 때다. 위그너는 한 이야기로 강연을 시작했다. 그 이야기를 살짝 각색해서 여기 소개하겠다. 예전에 같은 반이었던 친구 둘이 만났다. 인구 추세에 대해 연구하는 통계학자인 한 친구가 다른 친구에게 자기 연구 논문을 보여주었다. 이 논문은 통계학의 표준 공식인 정규 분포normal distribution 혹은 종형 곡선bell curve으로 시작했다.[3] 그는 인구 집단의 크기, 표본 평균 등 다양한 기호에 대해 설명했다. 그리고 그 공식을 이용하면 사람들을 일일이 다 세보지 않아도 인구 집단의 크기를 추론할 수 있다고 설명했다. 그의 반 친구는 친구가 농담을 하는게 아닌지 의심스러웠지만 확신이 들지 않아서 다른 기호들에 대해서도 물어봤다. 그러다가 결국에는 이렇게 생긴 것에 대해 얘기하게 됐다. π였다.

"이건 뭐지? 어디서 본 거 같은데."

"아, 그거. 원주율, 혹은 파이라고 하지. 원의 직경에 대한 둘레 길이의 비율을 말해."

"혹시나 했는데 이제 알겠네. 너 지금 나 놀리는 거지! 인구 집단의 크기하고 원하고 대체 무슨 관계가 있다는 거야?"

이 이야기에서 첫 번째 핵심은 의심에 찬 친구의 눈초리가 전적으로 합리적이라는 것이다. 상식적으로 보면 달라도 너무 다른 이 2가지 개념이 서로 관련이 있을 리 만무하다. 하나는 기하학이고, 다른 하나는 사람에 관한 게 아닌가! 두 번째 핵심은 상식과 달리 둘 사이에는 관련이 있다는 것이다. 종형 곡선에는 공식이 있는데 우연히도 그 안에 π라는 수가 들어간다. 이 π는 그냥 편의를 위해 근사치로 끼워 넣은 것이 아니다. 친근하고 반가운 π가 정확히 거기 들어가야 할 수다. 하지만 파이가 종형 곡선에 뜬금없이 등장한 이유는 수학자가 봐도 직관적으로 이해가 안 된다. 이 값이 어떻게 등장하게 되었는지 보려면 고등 미적분학이 필요하다. 등장한 이유를 알려고 해도 마찬가지다.

π에 대한 또 다른 이야기를 들려주겠다. 몇 년 전에 우리는 아래층 욕실을 새로 고쳤다. 놀랄 정도로 다재다능한 타일공인 스펜서가 욕실에 타일을 붙이러 왔다가 내가 대중 수학 서적을 쓴 사람인 것을 알게 됐다.

"저한테 풀어야 할 수학 문제가 하나 있습니다. 제가 동그란 바닥에 타일을 깔아야 하는데 그 면적을 알아야 필요한 타일의 장수를 알 수 있어요. 예전에 그 공식을 배웠는데….'

"파이 알 제곱!"

내가 대답했다.

"그겁니다!"

나는 그에게 그 공식을 사용하는 법을 알려주었고 그는 타일 문제에 대한 해답을 구하고 기쁜 마음으로 돌아갔다. 나는 내 책에도 사인을 해서 그에게 한 권 선물했고 그는 오래전 학교에서 배운 수학이 오랜 믿음과 달리 지금 자기가 하는 일에 쓸모가 있다는 사실을 알게 됐다.

두 이야기에서 드러나는 차이점은 명확하다. 두 번째 이야기에서 π가 등장한 이유는 애초에 그런 문제를 해결하기 위해 도입된 값이기 때문이다. 이것은 수학의 효용성을 직접적이고 단순하게 보여주는 이야기다. 첫 번째 이야기에서도 π가 등장해서 문제를 해결해주고 있지만 이 경우는 그 등장이 아주 뜻밖이다. 이것은 수학적 개념이 그 개념의 기원과 아무런 관련이 없는 영역에 적용된 터무니없는 효용성의 이야기다.

* * *

이 책에서는 수학의 합리적(터무니 있는!) 용도에 대해서는 말을 아끼려고 한다. 분명 이런 용도는 가치 있고 흥미롭다. 다른 모든 것과 마찬가지로 수학의 풍경에서 큰 부분을 차지하며 마찬가지로 중요한 내용이다. 하지만 이런 얘기에 우리가 자리에서 벌떡 일어나 "우와!" 하고 놀라지는 않기 때문이다. 그리고 이런 것들을 강조하다 보면 권력의 실세들이 수학을 발전시키는 길은 풀어야 할 문제를 제시한 다음 수학자들에게 그 문제의 해결법을 만들어내라고 채찍질하는 것밖에 없다고 상상할 수도 있다. 이런 식의 목표 지향적인 연구가 잘못은 아니지만 한쪽 팔을 등 뒤로 묶어놓고 싸우는 것이나 마찬가지다. 역사는 이 두 번째 팔이 얼마나 가치 있는지 거듭해서 보여주었다. 그 팔은 바로 인간의 놀라운 상상력이다. 수학은 서로를 보완하는 이 2가지 사고방식이 조합되었을 때 비로소 막강해진다.

예를 들어 1736년에 위대한 수학자 레온하르트 오일러Leonhard

Euler는 다리 건너기 문제에 마음을 빼앗겼다. 그는 이 문제에 흥미를 느꼈다. 일반적인 길이나 각도 같은 개념을 버린 새로운 종류의 기하학이 필요해 보였기 때문이다. 하지만 그는 자신이 구한 해법으로 시동을 걸어놓은 분야가 21세기에 가서 환자들이 콩팥 이식으로 목숨을 구하는 데 도움이 되리라고는 꿈에도 생각하지 못했을 것이다. 우선 당시에는 콩팥을 이식한다는 생각 자체가 순전히 환상에 불과했고 그렇지 않았다고 해도 콩팥 이식과 그 퍼즐 사이에 어떤 관계가 있을 리 만무했기 때문이다.

그리고 공간 채움 곡선(속이 채워진 정사각형의 모든 점을 통과하는 곡선)의 발견이 밀스온휠스(Meals on Wheels, 노인이나 장애자를 위한 급식 배달 서비스 - 옮긴이)에서 배달 경로를 짜는 데 도움이 될 줄 그 누가 상상했으랴? 1890년대에 이런 질문들을 연구했던 수학자들은 분명 그런 상상까지는 못했을 것이다. 이들은 '연속성continuity'과 '차원dimension' 같은 이색적인 개념을 정의하는 법에 흥미를 느꼈고 그러다가 어느새 기존에 소중히 여겨왔던 수학적 신념이 틀릴 수도 있는 이유를 설명하는 지경까지 갔다. 그리고 많은 동료가 그들의 연구를 완전히 틀려먹었다고 싸잡아 비난했다. 하지만 진실을 무시하고 모든 것이 완벽하게 작동할 거라 가정하며 거짓된 행복 속에서 살아봐야 좋을 것이 하나도 없다는 사실을 결국에는 모두가 깨닫게 됐다.

이런 식으로 쓰이는 것이 과거의 수학만은 아니다. 콩팥 이식 방법은 오일러가 원래 내놓았던 통찰을 현대식으로 확장한 수많은 수학에 의존하고 있다. 그중에는 조합 최적화combinatiorial optimization를 위한 막강한 알고리즘도 있는데 다양한 가능성 중에서 최선의 선택을 내리는 방법에 관한 것이다. 3D 애니메이션 제작자들이 채용하는 수많은 수학적 기법 중에는 10년도 안 된 것이 많다. 그런 사례 중 하나가 '형태 공간shape space'이다. 형태 공간은 좌표의 변화만 차이가 난다면 동일한 것으로 간주하는 곡선으로 이루어진 무한 차원의 공간이다. 애니메이션 시퀀스가 더 매끄럽고 자연스럽게 보이도록 만드는 데 사용한다. 아주 최근에 개발된 또 하나의 기술로 영속 호몰로지persistent homology가 있다. 이것이 등장한 이유는 순수 수학자들이 기하학적 도형에 있는 다차원 구멍을 세는 복잡한 위상 불변성topological invariant을 계산하고 싶어 했기 때문이다. 이들의 방법은 건물이나 군사 기지를 테러리스트나 다른 범죄로부터 보호할 때 센서 네트워크가 모든 곳을 빠짐없이 커버하고 있는지 확인할 수 있는 효과적인 방법으로 밝혀졌다. 대수 기하학algebraic geometry에서 나온 추상적 개념인 '슈퍼싱귤라 아이소제니 그래프 supersingular isogeny graphs'는 양자 컴퓨터로부터 인터넷 통신을 안전하게 보호할 수 있다. 나온 지 정말 얼마 되지 않아서 아직은 초보적인 형태로만 존재하지만 그 잠재력을 온전히 펼칠 수만 있다면 오늘날의 암호 체계를 쓰레기로 만들어버릴 것이다.

　수학은 어쩌다 한 번씩 이런 놀라움을 선사하는 것이 아니다. 이렇게 놀래키는 것이 수학의 긍정적인 습관이다. 사실 수학자들에게만큼은 이런 놀라움이야말로 수학이라는 학문 분야를 가장 흥미롭게 만들어주며, 수학을 문제별로 하나씩 여러 가지 잔재주를 모아놓은 잡동사니가 아니라 하나의 학문 분야로 생각할 수 있게 정당화해주는 가장 큰 이유다.

위그너는 이어서 "자연과학에서 수학의 엄청난 유용성은 거의 신비에 가까울 지경이다. 그리고 … 이것을 합리적으로 설명할 방법이 없다"라고 말했다. 물론 수학이 애초에 과학의 문제를 해결하기 위해 성장한 것은 사실이지만, 위그너가 처음부터 문제 해결을 목적으로 설계된 분야에서 나타나는 수학의 효용성 때문에 당혹스러워한 것은 아니었다. 그를 당혹스럽게 만든 것은 겉으로는 아무 관련이 없어 보이는 분야에서 나타나는 효용성이었다. 미적분학은 행성의 운동에 대한 아이작 뉴턴Isaac Newton의 연구에서 발달했다. 따라서 이것이 행성의 운동을 이해하는 데 도움이 되는 것은 그리 놀랄 일이 아니다. 하지만 위그너의 이야기에서 보듯이 미적분학이 인구 집단에 대한 통계적 추정을 가능하게 해주고, 제1차 세계대전 동안 아드리아해에서 잡힌 물고기 수의 변화를 설명하고,[4] 금융 부분에서 일어나는 옵션 가격의 변화를 지배하고, 공학자들의 제트 여객기 설계에 도움을 주고, 전기 통신에도 필수적이라는 점은 정말 놀랍다. 미적분학은 원래 이런 용도로 발명된 것이 아니기 때문이다.

위그너의 생각이 옳았다. 수학이 물리학이나 인간 활동의 다른 대부분의 영역에서 초대받지 않아도 계속해서 얼굴을 내미는 것은 분명 미스터리다. 이를 설명하기 위해 우주는 수학으로 이루어져 있고 인간은 이 기본 구성요소를 들춰내고 있을 뿐이라는 주장도 나왔다. 이 주장을 두고 여기서 이러쿵저러쿵하고 싶지는 않다. 다만 이 주장이 옳다면 더 큰 미스터리가 남는다. 어째서 우주는 수학으로 이루어져 있을까?

＊ ＊ ＊

좀 더 실용적인 측면에서 바라보면 수학은 위그너의 표현대로 스스로를 터무니없이 효용성 있게 만들어주는 몇 가지 특성을 갖고 있다고 주장할 수 있다. 나는 그중 하나가 자연과학과 수학의 수많은 연결고리라 주장하고 싶다. 이런 연결고리들이 인간의 세계로 오면 혁신적 기술로 바뀐다. 위대한 수학적 혁신 중 다수가 실제로 과학 탐구에서 나왔다. 또 어떤 것은 인간의 관심사에서 시작했다. 수는 기본적인 회계 업무에서 나왔다(나한테 양이 몇 마리나 있지?). 기하학을 뜻하는 영어인 'geometry'는 원래 '땅을 측정한다'는 의미고 땅에 세금을 매기는 것과 고대 이집트의 피라미드 건설과 긴밀하게 연관이 있다. 삼각법은 천문학, 항해술, 지도 제작에서 나왔다.

하지만 이것만으로는 충분히 설명이 되지 않는다. 위대한 수학적 혁신 중에는 과학 탐구나 구체적인 인간의 관심사에서 비롯되지 않은 것이 많다. 소수prime number, 복소수complex number, 추상 대수학abstract algebra, 위상 수학 등의 발견과 발명을 낳은 1차적인 동기는 인간의 호기심과 패턴 감각이었다. 이것은 수학이 그토록 효용성이 뛰어난 두 번째 이유다. 수학자들은 수학을 이용해 패턴을 찾고 그 밑바탕에 깔려 있는 구조를 알아낸다. 그들은 아름다움을 찾으려 한다. 하지만 이 아름다움은 형태적 아름다움이 아니라 논리적 아름다움이다. 뉴턴은 행성의 운동을 이해하고 싶었고, 그 해법은 수학자처럼 생각하면서 정제되지 않은 천문 데이터 아래 숨겨진 더 깊은 패턴을 찾아 나섰을 때 찾아왔다. 그리하여 뉴턴은 중력의 법칙을 생각해냈다.[5] 위대한 수학적 개념 중에는 원래 현실 세계에 적용할 생각이 없이 만들어진 것이 많다. 17세기에 재미로 수학을 했던 변호사 피에르 페르마Pierre de Fermat는 정수론에서 근본적인 내용을 발견했다. 평범한 정수의 행동 속에 들어 있는 깊은 패턴을 찾아낸 것이다. 그 분야에서 이뤄낸 그의 연구를 실제로 적용하기까지는 3세기가 걸렸지만 그의 연구가 없었다면 현재 인터넷을 주도하고 있는 전자 상거래는 불가능했을 것이다.

1800년대 말 이후로 점점 더 분명해지는 수학의 또 다른 특성은 보편성generality이다. 서로 다른 수학적 구조라도 여러 가지 공통 특성을 갖고 있다. 기초 대수학의 규칙은 산술 규칙과 똑같다. 유클리드 기하학Euclidean geometry, 사영 기하학projective geometry, 비유클리드 기하학non-Euclidean geometry, 심지어 위상 수학에 이르기까지 서로 다른 종류의 기하학들은 모두 서로 밀접한 관계가 있다. 이런 숨겨진 통일성unity은 아예 처음부터 명시된 규칙을 따르는 일반 구조를 가지고 연구해보면 분명하게 드러난다. 보편성을 이해하고 나면 모든 구체적 사례들이 자명해지고 많은 노력을 아낄 수 있다. 그렇지 않으면 본질적으로 동일한 일을 언어만 살짝 바꿔서 무수히 반복하느라 노력을 낭비했을 것이다. 하지만 여기에도 단점이 하나 있다. 대상을 더 추상적으로 바꿔놓는 경향이 있다는 점이다. 보편성을 다룰 때는 우리에게 익숙한 수에 대해 얘기하는 대신 똑같은 규칙을 따르는 것은 무엇이든 수로 지칭해야 한다. 예를 들면 '뇌터 환Noetherian ring', '텐서 카테고리tensor category', '위상 벡터 공간 topological vector space' 같은 이름도 수다. 이런 추상화가 극단적으로 이루어지면 그 보편성을 어떻게 사용할지는 고사하고 그 보편성이 무엇을 의미하는지 이해하기도 어려워진다. 하지만 이런 것들은 너무도 유용하기 때문에 이것 없이는 인간 세상이 작동하지 못한다. 넷플릭스를 보고 싶다고? 그럼 누군가는 수학을 해야 한다. 이것은 마법이 아니다. 마법처럼 느낄 뿐이다.

지금 논의하는 내용과 관련이 대단히 깊은 수학의 네 번째 특성은 이식 가능성portability이다. 이식 가능성은 보편성에서 비롯된 결과이고 추상화가 반드시 필요한 이유이기도 하다. 수학적 개념이나 방법론은 그 탄생의 동기를 부여한 문제가 무엇이든지 어느 정도의 보편성이 있어서 아주 다른 문제에도 적용이 가능한 경우가 많다. 어떤 문제라도 적절한 틀에 맞추어 재구성할 수만 있다면 도전해볼 만하다. 이식 가능한 수학을 만드는 가장 간단하고 효과적인 방법은 보편성을 명백하게 드러내어 처음부터 이식 가능성을 갖추도록 설계하는 것이다.

지난 2,000년 동안 수학자들은 3가지 주요 원천으로부터 영감을 얻었다. 바로 자연의 작동 방식, 인간의 작동 방식, 내적 패턴을 찾으려 드는 인간의 성향이다. 이 3가지 기둥이 수학을 떠받치고 있다. 이런 다채로운 동기에서 비롯되었는데도 수학이 전체적으로 하나라는 사실은 기적이다. 수학의 각 분야들은 기원과 목적이 무엇이었든 다른 모든 분야와 긴밀하게 연결되어 있다. 그리고 이 연결은 점점 더 강력하고 복잡하게 얽히고 있다.

이것이 수학이 예상치 못하게 효용성이 높은 다섯 번째 이유로 이어진다. 바로 통일성이다. 그리고 통일성과 함께 여섯 번째 이유가 등장한다. 바로 다양성diversity이다. 여기에 관해서는 차차 그 증거들을 충분히 제시해나가겠다.

현실성, 아름다움, 보편성, 이식 가능성, 통일성, 다양성. 이것들이 한데 모여 유용성utility으로 이어진다.

이렇게 간단한 문제다.

2
유권자를 고르는 정치인

앙크-모포크는 여러 형태의 정부 중 어떤 것을 선택할지 꾸물거리다가 결국 1인 1표제라는 민주주의 형태의 정부를 선택했다. 파트리샨이 그 1인이었다. 그가 1표밖에 없는 투표권을 가져갔다.

– 테리 프래쳇, 《모트》

고대 그리스인들은 시, 드라마, 조각, 철학, 논리 등 세상에 많은 것을 주었다. 그리고 기하학과 민주주의도 주었다. 기하학과 민주주의에는 그 누구도 예상 못한 밀접한 연관 관계가 있음이 드러났다. 그리스인들조차 예상 못한 부분이었다. 물론 고대 아테네의 정치 체계는 아주 제한된 형태의 민주주의였다. 오직 자유인만이 투표할 수 있었고 여성과 노예는 투표권이 없었다. 그렇긴 해도 세습되는 통치자, 독재자, 폭군이 지배하던 시대에 아테네의 민주주의는 분명한 발전이었다. 그리스 기하학도 마찬가지였다. 알렉산드리아의 유클리드Euclid가 지배하던 그리스 기하학은 기본 가정을 명확하고 정확하게 밝힌 후에 나머지 모든 것은 논리적이고 체계적인 방식으로 유도해내는 것이 중요하다고 강조했다.

그런데 대체 어떻게 수학을 정치에 응용할 수 있다는 말인가? 정치는 사람과 사람 사이의 관계, 합의, 의무 등을 다루는 반면, 수학은 차갑고 추상적인 논리인데 말이다. 정치계는 화려한 미사여구가 논리를 이기는 곳이기 때문에 인간미 없는 수학 계산은 정치적 논쟁과 한참 거리가 있어 보인다. 하지만 민주주의의 정치는 규칙을 따르고 규칙은 처음에 만들 때는 예측하지 못한 결과를 만들어낸다.《원론 Elements》에 집대성되어 있는 유클리드의 선구적인 기하학 연구는 규칙으로부터 결과를 연역하는 기준을 정하고 있다. 사실 규칙으로부터 결과를 연역하는 것이 곧 전체적인 수학의 정의로 봐도 무방하다. 어쨌든 겨우 2,500년 후에 수학은 정치 세계로 스며들기 시작했다.

민주주의의 신기한 특성 중 하나는 정치인들이 말로는 모든 결정을 국민이 내려야 한다고 하면서도 실제로는 그런 일이 일어나지 않게 하려고 갖은 애를 쓴다는 점이다. 이런 경향은 고대 그리스에서 시작된 최초의 민주주의로 거슬러 올라간다. 고대 그리스에서는 투표권을 전체 성인 인구의 1/3에 해당하는 성인 남성 아테네 시민에게만 주었다. 대중이 지도자를 선출하고 정책을 선택한다는 개념이 싹튼 순간부터 투표의 주체와 투표의 유효성을 통제하면 이런 과정 전체를 뒤엎을 수 있다는 훨씬 솔깃한 개념이 함께 싹텄다. 이것은 쉬운 일이다. 심지어 투표권이 한 사람에게 한 표씩 나누어져 있다 해도 말이다. 투표의 유효성은 그 투표가 이루어지는 맥락에 좌우되는데 그 맥락의 조작이 가능하기 때문이다. 저널리즘 교수 웨인 도킨스Wayne Dawkins의 우아한 표현처럼 결국 유권자가 정치인을 뽑는 것이 아니라 정치인이 유권자를 뽑는 꼴이다.[6]

여기서 수학이 등장한다. 격렬한 정치적 토론에서가 아니라 토론 규칙의 구조와 그 규칙을 적용하는 맥락에서 등장한다. 수학적 분석은 선하게도 쓰일 수 있고 악하게도 쓰일 수 있다. 수학적 분석을 통해 투표를 조작하는 교활한 방법을 새로 밝힐 수 있다. 그리고 그런 관행을 세상에 드러내 이런 종류의 체제 전복이 일어나고 있다는 명확한 증거를 제공해줄 수도 있다. 이렇게 하면 때로는 이런 증거를 이용해서 그런 일이 다시 일어나는 것을 막을 수도 있다.

또한 수학은 어떤 민주주의 체계라 해도 반드시 타협과 절충이라는 요소가 들어가야 한다는 사실을 말해준다. 아무리 바람직한 것이라도 원하는 것을 모두 얻을 수는 없다. 바람직한 속성들을 나열해 보면 서로 자가당착에 빠지기 때문이다.

* * *

1812년 3월 26일에 〈보스턴 가제트Boston Gazette〉에서 세상에 새로운 단어를 소개했다. 제리맨더링gerrymandering이라는 단어였다. 원래는 'Gerry-mander'라는 철자였는데 나중에 루이스 캐럴Lewis Carroll이 2개의 표준 단어가 결합한 혼성어portmanteau word라 불렀다. '맨더Mander'는 도롱뇽salamander이라는 단어의 끝부분이고 '제리Gerry'는 매사추세츠주 주지사 엘브리지 게리Elbridge Gerry의 이름 끝부분이다. 이 단어 끝 2개를 처음으로 이어 붙여서 부른 사람이 누군지는 확실히 모르지만 역사가들은 정황상 〈보스턴 가제트〉의 편집자였던 네이선 헤일Nathan hale, 벤저민 러셀Benjamin Russell,

존 러셀John Russell 중에 있을 거로 생각하고 있다. 원래 'Gerry'는 '게리'로 읽어야 하지만 어쩐 일인지 'gerrymandering'에서는 '제리'로 읽게 됐다. 엘브리지 게리가 대체 무슨 짓을 했길래 불에 산다는 전설이 있는 도마뱀 비슷한 생명체와 얽히게 됐을까?

바로 선거 조작이었다.

정확히 말하면 게리는 주 상원의원 선거를 위해 매사추세츠주 선거구를 새로 정하는 법안을 만들었다. 선거구를 나누면 자연스럽게 경계가 생긴다. 대부분의 민주주의 국가에서 오랫동안 흔히 있었던 일이다. 이렇게 하는 공공연한 이유는 현실적인 문제 때문이다. 어떤 안건이 있을 때마다 일일이 국가 전체가 투표로 결정해야 한다면 정말 불편할 것이다(스위스는 거의 이렇게 한다. 1년에 4번까지 연방평의회에서는 시민들이 투표할 안건을 선택한다. 사실상 일련의 총선거를 치르는 셈이다. 반면 여성에게는 1971년까지 투표권이 없었고 한 주에서는 1991년까지 그런 상황이 이어졌다). 전통적으로 이 문제는 유권자들이 전체 인구보다 훨씬 적은 수의 대표자를 뽑아서 대신 결정하게 만드는 방식으로 해결해왔다. 그것을 공정하게 진행하는 방법 중 하나가 비례 대표제다. 정당이 받은 득표수에 비례해서 그 정당에 대표자 수를 할당하는 방법이다. 그보다 흔한 방법으로는 전체 인구를 선거구별로 나누고 각각의 선거구에서 그 구역 선거인의 수에 대략 비례하는 수의 대표를 뽑는 방법이 있다.

예를 들어 미국의 대통령 선거의 경우 각각의 주에서 투표를 통해 특정 수의 선거인을 선출한다. 그리고 이들로 선거인단을 구성한다. 각각의 선거인은 1표씩 행사할 수 있으며 대통령이 될 사람은 선거인단 투표를 통해 다수결로 결정한다. 이런 시스템은 미국의 내륙 지역에서 권력의 핵심부로 메시지를 전달할 방법이 말이나 마차로 배달하는 우편밖에 없던 시절에 만들어졌다. 장거리 철도와 전신은 나중에야 등장했다. 그 당시에는 엄청나게 많은 개개인의 표를 집계하는 작업이 너무 느렸다.[7] 하지만 이런 시스템은 통제 권한까지도 선거인단의 엘리트 구성원들에게 넘겨주었다. 영국의 국회의원 선거에서는 선거구를 주로 지리에 따라 나누고 각각의 선거구에서 국회의원을 1명 뽑는다. 그럼 국회의원이 가장 많이 선출된 정당(혹은 연립 정부의 경우 정당 연합)이 행정부를 구성해서 자기네 국회의원 중 1명을 다양한 방법을 통해 수상으로 선택한다. 이 수상은 대통령과 마찬가지로 여러 면에서 상당한 권력을 갖는다.

민주적 결정을 소수의 대표자를 통해 내리는 데는 비밀스러운 이유도 있다. 투표를 조작하기가 더 쉽기 때문이다. 이런 시스템에는 모두 선천적인 결함이 있다. 이런 결함 때문에 이상한 결과가 나올 때도 많고 때로는 국민의 뜻을 거스르기 위해 이런 결함을 교묘하게 이용하기도 한다. 최근 몇 차례의 미국 대선에서는 선거에서 이긴 사람보다 진 사람이 일반 투표 득표수가 더 많았다. 현재의 대통령 선출 방식은 대중의 투표에 의존하지 않는다. 지금처럼 아무리 통신 기술이 발달해도 더 공정한 시스템으로 바꾸지 않는 이유는 딱 하나, 권력자들이 현재의 방식을 선호하기 때문이다.

여기에 잠재되어 있는 문제는 '사표'다. 각각의 주에서 후보는 전체 투표자의 절반보다 딱 1표만 더 받으면 승리한다(혹은 전체 투표자가 홀수라면 절반만). 그 기준치를 넘어선 표는 선거인단 선출 단계에서 아무런 차이도 만들어내지 못한다. 그래서 2016년 미국 대선에서 도널드 트럼프Donald Trump는 선거인단 투표에서 304표를 받고 힐러리 클린턴Hillary Clinton은 227표를 받았다. 하지만 일반 투표에서 받은 득표수는 클린턴이 트럼프보다 287만 표 많았다. 트럼프는 일반 투표에서 지고도 선출된 미국의 다섯 번째 대통령이 됐다.

미국의 주 경계선은 사실상 변경 불가능하기 때문에 이는 선거구 나누기의 문제가 아니다. 반면 다른 선거에서는 선거구 경계를 다시 그릴 수 있다. 이는 보통 권력을 쥔 여당을 중심으로 이루어지고 선거에서 더 은밀한 결함을 드러낸다. 즉, 여당에서 야당의 득표에 사표가 많이 포함되도록 선거구를 재설정하는 것이다. 엘브리지 게리

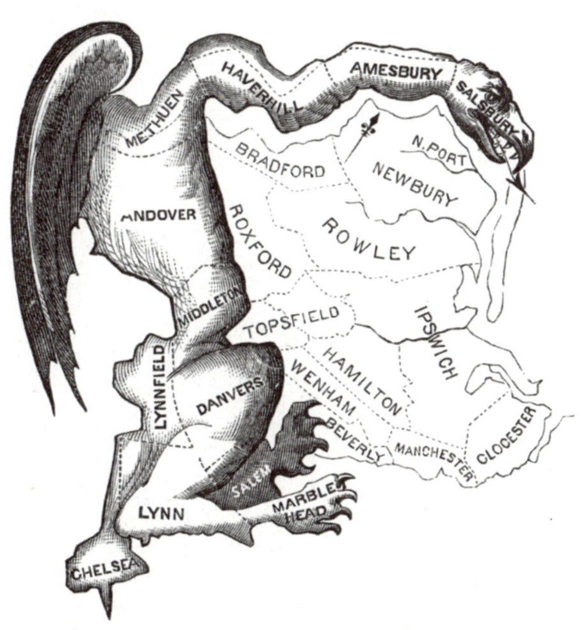

1812년에 엘가나 티스데일이 그렸다고 추정되는 제리맨더

와 상원 투표가 그런 경우였다. 매사추세츠주 유권자들이 보기에 선거구 지도는 대부분 완전히 정상적이었다. 다만 한 곳이 이상했다. 구불구불 이어진 서쪽과 북쪽의 카운티 12곳을 근본 없이 하나의 선거구로 묶어놓은 것이다. 오래지 않아 〈보스턴 가제트〉에 정치 시사 만화가 등장했다. 그 만화의 작가이자 아마도 화가 겸 디자이너 겸 판화가였을 엘가나 티스데일Elkanah Tisdale은 이 선거구를 도롱뇽 비슷하게 묘사했다.

게리는 현 민주당의 전신인 민주공화당 소속이었다. 민주공화당은 연방주의자들과 경쟁하고 있었다. 1812년 선거에서 연방주의자들은 하원의원 선거와 주지사 선거에서 승리해 게리를 자리에서 물러나게 만들었다. 하지만 그의 선거구 재설정이 효과를 봐서 상원의원 선거는 민주공화당이 낙승을 거두었다.

* * *

제리맨더의 수학은 사람들이 투표를 어떻게 하는지 들여다보는 것에서 시작한다. 전략에는 크게 2가지가 있다. '한데 묶기packing' 와 '갈라놓기cracking'다. 한데 묶기는 최대한 많은 선거구에서 작은 득표수로도 확실한 다수를 차지할 수 있도록 자신의 지지자들을 최대한 고르게 펼쳐놓고 나머지는 적에게 양도한다. 상대 당에게는 미안한 짓이다. 갈라놓기는 상대방의 득표를 분산시켜서 최대한 많은 선거구에서 패하게 만든다. 대표자의 수가 각 정당의 총득표수에 비례하는 비례 대표제를 하면 이런 교묘한 속임수를 피할 수 있고 더 공정하다. 놀랄 일도 아니지만 미국의 헌법에서 비례 대표제는 불법이다. 법에 따르면 선거구 대표는 오직 1명만 할 수 있기 때문이다. 2011년에 영국에서는 새로운 선거제도를 국민 투표에 부쳤다. 이양식 투표제(single transferable vote, 투표자가 1차로 선택한 후보가 선거에서 지거나 필요한 득표를 못한 경우 2차나 3차로 지정한 후보자에게 그 표를 넘겨주는 투표 방식-옮긴이)였다. 영국에서 비례 대표제를 국민 투표에 부친 적은 한 번도 없었다.

아주 단순한 인위적인 사례를 통해 한데 묶기와 갈라놓기가 지리와 투표자 분포에 어떻게 작동하는지 알아보자.

제리만디아라는 가상의 주에서 두 정당이 경쟁을 벌이고 있다. 밝은 당과 어두운 당이다. 이곳에는 모두 50개의 지역이 있고 이 지역

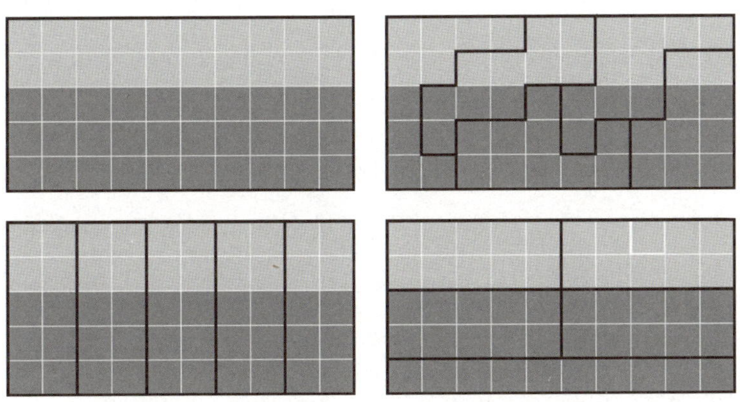

제리만디아의 선거구를 나눈 모습이다. 50개의 지역을 각각 10개 지역씩 5개의
선거구로 나누었다. 유권자들은 색상에 따라 어두운 당 혹은 밝은 당을 선호한다.
오른쪽 위는 한데 묶기를 했더니 밝은 당은 3개의 선거구에서 이기고
어두운 당은 2개의 선거구에서만 이겼다. 왼쪽 아래는 갈라놓기를 하니 어두운 당이
5개 선거구를 싹쓸이했다. 오른쪽 아래처럼 나누면 비례 대표제가 성립된다.

들을 5개의 선거구로 나누어야 한다. 최근의 선거에서 밝은 당은 50개 지역 중 20개에서 과반 넘게 득표했고 이들 지역 모두 북쪽에 있다(왼쪽 위). 반면 어두운 당은 남쪽에 자리 잡은 30개 지역에서 과반을 득표했다. 지난 투표에서 간신히 권력을 잡은 밝은 당 지도부는 자신을 지지하는 유권자들을 3개의 선거구로 한데 묶어서 자기는 세 선거구에서 승리하고 어두운 당은 두 선거구에서만 승리하도록 선거구를 새로 설정한다(오른쪽 위). 차후에 어두운 당에서는 선거구의 형태로 보아 틀림없이 제리맨더링되었다며 법정에서 이런 선거구 획정에 이의를 제기한다. 그래서 그다음 선거에서 선거구를 재설정할 수 있는 권한을 따낸다. 그리고 다음 선거에서는 갈라놓기를 이용해서(왼쪽 아래) 5개 지역을 모두 싹쓸이한다.

각각의 선거구가 반드시 10개의 지역으로 이루어져야 한다면 밝은 당이 한데 묶기를 통해 얻을 수 있는 최고의 성과는 5개 선거구 중 3개를 차지하는 것이다. 한 선거구에서 이기려면 10개 지역 중 6개에서 이겨야 하는데 이들이 우위를 보이는 지역은 20개다. 그럼 '6 × 3+2'가 되는데 이 2개는 사표가 된다. 갈라놓기를 통해 어두운 당이 달성할 수 있는 최대의 성과는 5개 선거구 싹쓸이다. 비례 대표제를 하면 오른쪽 아래 그림처럼 밝은 당이 2개 선거구, 어두운 당이 3개 선거구를 차지하게 된다(실제로는 비례 대표제로 선거구를 나누지는 않는다).

* * *

독재자 혹은 독재자 비슷한 존재가 통치하는 국가들은 흔히 자기네가 얼마나 민주적인지 세상에 증명하기 위해 선거를 실시한다. 이런 선거들은 일반적으로 조작된다. 설사 법적인 문제 제기를 허용한다고 해도 결코 성공하지 못한다. 법원에서도 역시 조작하기 때문이다. 그렇지 않은 나라에서는 특정 선거구 획정에 대해 문제를 제기할 수 있을 뿐 아니라 법적으로도 승리할 수 있다. 법원은 여당과 무관하게 판단을 내리기 때문이다. 물론 여당에서 편파적인 법관을 임명한 경우라면 얘기가 달라지지만 말이다.

이런 재판에서 판사가 직면하는 가장 큰 문제는 정치적 문제가 아니라 제리맨더링이 일어났는지 여부를 판단할 객관적인 방법을 찾아내는 것이다. 눈을 똥그랗게 뜨고 지도를 보며 제리맨더링이 일어났다고 단언하는 사람이 나올 때마다 항상 그 반대 결론을 들고 나오는 사람이 있다. 의견이나 설전보다 더 객관적인 방법이 필요하다.

수학에게는 이것이 분명 기회다. 공식이나 알고리즘을 이용하면 선거구 획정이 합리적이고 공정한지, 아니면 인위적이고 편파적인지를 명확한 정의에 따라 수량화해 보여줄 수 있다. 물론 이런 공식이나 알고리즘을 설계하는 행위 자체는 객관적인 과정이 아니다. 하지만 정치적 과정을 통해 일단 합의를 하고 나면 관련된 당사자들 모두 공식이나 알고리즘이 무엇인지 알 수 있고 거기서 나오는 결과를 독립적으로 검증할 수 있다. 이를 통해 법원에서는 논리적으로 판결을 내릴 근거를 마련할 수 있다.

정치인들이 선거구를 편파적으로 획정하는 데 사용할 수 있는 부정직한 방법을 이해하고 나면 이를 감지할 수학적 수치나 규칙을 발명할 수 있다. 이런 규칙은 절대 완벽할 수 없다. 사실 완벽이 불가능하다는 수학적 증명도 나와 있다. 여기에 대해서는 이런 증명이 의미하는 바를 이해할 수 있는 배경지식을 갖춘 후에 다시 다루겠다. 현재 사용하는 접근 방식은 5가지다.

- 이상하게 생긴 선거구 감지하기
- 투표수 대비 의석수의 비율 불균형 감지하기
- 주어진 선거구 설정이 사표를 얼마나 많이 만들어내는지 정량화해서 법적으로 용인 가능한 양과 비교해보기
- 모든 가능한 선거구 지도를 고려하고 거기서 나올 수 있는 의석수 결과를 기존의 투표 데이터를 바탕으로 예측해서 제안된 선거구가 통계적으로 이상치outlier에 해당하는지 확인하기
- 궁극적인 결정이 공정하고 공정해 보이며 양쪽 진영 모두 공정하다고 동의할 수 있도록 프로토콜을 정하기

다섯 번째 접근법이 실제로 가능하다는 점이 가장 놀랍다. 이 접근 방식들을 차례로 검토하면서 가장 놀라운 접근법은 마지막을 위해 아껴두자.

첫째, 이상한 선거구 감지하기.

오래전인 1787년에 제임스 매디슨James Madison은 《연방주의자 논집The Federalist Papers》에서 "민주주의의 자연적 경계는 중심점으로부터의 거리로 결정된다. 즉, 시민이 공공 기능이 요구하는 만큼 자주 회합에 참여하는 것이 가능한 거리가 얼마나 되는지에 따라 그 경계가 결정된다"라고 적었다. 말 그대로 받아들이면 그는 선거구가 대략 원형이어야 하고, 변두리에서 중심지까지 이동하는 데 시간이 터무니없이 많이 걸리지 않도록 너무 커도 안 된다고 제안하고 있는 셈이다.

예를 들어 한 정당의 주요 지지자들이 해안가 지역에 주로 집중되어 있다고 가정해보자. 이 유권자들을 모두 단일 선거구에 포함시키면 해안가를 따라 길고 가늘게 구불구불 이어지는 형태가 만들어진다. 조밀하니 보기 좋은 다른 선거구에 비하면 너무도 부자연스럽다. 이런 경우는 뒤에서 뭔가 수상한 행동이 진행되고 있으며 그 정당의 득표를 최대한 사표로 만들려고 선거구의 경계를 이렇게 정했다는 결론을 어렵지 않게 내릴 수 있다. 제리맨더링된 선거구는 날개 형태를 통해 그 편파적 속성을 드러낼 때가 많다. 제리맨더링이란 이름을 만들어낸 최초의 선거구 형태가 그랬다.

변호사들을 데려다 놓고 어떤 것이 이상한 선거구의 형태냐고 토론을 붙이면 영원히 끝나지 않을 것이다. 그래서 1991년에 변호사 다니엘 폴스비Daniel Polsby와 로버트 포퍼Robert Popper는 형태가 얼마나 이상한지를 정량화하는 방법을 하나 제안했다. 그 방법을 현재는 폴스비-포퍼 스코어Polsby–Popper score라고 부른다.[8] 그 계산법은 아래와 같다.

$$4\pi \times 선거구\ 면적 / (선거구\ 둘레\ 길이)^2$$

수학에 관심이 있는 사람이라면 바로 4π라는 인수에 눈이 갈 것이다. 위그너의 친구가 인구수가 원과 대체 무슨 관계냐며 궁금해했던 것과 마찬가지로 여기서도 원과 관련이 있는 π가 정치 선거구와 대체 무슨 상관이냐는 의문이 든다. 그 해답은 상쾌할 정도로 간단하고 직접적이다. 원이야말로 나올 수 있는 가장 조밀한 영역이기 때문이다.

여기에는 장황한 역사가 있다. 고대 그리스와 로마의 자료, 특히 베르질리우스Virgil의 서사시 《아이네이스Aeneid》와 그나이우스 폼페이우스 트로구스Gnaeus Pompeius Trogus의 《필리포스의 역사Philippic Histories》에 따르면 카르타고 도시 국가를 창건한 사람은 여왕 디도Dido였다. 서기 3세기에 유니아누스 유스티누스Junianus Justinus가 트로구스에 대해 간략히 정리해놓은 역사적 기록이 있는데 그 안에 눈에 띄는 전설이 들어 있다. 디도와 그의 오빠 피그말리온Pygmalion은 티레라는 도시의 이름 모를 왕의 공동 상속자였다. 왕이 죽자 백성들은 피그말리온이 비록 나이가 어리지만 그가 직접 나라를 통치해주기를 바랐다. 디도는 삼촌인 아케르바스Acerbas와 결혼했는데 아케르바스가 비밀리에 재산을 모으고 있다는 소문이

돌았다. 피그말리온은 그 재산을 원해 아케르바스를 죽였다. 디도는 몰래 비축해두었던 금을 바다에 버리는 척했지만 사실은 모래 주머니를 던졌다.

피그말리온의 분노가 두려웠던 디도는 처음에는 키프로스, 그다음에는 아프리카의 북부 해안으로 달아났다. 그녀는 베르베르족의 왕 이아르바스Iarbas에게 잠시 쉴 수 있게 작은 땅을 내어달라고 요청했고 이아르바스는 쇠가죽 한 장으로 둘러쌀 수 있는 땅이면 얼마든 가져가라고 허락했다. 디도는 쇠가죽을 아주 가는 끈으로 잘라 근처 언덕 주변으로 원을 둘렀다. 이 언덕은 오늘날까지도 '짐승의 가죽hide'이라는 의미의 비르사Byrsa로 불리고 있다. 디도가 정착한 이곳이 카르타고가 됐고 카르타고가 부유해지자 이아르바스는 디도에게 반드시 자기와 결혼해야 하며 그렇지 않으면 도시를 파괴하겠다고 말했다. 그녀는 거대한 장작더미를 쌓아두고 수많은 제물을 신께 바치면서 이아르바스와의 결혼을 준비하는 척했다. 그러고는 스스로 장작더미 위로 올라가며 이아르바스의 욕망에 굴복하느니 차라리 첫 남편을 따라가겠다며 칼로 자살했다.

피그말리온은 실존 인물이 확실하고 일부 자료에서는 피그말리온뿐만 아니라 디도도 함께 언급하고 있지만 디도가 실존 인물인지는 알 수 없다. 따라서 전설이 역사적으로 정확한 사실이냐고 묻는 것은 무의미하다. 그럼에도 이 역사적 전설에는 수학적 전설이 하나 감추어져 있다. 디도는 가죽을 이용해 언덕을 원으로 둘러쌌다. 어째서 원일까? 디도는 원의 둘레 길이가 가장 넓은 면적을 감쌀 수 있다는 사실을 알았기 때문이다.[9] 수학자들의 주장으로는 원의 둘레 길이가 그렇다고 한다. 원에 대한 이 사실을 등주 부등식isoperimetric inequality이라는 인상적인 이름으로 부르는데 고대 그리스에서도 경험적으로 있었지만 엄격하게 증명되지는 않았다. 그러다가 1879년에 복소 해석학자 카를 바이어슈트라스Karl Weierstrass가 기하학자 야코프 슈타이너Jakob Steiner가 발표한 서로 다른 5가지 증명의 구멍을 메꿔주었다. 슈타이너는 만약 최적의 형태가 존재한다면 반드시 원형이어야 한다는 사실을 증명했지만 그런 최적의 형태가 존재하는지는 증명하지 못했다.[10]

등주 부등식은 다음과 같이 말하고 있다.

둘레 길이의 제곱은 면적 곱하기 4π보다 크거나 같다.

이것은 평면에서 둘레 길이와 면적이 있는 모든 형태에 적용된다. 더군다나 상수 4π는 나올 수 있는 가장 큰 값이다. 이보다 큰 값은 나올 수 없고 오직 도형이 원일 때만 '크거나 같다'라는 부등식이 '같다'라는 등식으로 바뀐다.[11] 이 등주 부등식을 보고 폴스비와 포퍼는 폴스비-포퍼(PP) 스코어(내가 이렇게 이름을 붙였다)가 어떤 도형이 얼마나 원형에 가까운지 측정하는 효과적인 방법이라 제안했다. 예를 들어 여러 도형의 폴스비-포퍼 스코어는 다음과 같다.

원: PP 스코어＝1

정사각형: PP 스코어＝0.78

정삼각형: PP 스코어＝0.6

제리맨더의 PP 스코어는 0.25 정도다.

하지만 PP 스코어에는 심각한 결함이 있다. 강, 호수, 숲, 해안의 형태 같은 지리적 요인 때문에 이상한 형태의 선거구를 피할 수 없는 경우도 있기 때문이다. 더군다나 깔끔하고 조밀하게 설정된 선거구라도 분명 제리맨더링이 되어 있을 수 있다. 2011년에 펜실베이니아 주의회 선거의 선거구 경계 설정이 아주 왜곡되고 인위적이라서 2018년에 주 공화당 의원들이 설정을 새로 바꾸자고 제안했다. 선거구 설정 초안은 주 대법원에서 구체적으로 명시한 5가지 측정에서는 대단히 조밀하다는 평가가 나왔지만, 그 지역 내의 유권자 분포를 수학적으로 분석해보면 경계가 대단히 편파적으로 설정되어 투표 결과를 편향시킬 수 있었다.

심지어 지도를 어느 축적으로 그리느냐에 따라서도 문제가 생길 수 있다. 여기서 제일 문제가 되는 부분은 프랙털 기하학fractal geometry이다. 프랙털은 아무리 확대해 들어가도 모든 축적에서 세밀한 구조를 가진 기하학적 도형이다. 자연의 많은 형태가 프랙털처럼 보인다. 적어도 유클리드의 삼각형이나 원보다는 프랙털에 훨씬 가깝게 보인다. 해안이나 구름을 모형화할 때 프랙털을 사용하면 그 섬세한 구조를 담아낼 수 있어 대단히 효과적이다. 프랙털이라는 이름은 1975년에 브누아 맨델브로Benoit Mandelbrot가 지었다. 그는 프랙털 기하학을 통째로 개척하고 널리 알린 선구자다. 해안과 강은 아주 구불구불한 프랙털 곡선을 이루고 있기 때문에 측정할 때 얼마나 정교한 축적을 이용하느냐에 따라 그 둘레 길이가 달라진다. 사실 프랙털 곡선의 길이는 엄밀히 따지면 무한히 길다. 일상에서 경험하듯이 가까이 들여다볼수록 측정된 길이가 무한히 길어지기 때문이다. 따라서 변호사들은 선거구가 제리맨더링되었는지를 따지는 문제는 고사하고 둘레 길이를 측정하는 문제만 가지고도 무한히 논쟁을 이어갈 수 있다.

* * *

형태의 이상함을 따지기가 그리 만만하지 않으니 더 직관적인 방법을 시도해보자. 과연 투표 결과가 유권자 전체의 통계적 투표 패턴과 일치할까?

만약 차지할 수 있는 의석수가 10석이고 유권자들은 60 대 40으로 나뉘어 있다면 한 정당에는 6석, 다른 정당에는 4석이 돌아가리라 예상할 수 있다. 하지만 그리 간단하지가 않다. '최다 득표자 당선first-past-the-post' 투표제에서는 이런 결과가 흔하다. 2019년 영국 총선거에서 보수당은 총득표율이 44%였지만 650석 중 365석을 차지했다. 이는 전체 의석수의 56%에 해당한다. 노동당은 32%의 득표율로 31%의 의석을 얻었다. 스코틀랜드 국민당은 4%를 득표하고 의석은 7%를 확보했다(하지만 스코틀랜드 국민당은 특별한 경우다. 그 투표자들이 전적으로 스코틀랜드에 기반을 두고 있기 때문이다). 자유민주당은 12%를 득표하고 의석은 2%만 차지했다. 이런 불일치는 대부분 이상한 선거구 획정 때문이 아니라 지역적인 투표 패턴 때문이다. 어쨌거나 예를 들어 대통령 한 자리를 두고 두 정당이 선거를 할 때 그 결과가 단순히 다수결로 결정된다면 50% 득표(더하기 한 표)만으로 100%의 자리를 확보할 수 있다.

미국의 사례를 소개해보겠다. 매사추세츠주에서는 2000년부터 연방 선거와 대통령 선거에서 공화당이 전체 투표의 1/3 이상을 확보했다. 하지만 공화당이 마지막으로 매사추세츠주에서 하원의원 의석을 확보한 것은 1994년이다. 제리맨더링 때문일까? 아마도 아닐 것이다. 1/3에 해당하는 공화당 유권자들이 주 전체에 골고루 분포하고 있다면 특정 시민들의 집 주변과 집과 집 사이만 구불구불 돌아가며 경계를 잡은 것이 아니고서야 선거구를 어떻게 그리든 간에 모든 선거구에서 공화당 유권자의 비율은 대략 1/3로 남아 있을 것이다. 그럼 민주당이 당선될 수밖에 없다. 그리고 실제로도 그랬다.

한 실제 선거에서 수학자들은 경계를 어떻게 설정하더라도 이런 효과를 피하는 게 불가능할 수 있다는 사실을 입증해 보였다. 적어도 개별 도시를 갈라놓지 않고는 불가능하다고 말이다. 2006년에 케네스 체이스Kenneth Chase는 미국 상원의원 자리를 두고 에드워드 케네디Edward Kennedy에게 도전장을 내밀었다. 당시 매사추세츠주는 9개의 하원의원 선거구로 나뉘어 있었다. 체이스는 총득표수의 30%를 받았지만 9개 선거구 모두에서 지고 말았다. 여러 가지 가능성을 컴퓨터로 분석해본 바에 따르면 주의 도시들을 단일 선거구 크기로 어떻게 조합해봐도, 설사 주 전체에 불규칙하게 흩어져 있는 도시들끼리 조합한다고 해도 체이스는 한 곳에서도 승리하지 못하는 것으로 나왔다. 체이스의 지지자들은 대부분의 도시에 꽤 균일하게 분포하고 있어서 선거구 경계를 어떻게든 그어서 제리맨더링을 시도해본들 그에게 승리를 안겨줄 수는 없었다.

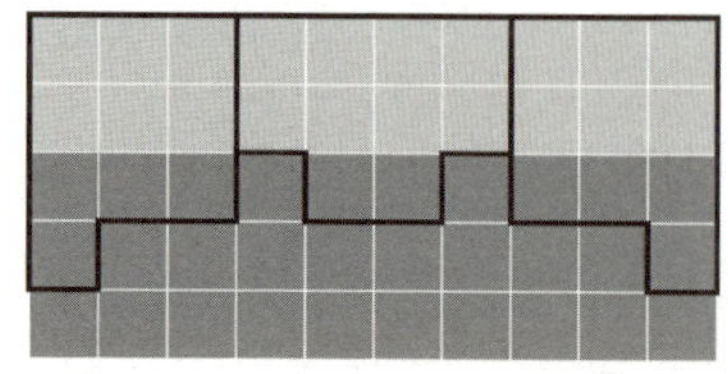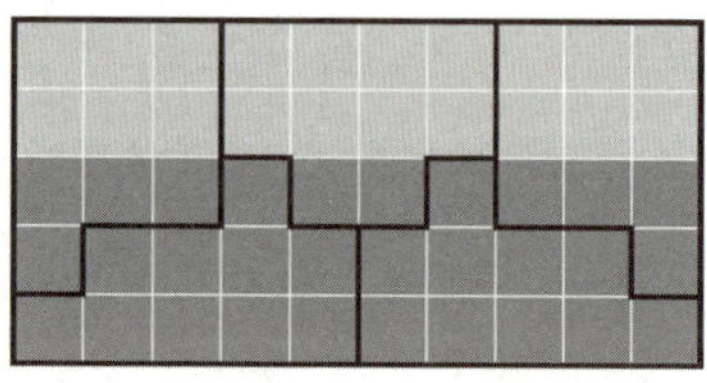

왼쪽은 밝은 당에서 제안한 3개의 선거구이며, 나머지 2개의 선거구는 어두운 당에서 정하도록 남겨두었다. 오른쪽은 여기서 선택할 수 있는 가장 조밀한 조합의 선택이다.

다시 제리만디아로 돌아가보자. 어두운 당에서 다섯 선거구를 모두 차지하자 밝은 당에서는 직사각형 선거구는 너무 길고 가늘기 때문에 분명 어두운 당에서 선거구를 쪼개서 재미를 봤을 거라며 이런 선거구 분할에 반대했다. 그러자 법원에서는 선거구가 더 조밀해야 한다는 판결을 내렸다. 밝은 당에서는 조밀한 3개의 선거구를 제안하고 인심을 써서 남은 지역으로 2개의 선거구를 만드는 선택권은 어두운 당에 넘겼다. 어두운 당은 반대했다. 이렇게 하면 어두운 당이 득표를 더 많이 해도 밝은 당은 3개의 선거구에서 승리하고 어두운 당은 2개 선거구만 차지하기 때문이다.

이렇게 나누고 나니 조밀함으로 제리맨더링을 감지하는 방법의 결함이 2개 더 드러났다. 이런 분할은 조밀하기는 하지만 2/5의 득표를 한 밝은 당에게 3/5의 의석을 주고 말았다. 더군다나 나머지 지역을 가지고 조밀한 2개의 선거구를 조합할 방법도 없었다. 제리만디아의 지리적 특성 때문에 조밀성과 공정성을 동시에 달성하기가 어려웠고 조밀함을 어떻게 정의하느냐에 따라 아예 불가능할 수도 있었다.

* * *

조밀성으로 따지는 것에는 결함이 있으니 그럼 다른 어떤 방법으로 편파적 선거구 나누기를 알아낼 수 있을까? 투표 결과는 선거의 결과만이 아니라 각각의 당에 던진 표를 특정 양만큼 다른 당으로 옮기면 어떤 결과가 나오는지도 말해준다. 예를 들어 한 선거구의 투표 결과가 어두운 당은 6,000표, 밝은 당은 4,000표로 나왔다면 어두운 당이 승리한다. 만약 500명의 투표자가 어두운 당에서 밝은 당으로 바꿔 투표했다면 그래도 어두운 당이 여전히 이겼을 테지만 1,001명의 투표자가 어두운 당에서 밝은 당으로 옮겨갔다면 어두운 당이 졌을 것이다. 만약 투표 결과가 어두운 당 5,500표, 밝은 당 4,500표였다면 501명의 투표자만 마음을 바꿨어도 결과가 달라졌을 것이다. 정리하면 한 선거구에서 투표 결과 수치는 승자가 누구인지만이 아니라 얼마나 박빙이었는지도 말해준다.

각각의 선거구를 대상으로 이런 계산을 한 후에 그 결과를 합쳐서 득표율 변화에 따라 의석 비율이 어떻게 달라지는지 확인하여 의석 비율-득표율 그래프를 얻을 수 있다(이 그래프는 사실 직선 모서리가 많은 다면체이지만 매끄러운 곡선으로 생각하는 것이 편리하다). 다음 페이지의 왼쪽 그림은 제리맨더링이 되지 않은 선거의 그래프가 대략 어떤 모습으로 나와야 하는지 보여준다. 특히 그래프가 득표율 50% 분기점에서 의석 비율 50% 한곗값을 넘어야 한다. 그리고 이 점을 중심으로 180도 회전했을 때 양쪽이 대칭이어야 한다.

오른쪽 그림은 펜실베이니아주 의원 선거에 사용된 지도를 대상

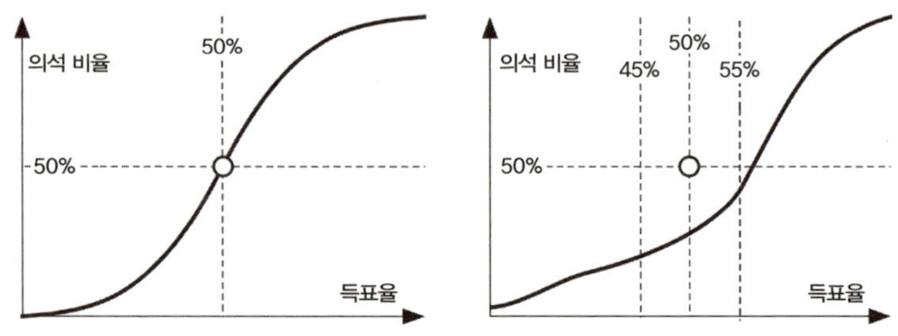

득표 대비 의석수 그래프다. 수평축은 30%에서 70%까지 한 정당의 득표율을 나타낸다.
수직축은 그 득표율을 기록했을 때 차지한 의석수 비율을 나타낸다.

으로 그린 의석 비율-득표율 그래프다. 수평축에는 민주당의 득표율이 나와 있다. 이 그래프를 보면 민주당이 50%의 의석을 확보하려면 57% 정도를 득표해야 했다. 그 후에 이 지도는 주의회에 의해 뒤집어졌다.

몇몇 사례에서 미국 대법원은 이런 종류의 계산을 바탕으로 제리맨더링을 기소하기를 거부했다. 선거구의 조밀성이 부족하다며 나오는 주장도 거부했다. 2006년 루락 대 페리 사건LULAC v. Perry에서 미국 대법원은 텍사스의 몇몇 선거구 경계를 다시 설정하라고 명령했다. 한 선거구가 투표권법(Voting Rights Act, 흑인과 소수 민족의 선거권 보장을 목적으로 하는 법-옮긴이)에 반하게 설정되어 있다는 이유였다. 사실 대법원은 편파적 제리맨더링을 헌법 위반이라 선언하기는 했지만 아직까지도 완벽한 선거구 지도를 정하지 못했다.

법원에서 이렇게 부정적인 판단을 내린 가장 큰 이유는 의석 비율-득표율 그래프 같은 방식이 다른 상황에서는 투표자들이 다르게 행동했을 거라는 가상의 추측에 의존하기 때문이다. 이것은 변호사들에게는 말이 될지 몰라도 수학적으로는 말이 안 되는 소리다. 이 그래프는 정교하게 정의된 절차에 따라 실제 투표 데이터에서 추론해냈기 때문이다. 투표 결과를 계산해서 그래프로 옮기는 일은 유권자가 실제로 무엇을 했을지에 좌우되지 않는다. 101-97이라는 농구 점수를 보면서 경기가 분명 막상막하였을 거라 생각하고, 120-45라는 점수를 보고는 그렇지 않았을 거라 생각하는 것과 비슷하다. 경기를 더 잘했거나 못했을 뿐, 개별 선수들이 어떻게 했을지에 대해 예측하는 게 아니다. 따라서 이 법칙을 역시 법이 파악할 수 없는 것을 나열한 평범하고 긴 목록에 추가할 수 있다. 전적으로 사실에 기반한 이 알고리즘의 이른바 가상의 속성은 텍사스 지도 전체를 뒤집을 완벽한 변명을 제공해준다.

* * *

의문스러운 사법적 결정에 문제를 제기할 때는 판사를 가르치려 들지 않는 것이 제일 좋은 방법이다. 그래서 제리맨더링을 감지할 수학적 방법을 추구하던 사람들은 비논리적인 근거로는 반박할 수 없는 다른 측정법을 찾아나섰다. 제리맨더링은 한 정당 지지자들의 많은 표를 사표로 만들어버린다. 일단 후보가 과반을 확보하고 나면 그 후의 추가 득표는 결과에 아무런 영향을 미치지 못한다. 따라서 선거구 획정을 공정하게 했는지, 그렇지 않은지 정량화하는 방법 중 하나는 양쪽 정당 모두에서 대략 비슷한 수의 사표가 나오게 만드는 것이다. 2015년에 니콜라스 스테퍼노펄러스Nicholas Stephanopoulos와 에릭 맥기Eric McGhee는 사표를 측정하는 방법으로 효율성 격차efficiency gap라는 개념을 고안해냈다.[12] 2016년 길 대 휘트포드 사건Gill v. Whitford에서 위스콘신 법원은 주의회가 불법적으로 선거구를 정했다고 판결을 내렸고 이 판결에서 효율성 격차가 큰 역할을 했다. 효율성 격차를 계산하는 법을 살펴보기 위해 2명의 후보만 나온 선거로 단순화해보자.

사표를 만드는 방법은 크게 2가지다. 지는 후보에게 던진 표는 사표가 된다. 이 경우는 굳이 애써 투표할 필요가 없다. 승자가 50% 과반 득표를 확보한 후에 추가로 얻는 득표도 같은 이유로 사표가 된다. 그런데 이런 판단은 실제 결과에 달려 있고 나중에 결과가 나오고 나서야 판단이 가능하다. 투표 결과가 나오기 전에는 자기 표가 사표가 되었는지 확실히 알 수 없다. 영국의 2020년 총선거에서 내가 사는 지역의 선거구에서는 노동당 후보가 19,544표를 얻었고 보수당 후보가 19,143표를 얻었다. 양당의 총득표수 38,687표 중에서 401표 차이로 노동당이 승리했다. 어느 한 유권자가 귀찮아서 투표하지 않겠다고 마음먹었어도 득표차는 여전히 400표였을 것이다. 하지만 노동당에 투표한 사람 중 단 1%만 투표를 안 했어도 보수당 후보가 승리했을 것이다.

사표의 정의에 따르면 보수당 투표자들의 사표는 총 19,143표이고 노동당 투표자들의 사표는 200표다(이기는 측의 경우 과반을 초과해서 얻은 득표가 사표에 해당한다. 노동당의 19,544표와 보수당의 19,143표를 더하고 2로 나누어 과반을 구하면 19,343.5표가 나온다. 여기서 노동당의 득표수를 빼면 -200.5표가 나오므로 사표는 200표가 된다-옮긴이). 효율성 격차는 한 정당이 다른 정당보다 사표를 얼마나 더 만들어야 하는지를 측정한다. 이 경우는 다음과 같다.

$$(보수당의 사표수 - 노동당의 사표수) \div 총투표수$$

즉, $(19143 - 200) / 38687 = +49\%$가 된다.

이것은 한 선거구만의 얘기다. 원래 목표는 모든 선거구를 종합하여 효율성 격차를 계산하고 이를 통해 입법자들에게 합법적인 목표를 설정하게 하는 것이다. 효율성 격차는 항상 -50%에서 +50% 사이로 나오고 격차가 0이면 양쪽 정당 모두 사표수가 같아서 공정하다. 그래서 스테퍼노펄러스와 맥기는 효율성 격차가 ±8%를 벗어나면 제리맨더링을 의심할 수 있다고 했다.

하지만 이 측정 방식에도 결함이 있다. 결과가 박빙인 경우에는 필연적으로 효율성 격차가 클 수밖에 없고 몇 표만으로도 그 값이 +50%에서 -50%까지 크게 흔들릴 수 있다. 우리 선거구는 효율성 격차가 49%가 나왔는데도 제리맨더링은 없었다. 201명의 노동당 투표자가 대신 보수당에 투표했다면 이 값은 -49%가 나왔을 것이다. 만약 한 정당이 그저 운이 좋아서 모든 선거구에서 이기면 제리맨더링을 통해 승리한 것처럼 보일 것이다. 지리적 요소가 이 수치를 왜곡할 수 있다. 길 대 휘트포드 사건에서 변호인 측은 이런 결함을 정확히 지적했지만 원고 측에서는 해당 사건에 그런 결함이 적용되지 않는다는 논리를 성공적으로 펼쳤다. 하지만 일반적으로 보면 변호인 측의 지적은 전적으로 합리적이다.

2015년에 미라 번스타인Mira Bernstein과 문 듀친Moon Duchin[13]은 효율성 격차에서 다른 몇 가지 결함을 찾아냈다. 그리고 2018년에 제프리 바튼Jeffrey Barton은 그런 결함을 없앨 개선 방법을 제안했다.[14] 예를 들어 8개의 선거구가 있다고 해보자. 각각의 선거구에서 밝은 당은 90표를 득표한 반면, 어두운 당은 나머지 10표를 득표했다. 따라서 밝은 당의 사표는 $40 \times 8 = 320$표이고 어두운 당의 사표는 $10 \times 8 = 80$이므로 효율성 격차는 $(320-80)/800 = 0.3 = 30\%$다. 8%를 기준으로 잡자는 제안을 따른다면 이 효율성 격차는 밝은 당에 불리하게 편파적으로 선거구가 정해졌다는 사실을 말하고 있다. 하지만 의석 8개 모두 밝은 당이 차지했다!

두 번째 시나리오를 보면 또 다른 문제가 드러난다. 이번에는 밝은 당이 선거구 3개에서 51 대 49로 승리한 반면, 어두운 당은 선거구 2개에서 51 대 49로 승리했다. 그럼 밝은 당의 사표는 $1+1+1+49+49=101$표이고 어두운 당의 사표는 $49+49+49+1+1=149$표다. 그럼 효율성 격차는 $(101-149)/500 = -0.096 = -9.6\%$다. 이는 어두운 당에 불리하게 편향되어 있다는 사실을 보여준다. 하지만 이 선거에서 어두운 당은 전체 득표수가 과반을 넘지 못했기 때문에 의석을 2개 넘게 차지해서는 곤란하다. 어두운 당에 의석을 하나 더 주면 과반의 표를 받지 못한 당이 과반이 넘는 의석을 차지하게 되기 때문이다.

바튼은 2가지 문제를 추적해서 원사표raw wasted vote를 사용하자는 제안을 했다. 어떤 선거든 선거구 경계가 어디에 그어지든 승자

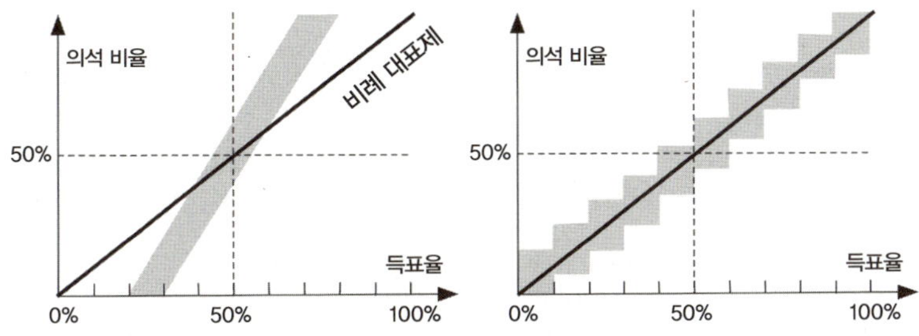

왼쪽은 비례 대표제를 보여주는 '의석-득표 그래프'(굵은 대각선)와
'공정한 효율성 격차'라고 여기는 구간(음영)을 나타낸다.
오른쪽은 변경된 효율성 격차 그래프로 음영 구간이 대각선을 감싸고 있다.

가 잉여로 얻은 표는 사표가 된다. 바튼은 '사표'를 '불필요하게 낭비된 사표'로 대체해서 각각의 당에서 사표가 될 수밖에 없는 득표의 비율을 계산하고 사표의 기존 정의에서 그 값을 뺐다. 원래의 정의에서는 의석 비율-득표율 그래프가 아래로는 25% 득표에서 위로는 75% 득표까지 이어지는 선을 주변으로 좁은 띠를 그린다. 이것이 왼쪽 그림에 나와 있다. 반면 비교를 위해 그린 대각선은 득표에 따라 같은 비율로 의석을 차지하는 비례 대표제의 이상적인 그래프를 보여준다. 이 둘은 50 대 50과 아주 가까운 곳에서만 일치한다. 반면 오른쪽 그림에 나와 있는 불필요하게 낭비된 사표 그래프는 대각선을 감싸며 나란히 간다. 이쪽이 훨씬 합리적이다.

* * *

제리맨더링을 알아내는 또 다른 방안으로, 현재 제안된 선거구와

다른 대안의 선거구 지도를 만들고 선거구로 나뉠 지역 전체에서 나
옴직한 투표 패턴 데이터를 거기에 적용해서 그 결과를 비교해보
는 방법이 있다. 만약 어두운 당에서 제안한 선거구 지도에서 어두
운 당이 의석의 70%를 차지하는데 다른 대부분의 대안 지도에서는
45%만 차지한다면 뭔가 구린 부분이 있다는 의미다.

이 개념에서 가장 큰 문제는 선거구와 그 세분한 지역의 수가 현
실에 있음직하더라도 거기서 나올 수 있는 모든 지도를 나열하기가
불가능하다는 점이다. 조합할 수 있는 경우의 수가 기하급수적으로
늘어나는 '조합 확산'이 일어나기 때문이다. 더군다나 고려하는 모
든 지도가 법칙을 따라야 하기 때문에 수학적으로 다루기 힘든 제약
을 넣어야 할 수 있다. 공교롭게도 오래전에 수학자들은 이 조합 확
산을 피할 방법을 찾아냈다. 바로 마르코프 연쇄 몬테카를로 방법
Markov Chain Monte Carlo, MCMC이다. MCMC는 나올 수 있는 모든
지도를 일일이 조사하는 대신 정확한 추정치를 얻을 수 있을 정도로
큰 무작위 지도 표본을 만들어준다. 여론 조사 기관에서 비교적 소
수의 무작위 표본을 추출해서 설문 조사를 통해 전체 투표자들의 의
도를 추정하는 것과 비슷한 방법이다.

몬테카를로 방법의 역사는 맨해튼 프로젝트로 원자폭탄을 만들
던 전쟁 시기로 거슬러 올라간다. 스타니스와프 울람Stanislaw Ulam
이라는 이름의 수학자가 몸이 아팠다 회복해서 요양 중이었다. 시간
을 죽이려고 그는 페이션스 게임(game of patience, 혼자서 하는 카드놀
이로 '솔리테어'라고도 한다 - 옮긴이)을 했다. 그는 자기가 성공할 가능성
이 얼마인지 궁금해서 카드 한 벌을 얼마나 여러 번 돌려야 완벽한

플레이로 성공할 수 있을지 추정해보려 했지만 이런 접근 방식으로는 가망이 없다는 사실을 재빨리 깨달았다. 대신 여러 번 게임을 해서 몇 번이나 이기는지 세어보았다. 그러다 맨해튼 프로젝트에서 풀어야 했던 물리 방정식으로도 그와 비슷한 꼼수를 쓸 수 있다는 사실을 깨달았다.

러시아 수학자 안드레이 마르코프Andrey Markov의 이름을 따서 붙인 마르코프 연쇄는 랜덤 워크random walk 혹은 술고래의 걸음 drunkard's walk을 일반화한 것이다. 어떤 사람이 술에 잔뜩 취해서 길에서 비틀거리며 무작위로 앞뒤로 발걸음을 내딛고 있다. 이 사람은 정해진 수만큼 걸음을 내디뎠을 때 평균적으로 얼마나 이동할까? (정답: 내디딘 발걸음의 제곱근만큼 움직인다.) 마르코프는 길을 네트워크로 대체하고 네트워크의 가장자리를 따라 진행되는 전환에 확률을 할당하는 비슷한 과정을 상상했다. 여기서 핵심은 다음과 같다. 아주 오랜 시간 동안 떠돌고 난 후에 주어진 한 장소에 있을 확률이 얼마나 될까? 마르코프 연쇄는 현재의 상황에 좌우되는 확률에 따라 사건이 연속적으로 일어나는 많은 실세계의 문제를 모형화하고 있다.

이 둘을 하나로 합치면 MCMC가 나온다. 몬테카를로 방법을 이용해서 필요한 확률 목록의 표본을 추출한다. 2009년에 통계학자 퍼시 다이아코니스Persi Diaconis는 과학, 공학, 비즈니스 분야의 통계적 분석 중 15% 정도가 MCMC를 통해 이루어진다고 추정했다. 따라서 이렇듯 강력함과 유용성이 확립된 방법을 제리맨더링에 시도하지 못할 이유가 없다. 마르코프식으로 랜덤 워크를 이용해서 선거구 지도를 만들고 몬테카를로 방법을 이용해서 표본을 추출하면 된다. 빙고! 누군가 제안한 지도가 얼마나 전형적인지 평가할 수 있는 통계적 방법이 생긴 것이다. 이런 방법을 뒷받침하는 더 세련된 수학도 있다. 에르고드 이론ergodic theory으로, 이것을 이용하면 충분히 긴 랜덤 워크로 정확한 통계 표본 추출을 보장받을 수 있다.

최근에 수학자들이 법정에서 MCMC에 대해 증언을 했다. 노스캐롤라이나에서 조너선 매팅리Jonathan Mattingly는 선거구 선택이 극단적인 통계적 이상치이기 때문에 선거구 설정이 편파적이라고 주장하는 데 필요한 확보 의석수 등 다양한 수량에 대한 MCMC 추정치를 비교했다. 펜실베이니아에서는 웨슬리 페그덴Wesley Pegden이 통계적 방법을 이용해서, 정치적으로 중립적인 계획이 랜덤 워크로 만든 계획보다 못한 결과를 낳을 가능성이 얼마나 낮은지 계산하고 그런 결과가 순전히 우연으로 일어날 확률을 추정해보기도 했다. 판사들은 양쪽 경우 모두 수학적 증거가 신뢰할 만하다고 판단했다.

* * *

제리맨더링에 대한 수학적 이해는 양날의 칼이 될 수 있다. 제리맨더링이 일어났다는 사실을 투표자와 법정이 찾아낼 수 있게 돕기도 하지만 제리맨더링을 더 효과적으로 할 방법을 알려줄 수도 있으니까 말이다. 사람들이 법을 지키게도 만들지만 법을 어기거나 더한 일을 저지르게 도울 수도 있다. 어떤 남용을 막기 위해 기술적 규제를 하면 사람들은 그런 규제를 역이용하거나 빠져나갈 구멍을 찾아낸다. 수학적 접근 방식의 큰 장점은 규칙 자체를 더 명확하게 규정할 수 있다는 점이다. 그리고 완전히 새로운 가능성도 열어준다. 경쟁 관계에 있는 정치적 이해 당사자들끼리 공정함의 정의를 합의하려고 헛된 시도를 하고 그들에게 규제를 역이용할 기회를 주며 정치 문제를 법정으로 끌고 가는 대신 끝장 토론으로 선거구를 정하는 문제를 완전히 결론 내는 것이 더 합리적일지도 모른다. 권력과 돈이 커다란 장점으로 작용하는 무한 경쟁 속에서 진행하는 것이 아니라, 결과가 공정하고 공정해 보일 뿐만 아니라 거기에 참여하는 정당들도 공정하다고 인정할 수밖에 없는 체계화된 틀 속에서 진행하는 것이다.

너무 과한 것을 요구하는 듯 보일 수도 있지만 온전히 이런 개념을 전문으로 다루는 수학 분야가 최근에 꽃을 피웠다. 공정한 분배 이론theory of fair division이다. 이 이론은 세심하게 조직된 협상의 틀을 이용하면 처음에는 불가능해 보였던 것도 달성할 수 있다고 말한다.

모든 것의 기원이 된 고전적인 사례가 있다. 케이크를 두고 싸우는 두 아이의 문제다. 공정성을 증명할 수 있는 프로토콜(미리 구체적으로 정해놓은 일련의 규칙)을 이용해서 공평하게 두 아이가 케이크를 나누면 된다. 고전적인 해법은 '나는 자르고 너는 선택한다'라는 방식이다. 앨리스에게는 자기 생각에 케이크가 똑같이 두 조각이 되도록 자르게 한다. 그다음에 밥이 두 조각 중 하나를 선택한다. 선택권은 밥에게 있기 때문에 밥은 앨리스가 어떤 식으로 잘라도 불만이 있어서는 안 된다. 한 조각이 마음에 안 들면 나머지 조각을 선택하면 되니까 말이다. 앨리스도 불만이 있어서는 안 된다. 밥이 더 큰 조각을 가져가서 억울하다는 생각이 든다면 애초에 케이크를 그렇게 자르지 말았어야 한다. 누가 어떤 역할을 맡을지 결정하기 귀찮으면 동전 던지기를 하면 되지만 사실 그럴 필요도 없다.

그런데 인간의 본성이란 게 그렇다. 이렇게 문제를 처리해도 아이들이 우리가 원하는 대로 문제 해결 내용을 바라볼 거라 확신할 수는 없다. 내가 한 글에서 이런 방법에 대해 얘기했더니 한 독자가 글을 남기기를 그 방법을 아이들에게 시도해봤더니 앨리스(그 아이의 진짜 이름은 아님)가 바로 밥(이것 역시 진짜 이름은 아님)이 더 큰 조각을 가져갔다며 불평했다고 한다. 아이의 아빠가 애초에 케이크를 잘못 자른 앨리스 탓이라고 지적해봤지만 별로 소용이 없었다. 앨리스의 눈에는 억울한 사람을 탓하는 것으로 비쳤다. 그래서 아버지가 두 케이크 조각을 바꿔치기 했다. 그랬더니 앨리스는 다시 울먹이며 "그래도 밥의 케이크가 여전히 내 것보다 더 커요!"라고 말했다. 하지만 정치인들이라면 이런 종류의 프로토콜에 만족하거나 아니면 적어도 입을 다물어야 한다. 그리고 이는 법정에서도 받아들일 수 있을 것이다. 판사는 어떤 것이 공정한지 따질 필요 없이 그냥 프로토콜을 정확히 지켰는지만 확인하면 된다.

이런 종류의 프로토콜이 가진 핵심적 특징은 앨리스와 밥의 상호 적대감을 없애기 위해 애쓰는 대신 그 상호 적대감을 이용해서 공정한 결과에 도달하는 것이다. 그들에게 공정하게 행동하라고, 서로 협조하라고 요구하거나 '공정함'의 의미에 대한 법적인 정의를 인위적으로 제안할 필요가 없다. 그냥 서로 힘겨루기 하면서 게임을 진행하게 만들면 된다. 물론 게임을 하기에 앞서 앨리스와 밥 모두 정해진 규칙에 따라 게임을 하겠다는 합의가 있어야 한다. 그리고 무언가에 합의해야 하고 규칙은 투명하고 공정하기 때문에 거기에 따르지 않으면 책임을 져야 한다.

'나는 자르고 너는 선택한다'에서 중요한 특징은 케이크의 가치를 외부에서 평가하지 않는다는 점이다. 참가자가 주관적으로 평가하는 가치를 이용하기 때문에 자기 기준으로 봤을 때 자신의 몫이 공정하다고 만족할 수 있으면 그만이다. 특히 이런 방식은 뭔가의 가치에 대해 합의할 필요가 없다. 사실 그런 합의를 하지 않았을 때 공정한 분배가 더 쉬워진다. 누군가는 케이크에 올라간 체리를 더 좋아하고 다른 누군가는 달콤한 케이크 아이싱을 더 좋아하고 나머지 부분에는 둘 다 별 관심이 없다면, 그것으로 분배의 문제는 해결된다.

수학자와 사회과학자들이 이런 종류의 문제를 진지하게 받아들이기 시작하자 그 속에 숨어 있던 놀라운 깊이가 드러났다. 세 사람이 케이크 하나를 나누어 먹는 문제가 그 첫걸음이었다. 이 문제는 간단한 해법을 찾기도 까다롭고 그 안에는 새로운 반전도 있었다. 앨리스, 밥, 찰리는 자기의 평가 기준에 따라 적어도 케이크의 1/3은 갖게 됐다는 점에서 결과가 공정하다고 합의를 볼 수 있겠지만 앨리스는 밥의 몫이 자기 몫보다 더 크다고 생각해서 여전히 밥을 질투할 수 있다. 하지만 찰리의 몫이 이러한 질투를 보상해줄 것이다. 앨리스가 보기에 찰리의 몫은 자기 몫보다 작기 때문이다. 하지만 여기에 모순되는 부분은 없다. 밥과 찰리는 자신의 조각이 가진 가치를 다르게 생각할 수 있기 때문이다. 따라서 공정할 뿐만 아니라 질

투 없는 프로토콜을 추구하는 것이 합리적인데 사실 이 부분은 달성 가능하다.[15]

1990년대에는 공정하고 질투 없는 분배를 이해하는 데 큰 발전이 있었다. 그 출발은 스티븐 브람스Steven Brams와 앨런 테일러Alan Taylor가 발견한 네 사람 간의 질투 없는 나눔 프로토콜이었다.[16] 물론 케이크는 분할이 가능한 어떤 가치 있는 것에 대한 비유일 뿐이다. 이 이론은 우리가 원하는 만큼 섬세하게 분할 가능한 항목(케이크 등)이나 별개의 덩어리로 나오는 항목(책, 보석 등)을 다룬다. 그 덕에 실세계에서 일어나는 공정한 분배의 문제에 적용할 수 있다. 브람스와 테일러는 이혼 시 재산 문제를 정리하는 데 이 방법을 어떻게 사용할 수 있는지 설명했다. 이들의 '조정된 승자Adjusted Winner' 프로토콜은 크게 3가지 장점이 있다. 공평하고 질투 없고 효율적(혹은 파레토 최적Pareto-optimal)이다. 즉, 각각의 당사자가 자신의 몫이 적어도 평균적인 몫만큼은 된다고 느끼고, 자신의 몫을 다른 누구와도 바꾸고 싶어 하지 않으며, 모든 사람에게 적어도 이것만큼 좋으면서 일부 사람에게는 더 좋은 다른 분배법이 존재하지 않는다는 의미다.

예를 들어 이혼 협상에서는 이런 식으로 작동할 수 있다. 평생 서로를 이해 못한 채 함께 살던 앨리스와 밥은 드디어 신물이 나서 이혼하기로 결심한다. 두 사람에게 각각 100포인트를 부여한다. 두 사람은 이 포인트를 집, 텔레비전, 고양이 같은 각각의 항목에 몇 점씩 할당해서 분배한다. 그리고 각각의 항목은 두 사람 중 더 많은 포인트를 할당한 사람에게 돌아간다. 이것은 효율적이지만 보통 공정하지도 질투가 없지도 않다. 따라서 프로토콜이 그다음 단계로 넘어간다. 만약 양쪽이 획득한 점수가 같으면 모두가 만족하고 분배는 거기서 끝난다. 만약 같지 않다면 앨리스의 포인트 점수에 따른 앨리스의 몫이 밥의 포인트 점수에 따른 밥의 몫보다 더 크다고 가정해보자. 그럼 이제 양쪽의 점수를 같아지게 만드는 순서로 앨리스(승자)에서 밥(패자)으로 항목의 소유권이 넘어간다. 가치 평가와 항목 모두 불연속적인 값이고 불연속적인 대상이기 때문에 그 대상들 중 하나를 갈라서 가져야 하는 경우가 생길 수 있다. 하지만 이 프로토콜에 따르면 이런 일은 많아야 항목 하나에서만 일어난다. 그 항목이 집이라면 집을 판 후에 그 돈을 나눌 테지만 밥이 주가가 오르기 전에 산 애플 주식이라면 그럴 일은 없을 것이다.

조정된 승자 프로토콜은 공정한 분배의 중요한 3가지 조건을 충족한다. 우선 공정성이 보장되어 있다. 공정하고 질투가 없으며 효율적이라는 사실을 입증받을 수 있다. 그리고 다각적인 가치 평가를 통해 작동한다. 개개인의 선호도를 고려하며 자체적인 가치 평가를 통해 각자의 몫에 대한 가치를 계산한다. 마지막으로 절차적으로도 공정하다. 결국에 어떤 해법에 도달하더라도 양쪽 당사자 모두 공정성이 보장된 사실을 이해하고 입증할 수 있다. 그리고 필요하다면 법원에서도 공정하다고 판단을 내릴 수 있다.

* * *

2009년에 제프 란다우Zeph Landau, 오닐 레이드Oneil Reid, 일로나 예르쇼프Ilona Yershov는 비슷한 접근 방식을 이용해서 제리맨더링의 문제를 없앨 수 있다고 제안했다.[17] 어느 누구도 자기에게 유리한 선거구를 정하지 못하게 하는 프로토콜이 있으면 비열한 제리맨더링 행동을 막을 수 있다. 이 방법은 지도의 형태를 고려할 필요가 없고 어느 한쪽에 편향되지 않은 외부자에게 선거구 지도 작성 권한을 부여할 필요도 없다. 그 대신 서로의 이해관계가 경쟁하면서 서로 균형을 맞추도록 설정되어 있다.

더 좋은 것은 이 방법을 보강하면 지리적 응집성이나 조밀성 같은 추가적인 요인도 고려할 수 있다는 점이다. 만약 최종 결정을 하는데 선거관리위원회 같은 외부 기관이 필요하다면 이 분할 게임의 결과를 그 외부 기관이 판단의 근거로 사용할 자료로 제시할 수 있다. 실제 세상에서 이런 방법으로 모든 편견을 제거할 수 있다고 주장할 사람은 없겠지만 기존의 방식보다는 훨씬 잘 작동하며 노골적으로 불공정한 관행에 빠지고 싶은 유혹을 크게 줄여준다.

이 프로토콜은 자세히 설명하기는 너무 복잡한데 일단 독립적인 대리인이 등장하여 정당들에 선거구 분할 방식을 제안한다. 그 후에는 한 정당에 대리인이 제안한 선거구 조각 중 하나를 세분해서 선거구 지도를 바꿀 수 있는 옵션을 준다. 다만 상대 정당에도 다른 선거구 조각 하나를 세분할 수 있게 허용한다는 전제가 있다. 아니면 두 정당의 역할을 뒤바꿔서 비슷한 옵션을 선택하게 할 수도 있다. '나는 자르고 너는 선택한다'의 한 버전이다. 자르는 순서가 더 복잡할 뿐이다. 란다우, 레이드, 예르쇼프는 이 프로토콜이 양쪽 정당의 관점에서 볼 때 모두에게 공정하다는 사실을 입증했다. 본질적으로 두 정당은 서로를 상대로 게임을 벌이고 있지만 이 게임은 서로 무승부로 끝나서 공정하게 타협할 수 있고 또 공정하게 이루어졌다고 확신할 수 있도록 설계되어 있다. 공정하지 못하다면 그것은 게임을 제대로 하지 못한 측의 책임이다.

2017년에 아리엘 프로카차Ariel Procaccia와 페그덴이 독립적 대리인을 제거해서 대립하는 두 정당이 모든 것을 결정하도록 이 프로토콜을 개선했다. 개략적으로 설명하면 한 정당에서 선거구마다 최대한 동일한 수의 유권자가 포함되도록 해서 주의 선거구를 법적으로 필요한 수만큼 나눈다. 그다음에는 두 번째 정당이 한 선거구를 고정해서 더는 변화가 불가능하게 만든 후에 나머지 선거구는 자기 마음대로 다시 설정한다. 그럼 이어서 첫 번째 정당이 이 새로운 지도에서 두 번째 선거구를 골라 고정시킨 다음 나머지 지도를 새로 그린다. 이런 식으로 해서 모든 선거구가 고정될 때까지 두 정당이 고정하고 새로 지도를 그리는 과정을 반복한다. 이렇게 하면 선거구 나누기에 사용할 수 있는 최종 지도가 결정된다. 예를 들어 선거구가 모두 20곳이라면 이런 과정을 19번 거치게 된다. 페그덴, 프로카차 그리고 컴퓨터과학과 방문학생이었던 유딩리Dingli Yu는 이 프로토콜이 첫 번째 정당에 그 어떤 이점도 부여하지 않으며, 양쪽 정당 모두 상대 정당이 원하지 않을 경우 특정 유권자 집단을 같은 선거구에 몰아넣을 수 없다는 사실을 수학적으로 증명했다.

* * *

선거의 수학은 이제 대단히 광범위한 주제이며 제리맨더링은 그

중 한 측면일 뿐이다. 최다 득표자 당선제, 이양식 투표제, 비례 대표제 등 서로 다른 여러 가지 투표 시스템에 대해 많은 연구가 진행됐다. 이런 연구에서 등장하는 보편적 주제 중 하나는 임의의 합리적인 민주적 체계 안에서 바람직한 속성들을 목록으로 작성해보면, 목록이 길지 않은데도 어떤 상황에서는 이런 요구 조건들이 서로 모순을 일으킨다는 점이다.

이런 연구 결과들의 왕할아버지 격이 바로 애로의 불가능성 정리Arrow's Impossibility Theorem다. 경제학자 케네스 애로Kenneth Arrow가 1950년에 발표한 것으로, 1년 후에 나온 그의 책《사회적 선택과 개인의 가치Social Choice and Individual Values》에 나온다. 애로는 선호 투표제ranked voting system를 생각해냈다. 이 제도에서는 각각의 투표자가 가장 선호하는 사람은 1, 그다음 선호하는 사람은 2 등으로 일련의 옵션에 지지 순위를 부여할 수 있다. 애로는 이런 투표제의 공정성을 위해 3가지 기준을 제시했다.

- 모든 투표자가 다른 옵션보다 한 옵션을 선호하면 집단도 그 후보를 선호한다.
- 다른 옵션에 대한 선호도가 변하더라도 두 특정 옵션 사이의 투표자 선호도가 아무도 바뀌지 않으면 그에 대한 집단의 선호도도 바뀌지 않는다.
- 집단이 어느 옵션을 선호하는지를 항상 결정할 수 있는 독재자가 존재하지 않는다.

모두 아주 바람직한 속성이지만 애로는 이들이 논리적으로 모순된다는 사실을 입증해 보였다. 그렇다고 이런 시스템이 필연적으로 불공정하다는 의미는 아니다. 다만 일부 경우에서 직관에 어긋나는 결과가 나올 수 있다는 것이다.

제리맨더링도 자체적으로 애로의 정리에서 나온 자손을 거느리고 있다. 그중 하나는 2018년에 보리스 알렉세예프Boris Alexeev와 더스틴 믹손Dustin Mixon[18]이 발표한 것으로 공정한 선거구 나누기를 위한 3가지 원리를 규정하고 있다.

- 1인 1표: 각각의 선거구마다 대략 동일한 수의 유권자가 있다.
- 폴스비-포퍼 조밀성: 모든 선거구는 법적으로 명시된 것보다 높은 폴스비-포퍼 스코어를 가져야 한다.
- 유계 효율성 격차bounded efficiency gap: 더 기술적인 부분이다. 대략적으로 어느 두 선거구의 인구가 많아봐야 그 선거구들의 총인구의 어떤 일정 비율이라면 효율성 격차는 50% 미만이다.

그러고 나서 이들은 그 어떤 선거구 분할 시스템도 항상 이 3가지 기준을 충족할 수 없다는 사실을 증명해 보였다.

민주주의는 결코 완벽할 수 없다. 사실 의견이 천차만별인 수백만 명의 사람을 설득해서 모든 사람에게 영향을 미치는 중요한 뭔가에 대해 합의를 이끌어내야 한다. 이런 점을 감안하면 민주주의가 작동한다는 사실 자체가 놀라운 일이다. 차라리 독재가 훨씬 단순하다. 그냥 독재자 한 명에게만 1표!

비둘기에게 버스 운전을 맡긴다면

한편 버스 운전사는 비둘기가 버스를 안전하게 몰 수 없을까 봐 걱정했을지도 모른다. 다른 한편으로는 어쩌면 버스 운전사는 비둘기가 도시 곳곳의 다양한 정거장을 돌며 모든 승객을 효율적으로 태울 수 있는 경로를 따라가지 못할까 봐 더 걱정이 됐을 수도 있다.
— 브렛 깁슨, 매튜 윌킨슨, 데비 켈리, 〈동물 인지〉

모 윌렘스Mo Willems는 만 세 살부터 만화를 그렸다. 어른들이 거짓으로 자기를 칭찬할지도 모른다고 걱정한 그는 재미있는 이야기를 쓰기 시작했다. 그가 생각하기에 거짓 칭찬보다는 거짓 웃음이 알아차리기 더 쉬울 것 같았다. 1993년에 그는 시대의 아이콘이라 할 수 있는 〈세서미스트리트Sesame Street〉의 작가 및 애니메이션 팀에 합류해서 10년 동안 여섯 번의 에미상을 수상한다. 그의 아동용 텔레비전 만화 시리즈인 〈대도시에 사는 양Sheep in the Big City〉에는 양이 등장한다. 이 양은 농장에서 목가적인 삶을 살고 있었지만, 스페시픽Specific 장군의 비밀 군사 조직에서 양을 동력으로 작동하는 광선총에 사용하려고 양을 노리는 바람에 시골의 평화로운 삶이 깨지고 만다. 양이 아동용 서적에 처음 진출한 이후로 이 동물 테마는 〈비둘기에게 버스 운전을 맡기지 마세요Don't Let the Pigeon Drive the Bus〉로 계속 이어진다. 이 그림책은 동영상 버전으로 카네기상(앤드류 카네기를 기리기 위해 제정한 아동문학상으로 매년 영국에서 출판된 아동, 청소년 도서 중 훌륭한 작품에 수여한다-옮긴이)을 받았고 칼데콧 명예상도 받았다. 칼데콧 명예상은 칼데콧상(미국에서 매년 뛰어난 어린이 그림책의 삽화가에게 수여하는 문학상-옮긴이) 최종 후보자 명단에 오르면 받는 상이다. 이 책의 주인공은 당연히 비둘기다. 이 비둘기는 매일 버스를 모는 운전사가 갑자기 사라져버리면 자기가 대신 버스를 운전한다. 그리고 독자들이 이런 상황을 받아들일 수밖에 없도록 책 속에서 갖은 꾀를 낸다.

월렘스의 책은 2012년에 뜻하지 않았던 과학적인 결과를 낳는다. 남부끄럽지 않은 학술지인 〈동물 인지Animal Cognition〉에서 남부끄럽지 않은 연구자인 브렛 깁슨Brett Gibson, 매튜 윌킨슨Matthew Wilkinson, 데비 켈리Debbie Kelly가 전혀 남부끄럽지 않은 논문을 하나 발표한 것이다. 이 저자들은 비둘기가 유명한 수학 문제인 순회 외판원 문제Travelling Salesman Problem에서 최적에 가까운 해법을 찾아낼 수 있다는 사실을 실험적으로 입증해 보였다. 이들 논문의 제목은 '비둘기에게 버스 운전을 맡기자: 비둘기는 방 안에서 미래의 경로를 계획할 수 있다Let the pigeon drive the bus: pigeons can plan future routes in a room'였다.[19]

이제 과학자들에게 유머 감각이 떨어진다는 소리는 하지 말자. 그런 소리를 하면 저 귀여운 논문 제목이 언론의 주목을 받는 데 도움이 안 될 것 같다.

순회 외판원 문제는 그냥 단순한 수학적 호기심의 대상이 아니다. 이것은 실용적으로 굉장히 중요한 조합 최적화라는 문제의 아주 중요한 사례다. 수학자들은 아주 심오하고 중요한 문제를 사소해 보이는 용어를 이용해서 제시하는 습관이 있다. 미국 국회의원들은 매듭 이론knot theory같이 쓸데없는 연구에 국민의 혈세를 낭비한다고 맹렬히 비난했다. 이 학문 분야가 DNA와 양자론에 적용되는 저차원 위상 수학low-dimensional topology의 핵심이라는 사실을 몰랐기 때문이다. 위상 수학의 기본 기술에는 털북숭이 공 정리hairy ball theorem, 햄 샌드위치 정리ham sandwich theorem 등이 있다. 이름을 이렇게 붙여놓은 수학자들의 자업자득이라는 생각도 든다. 하지만 이것이 우리만의 문제는 아니다. 나는 무지는 문제가 아니라 생각한다. 누구나 그럴 수 있다. 하지만 사람들은 왜 그게 뭐냐고 물어보지도 않을까?[20]

어쨌거나 이 장에 영감을 불어넣어준 중요하고도 사소한 이야기는 순회 외판원에게 도움이 되는 책에서 시작했다. 예전에는 순회 외판원이 집집마다 돌아다니며 물건을 팔았다. 독자 중에는 외판원을 본 적 없는 사람도 있겠지만 나는 기억난다. 보통 진공청소기를 많이 팔았다. 여느 실용적인 비즈니스맨과 마찬가지로 1832년에 독일의 순회 외판원들은(당시의 외판원들은 모두 남성이었다) 효율적인 시간 사용과 비용 절약을 큰 미덕으로 여겼다. 다행히도 도움의 손길이 매뉴얼의 형태로 가까운 곳에 있었다. "Der Handlungsreisende-wie er sein soll und was er zu thun hat, um Aufträge zu erhalten und eines glücklichen Erfolgs in seinen Geschäften gewiss zu sein-von einem alten Commis-Voyageur(순회 외판원-주문을 받아 비즈니스맨으로 행복한 성공을 거두려면 어떤 사람이 되어야 하고 어떻게 해야 하는가-한 늙은 순회 외판원이 씀).” 이 늙은 외판원은 다음과 같이 지적했다.

순회 외판원은 업무 때문에 여기저기 돌아다니는데 모든 경우에 적합한 이동 경로를 확실히 꼬집어 말할 수는 없다. 하지만 때때로 적절한 선택을 통해 순환 경로를 조정하여 상당한 시간을 아낄 수 있기 때문에 이 부분에 어떤 규칙을 부여할 수 있다고 생각한다. … 항상 제일 중요한 부분은 똑같은 지점을 두 번 거치는 일 없이 최대한 많은 곳을 방문하는 것이다.

매뉴얼에서 이 문제를 풀 수 있는 수학을 제시하지는 않았지만 독일을 가로지르며 이동하는 최적의 순환 경로라 주장하는 5가지 사례가 들어 있다(한 경로는 스위스를 가로지른다). 이 경로들은 대부분 같은 장소를 두 번 방문하는 부분 순환로subtour를 포함하고 있으며 여관에서 밤을 보내고 낮에 지역을 방문하는 경우라면 대단히 실용적이다. 하지만 그 경로 중 하나는 반복해서 방문하는 곳이 하나도 없다. 똑같은 문제를 현대에 와서 푼 것을 보면 그림에서 보듯 이 매뉴얼의 답이 꽤 훌륭하다는 사실을 알 수 있다.

순회 외판원 문제는 현재 조합 최적화로 알려진 수학 분야의 토대가 되었다. 조합 최적화란 ‘한 번에 하나씩 확인하기에는 가능성이 너무 많을 때 그중 최고의 선택지를 찾아내는 것’을 의미한다. 이상

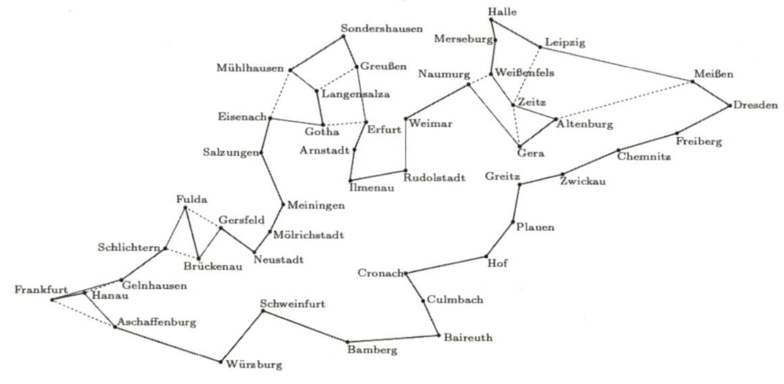

1832년에 나온 45개 독일 도시들의 순환 경로(1,285km)가 끊어지지 않은
실선(굵은 선과 가는 선)으로 나와 있다. 굵은 실선과 점선은 현대적인 방법으로 찾아낸
최단 순환 경로(1,248km)를 나타낸다.

하게도 순회 외판원 문제라는 명칭은 일찍부터 수학자들이 비공식적인 논의에서 흔히 사용했는데도 1984년까지 이 문제를 다루는 출판물에서는 명시적으로 사용된 적이 없었다.

순회 외판원 문제는 실용적인 이유에서 시작했지만 수학계를 아주 깊은 문제들로 이끌었다. 그중에는 아직도 주인을 기다리는 100만 달러의 상금이 걸린 밀레니엄 수학 문제(Millennium Prize Problem, 클레이 수학 연구소에서 지정한 것으로, 사회에 가장 큰 기여를 할 수 있는데도 아직 풀리지 않은 21세기의 7대 수학 문제를 말한다-옮긴이)인 'P ≠ NP?' 문제도 들어 있다. 기술적 의미로 엄밀하게 풀면 이것은 어떤 문제가 주어졌을 때 제안된 하나의 답안이나 추측이 정답인지 효율적으로 입증할 방법이 있으면 그 정답을 효율적으로 찾아낼 수 있는 방법도 항상 존재하는지를 묻고 있다. 대부분의 수학자와 컴퓨터 과학자는 그 답이 '아니오'라고 믿고 있다. 특정 추측이 정답인지 확인하는 일은 정답을 찾아내는 것보다 분명히 훨씬 빨리 할 수 있기 때문이다. 누군가 500조각짜리 조각 맞추기 퍼즐을 풀었다며 당신에게 맞게 풀었는지 봐달라고 하면 보통은 그냥 한번 쓱 보기만 해도 맞게 풀었는지 알 수 있다. 하지만 당신에게 이 퍼즐을 아예 처음부터 풀어보라고 한다면 상황이 완전히 달라진다. 안타깝게도 조각 맞추기 퍼즐은 정답을 주지 않는다. 조각 맞추기 퍼즐은 유용한 비유이기는 하지만 엄밀히 따지면 다르다. 그래서 현재로서는 P가 NP와 다르다는 믿음을 그 누구도 증명하지도, 반증하지도 못하고 있다. 그래서 이 해법에 100만 달러의 상금이 걸려 있다.[21] P ≠ NP 문제는 뒤에서 다시 다루기로 하고 먼저 순회 외판원 문제 풀이의 초기 과정을 살펴보자.

* * *

순회 외판원의 시대는 이제 저문 지 오래다. 인터넷 시대가 된 지금은 도시에서 도시로 직접 사람을 보내 샘플이 들어 있는 가방을 들고 다니며 물건을 파는 경우가 거의 없다. 지금은 모든 상품을 웹사이트에 올려놓는다. 늘 그렇듯이(터무니없는 효용성) 이렇게 문화적으로 변화했다고 해서 순회 외판원 문제가 쓸모없는 문제가 되지는 않았다. 온라인 쇼핑이 기하급수적으로 성장하면서 택배 배달에서 슈퍼마켓 주문 배달, 피자 배달에 이르기까지 모든 부분에서 이동 경로와 일정을 효율적으로 짤 방법이 그 어느 때보다 필요하다. 그럼 순회 외판원 문제를 순회 배달원 문제로 이름을 바꿔야 하지 않을까? 배달차가 이동하는 최고의 순환 경로는 무엇일까?

여기서 통하면 저기서도 통하는 수학의 재주가 여기서도 한몫하고 있다. 순회 외판원 문제의 적용 범위는 도시나 길거리 사이의 이동에만 국한되지 않는다. 우리 집 거실 벽에는 커다란 정사각형 검정색 천이 달려 있다. 그 안에는 스팽글로 수놓은 파란색의 우아한 나선무늬가 그려져 있다. 유명한 피보나치수Fibonacci numbers를 바탕으로 만든 무늬다. 디자이너는 이 무늬를 '피보나치 스팽글Fibonacci sequins'이라고 부른다. 이 무늬는 컴퓨터로 움직이는 기계로 만들었는데 그 기계는 침대보 크기까지는 어떤 천이든 수를 놓을 수 있다. 수를 놓는 바늘이 한 막대에 연결되어 있어서 이 막대의 길이 방향을 따라 움직인다. 그리고 막대는 자신의 길이 방향과 직각으로도 움직일 수 있다. 이 2가지 운동을 조합하면 바늘은 원하는 곳 어디든 움직일 수 있다. 하지만 마구잡이로 움직이면 시간도 낭비되고 기계에 스트레스가 가해지며 소음도 심해지는 등 실용적인 문제가 생기기 때문에 움직이는 거리를 최소화해야 한다. 이것은 순회 외판원 문제와 아주 비슷하다. 이런 기계의 선조는 컴퓨터 그래픽 초창기로 거슬러 올라간다. 당시에는 XY 플로터XY plotter라는 장치가 있어서 비슷한 방식으로 펜을 움직이며 그림을 그렸다.

과학에서는 이와 비슷한 이슈가 아주 많다. 한때는 저명한 천문학자들이 전용 망원경을 사용하거나 몇몇 동료들과 공동으로 사용했다. 이 망원경들은 새로운 천체 쪽으로 쉽게 방향을 틀 수 있어서 즉석에서 간단하게 사용할 수 있었다. 이제는 그렇지 않다. 천문학자들이 사용하는 망원경이 크기도 거대하고 가격도 욕이 나올 정도로 비싸며 접근도 온라인으로 이루어진다. 망원경을 새로운 천체 쪽으로 돌리는 데 시간이 걸리고 망원경을 움직이는 동안에는 관측을 할 수 없다. 잘못된 순서로 관찰 대상을 찾아다니다 원래 출발점 가까운 곳으로 다시 돌아오면 망원경을 불필요하게 길게 움직여야 해서 시간만 버리게 된다. DNA 염기 서열 분석에서는 조각난 DNA 염기 서열을 정확하게 다시 이어 붙여야 한다. 컴퓨터의 시간을 낭비하지 않으려면 이렇게 이어 붙이는 순서를 최적화해야 한다.

다른 적용 분야로는 효율적인 항공기 경로를 정하는 일에서 컴퓨터 마이크로칩과 인쇄 회로 기판의 디자인과 제조에 이르기까지 다양하다. 순회 외판원 문제의 근사해는 밀스온휠스에서 효율적인 배달 경로를 찾거나 혈액을 병원으로 배달하는 경로 최적화에도 사용해왔다. 심지어 순회 외판원 문제의 한 버전이 〈스타워즈Star Wars〉, 좀 더 정확히 말하면 로널드 레이건Ronald Reagan 대통령의 가상의 전략 방위 구상Strategic Defense Initiative에도 등장했다. 날아오는 핵 미사일을 지구 궤도를 도는 강력한 레이저 발사 장치로 격추하는 방법을 연구하는 내용이다.

* * *

프랙털의 전신으로 여기는 연구를 한 카를 멩거Karl Menger가 순회 외판원 문제에 관한 글을 처음으로 쓴 수학자로 보인다. 1930년의 일이었다. 그는 이 문제를 아주 다른 각도에서 접근했다. 그는 순수 수학의 관점에서 곡선의 길이를 연구하는 중이었다. 당시에는 곡선의 길이를 곡선에 대한 다각형 근사polygonal approximation의 길이를 한데 더해서 얻은 가장 큰 값으로 정의했다. 이때 이 다각형의 꼭짓점들은 곡선 위에 존재하는 점들의 유한한 집합이고 이 점들은 곡선 위에 놓인 것과 같은 순서로 이어진다. 멩거는 각각의 다각형을 곡선의 점들의 유한한 집합으로 대체하고 어떻게든 원하는 순서로 그 꼭짓점을 가진 임의의 다각형을 따라 최소 총거리를 구하면 같은 답을 구할 수 있다는 사실을 증명해 보였다. 이 내용이 순회 외판원 문제와 만나는 지점은 멩거의 최단 경로가 다각형의 꼭짓점을 도시라 했을 때 순회 외판원 문제를 풀어주는 최단 경로라는 사실이다. 멩거는 외판원뿐만 아니라 우편배달부에게도 적용할 수 있다며 '배달부 문제messenger problem'라고 불렀다. 그는 이렇게 적었다.

이 문제는 유한한 시도를 통해 해결이 가능하다. 시도 횟수를 주어진 점들의 순열의 수 아래로 낮춰줄 규칙이 무엇인지는 모른다. 먼저 출발점에서 제일 가까운 점으로, 그리고 여기에 제일 가까운 점으로…. 이런 식의 진행 규칙으로는 일반적으로 최단 경로가 나오지 않는다.

이 인용문을 보면 그가 이 문제의 핵심적인 특징 2가지를 이해하고 있다는 사실을 알 수 있다. 첫째, 그는 정답을 찾을 수 있는 알고리즘의 존재를 알았다. 그냥 모든 경로를 순서대로 시도하면서 길이를 계산해서 어느 것이 제일 짧은지 보면 된다. 나올 수 있는 경로의 총숫자는 점들의 순열의 수와 정확히 일치하고 이 값은 유한하다.

그는 더 나은 알고리즘을 알지는 못하지만 도시의 수가 12개를 넘어가면 모든 가능성을 일일이 시도해보는 것은 경로가 너무 많아 현실성이 없다고 적었다. 둘째, 각각의 점에서 제일 가까운 점으로 움직이는 뻔해 보이는 방법이 일반적으로 효과가 없다는 사실을 알고 있었다. 전문가들은 이런 방법을 '제일 가까운 이웃 휴리스틱(nearest neighbour heuristic, 휴리스틱이란 시간이나 정보가 불충분하여 합리적인 판단을 할 수 없을 경우 이용 가능한 정보로부터 어림짐작해서 판단하는 것을 말한다-옮긴이)'이라 부른다. 아래 그림을 보면 이 방법이 실패하는 이유를 알 수 있다.

멩거는 1930년에서 1931년까지 6개월 동안 하버드대학교에서 객원 강사로 있었다. 그리고 위대한 위상 수학자 해슬러 휘트니 Hassler Whitney가 그의 강연에 참석해서 그 문제에 대해 몇 가지 제안을 했다. 1년 후 휘트니는 한 강연에서 미국 성조기에 있는 별 48개(당시는 48개였고 현재는 50개)를 모두 거치는 최단 경로를 찾아냈다고

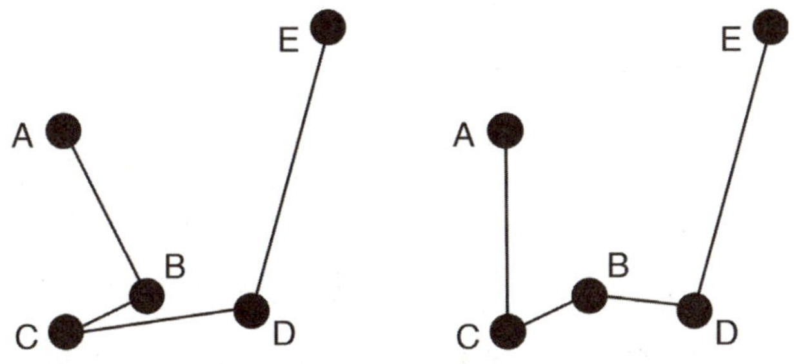

제일 가까운 이웃 휴리스틱이 실패하는 사례이다. A에서 출발해서 아직 방문하지 않은 도시 중 항상 제일 가까운 도시를 찾아간 왼쪽 경로는 ABCDE를 차례로 방문한다. 하지만 ACBDE 순서로 방문한 오른쪽 경로가 더 짧다.

했다. '48개 주 문제48 States Problem'라는 이름이 한동안 회자되었는데 '순회 외판원 문제'라는 산뜻한 이름을 누가 지었는지 아는 사람은 없는 것 같다. 지금까지 알려진 것 중 순회 외판원 문제라는 이름을 이용해서 인쇄된 최초의 참고문헌은 줄리아 로빈슨Julia Robinson의 1949년 보도였다.

멩거는 순회 외판원 문제와 관련 주제에 대한 연구를 이어갔다. 1940년에는 라슬로 페예시 토트László Fejes Tóth도 본질적으로 동일한 문제를 살펴봤다. 단위 정사각형 안에 들어 있는 n개의 점을 모두 거치는 최단 경로를 찾는 문제였다. 1951년에 사무엘 베르블런스키Samuel Verblunsky는 그 정답의 길이가 $2+\sqrt{2 \cdot 8n}$보다 작다는 사실을 증명해 보였다. 여러 수학자들이 정해진 영역 안에 들어 있는 n개의 점을 거치는 최소의 길이가 어떤 상수 곱하기 n의 제곱근보다 크지 않다는 사실을 증명해 보였고, 그런 증명이 이루어질 때마다 그 상숫값을 줄여가면서 조금씩 더 나은 정리를 내놓았다.

1940년대 운용 과학operation research의 선도 기관 중 하나는 캘리포니아 산타모니카에 있는 랜드 연구소였다. 랜드 연구소의 연구자들은 그와 관련이 있는 수송 문제Transportation Problem에 대해 많은 연구를 진행했고 조지 단치그George Dantzig와 찰링 코프만스 Tjalling Koopmans는 현재 선형 계획법linear programming으로 부르는 분야에 대한 자신의 연구가 순회 외판원 문제와 관련 있을지도 모른다고 제안했다. 선형 계획법은 여러 가지 조합 최적화 문제를 풀 수 있는 막강하고 쓸모도 많은 틀이다. 이것은 다른 특정 선형 결합linear combination이 반드시 양 또는 음이어야 한다고 진술하는 부등식을 따르면서 변수의 선형 결합을 최대화하는 방법이다. 단치그는 아직도 널리 사용하는 최초의 실용적 알고리즘인 단체법simplex method을 발명했다. 부등식이 다차원 볼록 다면체multidimensional convex polyhedron를 정의하면, 알고리즘은 우리가 최대화하기 원하는 양을 증가시키는 모서리를 따라 한 점을 움직일 수 없을 때까지 움직인다.

순회 외판원 문제의 진짜 중요한 첫 발전은 1954년 랜드 연구소의 학자 단치그, 델버트 풀커슨Delbert Fulkerson, 셀마 존슨Selmer Johnson이 단치그의 선형 계획법을 쓰면서 이루어졌다. 이들은 선형 계획법을 변형해서 순회 외판원 문제에 적용하고 새로운 체계적인 방법, 특히 절단면을 사용하는 방법을 도입했다. 그리고 그 결과로 최적의 순환 경로 길이의 하한을 얻었다. 길이가 그보다 살짝만 긴 경로를 찾을 수 있다면 때로는 동물적인 감각으로 정답을 찾을 수도 있다. 단치그, 풀커슨, 존슨은 이 개념을 이용해서 합당한 숫자의 도시를 대상으로 순회 외판원 문제에 대한 첫 해법을 얻어냈다. 즉, 49개 도시를 관통하는 가장 짧은 경로를 찾아냈다. 48개 주에서 각각 1개의 도시 그리고 거기에 워싱턴을 포함해 49개가 됐다. 이것이 아마도 1930년대에 휘트니가 언급했던 문제일 것이고 1949년에 로빈슨이 언급했던 바로 그 문제다.

* * *

1956년에 운용 과학의 선구자 메릴 플루드Merrill Flood는 순회 외판원 문제가 어려운 문제일 가능성이 높다고 주장했다. 그럼 이런 의문이 따라온다. 얼마나 어려울까? 여기에 답하려면 100만 달러짜리 계산 복잡도computational complexity인 P와 NP 문제를 다시 생각해봐야 한다. 플루드의 주장이 옳았을 가능성이 높아 보인다. 그것도 아주 많이.

수학자들은 항상 문제를 푸는 수학적 방법에 실용성이 있는지를 주목해왔다. 비록 고속 처리의 문제에 있어서는 어떤 방법이든 없는 것보다는 낫다고 느끼지만 말이다. 순수하게 이론적인 목적에서만 보면 어떤 문제에 대해 해가 존재한다는 것을 입증하기만 해도 큰 진전이 될 수 있다. 왜 그럴까? 해의 존재 여부를 확신하지 못하면 있지도 않은 해를 찾느라 시간을 허비할 수도 있기 때문이다.

이 경우에 내가 좋아하는 사례는 내가 '엄마 각다귀의 텐트Mother Gnat's Tent'라고 이름 붙인 문제다. 아기 각다귀가 바닥에서 1피트(미터든 마일이든 0보다 크기만 하면 된다) 위에 떠 있다. 엄마 각다귀는 텐트 밑면이 땅바닥에 닿게 텐트를 쳐서 아기 각다귀를 덮어주고 싶다. 그리고 최대한 적은 재료를 사용하고 싶다. 어떤 텐트가 표면적이 가장 좁은 텐트일까? 아기 각다귀를 하나의 점으로 모형화한다면 정답은 '그런 것은 존재하지 않는다'가 된다. 표면적이 0보다 크기만 하면 어느 면적으로든 키 크고 가는 원뿔 텐트를 만들 수 있다. 하지만 표면적이 0인 텐트는 하나의 선분이 되어버려 텐트라 할 수 없다. 어떤 텐트를 만들어도 그 절반의 재료를 이용해서 그보다 표면적이 좁은 텐트를 만들 수 있다. 따라서 가장 적은 표면적이 존재할 수 없다.

순회 외판원 문제의 경우 도시의 숫자가 유한하기 때문에 그 도시를 어떤 식으로 배열하든 해가 분명 존재한다. 거기서 나올 수 있는 경로의 수가 유한하기 때문이다. 따라서 최단 경로를 찾으려는 노력이 시간 낭비가 아니라고 보장할 수 있다. 하지만 그렇다고 그 최단 경로가 무엇인지는 알 수 없다. 어딘가 묻혀 있는 보물 사냥을 하려고 할 때 그 보물이 지구 어딘가에 분명 묻혀 있다는 얘기는 아무런 도움이 되지 않는다. 지구 전체를 파보기는 불가능하니까 말이다.

컴퓨터 과학자 도널드 커누스Donald Knuth는 오래전에 컴퓨터 계산에서는 정답이 존재한다는 증거 이상의 것이 필요하다고 했다. 그 정답을 계산하는 데 얼마나 많은 비용이 들어갈지도 알 수 있어야 한다. 돈이 얼마나 들어가는지가 아니라 계산하는 데 얼마나 많은 노력이 들어가는지 알아야 한다는 소리다. 이런 주제를 다루는 수학 분야를 계산 복잡도 이론computational complexity theory이라고 한다. 이 분야는 몇 개의 단순한 개념으로 시작했지만 짧은 시간 안에 세련된 정리와 방법론들을 발전시켰다. 하지만 기본적인 것을 하나 구분하면 실용적인 해와 비실용적인 해 사이의 차이를 아주 간단한 용어로 포착하는 데 도움이 된다.

여기서의 핵심은 다음과 같다. 어떤 문제의 해를 계산하는 방법에서 소요되는 실행 시간(running time, 계산 단계가 몇 개나 되느냐로 측정)이 애초에 그 문제를 진술하는 데 필요한 데이터의 크기와 비교해서 얼마나 빨리 커지는가? 더 구체적으로 말하자면 만약 어느 한 문제를 구체적으로 명시하는데 n개의 2진수가 들어갈 때 실행 시간은 n에 어떻게 좌우되는가? 실용적인 알고리즘의 경우 실행 시간이 n^2, n^3과 같이 n의 제곱 형태로 커지는 경향이 있다. 이런 알고리즘은 다항 시간polynomial time으로 실행된다고 말하고 P 부류라는 기호로 나타낸다. 비실용적 알고리즘은 그보다 훨씬 빨리 커진다. 2^n이나 10^n처럼 기하급수적으로 빨라지는 경우가 많다. 순회 외판원 문제에서 '모든 가능한 경로를 시도하는 알고리즘'이 이와 비슷하다. 이 경우는 계승인 $n!$ 시간으로 실행된다. 이것은 그 어떤 기하급수보다도 빨리 커진다. 그 사이에는 그 어떤 다항 시간보다도 크지만 기하급수보다는 작은 중간 지대가 존재한다. 이런 알고리즘은 실용적일 때도 있고 그렇지 않을 때도 있다. 여기서는 관점을 아주 엄격하게 적용해서 이것들을 모두 'P가 아님(not-P)'이라고 표시된 쓰레기통에 치워두자.

그렇다고 이것이 NP와 같지는 않다.

NP라는 약자는 헷갈리게도 더 미묘한 개념들을 통틀어 상징하고 있다. 이것은 비결정적 다항 시간Nondeterministic Polynomial Time의 약자다. 제안된 특정 해가 정답인지 판단을 내릴 수 있는 알고리즘의 실행 시간을 지칭한다. 기억하겠지만 1과 자기 자신으로만 나누어떨어지는 수를 소수라고 한다. 따라서 2, 3, 5, 7, 11, 13 등은 소수다. 그렇지 않은 수를 합성수라고 한다. 따라서 26은 2×13이므로 합성수다. 2와 13은 26의 소인수다. 200자리나 되는 십진수의 소인수를 찾고 싶다고 해보자. 1년이나 뼈 빠지게 찾아보려 했지만 실패하자 당신은 지푸라기라도 잡는 심정으로 델포이 신탁에 물어봤다. 그러자 신탁은 어느 큰 수를 알려주며 그것이 정답이라 말했다. 그 수가 어디서 나왔는지는 알 길이 없지만(어쨌거나 신탁이라면 점을 보는 능력이 어마어마할 테니까) 그 신탁이 알려준 수가 실제로 우리가 생각하는 그 엄청나게 큰 수를 나눌 수 있는지 그 자리에서 바로 확인해 볼 수 있다. 이런 계산은 소인수 자체를 찾아보는 것보다는 훨씬, 아주 훨씬 쉽다.

신탁이 어떤 해답을 제시할 때마다 당신은 다항 시간(P) 알고리즘을 이용해서 그것이 정답인지 확인할 수 있다고 해보자. 그럼 그 문제 자체는 NP 부류, 즉 비결정적 다항 시간 문제다. 신탁은 답을 찾기 위해 당신보다 훨씬 어려운 문제를 풀어야 하지만 당신은 신탁이 말한 답이 정답인지 항상 판단을 내릴 수 있다.

주어진 답안이 정답인지 확인하는 일은 정답을 찾아내는 것보다 당연히 훨씬 쉽다. X 표시가 된 장소에 보물이 묻혀 있는지 확인하는 것이 애초에 X의 위치가 어디인지 찾아내는 것보다 훨씬 쉬우니까 말이다. 수학적인 사례를 들어보자. 한 수의 소인수를 찾는 것이 어느 주어진 소수가 그 수의 소인수가 맞는지 확인하는 것보다 훨씬 어렵다고 거의 모든 사람이 믿고 있다. 주어진 소인수가 맞는지 확인하는 신속한 알고리즘은 나와 있지만 소인수를 찾는 알고리즘은 없다는 사실이 그 증거다. 만약 P=NP라면 신속하게 정답 여부를 확인할 수 있는 어떤 문제가 주어졌을 때 그 정답을 신속하게 찾아낼 수 있다. 그럼 얼마나 좋을까 싶지만 수학자들이 문제를 풀어본 경험으로 보면 그 반대다. 그래서 거의 모든 이가 P≠NP라 믿고 있다.

하지만 이것을 증명하거나 반증하려는 모든 시도는 실패로 끝나 교착 상태에 빠져 있다. 한 문제를 두고 그 문제를 풀어줄 명확한 알고리즘을 적어서 그 실행 시간을 계산해보면 NP 문제라는 사실을 증명해 보일 수 있지만, 그것이 P 문제가 아니라는 사실을 증명하려면 그 문제를 풀 수 있는 모든 가능한 알고리즘을 고려해서 그중 P 부류가 존재하지 않는다는 사실을 보여야 한다. 어떻게 해야 그럴 수 있을까? 아무도 단서를 찾지 못하고 있다.

이런 시도가 보여주는 신기한 사실이 하나 있다. 엄청나게 많은 후보 문제들이 모두 대등하다는 사실이다. 이 문제들 모두 NP다. 더군다나 어느 특정 문제가 P에 해당하지 않는다는 사실을 입증해 보일 수 있다면 그중 어느 문제도 P에 해당하지 않는다. 살면 다 같이 살고 죽으면 다 같이 죽는 셈이다. 이런 문제를 NP-완전(NP-complete) 문제라고 한다. 그와 관련된 더 큰 범주로 NP-난해(NP-hard)가 있다. NP-난해는 임의의 NP 문제 풀이를 다항 시간 안에서 시뮬레이션할 수 있는 알고리즘으로 이루어져 있다. 만약 이 알고리즘이 다항 실행 시간을 가진다면 임의의 NP 문제도 마찬가지라는 사실이 자동적으로 증명된다. 1979년에 마이클 개리Michael Garey와 데이비드 존슨David Johnson은 순회 외판원 문제가 NP-난해 문제라는 사실을 증명했다.[22] P ≠ NP라 가정할 때 이것이 의미하는 바는 그 문제를 풀 수 있는 알고리즘은 그게 무엇이든 모든 다항 시간보다도 실행 시간이 길다는 점이다.

플루드가 옳았다.

＊ ＊ ＊

그렇다고 모든 것을 포기해야 할 이유는 없다. 앞으로 나갈 수 있는 잠재적 방법이 적어도 2가지는 있기 때문이다.

곧바로 설명할 방법 하나는 실용적 문제에 대한 경험을 바탕으로 한다. 만약 한 문제가 P가 아니라면(not-P) 최악의 시나리오에서 그 문제를 풀 가망은 없다. 하지만 그 최악의 시나리오는 종종 아주 억지스러워서 현실 세계에서 마주치는 전형적인 사례가 아닌 경우가 많다. 그래서 운용 과학을 연구하는 수학자들은 현실 세계의 문제에서 그들이 감당할 수 있는 도시의 숫자가 얼마나 되는지 확인해보기 시작했다. 그리고 단치그, 풀커슨, 존슨이 제안한 선형 계획법의 변형 버전이 기막히게 잘 작동하는 경우가 많다는 사실이 밝혀졌다.

1980년의 기록은 318개 도시였다. 그러다 1987년에는 2,392개 도시로 기록이 올라갔다. 1994년에는 7,397개 도시로 올라갔다. 이 문제의 해답을 얻는 데는 아주 막강한 컴퓨터 네트워크에서 3년 정도의 CPU 타임(한 컴퓨터 프로그램이 하나의 CPU를 차지하여 일을 한 시간의 양-옮긴이)이 걸렸다. 2001년에는 프로세서 110개의 네트워크를 이용해서 15,112개로 이루어진 독일 도시에 대한 정확한 해를 얻었다. 일반적인 데스크탑 컴퓨터로 이 문제를 풀려면 20년이 넘게 걸렸을 것이다. 2004년에는 스웨덴에 있는 24,978개 도시 모두를 거치는 순환 경로를 구하는 순회 외판원 문제가 풀렸다. 2005년에는 콩코드 순회 외판원 문제 해결 프로그램Concord TSP Solver이 인쇄 회로 기판 위에 있는 33,810개의 점을 모두 순회하는 순회 외판원 문제를 풀었다. 이런 연구를 하는 이유가 신기록 작성만을 위해서는 아니다. 여기에 사용하는 방법들은 규모가 더 작은 문제에서 정말 빠르게 작동한다. 몇백 개 도시까지는 보통 몇 분이면 풀 수 있고 1,000개 도시 정도도 표준 데스크탑 컴퓨터로 몇 시간 정도면 풀 수 있다.

또 다른 옵션은 포기할 것은 조금 포기하는 방법이다. 최고의 해와 그리 동떨어지지는 않으면서 찾기는 더 쉬운 해를 찾는 것이다. 일부 사례에서는 1890년에 나온 깜짝 놀랄 발견을 이용해서 이런 결과를 달성할 수 있다. 이 발견은 너무 생소한 수학 분야에서 이루어졌기 때문에 당시 수학계를 주도하던 인물들도 그 안에 담긴 가치를 보지 못했다. 그래서 통찰력 있는 수학자들조차도 천천히 발견되던 해들을 믿지 못하는 경우가 많았다. 설상가상으로 이들이 다루는 문제들은 실제 세계의 그 무엇과도 눈에 띄는 관계가 없어서 수학을 위한 수학처럼 보였다. 이들이 내놓은 결과를 굉장히 인위적이라고 여겼고 이들이 구축한 새로운 기하학적 도형은 '병적'이라는 말을 들었다. 거기서 나온 결과가 옳다고 해도 수학의 발전에 눈곱만큼도 도움이 안 될 거라고 여기는 사람이 많았다. 그저 논리적 흠집 잡기에 재미를 붙여 수학 발전을 가로막는 바보 같은 장애물만 던져놓고 있다고 여겼다.

＊ ＊ ＊

순회 외판원 문제에서 최적은 아니지만 그래도 쓸 만한 해를 찾아내는 한 방법이 그 바보 같은 장애물 중 하나에서 나왔다. 1900년을 전후로 수십 년 동안 수학은 변화를 겪고 있었다. 처치 곤란한 세부 사항들은 무시하고 대담하게 발전을 추구하던 무데뽀 정신은 이제 막바지에 이르렀다. 그리고 '우리가 여기서 지금 대체 무엇에 대해 이야기하고 있는 거지?', '이게 실제로 우리 생각처럼 당연한 건가?' 등의 기본적인 문제들을 무시하던 행동은 명확성과 통찰이 자리 잡았어야 할 자리에 혼란과 당혹의 씨앗을 심었다. 수학자들이 무한한 과정을 생각도 없이 방탕하게 적용하던 미적분 같은 상급 분야에 관한 걱정이 점점 번져갔다. 사람들은 로그 함수처럼 복잡한 수학 함수의 적분에 의심을 품는 대신 함수란 대체 무엇일까를 궁금해하기 시작했다. 손으로 자유롭게 그릴 수 있는 선을 연속적인 곡선이라 정의하는 대신 더 엄격한 정의를 추구했더니, 그런 엄격한 정의가 결여되어 있다는 사실을 알게 됐다. 수처럼 너무도 기본적이고 뻔한 것의 본질마저도 막상 정의하려면 만만치 않다는 사실이 드러났다. 복소수complex number처럼 새로운 구성물만의 이야기가 아니었다. 1, 2, 3처럼 너무도 익숙한 정수whole number도 마찬가지였다. 주류 수학은 이런 종류의 문제가 결국에는 다 잘 해결될 거라고 좋게, 좋게 넘기면서 발전을 이어갔다. 수학적 토대의 논리적 상태에 대한 문제는 사소한 부분을 따지기 좋아하는 현학적인 사람들한테 넘겨버리면 그만이라고 생각했다. 하지만 이런 무신경한 접근 방식이 그리 오래 가지 못하리라는 분위기가 형성되기 시작했다.

폼 잡고 다니던 기존의 방법들이 서로 모순되는 해를 내놓기 시작하자 상황이 정말 악화되기 시작했다. 오랫동안 진리로 믿어왔던 정리들이 이상하고 예외적인 상황에서는 거짓으로 드러났다. 그리고 적분 하나를 2가지 방식으로 계산해보면 2가지 다른 답이 나왔다. 모든 변숫값에 대해 수렴한다고 믿었던 수렴이 가끔 발산을 하기도 했다. 그래도 2+2가 5가 될 때도 있다는 사실을 발견했을 때처럼 끔찍하지는 않았다. 어떤 사람들은 +와 =는 말할 것도 없고 대체 2와 5의 본질이 무엇인지 궁금해하기 시작했다.

그래서 대다수 반대의 목소리에도 몇몇 흠 잡기 좋아하는 사람(?)들은 굳건한 토대를 찾아 수학이라는 거대한 건물을 꼭대기부터 지하실 밑바닥까지 파고들었고, 그렇게 토대를 찾아낸 다음에는 그것을 바탕으로 건물을 바닥부터 꼭대기까지 개조하고 혁신하기 시작했다.

모든 혁신이 그러하듯, 그 최종 결과는 원래의 것과 아주 미세하지만 사람을 불안하게 만드는 차이가 있었다. 고대 그리스 시대부터 항상 있었던 평면 위의 곡선이라는 개념에는 숨겨진 의미가 있었다. 유클리드와 에라토스테네스의 원, 타원, 포물선, 고대 그리스인들이 각을 삼등분하고, 원과 면적이 같은 정사각형을 작도하는 데 사용한 할선 곡선quadratrix, 신플라톤주의 철학자 프로클로스Proclus의 8자 모양 렘니스케이트figure-eight lemniscate, 조반니 도메니코 카시니 Giovanni Domenico Cassini의 타원형, 사이클로이드cycloid, 올레 뢰머 Ole Rømer의 하이포사이클로이드hypocycloids 등의 고전적 사례는 자기만의 매력을 갖고 있고 놀라운 발전으로 이어진 것이 사실이다. 하지만 길들여진 가축만 보고 산 사람은 우림이나 사막의 야생에서 살아가는 생명체에 잘못된 인상을 갖듯이 이런 고전적인 곡선들은 수학의 정글에서 어슬렁거리는 야생의 생명체들을 대표하기에는 너무 길들여져 있었다. 연속 곡선의 잠재적 복잡성을 보여줄 사례로 쓰기에 이 곡선들은 너무 단순하고 얌전했다.

너무도 당연해서 그 누구도 의문을 품지 않았던, 곡선의 가장 기본적인 특성이 있다. 바로 가늘다는 점이다. 유클리드는 《원론》에서 "선은 두께가 없는 도형이다"라고 적었다. 선의 면적, 그러니까 선이 둘러싼 영역 말고 선 자체의 면적이 0이라는 사실은 너무도 자명해 보인다. 하지만 1890년에 주세페 페아노Giuseppe Peano는 정사각형의 내부를 완벽하게 채우는 연속 곡선continuous curve의 구성물을 만들어냈다.[23] 이 곡선은 그냥 정사각형 내부에서 복잡하게 낙서하듯 돌아다니며 모든 점에 가깝게 지나치는 것이 아니라 정사각형 내부의 모든 점을 빠지지 않고 정확히 짚어가며 움직인다. 하나의 점으로 선을 그어 만든다는 점에서 페아노 곡선은 실제로 아무런 두께가 없다. 하지만 이 선은 아주 구불구불하게 돌아다니며 기존에 건드리지 않고 지나갔던 곳을 반복적으로 다시 찾아온다. 페아노는 이 곡선을 아주 섬세하게 통제된 방식으로 무한히 꾸불꾸불거리게 만들면 정사각형 전체를 채울 수 있다는 사실을 깨달았다. 특히 이 곡선의 면적은 그 정사각형의 면적과 동일하므로 0이 아니다.

순진하게 직관적으로 보면 이 발견은 하나의 충격이었다. 당시에는 이런 유형의 곡선을 '병적'이라 불렀고 많은 수학자가 마치 몹쓸 병이라도 되는듯 이런 곡선에 반응했다. 두려움과 혐오감을 드러냈다. 시간이 지난 후에 수학자들은 이런 것에 익숙해졌고 그런 도형이 가르쳐준 심오한 위상 수학적 교훈을 흡수했다. 요즘에는 페아노의 곡선을 프랙털 기하학의 초창기 사례로 바라본다. 그리고 우리는 프랙털 기하학을 전혀 특이한 존재나 병적인 존재로 바라보지 않는다. 프랙털 기하학은 수학에서도 흔히 등장한다. 그리고 실제 세상에서 구름, 산, 해안선 등 자연에서 나타나는 대단히 복잡한 구조를 표현할 수 있는 훌륭한 모형을 제공해준다.

이 수학의 새 시대의 선구자들은 연속성이나 차원 같은 오랜 직관적 개념들을 들여다보며 어려운 질문을 던지기 시작했다. 이 선구자들은 단순한 수학 분야에서 사용하던 전통적 기법들을 피해갈 수 있다고 가정하는 대신, 이 기법들이 충분히 보편적으로 작동하는지 여부를 물어서 작동하면 왜 작동하는지, 항상 작동하지 않는 경우에는 무엇이 잘못되었는지 물었다. 이런 회의적인 접근 방식에 많은 주류 수학자들이 짜증을 냈다. 자신에게 부정적으로 작용한다고 생각했기 때문이다. 1893년에 샤를 에르미트Charles Hermite는 친구 토마스 스틸티어스Thomas Stieltjes에게 보낸 편지에서 "도함수가 없는 연속함수라는 이 끔찍한 재앙을 놀라움과 두려움으로 외면하고 있네"라고 적었다.

전통주의자들은 논리의 정원 속에 들어 있는 모든 것이 사랑스럽다고 가정하고 이를 통해 수학의 경계를 넓히는 일에 훨씬 더 관심이 많았다. 하지만 직관을 뒤흔드는 기이한 것들이 몰아치는 상황에서 기존의 순진한 수학을 극복하려면 이런 회의적 반응이 반드시 필요했다. 1930년대에는 이렇게 더 엄격한 접근 방식이 점점 가치 있어졌고 1960년대에는 수학계를 거의 완벽하게 장악했다. 이 주제가 이 시기에 어떻게 발전했는지는 책으로 한 권 쓸 수 있을 정도고 실제로 책을 쓴 사람도 있다. 여기서는 하위 주제 하나에 집중하고 싶다. 연속 곡선과 차원의 개념이다.

* * *

곡선의 개념은 아마도 초기 인류가 모래바닥이나 흙바닥을 막대기로 그어보다가 막대기가 지난 자리에 남은 흔적을 처음 발견했을 때부터 시작되지 않았을까 싶다. 곡선의 개념이 현재의 형태를 띤 것은 고대 그리스에서 기하학에 논리적으로 접근하면서이다. 또한 유클리드가 점은 위치만 있고 선은 두께가 없다고 주장하면서부터였다. 곡선은 꼭 똑바른 직선이 아니어도 된다. 가장 간단한 사례는 원, 혹은 원에 포함되어 있는 원호다. 그리스인들은 앞에서 언급한 타원, 할선 곡선, 사이클로이드 등 다양한 곡선을 개발하고 분석했다. 이들은 구체적인 사례만 얘기했지만 보편적인 개념이 어떻게 펼쳐져야 하는지는 '자명'했다.

미적분학이 도입된 후로는 곡선의 2가지 속성이 전면에 부각됐다. 하나는 연속성이다. 끊어지는 곳이 없는 곡선을 연속적이라고 말한다. 또 다른 속성은 매끄러움smoothness으로, 이는 더 섬세한 부분이다. 곡선에 날카로운 모서리가 없을 때 매끄럽다고 말한다. 적분은 연속 곡선에서, 미분은 매끄러운 곡선에서 가장 잘 작동한다(이야기의 전개를 위해 지금 아주 엉성하게 표현했지만 그래도 내가 가짜 뉴스보다는 진리와 더 가까운 사람이라 주장하고 싶다). 물론 이렇게 간단한 문제는 아니다. 연속성과 매끄러움을 정의하려면 먼저 '끊어진다'와 '모서리'를 정의해야 했다. 그것도 아주 정확하게 말이다. 더 미묘한 부분까지 따지고 들어가면 당신이 어떤 정의를 제시하든지 수학적 용어로 표현된 수학 연구에 적합해야 한다. 그리고 그 정의를 이용할 수 있어야 한다. 이런 세부 사항은 수학과 학생들도 처음 접하면 당황하기 때문에 여기서는 그냥 넘어가자.

두 번째 핵심 개념은 차원이다. 우리는 모두 공간이 3차원, 면이 2차원, 선이 1차원이라는 사실을 배운다. 우리는 이런 개념에 접근할 때 '차원'이라는 단어를 먼저 정의한 다음에 공간, 면이 그런 차원을 몇 개나 갖고 있는지 세는 식으로 접근하지 않는다. 대신 공간은 정확히 3개의 점을 이용해서 점의 위치를 나타낼 수 있기 때문에 3차원이라고 말한다. 우리는 원점이라는 특정한 점을 고른 다음 남북, 동서, 위아래, 이렇게 3가지 방향을 선택한다. 그러고 나면 선택한 점이 원점에서 각각의 방향으로 얼마나 떨어져 있는지만 측정하면 위치를 말할 수 있다. 이렇게 하면 3개의 숫자 조합이 나온다(선택한 세 방향에 대한 좌표). 그리고 공간 속 각각의 점에는 오직 1개의 조합만 대응된다. 그와 비슷하게 면은 세 방향 중 하나(예를 들면 위아래 방향)를 버릴 수 있기 때문에 2차원이 되고 선은 1차원이 된다. 제대로 생각해보기 전에는 모든 것이 아주 쉽게 느껴진다. 앞 문단에서는 해당 평면이 수평이라 가정하고 있다. 그래서 위아래 방향을 버렸다. 하지만 평면이 수평이 아니라 기울어진 경사면이라면? 그럼 위아래 방향이 중요해진다. 하지만 위아래 방향의 숫자는 항상 나머지 두 숫자가 결정하는 것으로 보인다(그 경사가 얼마나 가파른지 알고 있다는 가정하에). 따라서 중요한 것은 좌표를 측정하는 방향의 수가 아니라 독립적인 방향, 즉 다른 방향의 조합으로 만들 수 없는 방향의 수다.

이제는 좌표가 몇 개나 되는지 그냥 세기만 해서 끝날 문제가 아니라 상황이 조금 더 복잡해지고 있다. 점의 위치를 표현하는 데 필요한 방향의 최소 숫자가 몇 개인지 알아야 한다. 그럼 조금 더 깊은 또 다른 의문이 떠오른다. 평면에서 점의 위치를 표현하는 데 필요한 최소의 방향 개수가 2라는 것을 어떻게 알 수 있을까? 2개가 맞을지도 모른다. 만약 아니라면 더 나은 정의가 필요하다. 하지만 확실하게 떠오르는 것이 없다. 이제 봇물이 터지듯 의문이 줄지어 나온다. 공간에서 점의 위치를 표현하는 데 필요한 최소의 숫자 개수가 3개라는 것은 어찌 알 수 있을까? 독립적인 방향을 임의로 선택하면 항상 3개의 숫자가 나온다는 사실을 어찌 알 수 있을까? 그리고 숫자 3개면 충분하다는 사실을 어찌 확신할 수 있을까?

세 번째 의문은 사실 실험 물리학과 관련 있다. 그리고 이 의문은 아인슈타인과 그의 일반 상대성 이론을 통해 물리적 공간은 사실 유클리드의 편평한 3차원 공간이 아니라 휘어진 3차원 공간이라는 의견으로 이어진다. 아니면 끈 이론 학자들의 말이 옳다면 시공간은 10차원이나 11차원이다. 다만 4개의 차원을 제외한 나머지는 너무 작아서 우리가 알아차리지 못하거나 접근이 불가능하다. 첫 번째 의문과 두 번째 의문은 만족스럽게 해소될 수 있지만 그 해소 방법이 평범하지는 않다. 3차원 유클리드 공간을 3개의 숫자가 있는 좌표계로 정의한 다음, 대학에서 5주나 6주 정도 몇 개의 좌표라도 가능한 벡터 공간을 공부한 다음 한 벡터 공간의 차원이 고유하다는 사실을 입증하면 된다.

벡터 공간 접근 방식에는 우리 좌표계가 직선에 바탕을 두고 있고 공간은 편평하다는 생각이 내재되어 있다. 사실 이것의 또 다른 이름이 선형 대수학linear algebra이다. 만약 아인슈타인처럼 좌표계가 휘어지는 것을 허용한다면? 매끄럽게 휘어지기만 하면(고전적으로는 곡선 좌표curvilinear coordinate라 부른다) 별 문제가 없다. 하지만 1890년에 이탈리아의 수학자 주세페 페아노는 좌표계가 아주 거칠게, 너무 거칠어서 더는 매끄럽지 않을 정도로 휘어지지만 연속적인 상태로 남아 있다면 2차원의 공간이 숫자가 하나만 있는 좌표계를 가질 수 있다는 사실을 발견했다. 3차원 공간에서도 마찬가지다. 더 보편적이고 유연한 이런 설정 안에서는 갑자기 차원의 수가 변경 가능한 것으로 바뀐다.

이 이상한 발견을 그냥 묵살할 수도 있다. 당연히 매끈한 좌표나 그 비슷한 것을 사용해야 하지 않냐고 하면서 말이다. 하지만 이런 기이함을 그대로 받아들여 어떤 일이 일어나는지 지켜보면 훨씬 창의적이고 유용하며 사실 더 재미있다. 전통주의자 비평가들은 다소 꼰대 기질이 있어서 젊은 세대가 재미있게 노는 꼴을 보고 싶지 않았다.

* * *

본론으로 들어가보자. 페아노가 발견한, 혹은 구성한 것은 정사각형 속의 모든 점을 지나가는 연속 곡선이었다. 그냥 정사각형의 경계만 지나가면 쉽겠지만 그렇게 하지 않는다. 정사각형의 내부 전체를 빠짐없이 지나가야 한다. 그리고 그냥 가까운 근처가 아니라 모든 점을 반드시 정확히 건드리며 지나가야 한다.

그런 곡선이 존재한다고 해보자. 그럼 이 선은 꾸불꾸불하고 자체의 내재적인 좌표계를 갖고 있다. 그 선을 따라 얼마나 멀리 가야 하는지 말해주는 좌표계다. 그것은 숫자 하나로 표시되기 때문에 이 곡선은 1차원이다. 하지만 이 꾸불꾸불한 곡선이 속이 꽉 찬 2차원의 정사각형 내부의 모든 점을 지나간다면 연속적으로 변화하는 하나의 숫자만을 이용해서 정사각형 내부의 모든 점을 특정할 수 있다. 그럼 정사각형이 사실은 1차원이었다는 얘기다!

나는 보통 글을 쓸 때 느낌표를 피하는 편이지만 이 발견만큼은 느낌표를 하나 찍어줄 가치가 충분히 있다. 말도 안 되어 보이는 이 말이 참이라니 정말 미친 거 아닌가 말이다.

페아노는 공간 채움 곡선의 첫 사례를 찾아냈다. 이런 곡선이 존재할 수 있는 이유는 매끈한 곡선과 연속 곡선 사이의 미묘하지만 핵심적인 차이 때문이다. 연속 곡선은 꾸불꾸불 거칠게 움직일 수 있다. 하지만 매끈한 곡선은 … 그럴 수 없다. 아주 심하게 꾸불꾸불할 수는 없다. 페아노는 이런 곡선을 발명하기에 딱 적당한 사고방식을 갖고 있었다. 그는 논리적 세부 사항의 미세한 부분들을 좋아했다. 또한 정수 체계의 정확한 공리를 처음으로 정리했다. 즉, 정수 체계를 정확하게 구체적으로 명시해주는 속성들을 간단하게 나열했다. 그가 공간 채움 곡선을 그냥 재미로 발명한 것은 아니었다. 페아노는 자신과 비슷한 사고방식을 가진 전임자의 연구를 마무리하고 있었는데 그 전임자 역시 정수와 셈counting의 본질에 깊은 관심이 있었다. 그의 이름은 게오르크 칸토어Georg Cantor였고 무한에 정말 관심이 많았다. 당시 수학계를 이끌던 인물들은 대부분 칸토어의 급진적이고 탁월한 개념들을 거부했고 그는 절망에 빠졌다. 칸토어가 말년에 정신 질환을 겪은 원인이 일부 사람들의 주장처럼 이런 거부 때문은 아니겠지만, 어쨌거나 도움이 되지 않았던 것은 분명하다. 칸토어의 시도를 이해해준 몇 안 되는 최고 수학자 중 한 명이 수학을 최정상의 자리로 이끈 인물, 바로 다비트 힐베르트David Hilbert였다. 힐베르트는 시대를 이끈 수학자였고 말년에는 수리 논리학을 개척한 또 한 명의 선구자로서 그 토대를 다지는 데 큰 역할을 했다. 어쩌면 칸토어를 보며 통하는 느낌을 받았을지도 모르겠다.

어쨌거나 모든 것은 칸토어가 초한 기수transfinite cardinal를 도입하면서 시작됐다. 초한 기수는 무한 집합에 원소가 얼마나 많은지 세는 방법이다. 그는 어떤 무한은 다른 무한보다 더 크다는 사실을 증명한 것으로 유명하다. 더 구체적으로 말하면 정수와 실수는 일대일 대응 관계가 존재하지 않는다. 실수의 초한 기수보다 더 큰 초한 기수를 찾던 그는 면의 초한 기수가 선의 초한 기수보다 크다고 확신했다. 1874년에 리하르트 데데킨트Richard Dedekind에게 이런 편지를 보냈다.

면(예를 들면 경계를 포함한 정사각형)을 선(예를 들면 끝점을 포함한 직선 선분)과 대응시켜 면 위의 모든 점이 선 위에 대응하는 점을 하나씩 갖도록, 그리고 역으로 선의 모든 점이 면 위에 대응하는 점을 갖게 만들 수 있을까요? 쉽게 풀 수 있는 문제는 아니라고 생각합니다. 그 해답은 분명 '아니오'일 테니 증명이 불필요해 보이기는 합니다만.

3년 후에 그는 다시 편지를 써서 자기가 틀렸다고 말했다. 틀려도 아주 크게 틀렸다고 말이다. 그는 단위 간격unit interval과 n차원 공간(여기서 n은 임의의 유한한 값) 사이에서 일대일 대응을 발견했다. 즉, 한 집합의 모든 원소가 다른 집합의 모든 원소와 일대일로 정확히 짝이 맞아떨어진다는 것이다. 칸토어는 "내 눈으로 봤지만 보고도 믿을 수 없습니다!"라고 적었다.

기본 개념은 간단하다. 단위 간격(0과 1 사이) 안의 두 점이 주어졌을 때 이것을 십진수로 다음과 같이 적을 수 있다.

$$x = 0.x_1x_2x_3x_4 \cdots$$
$$y = 0.y_1y_2y_3y_4 \cdots$$

그리고 이것을 다음과 같이 소수 전개가 이루어지는 단위 간격 속의 한 점에 대응시킨다.

$$0.x_1y_1x_2y_2x_3y_3x_4y_4 \cdots$$

카드 패를 리플셔플(riffle shuffle, 카드 한 벌을 반으로 나눠 바닥에서 서로 마주보게 한 후 번갈아 카드를 내려놓아 뒤섞는 방법 - 옮긴이)로 섞는 것처럼 두 수의 소수 전개를 이렇게 서로 번갈아 배열해서 만든 수다.[24] 일반 카드와 다른 가장 큰 차이점이라면 칸토어의 카드는 무한하다는 것이다. 이제 두 벌의 무한 카드를 이렇게 리플셔플하면 한 벌의 무한 카드가 나온다. 이런 식으로 해서 칸토어는 2개의 좌표를 하나의 좌표에 끼워 맞추는 데 성공했다. 3차원을 다루려면 그냥 카드 3벌을 이용하면 된다. 더 높은 차원도 마찬가지다.

칸토어는 1878년에 연구 결과의 일부를 발표했다. 그는 가산 집합countable set에 대해 조사했다. 가산 집합은 그 원소를 양의 정수와 일대일 대응시킬 수 있고, 서로 일대일 대응이 되는 집합을 말한다. 그는 단위 간격과 단위 정사각형(unit square, 한 변의 길이가 1인 정사각형-옮긴이) 사이에 일대일 대응이 성립하면 차원이 보존되지 않는다는 사실도 깨달았다. 1차원이 2차원과 대응하기 때문이다. 우리 이야기에서 결정적인 부분이 여기서 등장한다. 칸토어는 자신이 구성한 대응 관계가 연속적이지 않다는 점을 강조했다. 즉, 단위 간격의 아주 가까운 점이 단위 정사각형 안에서도 아주 가까운 점으로 대응되지 않는다는 의미다.

칸토어의 개념은 논란을 불러일으켰다. 일부 저명한 수학자들은 말도 안 되는 헛소리라 여겼다. 아마도 너무 독창적인 내용이라 상상력과 열린 마음이 없이는 받아들이기 힘들었기 때문일 것이다. 어떤 사람, 그중에서도 특히 힐베르트는 칸토어가 열어젖힌 새로운 영역이 '천국'이 될 거라고 단언했다. 칸토어 연구의 중요성은 그가 사망한 이후에야 제대로 인정받았다.

* * *

1879년에 오이겐 네토Eugen Netto[25]는 단위 간격과 속이 차 있는 단위 정사각형 사이에 연속적인 일대일 대응은 존재하지 않는다는 사실을 입증해서 뻔해 보이는 질문에 대한 답을 내놓았다. 이게 쉬

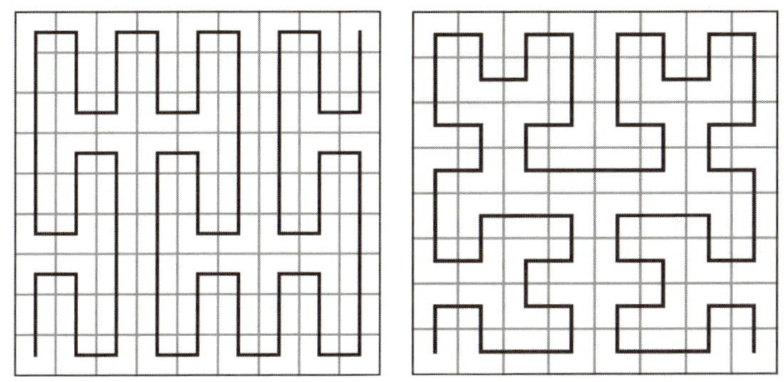

왼쪽은 페아노의 공간 채움 곡선을 기하학적으로 해석하는 과정의 초기 단계이다.
오른쪽은 힐베르트의 공간 채움 곡선 구성물의 초기 단계이다.

워 보이지만 생각만큼 쉬운 일이 아니다. 가장 중요한 돌파구는 페아노가 공간 채움 곡선으로 소동을 일으킨 1980년에 열렸다. 우리가 머릿속에 초기 설정한 연속 곡선에 대한 이미지에 분명 오해의 소지가 있다는 사실을 보여주었다.

페아노의 논문에는 그림이 없다. 그는 단위 간격 속 점들의 3진 전개base-3 expansion를 이용해서 곡선을 정의했고, 그의 구성물은 위의 왼쪽 그림에 나온 기하학적 구성물과 등가다.[26] 1891년에 힐베르트는 공간을 채우는 곡선의 또 다른 사례를 발표했다. 그리고 오른쪽에 나온 것과 비슷한 그림을 그렸다. 양쪽 구성물 모두 꽤 복잡하다. 이 그림들은 재귀 과정의 초기 단계를 보여주고 있다. 이 재귀 과정이 반복되면서 간단한 모양의 다각형이 점점 더 정교한 다각형으로 대체된다. 그 후로 공간을 채우는 다른 곡선들이 많이 발견됐다.

공간 채움 곡선은 다차원 데이터의 저장 및 검색 같은 컴퓨터 분야에 적용할 수 있다.[27] 그 기본 개념은 공간 채움 곡선의 근사를 따르면 다차원 문제를 1차원 문제로 환원해서 다차원 배열을 가로지를 수 있다는 것이다. 또 다른 적용 분야에서는 순회 외판원 문제에 대한 간이 해법을 얻을 수 있다. 기본 개념은 도시를 포함하는 지역을 관통해서 공간 채움 곡선의 유한한 근사를 돌리고 그 곡선을 따라 도시를 차례로 배열한 다음, 각각의 단계마다 가장 짧은 연결 경로를 이용해서 그 순서로 도시들을 방문한다. 이런 과정을 거치면 보통 최적 경로보다 길어야 25% 정도 더 긴 경로가 나온다.[28]

곡선이 다른 어떤 도형을 채울 수 있을까? 힐베르트의 구성물을 3차원으로 확장하면 단위 정육면체unit cube를 채우는 곡선이 나온다. 이 곡선은 어떤 차원의 초입방체(hypercube, 2차원 정사각형, 3차원 정육면체의 n차원 버전 - 옮긴이)도 채울 수 있다. 이 마지막 말은 한스 한Hans Hahn과 스테판 마주르키에비치Stefan Mazurkiewicz가 증명한 정리다. 이 정리는 곡선이 채울 수 있는 위상 공간topological space의 특징을 완벽하게 나타내고 있다.[29] 사실 터무니없는 공간을 배제하기 위한 몇 가지 기술적 조건만 만족시키면 콤팩트한(크기가 유한한) 위상 공간은 거의 모두 채울 수 있다.

＊＊＊

그 순회 외판원에게는 마지막 할 말이 아직 남아 있는지도 모르겠다. 1992년에 산지브 아로라Sanjeev Arora와 동료들[30]은 복잡도 부류 NP('쉽게 확인 가능')에 신기한 속성이 있다는 사실을 발견했다. 이 속성 때문에 훌륭한 근사해를 주는 P 부류 알고리즘('쉽게 계산 가능')을 찾을 수 있다는 가능성에 의문이 제기되었다. 이들은 $P \neq NP$이고 문제의 규모가 어떤 역치 이상일 경우에는 훌륭한 근사치를 계산하는 것이 정답 자체를 찾는 것보다 전혀 쉽지 않다는 사실을 증명해보였다. 이런 결론을 피해갈 유일한 대안은 $P = NP$인 경우였다. 이것을 증명하면 100만 달러 상금을 받겠지만 지금은 가설로 남을 수밖에 없다.

이들의 연구는 정말 놀라운 개념과 관련이 있다. 투명 증명 transparent proof이다. 이 증명이야말로 진정한 수학의 본질이다. 대부분의 과학 분야에서는 관찰을 하거나 실험을 진행하여 자신의 이론을 현실에 대고 검증한다. 수학에서는 이런 사치를 기대할 수 없다. 하지만 수학도 자신의 결론을 검증할 방법이 있다. 첫째, 수학 이론은 논리적 증명이 반드시 뒷받침되어야 한다. 둘째, 오류나 허술한 구멍이 없도록 증명 과정을 반드시 확인해야 한다. 이런 이상은 달성하기가 어렵고 사실 수학자도 완전한 이상에 도달하지는 못한다. 하지만 이를 목적으로 한다. 이런 검증을 통과하지 못하면 즉각적으로 '틀렸음'이라는 딱지가 붙는다. 그래도 올바른 증명을 향해 나가는 한 걸음이 되어줄 수 있기 때문에 틀렸다고 해서 쓸모가 전혀 없지는 않다. 그래서 유클리드의 시대부터 현재에 이르기까지 수학자들은 공들여 자신의 증명과 남들의 증명을 한 줄, 한 줄 꼼꼼히 검토하며 자신이 동의하는 것과 말이 안 되는 것을 찾았다.

근래에는 다른 증명 방법이 등장했다. 바로 컴퓨터를 사용하는 방법이다. 이를 위해서는 증명을 컴퓨터가 알고리즘을 통해 처리할 수 있는 언어로 다시 써야 한다. 이 방법은 효과가 있다. 학술지에서 제일 어려운 증명 문제를 푸는 데 상당한 성공을 거두기도 했다. 하지만 지금까지는 전통적인 방식을 대체하지는 못했다. 이런 개념의 문제점 중 하나는 증명을 어떻게 컴퓨터 친화적인 방식으로 제시하느냐에 새롭게 초점을 맞춘다는 데 있다. 이런 방식은 사람이 선호하는 방식들과는 완전히 다른 경우가 많다. 컴퓨터는 똑같은 작업을 수백만 번 반복하라거나 1,000개의 2진 숫자로 이루어진 두 문자열을 비교해서 동일한지 확인해보라고 해도 불평하지 않는다. 그저 시킨 일만 묵묵히 한다.

인간 수학자들은 시작, 중간, 결말이 확실한 이야기가 담긴 증명을 제일 좋아한다. 그리고 가설에서 시작해서 결론에 이르기까지 진행이 확실한 매력적인 스토리라인을 좋아한다. 자잘한 논리적 흠결을 꼬치꼬치 캐는 것보다는 그 안에 담긴 이야기가 더 중요하다. 명확하고 간결하며 무엇보다도 설득력을 갖추는 것이 목표다. 수학자들은 설득하기 어려운 사람들로 악명이 높다는 사실을 명심하자.

기계로 검증 가능한 증명을 연구하는 컴퓨터 과학자들은 완전히 다른 접근 방법을 만들어냈다. 대화형 증명interactive proof이다. 보통 증명은 한 수학자는 적고 또 다른 수학자는 읽어보는 이야기 형식이지만 이 방식에서는 이런 증명을 제시하는 대신 증명이 하나의 논쟁 과정으로 바뀐다. 팻Pat이라는 한 수학자가 바나Vanna에게 자신의 증명이 옳다며 설득하고 싶다. 그리고 바나는 팻에게 그 증명이 틀렸다고 설득하고 싶다. 두 사람은 한 사람이 자기가 틀렸다는 사실을 인정할 때까지 서로 질문과 답변을 이어간다(팻 사자크Pat Sajak와 바나 화이트Vanna White는 〈휠 오브 포춘〉이라는 미국 게임쇼의 유명인이다).

이것은 체스 게임과 비슷하다. 팻이 "4수 후에는 외통수야"라고 주장한다. 바나가 어림없는 소리라고 하자 팻이 한 수를 움직인다. 그럼 바나가 여기에 응수하면서 "내가 이렇게 받으면?"이라고 말한다. 그럼 팻이 또 한 수를 움직인다. 이렇게 주고받다가 바나가 게임에서 진다. 그럼 바나가 복기를 시작한다. "내가 마지막 수를 그렇게 말고 이렇게 했다면?" 그럼 팻이 다른 수를 둔다. 역시나 외통수다! 팻의 묘수에 바나가 마땅히 대응할 수 있는 수가 모두 소진되어 팻이 이길 때까지, 아니면 사실은 4수 후 외통수가 아니라는 사실을 팻이 인정할 수밖에 없을 때까지 이런 식으로 계속 진행한다. 내 경험으로 보면 수학자들이 연구 문제를 함께 풀 때 실제로 이런 식으로 진행한다. 분위기가 정말 뜨거워지기도 한다. 여기서 나온 최종 결론을 세미나에서 발표할 때는 이야기 버전을 이용한다.

라슬로 버버이László Babai 등은 유한체상의 다항식polynomials over finite fields과 오류 정정 코드error-correcting codes 같은 수학적 도구를 이용해서 이런 유형의 논쟁적인 증명 기법으로 투명 증명이라는 개념을 만들어냈다.[31] 이런 방법들이 확립되고 나니 명확성과 간결함을 추구할 때는 피하게 되는 특성을 컴퓨터를 통해서는 가능하다는 사실을 깨달았다. 바로 중복성redundancy이다. 논리적 증명을 훨씬 더 긴 형태로 고쳐 적을 수 있게 되었다. 이것은 만약 오류가 하나 있으면 그 오류가 거의 모든 곳에 중복해서 나타난다는 의미이기도 하다. 논리의 모든 단계가 증명 전체에 걸쳐 거의 비슷한 여러 관련 복사본에 묻혀 있게 된다. 이는 홀로그램과 조금 비슷하다. 홀로그램에서는 데이터에서 임의의 작은 부분만으로도 전체를 재구성할 수 있도록 이미지를 바꾼다. 이런 식으로 하면 무작위로 작은 표본만 추출해봐도 증명을 검증할 수 있다. 어떤 오류든 거의 틀림없이 그 표본 속에 나타날 것이다. 이렇게 하면 투명 증명을 얻을 수 있다. P 부류 근사해의 부존재에 관한 정리는 그 결과물이다.

* * *

〈동물 인지〉에 나온 깁슨, 윌킨슨, 켈리의 비둘기 논문으로 돌아가 보자. 이들은 순회 외판원 문제가 최근에 인간과 동물의 인지적 측면, 특히 행동을 취하기 전에 계획을 세우는 능력을 조사하는 데 사용했다는 말로 시작한다. 하지만 이 능력이 영장류에만 국한되는지는 분명치 않았다. 다른 동물들도 미리 계획을 세울 수 있을까? 아니면 그냥 진화를 통해 획득한 경직된 규칙만 사용할까? 연구자들은 실험실 실험에 비둘기를 사용하기로 결정했다. 이 실험에서 연구자들은 비둘기들에게 둘이나 셋 정도의 목적지가 포함된 간단한 순회 외판원 문제를 제시했다. 그 목적지는 다름 아닌 사료 공급 장치였다. 비둘기들은 한 장소에서 출발해서 어떤 순서를 따라 각각의 사료 공급 장치로 이동했고 마지막 목적지까지 이런 행동을 이어갔다. 연구진은 "비둘기들은 다음 장소가 가까운지 여부를 중요하게 따졌지만 비효율적인 행동에 따르는 이동 비용이 증가한다고 생각되면 여러 단계를 앞서서 계획하는 듯했다. 이 결과는 영장류가 아닌 동물도 복잡한 이동 경로를 미리 계획할 능력이 있다는 사실을 보여주는 명확하고 강력한 증거다"라고 결론을 내렸다.

한 인터뷰에서 연구자들은 버스 운전하는 비둘기와 연결해서 설명했다. 이들은 버스 운전사들이 비둘기의 버스 운전을 반대한 데는 2가지 이유가 있을 거라고 말했다. 우선 당연히 안전에 대한 우려다. 그리고 다른 하나는 비둘기가 도시 곳곳을 돌아다니며 승객들을 효율적으로 태울 버스 경로를 찾지 못하리라는 우려다. 이 논문의 제목이 말해주듯, 연구진은 실험을 통해 이 두 번째 걱정이 기우라 결론 내렸다.

비둘기에게 버스 운전을 맡기자.

* * *

전 세계 정부와 자동차 제조사들이 지금처럼 계속 나간다면 머지않아 버스 운전사도, 비둘기도 버스를 운전할 일이 없을 것 같다. 대신 버스가 버스를 운전하게 될 것이다. 우리는 자율 주행차라는 새로운 세대로 나아가고 있다.

하지만 어쩌면 아닐지도.

자율 주행차에서 가장 어려운 점은 주변을 정확하게 해석할 수 있느냐다. 자동차에 눈을 달아주는 일은 쉽다. 현재 소형 고해상도 카메라를 수십억 개씩 제조하고 있기 때문이다. 하지만 시각을 가지려면 눈뿐만 아니라 뇌도 있어야 한다. 그래서 자동차, 트럭, 버스에 컴퓨터 시각 소프트웨어를 장착하고 있다. 그럼 이들은 자기가 무엇을 보고 있는지 알고 그에 따라 적절한 반응을 하게 된다.

제조사 측의 주장에 따르면 자율 주행차의 잠재적 장점 중 하나는 안전이다. 사람 운전사는 실수를 해서 사고를 일으킨다. 하지만 컴퓨터는 한눈팔지 않기 때문에 충분한 연구와 개발이 이루어지면 컴퓨터 운전사가 그 누구보다도 안전하게 운전할 수 있다. 또 다른 장점은 월급을 주지 않아도 버스가 알아서 운전한다는 것이다. 하지만 여기에는 운전사의 실업 문제 말고도 큰 단점이 있다. 이 기술이 아직 유아기에 머물고 있다는 점이다. 이 기술을 둘러싼 과대광고가 기승을 부리고 있지만 현재 사용 가능한 시스템은 그런 기대에 못 미치고 있다. 이미 사고로 구경꾼과 시험 운전자 몇 명이 죽었는데도 현재 완전 자율 주행차가 몇몇 국가의 도시 도로에서 시험 운행 중이다. 시험 운행을 하는 근거는 실제 상황에서 테스트를 해봐야 자율 주행으로 사망하는 사람보다 훨씬 더 많은 생명을 구할 수 있다는 이유다. 규제 당국이 사람을 혹하게 만드는 이런 주장에 바로 홀랑 넘어갔다는 사실이 놀라울 따름이다. 만약 실험으로 죽을 사람보다 그 덕에 목숨을 구할 사람이 더 많다는 이유로 새로 나온 신약을 당사자에게 알리지도 않고, 동의도 없이 아무 사람에게나 무작위로 실험해보자고 한다면 아마 난리가 날 것이다. 사실 이런 방식은 거의 모든 국가에서 불법이고 분명 윤리적으로도 비난받을 일이다.

자율 주행차 연구에서 컴퓨터 시각computer vision을 뒷받침하는 주요 기술은 열기가 훨씬 더 뜨거운 기계 학습machine learning 분야다. 연결 강도connection strength를 조정해서 이미지를 올바르게 식별해내는 딥러닝 네트워크deep learning network는 받아들일 수 있을 정도의 정확도를 달성할 때까지 어마어마한 양의 이미지로 훈련을 받는다. 이런 과정은 폭넓은 응용 분야에서 대단히 놀라운 성공을 거두어왔다. 하지만 2013년에는 기계 학습의 성공에만 너무 관심을 보이고 잠재적 실패에는 너무 무관심했다. 현재 '적대적 사례adversarial example'가 심각한 논쟁거리다. 적대적 사례란 의도적으로 변경한 이미지를 사람은 제대로 알아보지만 컴퓨터는 엉뚱한 것으로 알아보는 경우를 말한다.

아래 고양이 사진이 2장 있다. 당연히 고양이가 맞다. 이 두 사진은 불과 픽셀 몇 개만 차이가 나기 때문에 사람 눈에는 똑같아 보인다. 고양이와 고양이가 아닌 막대한 양의 이미지로 훈련받은 표준 신경 회로망은 왼쪽 사진은 고양이라고 맞게 식별했다. 하지만 오른쪽 사진은 과카몰리라고 우겼다. 과카몰리는 아보카도로 만든 초록색 멕시코 소스다. 사실 컴퓨터는 이 사진을 과카몰리라고 99% 수준으로 확신한 반면, 고양이라는 확신은 88% 수준에 불과했다. 시쳇말로 컴퓨터는 수백만 번의 오류를 아주 신속하게 저지르기 위해

몇 개의 픽셀만 차이가 나는 두 이미지를 인셉션 V3 네트워크에 보여주었더니
왼쪽 사진은 고양이로, 오른쪽 사진은 과카몰리로 분류했다.

만들어진 장치다.

이런 이미지를 '적대적'이라 부르는 이유는 누군가가 의도적으로 시스템을 속이려고 할 때 나오기 때문이다. 사실 컴퓨터는 이런 이미지를 대부분 고양이로 인식한다. 크리스티안 세게디Christian Szegedy와 동료들은 이런 이미지의 존재를 2013년에 눈치챘다.[32] 2018년에 아디 샤미르Adi Shamir와 동료들은[33] 어째서 딥러닝 시스템에서 적대적 사례가 생기는지, 왜 필연적인지, 어째서 픽셀 몇 개만 바꿔도 신경 회로망을 착각하게 만들 수 있는지 설명했다.

이런 중대 오류에 취약하게 된 근본 원인은 차원이다. 2개의 비트열이 얼마나 다른지 측정하는 일반적인 방법은 둘 사이의 해밍 거리hamming distance를 찾아내는 것이다. 해밍 거리란 한 비트열을 다른 비트열로 바꿀 때 바꿔줘야 하는 비트의 수를 의미한다. 예를 들어 10001101001과 10101001111의 해밍 거리는 4다. 여기서 차이가 나는 비트는 10101001111에서 굵은 글씨로 표시한 부분이다. 이미지는 컴퓨터에서 아주 긴 비트열로 표현된다. 만약 이미지의 크기가 1MB(메가바이트)라면 그 길이는 2^{23}, 약 800만 비트다. 따라서 이미지의 공간은 0과 1로 이루어진 유한체상에서 800만 차원을 갖는다. 여기에는 $2^{8,388,608}$개의 서로 다른 점이 들어 있다.

훈련된 신경 회로망에 구현되어 있는 이미지 인식 알고리즘은 이 공간 안에 들어 있는 모든 이미지를 훨씬 적은 수의 카테고리로 분류해야 한다. 제일 단순한 사례에서 보면 이것은 결국 초평면hyperplane을 그어 이미지 공간을 잘라 영역으로 나누는 문제로 귀결된다. 다음 그림은 2차원 공간에서 이 과정을 나타냈는데. 이런 과

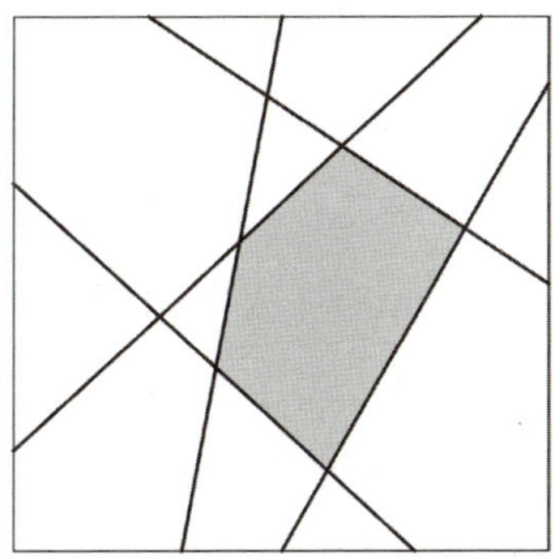

초평면으로 이미지 공간을 분할한 모습이다. 여기서의 차원은 2이고,
5개의 초평면(여기서는 선)이 이미지 공간을 13개의 셀로 나누고 있다.
그중 하나를 음영 처리했다.

정을 거치면 공간이 각각의 카테고리마다 하나씩 수많은 셀cell로
나뉜다. 예를 들어 이 이미지를 해밍 거리가 40인 이미지로 바꾸려
면 이미지에서 40비트만 바꾸면 된다. 눈이 수신하는 정보는 800만
비트로 전체 비트 중 0.0005%에 해당한다. 이 비율은 사람이 어떤
차이를 인지할 수 있는 역치보다 한참 아래다. 하지만 이 해밍 거리
에 있는 이미지의 숫자는 2^{50}, 약 1,000조 개다. 이것은 컴퓨터 시각
이 구분할 수 있는 카테고리의 숫자보다 훨씬 큰 값이다. 따라서 이
미지에 그런 작은 변화만 주어도 컴퓨터가 착각을 일으키는 것이 놀
랍지 않다.

　수학적 분석을 위해서는 비트열을 유한체상에 있는 것으로 표현
하지 않고 실수로 표현하는 것이 더 편하다. 예를 들어 8비트로 이
루어진 1바이트, 10001101이 있다고 해보자. 이것을 0.10001101
이라는 이진법 소수 전개를 가진 실수라 생각할 수 있다. 그럼 이제

1MB 이미지의 공간은 100만 차원의 실수 벡터 공간이 된다. 이런 변경을 통해 샤미르와 그 동료들은 훨씬 강력한 것을 증명해 보였다. 초평면 배열의 한 세포에 들어 있는 이미지와 두 번째 세포가 주어졌을 때, 그 이미지에서 얼마나 많은 비트를 바꿔야 그것을 두 번째 셀로 옮길 수 있을까? 이들의 분석에 따르면 예를 들어 이미지 공간을 20개의 초평면을 이용해서 100만 개의 세포로 나누었을 경우, 이미지 공간의 차원이 250보다 크기만 하다면 2개의 좌표만 바꿔도 주어진 점을 아무 세포에나 옮길 수 있다. 일반적으로 신경 회로망이 어느 주어진 수의 카테고리를 구분하도록 훈련받았다면 주어진 이미지를 임의의 카테고리로 옮기기 위해 바꿔야 하는 좌표의 수는 카테고리의 숫자와 대략 비슷하다.

이들은 이 정리를 상업적으로 사용하고 있는 숫자 인식 시스템에 테스트해봤다. 여기서는 카테고리가 10개 존재한다. 0부터 9까지의 숫자다. 연구자들은 적대적 이미지를 만들어 시스템으로 하여금 숫자 7을 0부터 9까지 10가지 가능한 숫자 중 하나로 인식하게 만들어봤다. 그 결과 이 목표를 달성하기 위해 바꿔야 할 비트의 수는 11개에 불과했다. 7이 아닌 다른 숫자도 마찬가지다.

걱정해야 할까? 자율 주행차가 일반적으로 접하게 될 자연적인 이미지는 시스템을 속이기 위해 일부러 구축한 이미지가 아니다. 하지만 차는 하루에 50만 개 정도의 이미지를 관찰하는데, 그중 하나만 잘못 해석해도 사고가 일어난다. 가장 큰 위협은 반달족이나 테러리스트가 작은 검정 테이프나 하얀 테이프 조각을 붙여 도로 표지판만 살짝 바꿔놔도 컴퓨터가 'STOP(멈춤)' 신호를 '60마일 속도 제한' 신호로 인식할 수 있다는 것이다. 사정이 이렇다 보니 상업적 압력 때문에 위험한 자율 주행차를 지나치게 서둘러 도입한 게 아닌지 의심이 커질 수밖에 없다. 여기에 동의하지 않는 사람에게는 새로운 약물이나 치료법을 이렇게 엉성하게 도입하는 경우는 절대로 없다는 점을 다시 한번 강조하고 싶다. 특히나 위험하다고 의심할 만한 근거가 있는 경우라면 더욱 그렇다.

버스 운전을 버스에게 맡기지는 말자.

4

수학으로 콩팥 기증자 찾는 법

크기를 다루는 기하학 분야 외에 라이프니츠가 처음 언급한 또 다른 기하학 분야가
있는데 이를 위치의 기하학이라 부른다. 최근에 기하학 문제이기는 하지만 거리를
측정할 필요가 없는 한 문제를 보고 분명 위치의 기하학과 관련이 있다고 생각했다.
그래서 나는 그런 문제를 풀기 위해 내가 찾아낸 방법을 여기에 소개하기로 마음먹
었다.
- 레온하르트 오일러, 《위치와 관련된 어떤 기하학적 문제의 풀이》, 1736

인류 역사 대부분에서 사람들은 태어날 때 가지고 태어난 장기를 죽을 때도 가지고 죽었다. 그리고 그 장기 때문에 죽을 때도 많았다. 심장이나 간, 폐, 소장, 위 같은 것이 고장 나면 사람도 고장이 났다. 몇몇 신체 부위, 특히 팔다리 같은 경우는 수술로 제거할 수 있었다. 그리고 그러고도 살아남으면 어떻게든 삶을 꾸려나갈 수 있다. 이후 마취법과 수술실의 무균 환경 발명으로 수술의 고통이 크게 줄었다. 적어도 수술을 진행하는 동안과 환자가 의식이 없는 동안에는 그랬다. 생존 가능성도 크게 높아졌다. 항생제의 등장으로 기존에는 목숨을 잃었을 감염도 완치되는 경우가 많아졌다.

우리는 현대 의학의 이런 기적을 당연하게 여기지만 그런 기적 덕분에 의사와 외과 의사들이 질병을 완치하는 것이 사실상 처음으로 가능해졌다. 하지만 우리는 항생제의 그런 장점을 대부분 쓸데없이 낭비해버렸다. 우리는 가축들에게 항생제를 대량으로 투여했다. 질병 치료 목적이 아니라 더 빠르고 크게 키우기 위해서였다. 그리고 사람들은 의사들이 언제까지 빼먹지 말고 먹으라고 해도 그냥 몸이 좀 나아진 것 같다 싶으면 항생제 복용을 중단해버렸다. 이런 불필요한 관행들은 세균이 항생제 내성을 키우도록 부추기는 꼴이 됐다. 이제 과학자들은 차세대 항생제를 찾기 위해 미친 듯이 여기저기 뒤지고 있다. 다행히 그런 항생제를 찾아낸다면, 부디 그렇게 찾아낸 항생제를 망치지 않을 상식도 우리에게 있었으면 한다.

과거의 외과 의사들이 꾸었던 또 하나의 꿈이 실현되었다. 장기 이식이다. 다행히 지금까지는 망치지 않고 그럭저럭 꾸려온 것 같다. 조건만 잘 맞으면 새로운 심장, 새로운 폐, 새로운 콩팥, 심지어 새로운 얼굴도 얻을 수 있다. 언젠가는 친절한 돼지가 당신이 쓸 대체 장기를 자기 몸에서 대신 만들어줄 날이 올 것도 같다. 물론 자발적으로 하는 일은 아니지만.

1907년에 미국의 의학 연구자 사이먼 플렉스너Simon Flexner는 의학의 미래를 예측하며 병든 장기를 수술을 통해 다른 사람의 건강한 장기로 대체하는 것이 가능해질 거라고 말했다. 특별히 그는 동맥, 심장, 위, 콩팥을 예로 들었다. 최초의 콩팥 이식은 1933년에 우크라이나의 외과 의사 유리 보로노이Yuriy Vorony가 했는데, 그는 6시간 전에 사망한 기증자의 몸에서 콩팥을 제거해서 자기 환자의 넓적다리에 이식했다. 환자는 새로 이식한 콩팥을 몸에서 거부해 이틀 후에 사망했다. 기증자의 혈액형이 달랐기 때문이었다. 장기 이식의 가장 큰 걸림돌은 면역이다. 면역계가 새로 들어온 장기를 자기 몸의 일부가 아니라고 인식해 공격해버린다. 1950년에 리처드 롤러Richard Lawler가 최초로 콩팥 이식에 성공했다. 환자의 기증받은 신장은 열 달을 버티다가 거부 반응이 일어났지만 그 즈음 환자 자신의 콩팥이 충분히 회복되어 있어서 5년을 더 살 수 있었다.

정상인은 콩팥이 2개 있고 그중 하나만 있어도 기능에 별 문제가 없다. 따라서 살아 있는 기증자로부터 장기를 얻을 수 있기 때문에 전체 과정이 단순해진다. 콩팥은 이식하기 제일 쉬운 기관이다. 거부 반응을 막기 위해 기증자의 조직형이 수혜자의 조직형과 짝이 맞는지 간단하게 확인할 수 있다. 그리고 일이 잘못됐을 때는 투석 기계를 이용해서 콩팥이 할 일을 대신하면 된다. 1964년에 항거부 반응제anti-rejection drug가 등장하기 전에는 사망한 기증자의 콩팥을 이식하지는 않았다(적어도 미국과 영국에서는). 하지만 산 사람이 기증하는 콩팥은 많았다.

대부분의 경우 기증자는 수혜자의 가까운 친척이었다. 이렇게 하면 조직형이 맞을 가능성이 높기도 했지만, 가장 큰 이유는 모르는 사람을 위해 기꺼이 자기 콩팥을 내어주려는 사람이 거의 없었기 때문이다. 어쨌거나 콩팥을 여분으로 하나 가지고 있다면 행여 그중 하나가 작동을 멈추더라도 정상적인 삶을 이어갈 수 있다. 하지만 콩팥 하나를 모르는 사람한테 줘버리면 그런 여분의 백업이 사라지게 된다. 만약 수혜자가 어머니, 형제 혹은 딸이라면 실보다는 득이

크다. 특히 기증을 거부하면 죽을 수밖에 없는 경우라면 득이 더욱 커진다. 이방인과는 그런 개인적인 문제로 얽혀 있지 않기 때문에 위험을 감수할 가능성이 낮아진다.

일부 국가에서는 기증의 대가로 돈을 제공했다. 모르는 사람에게 돈을 주어 자신의 가족에게 콩팥을 기증해달라고 할 수 있었다. 이런 거래를 허용했을 때 생길 수 있는 위험은 뻔하다. 예를 들어 가난한 사람을 돈으로 매수해서 부자에게 콩팥을 기증하라고 할 수도 있다. 영국에서는 가까운 친척이 아니면 누구에게도 콩팥을 기증하지 못하게 법으로 금지했다. 2004년과 2006년에 이런 장벽을 없애는 법안이 통과됐지만 남용을 막기 위한 보호 장치가 추가됐다. '금전 거래를 통한 주인 바꾸기 금지'가 그중 하나였다.

법이 바뀌면서 기증자와 수혜자를 짝 맞추는 새로운 전략이 가능해져 더 많은 환자를 치료할 수 있게 됐다. 이것은 또한 중요한 수학적 문제도 양산했다. 이런 전략을 어떻게 효율적으로 활용할 것이냐는 문제였다. 그런데 우연히도 이런 문제를 해결할 수 있는 막강한 도구가 이미 존재하고 있었다. 놀랍게도 그 모든 것은 거의 300년 전에 있었던 우스꽝스러운 작은 퍼즐에서 시작됐다.

* * *

사실 잘 알려진 이야기지만 어쨌든 얘기해보려고 한다. 2가지 이유가 있다. 먼저 수학의 한 분야를 만들어낸 이야기이기 때문이고 또 그 역사를 오해하는 경우가 흔하기 때문이다. 나도 분명 오해했다.

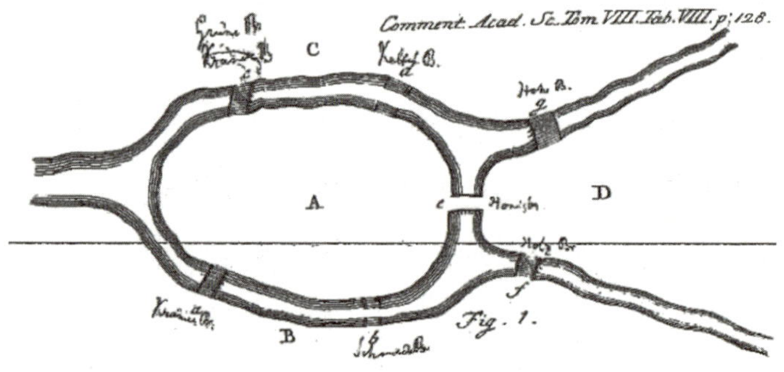

오일러의 쾨니히스베르크의 7개 다리 도식

현재 러시아에 속한 칼리닌그라드는 한때 쾨니히스베르크로 불렸다. 1700년대에 이곳은 프러시아에 속해 있었다. 프레겔강이 도시를 관통하며 흘렀고 그 안에 크네이포프와 롬세라는 2개의 섬이 있었다. 그리고 모두 7개의 다리가 있었는데 양쪽 강둑은 크네이포프섬과는 2개의 다리로, 롬세섬과는 1개의 다리로 이어져 있었고 마지막으로 두 섬을 1개의 다리가 잇고 있었다. 현재는 배치가 달라졌다. 제2차 세계대전 때 도시가 폭격을 맞아서 그림에 나온 b와 d 다리가 부서졌다. 그리고 새로 도로를 내기 위해 a와 c 다리를 철거했다. 그렇게 남은 원래의 다리 3개 중 하나는 1935년에 새로 지었고 현재는 원래의 위치에 다리가 5개 남아 있다.

전하는 얘기에 따르면 쾨니히스베르크의 시민들은 오래전부터 각각의 다리를 정확히 한 번씩만 건너면서 도시를 가로질러 걸을 수 있을지 궁금해했다고 한다. 요즘 신문 퍼즐 코너나 온라인으로 접할 만한 종류의 간단한 퍼즐이었다. 해보면 알겠지만 서로 다른 경로로 이렇게 저렇게 실험해보는 식으로는 정답이 나오지 않는다. 이와 비슷한 문제들은 정답이 있고 그 정답을 찾기가 어려울 때도 있다. 더군다나 당신이 취할 수 있는 경로의 수는 무한히 많다. 경로를 따라 걷는 동안에도 갔던 길을 되돌아오거나 하면서 정처 없이 떠돌아다닐 방법이 무수히 많기 때문이다. 그래서 가능한 모든 경로를 고려해서는 정답을 찾을 수도, 정답이 존재하지 않는다는 사실을 증명할 수도 없다.

일종의 사기를 치면 퍼즐을 쉽게 풀 수 있다. 예를 들면 다리를 건널 때 끝을 밟지 않고 그 직전에 뒤돌아서 온 다음에 다리를 건너긴 건넌 거 아니냐고 주장할 수 있다. 이런 일을 막으려면 다리를 건넌다는 것이 무엇인지 그 기준을 명쾌하게 정의해야 한다. 그와 유사하게 걷는다는 것 역시 일부 구간을 수영, 배, 기구, 〈닥터 후Doctor Who〉의 타디스(TARDIS, 영국 드라마 〈닥터 후〉의 주인공이 타고 다니는 이동 장치-옮긴이), 히치하이킹 등으로 이동할 수 없다는 의미다. 혹은 강 상류를 뒤져서 오일러의 그림에 나와 있지 않은 다른 다리를 찾아서 건너가도 안 된다. 퍼즐 마니아는 이런 식으로 퍼즐을 조작하는 게 재미있을 수도 있고 독창성이 필요할 수도 있지만 결국은 사기라는 것을 안다. 여기서 이런 사기를 배제할 수 있는 조건들을 일일이 열거하지는 않으련다. 나는 적절한 수학의 형식을 빌려 재공식화된 퍼즐이 조작하지 않고는 풀 수 없다는 것을 어떻게 증명할 수 있는지에 관심이 더 많다. 조작은 문제를 어떻게 공식화하느냐의 문제이지, 일단 공식화된 이후에 그 문제를 어떻게 푸느냐, 혹은 풀이가 불가능함을 어떻게 증명하느냐의 문제가 아니다.

이제 당대의 선도적 수학자였던 오일러를 만나보자. 그는 당시의 거의 모든 수학 분야에 대해 연구했고 그가 처음으로 시도하는 새로운 분야도 연구했으며 그 주제를 굉장히 다양한 실세계의 문제에 적용했다. 그의 연구 주제는 순수 수학과 수리 물리학의 주요 분야에 관한 박식한 서적의 집필에서부터 우연히 그의 상상력을 사로잡은 신기하고 이상한 주제에 이르기까지 광범위했다. 그리고 1700년대 초에는 쾨니히스베르크 다리의 퍼즐에 빠져들었다. 그는 이 퍼즐을 정확한 수학 방정식으로 공식화한 후에 앞에서 말한 대로 그런 경로는 존재하지 않는다는 사실을 증명했다. 왕복 경로가 아니고 출발점과 다른 어딘가에서 끝나는 경로로 시도해도 불가능했다.

오일러는 예카테리나 1세가 러시아를 다스리던 1727년에 러시아 상트페테르부르크로 이사를 와서 궁정 수학자가 됐다. 예카테리나 1세의 남편인 표트르 1세는 1724~1725년에 상트페테르부르크 아카데미를 창립했지만 아카데미가 완전히 모습을 갖추기 전에 세상을 떠났다. 오일러는 1735년에 자신의 연구를 아카데미에서 발표했고 1년 후에 논문으로 출간했다. 수학자로서 역사상 가장 많은 책을 쓴 사람인 오일러는 그 퍼즐에서 자기가 뽑아낼 수 있는 것을 최대한으로 뽑아냈다. 그는 쾨니히스베르크 다리만이 아니라 그와 비슷한 모든 문제에서 해가 존재하는 데 필요한 필요충분조건을 찾아냈다. 5,000개의 다리가 5,000개의 섬을 복잡한 배열로 연결하더라도 오일러의 정리를 이용하면 해가 존재하는지 여부를 알 수 있다. 그 증명을 자세히 들여다보면 심지어 해를 찾는 법도 나와 있다. 오일러의 논의는 조금 개략적이었기 때문에 끔찍하게 어려운 내용이 아니었는데도 구체적인 부분까지 모두 정리하는 데 거의 150년이 걸렸다.

현재 그래프 이론graph theory을 다루는 많은 책에서 오일러가 다리 건너기 퍼즐을 그래프에 관한 더 단순한 질문으로 환원시켜 이 퍼즐에 해가 없다는 사실을 증명했다고 말하고 있다. 여기서 말하는 그래프는 선(간선edge)으로 연결한 점(마디node 혹은 꼭짓점)의 집합이 일종의 네트워크를 형성한다는 의미다.[34] 그래프를 이용한 재공식화는 쾨니히스베르크 다리의 문제를 각각의 간선을 정확히 한 번만 이용해서 특정 그래프를 관통하는 경로를 추적하는 문제로 바꿔준다. 오늘날에는 분명 이런 식으로 문제에 접근하지만 오일러가 이런 방식을 사용한 것은 아니었다. 역사가 그런 식이다. 수학 역사가들은 정설로 자리 잡은 내용이 아니라 실제로 일어난 일을 말하고 싶어 한다. 사실 오일러는 이 문제 전체를 기호로 풀어냈다.[35]

그는 각각의 육지(섬이나 강둑)와 각각의 다리에 알파벳으로 이름을 붙였다. 육지에는 A, B, C, D로 대문자를 사용하고 다리에는 a, b, c, d, e, f, g로 소문자를 사용했다. 각각의 다리는 서로 다른 2개의 육지를 이어준다. 예를 들어 다리 f는 A를 D와 이어준다. 걷기 과정은 어느 육지에서 시작해서 어느 영역을 만나고, 어느 다리를 건너 마지막으로 찾아간 영역에서 끝나는지 차례로 나열하여 표현할 수 있다. 오일러는 자신의 논문 대부분에서 이 내용을 말로 풀었다. 그리고 대부분 육지의 차례를 가지고 풀어갔다. A에서 B로 가는데 어느 다리를 이용하는지는 중요하지 않다. 그냥 AB가 발생하는 횟수가 그 둘을 잇는 다리의 수와 같기만 하면 된다. 아니면 어디서 출발하는지 특정하기만 하면 다리의 차례를 이용하면서 주어진 육지를 몇 번이나 만나는지 세어봐도 된다. 이렇게 하는 것이 더 간단하다 할 수 있다. 이 논문의 말미에서 그는 양쪽 기호를 모두 사용해서 더 복잡한 다리 배치에 대응하는 다음의 차례를 이용한 사례를 들었다.[36]

$$E_a F_b B_c F_d A_e F_f C_g A_h C_i D_k A_m E_n A_p B_o E_l D$$

이런 공식화에서 각각의 육지 안에서, 혹은 각각의 다리 위에서 정확히 어떤 경로를 따라 걷는지는 전혀 중요하지 않다. 여기서는 딱 하나, 어느 육지를 방문했고 어느 다리를 건넜는지 순서를 추적해야 한다. 다리를 건넜다는 의미는 '양쪽의 두 대문자가 다르다'고 해석할 수 있다. 이렇게 하면 다리로 올라갔다가 다시 들어갔던 곳으로 나오는 경우를 배제할 수 있다. 이 퍼즐의 정답은 A-D의 대문자와 a-g의 소문자가 번갈아 나타나되, 각각의 소문자가 딱 한 번씩만 나오고 주어진 소문자 앞뒤의 대문자가 그 다리가 연결하는 두 육지에 해당해야 한다.

모든 소문자에 대해 이런 연결을 목록으로 뽑아볼 수 있다.

a는 A와 B를 잇는다.

b는 A와 B를 잇는다.

c는 A와 C를 잇는다.

d는 A와 C를 잇는다.

e는 A와 D를 잇는다.

f는 B와 D를 잇는다.

g는 C와 D를 잇는다.

육지 B에서 시작한다고 해보자. B를 다른 육지와 연결하는 다리는 a, b, f, 이렇게 3개다. f를 선택했다고 해보자. 그럼 순서는 Bf로 시작한다. f의 반대쪽에 있는 육지는 D다. 따라서 BfD를 얻게 된다. D를 다른 육지와 연결하는 다리 2개 e, g는 아직 사용하지 않은 상태다(f를 다시 사용할 수는 없다). g를 시도해보자. 그럼 지금까지의 경로는 $BfDg$가 된다. g의 반대쪽에는 C가 있다. 따라서 $BfDgC$가 된다. 이제 계속 이어갈 수 있는 경로는 c와 d밖에 남지 않았다(g를 통해 돌아갈 수는 없다). c를 시도해볼 수 있다. 그럼 $BfDgC_c$가 되고 이것은 $BfDgC_cA$가 된다. A에서는 4개의 사용 가능한 다리 a, b, d, e가 있다(c는 이미 사용했다).

이제 d를 건널 수 있을까? 안 된다. 그럼 $BfDgC_cA_d$, 그래서 $BfDgC_cA_dC$가 되기 때문이다. C와 연결된 다리 3개, 즉 c, d, g는 다 사용해버렸다. 하지만 다리 b를 건너지 못했기 때문에 아직 퍼즐을 풀지는 못했다. 비슷한 이유로 다리 e를 건널 수도 없다. 그럼 D로 가게 되어 막혀버리기 때문이다. 더군다나 b를 다시 놓친다. a는 어떨까? 그럼 $BfDgC_cA_aB$가 되고 사용하지 않은 유일한 출구는 b라서 $BfDgC_cA_aB_bA$가 된다. 그럼 이제 남은 출구는 d나 e밖에 없다. d의 경우에는 $BfDgC_cA_aB_bA_dC$가 나오는데 남은 출구가 없지만 아직 e를 건너지 못했다. e의 경우에는 $BfDgC_cA_aB_bA_eD$가 되는데 남은 출구가 없다. 그런데 d를 건너지 못했다.

좋다. 이번에 선택한 순서로는 안 되는 거 같다. 하지만 초반에 다른 선택을 했다면 가능했을지도 모른다. 이제 가능한 모든 순서를 체계적으로 시도해본다. … 결국 어떤 순서를 선택해도 불가능하다고 나온다. 어느 단계에 가서는 현재 위치에서 더 빠져나갈 곳이 없는데 아직 건너지 못한 다리가 적어도 1개 나온다. 가능한 순서의 목록은 유한하고 그 수가 그리 많지 않아 완전히 목록으로 적어볼 수도 있다. 할 수 있다면 한번 시도해보자.

당신이 정말 목록을 작성해봤다면 이 특정 퍼즐이 답이 없다는 사실을 증명한 것이 된다. 이것으로 쾨니히스베르크의 시민들은 만족했을지 모르겠지만 오일러는 만족하지 못했다. 첫째, 어째서 항상 막히고 마는지 이유가 분명치 않다. 둘째, 이 정답은 그와 같은 종류의 다른 퍼즐에 정답이 있는지, 없는지 말해주지 않는다. 그래서 오일러는 누군가가 문제를 풀었을 때 수학자들이 항상 물어보는 가장 중요한 질문을 던졌다. "좋아. 그런데 그게 어째서 통한 거지?" 그리고 그다음으로 중요한 질문을 던졌다. "더 나은 방법은 없을까?"

오일러는 좀 더 생각해보고 나서 간단한 3가지 내용을 관찰했다.

- 정답이 있는 경우에는 모든 육지는 어떤 다리 순서를 통해 다른 모든 육지와 반드시 연결되어야 한다. 예를 들어 E와 F라는 2개의 섬이 더 있고 이 둘이 h, i, j, …라는 하나 이상의 새로운 다리로 연결되어 있으며 이 두 섬을 다른 육지와 연결하는 다른 새로운 다리는 없다면, 이 다리들을 건너는 방법은 E와 F 사이를 오가는 것밖에 없다. 따라서 다른 어떤 다리도 갈 수가 없다.

114

- 앞에 나온 '연결성' 조건에 문제가 없다고 가정할 경우. 걷기를 시작하고 끝내는 두 육지를 제외한 나머지 육지에서는 한 육지에 들어갈 때마다 다른 다리를 통해 빠져나와야 한다.
- 그렇게 할 때마다 그 육지와 연결된 두 다리를 더는 사용할 수 없다.

따라서 육지를 통과할 때마다 다리를 쌍으로 소모한다. 이것이 핵심 통찰이다. 한 육지가 짝수 개의 다리로 연결되어 있으면 그 육지에서 막히지 않고 다리를 모두 사용할 수 있다. 만약 육지가 홀수 개의 다리와 연결되어 있으면 하나 빼고 나머지는 막히지 않고 사용할 수 있다. 하지만 어느 단계에서는 반드시 그 다리를 건너야 하고 그럼 거기서 막힐 수밖에 없다.

이 가상의 여행 중간에 막혀버린다면 치명적이다. 하지만 경로의 끝에 가서 막히는 것은 문제가 없다. 경로를 뒤집어서 사실상 뒤로 걷는다고 생각해보면 경로를 시작할 때도 막혀 있는 것이 문제가 되지 않는다. 이런 식으로 추론해보면, 경로가 존재할 경우 홀수 개의 다리로 연결된 육지가 많아야 2개여야 한다는 사실을 알 수 있다. 쾨니히스베르크 문제를 살펴보자.

A는 5개의 다리로 연결되어 있다.

B는 3개의 다리로 연결되어 있다.

C는 3개의 다리로 연결되어 있다.

D는 3개의 다리로 연결되어 있다.

따라서 홀수 개의 다리와 연결된 육지가 2개를 초과한 4개이기 때문에 경로가 존재하지 않는다.

오일러는 또한 이와 똑같은 홀수/짝수 조건이 경로가 존재하기 위한 충분조건이라고 증명 없이 진술했다. 이 부분은 조금 어렵기 때문에 여기서는 그냥 넘어가겠다. 여기에 대한 증명은 카를 히어홀저Carl Hierholzer가 1871년에 사망하기 직전에 증명해서 사후인 1873년에 발표됐다. 오일러는 또한 출발한 곳에서 끝나는 닫힌 경로를 찾고 싶을 때의 필요충분조건은 모든 육지가 짝수의 다리와 연결되어 있는 거라고 말했다.[37]

현재까지 살아남은 5개의 다리만을 이용하면 B와 C 모두 2개의 다리와 연결되어 있다. 따라서 이 수정판 문제에는 반드시 정답이 존재해야 한다. 하지만 열린 경로에 대해서만 존재할 수 있다. 끝점은 반드시 A와 D가 되어야 한다. 이 둘은 여전히 홀수 개의 다리로 연결되어 있기 때문이다. 그림에 그 정답이 나와 있다. 다른 정답도

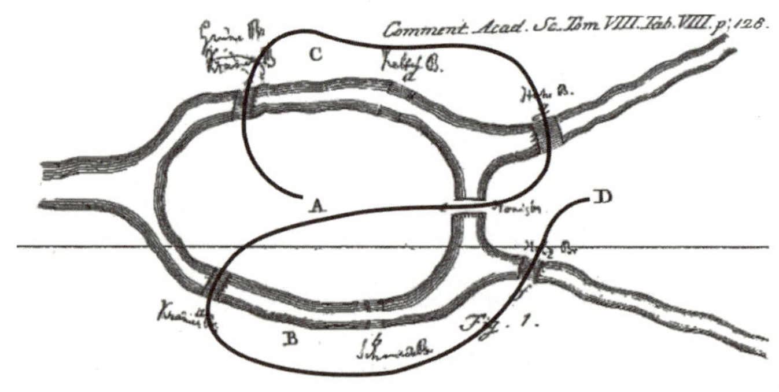

아직 남아 있는 5개의 다리를 이용한 열린 경로

있다. 정답을 모두 찾을 수 있겠는가?

오일러는 위에 나온 모든 내용을 $B_fD_gC_cA_aB_bA_eD$ 같은 기호 순서로 표현했다. 시간이 좀 지난 후에 누군가가 모든 것을 시각적으로 해석할 수 있다는 사실을 깨달았다. 정확히 누구인지는 분명치 않다. 19세기 중반에는 그런 기운이 강하게 감돌고 있었기 때문이다. 하지만 1878년에 '그래프'라는 이름을 도입한 사람은 제임스 조지프 실베스터James Joseph Sylvester였다. A에서 D까지 4개의 점과 a부터 f까지 4개의 선으로 그림을 그려보자. 각각의 선이 그 선에 해당하는 다리의 끝에 있는 두 육지를 연결하게 그린다. 그럼 섬과 다리의 지도가 아래 왼쪽 그림처럼 단순해진다. 방금 앞에서 언급한 기호 순서는 오른쪽 그림에 나온 경로에 해당한다. 이 경로는 B에서 시작해서 D에서 막히면서 끝난다.

이 시각적 단순화는 쾨니히스베르크 다리를 표현한 그래프다. 이 그림에서 4개의 점을 어디에 두는지는 중요하지 않다(그래도 서로 헷갈리지 않게 정확히 분리되어 있어야 한다). 그리고 선의 정확한 모양도

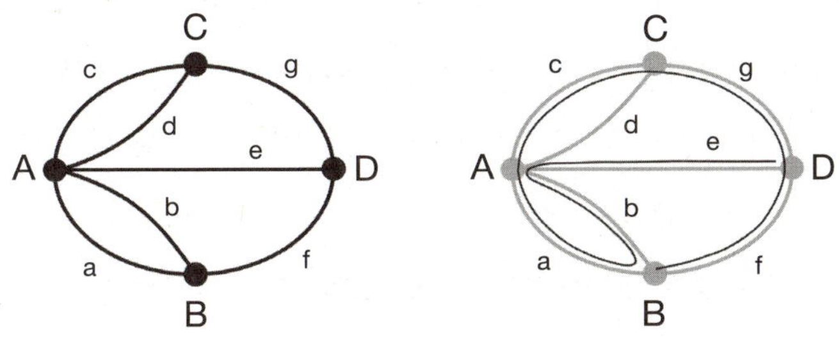

왼쪽은 쾨니히스베르크 다리의 연결 상태를 보여주는 그래프다.
오른쪽은 시도 사례로 다리 d를 건너지 못했다.

중요하지 않다. 주어진 선이 어느 점들을 연결하고 있는지만 중요하다. 이렇게 시각적으로 설정해놓으면 오일러의 증명이 아주 자연스러워진다. 경로의 끝점이 아닌 한, 다리 하나를 건너 한 육지로 들어온 경로는 반드시 다른 다리를 이용해서 다시 그곳을 떠나야 한다. 그와 유사하게 다리 하나를 건너서 한 육지를 떠나는 경로는 닫힌 경로의 출발점이 아닌 한 이미 다른 다리를 건너서 그곳에 들어와야 한다. 따라서 두 끝점을 제외하면 다리가 쌍으로 나타난다. 끝점이 아닌 육지는 짝수의 다리와 연결되어야 한다. 두 끝점이 홀수 개의 다리와 연결된 경우에는 열린 경로만 가능하다. 아니면 출발점과 끝점이 같은 육지에 있어서 다른 다리를 사용하지 않아도 두 육지가 연결되어 닫힌 경로를 만들 수 있다. 그럼 이제는 모든 육지가 짝수 개의 다리와 만나게 된다.

이 한 부류의 문제를 풀면서 오일러는 2가지 주요 수학 분야에 시동을 걸었다. 하나는 선으로 연결된 점들을 연구하는 그래프 이론이다. 듣기에는 아이들 놀이처럼 간단해 보인다. 실제로 그렇다. 하지만 동시에 심오하고 유용하며 어렵다. 그 이유는 뒤에서 보게 될 것이다. 또 하나는 위상 수학이다. '고무판 기하학rubber sheet geometry'이라고도 한다. 이 기하학에서는 도형을 연속적으로 변형하기만 하면 그 형태가 본질적으로 달라지지 않는다고 생각한다. 선의 모양과 점의 위치를 마음대로 바꿔도 연결 방식이 변하지만 않으면(연속성 요구 조건) 본질적으로 동일한 그래프를 얻는다. 무엇이 무엇과 연결되어 있는지에 대한 동일한 정보를 전달한다는 의미에서 동일하다.

이런 간단한 퍼즐에서 그런 중요한 혁신이 나왔다는 사실이 참 놀럽다. 이야말로 터무니없는 효용성의 사례가 아닐까 싶다. 여기에는 바깥에서 보면 이해 못하고 넘어갈 때가 많은 중요한 교훈도 담겨 있다. 단순해 보이는 수학을 과소평가하지 말라는 것이다. 진지하기 는커녕 아이들 장난감처럼 보이더라도 말이다. 중요한 것은 장난감 이 얼마나 단순하냐가 아니라 그것으로 무엇을 하느냐다. 실제로 훌 륭한 수학의 1차적 목적은 모든 것을 최대한 단순하게 만드는 것이 다. (이 말에 웃을 사람도 있을 것이다. 그럴 만도 하다. 수학을 보면 복잡하기 그지없어 보이니까 말이다. 여기에 아인슈타인이 했다고 여기고 있는 경고의 말을 덧붙여야겠다. '최대한 단순하게, 하지만 거기서 더 단순하지는 않게.') 섬 을 점으로, 다리를 선으로 환원해도 퍼즐이 바뀌지는 않는다. 하지 만 퍼즐과 관련 없는 정보는 제거해준다. 날씨는 어떤가? 땅이 질지 는 않은가? 다리의 재질은 목재인가, 금속인가? 이런 정보다. 일요일 산책을 가거나 다리를 지을 때는 이런 부분이 중요하다. 하지만 쾨 니히스베르크의 시민들이 궁금해하는 물음에 답하고자 할 때는 관 련 없는 잡동사니에 불과하다.

* * *

쾨니히스베르크의 다리가 콩팥 이식과 무슨 관련이 있길래? 직접 적인 관련은 많지 않지만 간접적으로는 관련이 있다. 오일러의 논문 은 그래프 이론 발달의 선구자 역할을 했고 그래프 이론은 콩팥 기 증자와 수혜자를 연결할 수 있는 강력한 방법을 열어주었다. 심지 어 대부분의 기증자가 자신의 콩팥을 가까운 친척에게만 기증하고 싶어 할 때도 효과가 있다.[38] 2004년에 영국에서 인체조직관리법 Human Tissue Act이 시행되자 사람들은 콩팥을 친척이 아닌 사람에게도 합법적으로 기증할 수 있게 됐다.

가장 큰 문제는 기증자와 수혜자를 연결하는 것이다. 기증하려는 사람이 있어도 조직형과 혈액형이 기증을 받으려는 수혜자와 맞지 않을 수 있기 때문이다. 프레드 삼촌이 콩팥이 필요해서 그 아들 윌리엄이 자기 것을 하나 기증하려 한다고 가정해보자. 모르는 사람이 아니라 가족에게 기증하는데도 안타깝게 윌리엄의 콩팥이 프레드 삼촌과 조직형이 맞지 않으면, 2004년 전에는 이것으로 이야기가 끝이었다. 프레드 삼촌은 어쩔 수 없이 투석 치료를 이어가야 했다. 조직형이 윌리엄과 맞는 다른 많은 잠재적 수혜자도 마찬가지였다. 이제 두 사람과 친척 관계가 아닌 존 스미스가 똑같은 문제로 고민하고 있다고 해보자. 그의 여동생 에밀리에게 새로운 콩팥이 필요하고 존은 기꺼이 동생에게 자기 콩팥을 떼어주려 한다. 이번에도 역시 가족이 아닌 사람에게 기증하는 게 아니다. 그리고 그의 조직형 역시 에밀리의 조직형과 다르다. 그래서 아무도 콩팥 이식을 하지 못한다.

하지만 존의 조직형이 프레드 삼촌과 맞고 윌리엄의 조직형이 에밀리와 맞는다고 해보자. 2004년 이후로는 이럴 경우 합법적인 콩팥 맞교환이 가능하다. 관련 외과 의사들이 한데 모여 윌리엄의 콩팥을 에밀리에게 주는 조건으로 존의 콩팥을 프레드 삼촌에게 주는 것이 어떻겠느냐고 제안한다. 양쪽 기증자 모두 자기 가족을 위해서만 콩팥을 기증하려 하지만 이런 경우 자기 가족이 새로운 콩팥을 얻을 수 있기 때문에 두 기증자가 합의할 가능성이 훨씬 높다. 조직형을 짝맞춤할 때는 어느 콩팥이 누구에게 가는지가 중요하지만 기증자나 수혜자에게는 별로 중요한 부분이 아니다.

통신 기술이 발달한 요즘에는 잠재적 기증자와 수혜자의 정보와 조직형을 등록해두면 이렇게 우연히 맞는 짝이 생겼을 때 외과 의사들이 알 수 있다. 수혜자와 잠재적 기증자의 수가 적을 때는 이런 편리한 맞교환이 일어날 가능성이 높지 않지만 수가 많아지면 가능성이 훨씬 높아진다. 잠재적 수혜자의 수는 상당히 많다. 2017년에 영국에서는 5,000명 이상이 새로운 콩팥을 받기 위해 대기 중이었다. 콩팥은 사망한 기증자에서 나올 수도 있고 살아 있는 기증자에서 나올 수도 있지만 기증자의 수는 수혜자에 비해 적다. 당시에는 2,000명 정도였다. 그래서 일반적인 대기 시간이 성인은 2년, 아동은 9개월 정도였다.

더 많은 환자가 더 신속하게 치료받을 수 있는 방법이 있다. 더 정교한 콩팥 맞교환 체인을 만들면 된다. 인체조직관리법은 이런 구성도 함께 허용하고 있다. A, B, C, D가 모두 콩팥이 필요하다고 해보자. 이들 모두에게는 각자 기증자가 대기 중이다. 기증자들은 처음에는 콩팥을 이들에게만 기증하려 했다. 이들을 a, b, c, d라고 해보자. 체인은 이타적 기증자인 z로부터 시작한다. 그는 콩팥 하나를 누구에게든 기꺼이 나눠주려 한다. 조직형이 다음과 같은 체인을 허용한다고 해보자.

z가 A에게 기증한다.

A의 기증자 a가 B에게 기증하기로 동의한다.

B의 기증자 b가 C에게 기증하기로 동의한다.

C의 기증자 c가 D에게 기증하기로 동의한다.

D의 기증자 d가 대기자 명단에 기증하기로 동의한다.

전체적으로 보면 모든 사람이 만족스럽다. A, B, C, D 모두 새로운 콩팥을 받게 된다. a, b, c, d는 모두 콩팥 하나를 자기 가족이 아닌 다른 사람에게 주지만 그 대신 체인을 통해 자기 가족이 혜택을 입는다. 그것으로 만족하는 경우가 많다. 그래서 이런 거래가 가능해진다. 사실 기증자들이 동의하지 않으면 이 경우 그 가족들도 콩팥을 구하지 못한다. z는 이타적인 기증으로 누군가가 혜택을 입을 수 있다는 사실에 기쁘고 그 대상이 누구인지는 신경 쓰지 않는다. 이 경우 z의 혜택을 입는 사람은 A다. 마지막으로 여분의 신장은 대기자 명단에 올라간다. 이런 방법은 항상 유용하다.

대신 z가 대기자 명단에 기증했다면 A, B, C, D가 콩팥을 얻을 방법은 대기자 명단에 합류하는 것밖에 없었다. 하지만 그렇게 하지 않았고 그 덕에 4개의 여유가 생겼다. 이것을 '도미노 쌍 기증 체인 domino-paired donation chain'이라고 한다. z가 도미노를 하나 쓰러뜨리자 도미노 전체가 차례로 쓰러진 것이다. 이것을 그냥 체인이라고 줄여서 부르기로 하자.

여기서 중요한 것은 사람의 이름이 아니라 조직형이다. A는 z와 조직형이 같은 사람이면 누구든 될 수 있다. B는 a와 조직형이 같은 사람이면 누구든 될 수 있다. C는 b와 조직형이 같은 사람이면 누구든 될 수 있다. 이런 식으로 계속 이어진다. 수혜자와 기증자의 수가 꽤 많아지면 이런 체인이 흔해지기 때문에 외과 의사가 찾아낼 수 있다. 하지만 찾아내는 일을 다른 사람에게 위임한다고 해도 여기에는 시간이 걸린다. 그리고 모든 콩팥은 소중하기 때문에 체인을 가능한 한 최고의 방법으로 선택하는 것이 합리적이다. 여러 가지 잠재적인 체인이 공존하고 있기 때문에 이 일은 꽤나 복잡하다. 잠재적 체인이 공존하는 경우 두 체인에 같은 기증자가 포함되어 있지 않으면 여러 외과 의사들이 동시에 수술을 진행할 수 있다. 하지만 같은 기증자가 두 체인에 포함되어 있는 경우는 1명의 기증자가 2명에게 기증해야 하는 상황이 생긴다. 그럼 한쪽 체인은 깨진다.

체인 선택을 최적화해야 하는데… 음. 아무래도 수학이 나서야 할 문제인 듯하다. 이 문제를 수학적으로 공식화해서 적절한 기술을 적용할 수 있다면 문제를 풀 수 있을지도 모르겠다. 더군다나 그 해가 꼭 완벽할 필요도 없다. 그냥 추측보다 그 결과가 더 낫기만 하면 된다. 데이비드 맨러브David Manlove는 콩팥 맞교환 문제를 그래프 관련 질문으로 바꿀 수 있는 방법을 찾아냈다. 오일러의 정리는 이 문제를 푸는 데 도움이 되지 않는다. 그의 역할은 그래프 이론이라는 분야를 발견하는 것이었다. 그사이에 수학자들은 이 분야를 발전시켜 새로운 그래프 이론 기술을 많이 발명했다. 그래프는 불연속적인 대상이다. 사실 마디, 간선 그리고 어느 간선이 어느 마디들을 연결하는지 말해주는 목록에 불과하다. 컴퓨터로 조작하기에는 정말 딱이다. 그래프를 분석해서 유용한 구조를 추출할 수 있게 개발된 강력한 알고리즘들이 있다. 그중에는 현실성 있는 크기의 그래프에서 기증자를 환자에게 배정하는 최적의 방법을 찾아내는 것도 있다. 컴퓨터로 진행하는 이런 과정을 현재 영국에서 일상적으로 이용하고 있다.

* * *

조직형이 일치해서 콩팥 호환이 가능한 기증자와 수혜자 쌍은 어려울 것이 없다. 그냥 콩팥을 서로 맞교환하면 된다. 이 경우 2명의 외과 의사가 각각 환자를 한 사람씩 맡아서 동시에 수술을 진행해야 한다. 그럼 체인을 찾으려고 할 때 호환되는 쌍은 무시하고 호환이 안 되는 쌍에만 초점을 맞출 수 있다. 이런 쌍들이 그래프에서 마디를 이룬다.

예를 들어 a는 A에게 콩팥을 기증하고 싶지만 정작 호환되는 사람은 B라고 해보자. 이 상황을 왼쪽 그림으로 표현할 수 있다. 기증자의 이름은 위에, 그와 콩팥이 호환되지 않는 가족은 아래 적었다. 여기서 화살표가 의미하는 바는 '화살표 꼬리 쪽에 있는 기증자는 화살표 머리 쪽에 있는 수혜자와 콩팥이 호환된다'라는 의미다. 이 그래프는 간선이 방향성을 가지고 있다는 점에서 특별한 유형의 그래프다. 쾨니히스베르크 다리 문제와 달리 이 간선들은 일방통행이다. 수학자들은 이것을 '유방향 간선directed edge'이라 부르고 거기서 나오는 그래프를 '유방향 그래프directed graph' 혹은 줄여서 '유향 그래프digraph'라고 한다. 그림으로 그릴 때 유방향 간선은 화살표로 나타낸다.

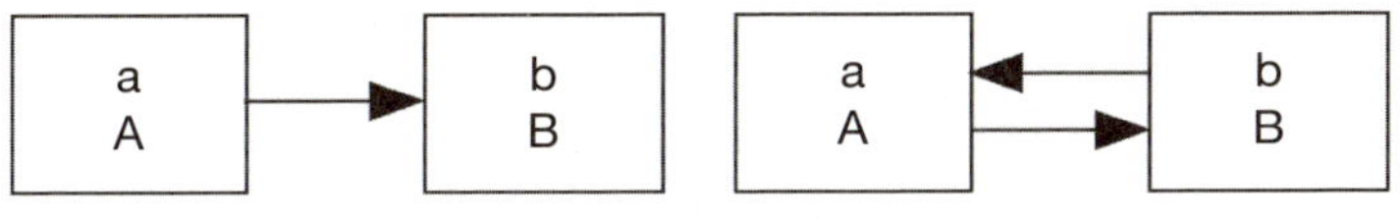

두 유형의 맞교환

우연히 b가 A와 콩팥 호환이 된다면 규칙에 따라 반대 방향으로도 또 다른 화살표를 그려 넣는다. 이렇게 하면 위 그림 오른쪽처럼 양방향 연결이 만들어진다. 이 그림은 제일 단순한 유형의 콩팥 맞교환을 나타내고 있다. 그래프 이론 학자들은 이것을 2-회로2-cycle라고 부른다. 외과 의사들이 b가 콩팥을 A에게 기증한다는 조건으로 a가 B에게 기증하는 것을 제안할 수 있다. 만약 모든 당사자가 여기에 동의하면 A와 B는 새로운 콩팥을 얻게 되고 a와 b는 각각 하나씩 콩팥을 기증하게 된다. 그래서 가족이 자신의 콩팥은 아니지만 다른 사람의 콩팥이라도 얻게 된다. 양쪽 수혜자가 혜택을 입고 양쪽 기증자 모두 기증을 하기 때문에 대부분의 잠재적 기증자는 이런 맞교환을 기꺼이 받아들인다.

다음은 좀 더 복잡한 종류인 3-회로이다. 여기서는 세 번째 쌍이 등장한다. 기증자는 c, 수혜자는 C이다. 다음과 같다고 가정해보자.

a는 B와 호환된다.

b는 C과 호환된다.

c는 A와 호환된다.

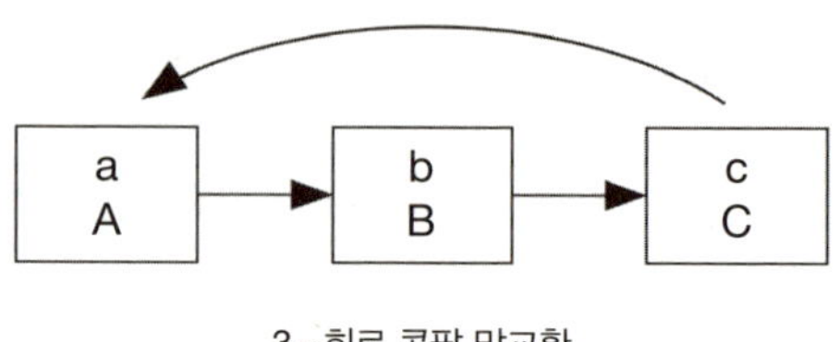

3-회로 콩팥 맞교환

그럼 외과 의사들은 a의 콩팥을 B에게, b의 콩팥을 C에게, c의 콩팥을 A에게 기증하도록 주선할 수 있다. 이번에도 역시 대부분의 기증자가 이 제안을 받아들일 것이다.

z 같은 이타적인 기증자는 특정 인물과 쌍을 이루지 않기 때문에 살짝 다르게 대해야 한다. 여기서는 수학적으로 잔머리를 좀 굴려야 한다. z를 비이타적인 기증자 누구와도 호환이 되는 수혜자에게 '아무나'라고 이름표를 붙여 둘을 짝을 지어 그에 대응하는 마디를 만든다. 실제 상황에서 이 가짜 수혜자는 대기자 명단에 올라 있는 모든 사람을 상징한다. 그 각각의 사람이 일부 비이타적인 기증자와 콩팥 호환이 된다고 가정한다. 대기자 명단이 길기 때문에 이는 합리적인 가정이다. 이제 다음의 마디는 다음과 같다.

Z 마디 = (z, 아무나)

수혜자가 z와 콩팥 호환이 되는 마디면 아무것이나 연결한다. 앞에서 설명한 도미노 쌍 체인에서 유향 그래프는 옆 페이지의 그림처럼 보이게 된다.

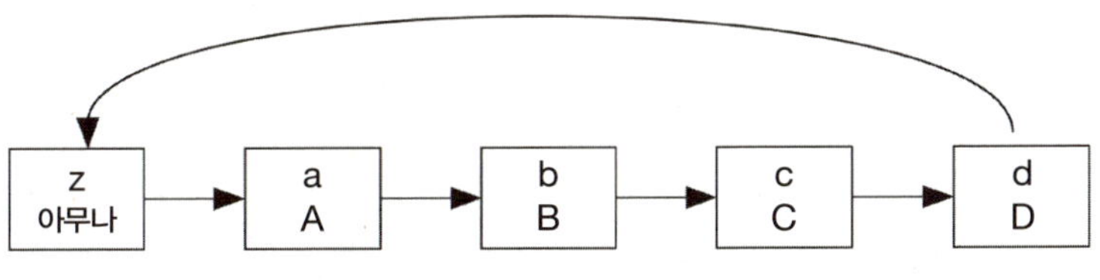

이 체인은 너무 길어서 현실적이지 않다

하지만 이런 체인은 현실적이지 못하다. 이렇게 하려면 10명의 외과 의사가 이 수술들을 사실상 동시에 진행해야 한다. 그렇지 않으면, 예를 들어 C가 b에게 콩팥을 받았는데 c가 갑자기 마음을 바꿔 D에게 기증을 거부하는 일이 생길 수도 있다. 법적 서류에 서명했더라도 합의를 지키지 않는 것이 자기에게 유리해지면 합의를 깨는 경우가 종종 생긴다. 맘만 먹으면 요리조리 빠져나갈 구멍을 찾으려 한다. 몸이 아프다고 핑계를 대기도 하고 아예 자기 다리를 부러뜨릴 수도 있다.

이런 이유로 현재 맞교환은 4가지 시나리오에 국한해서 이루어진다. 이미 앞에서 살펴본 2-회로와 3-회로 그리고 이 회로에 이타적인 기증자가 포함되는 경우다. 이것을 짧은 체인short chain과 긴 체인long chain이라고 부른다. 짧은 체인에는 z, a, A, 대기자 명단의 누군가가 포함된다. 긴 체인에는 여기에 b과 B까지 포함된다. 콩팥 맞교환은 이 4가지 시나리오 중 하나다.

살짝 잔머리 굴린 것을 눈치채야 한다. 나는 이것을 마디가 5개인 회로로 나타냈다. 하지만 이것을 맞교환으로 현실화할 때는 마디가 5개가 아니다. z는 특정 수혜자를 염두에 두고 있지 않기 때문이다.

z는 '아무나'에게 기꺼이 콩팥을 기증할 생각인데 체인 끝에서 '아무나'(즉, 대기자 명단)에 기증하는 사람은 d다. z가 실제로 기증하는 '아무나'는 A다. 그리고 A는 d에게 기증받는 사람과 같은 사람이 아니다. 이 부분은 수학이 처리해준다. 각각의 사례에서 '아무나'가 누구인지는 유향 그래프의 구조를 통해 추론하기 때문이다.

앞 페이지에 나온 유향 그래프는 소수의 마디와 화살표를 이용해서 개별 회로와 체인만 보여준다. 현실에서는 수많은 쌍, 적은 수의 이타적 기증자, 엄청나게 많은 수의 화살표가 존재한다. 이런 일이 일어나는 이유는 유향 그래프는 X의 기증자가 Y의 수혜자와 콩팥 호환이 되도록 X와 Y 마디 사이에 반드시 화살표를 그려 넣어야 하기 때문이다. 1명의 기증자가 수많은 수혜자와 호환될 수 있다. 예를 들어 2017년 10월에는 총 266명의 비이타적 쌍과 9명의 이타적 기

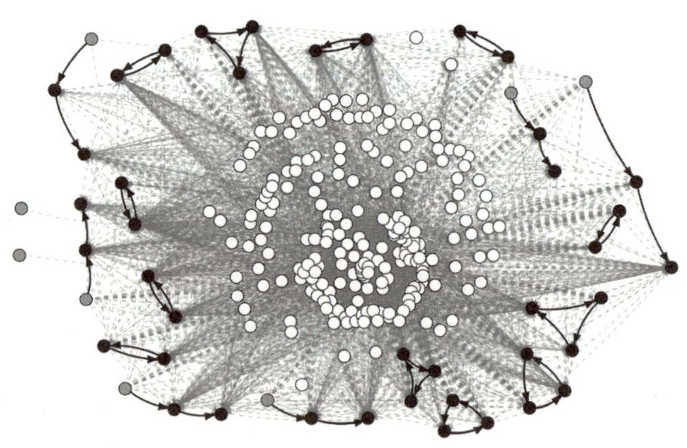

2015년 7월에 사용한 콩팥 교환 유향 그래프와 최적해(검정색 실선)이다. 흰색 점은 짝이 맞지 않은 기증자/수혜자이고, 회색 점은 이타적 기증자, 검정색 점은 짝이 맞은 수혜자/기증자이다.

증자가 등록되어 있었는데 그 안에서 연결된 화살표는 5,964개였다. 아래 그림은 다른 날짜에 있었던 그와 비슷한 복잡도를 보여준다. 여기서의 수학적 도전 과제는 유향 그래프 안에서 단 하나의 교환이 아니라 가능한 최고의 교환 집합을 찾아내는 것이다.

* * *

이 문제를 수학적으로 풀려면 '가능한 최고'의 개념을 정확히 정해야 한다. 그저 최대로 많은 사람이 포함된 교환 집합을 의미하는 것은 아니다. 비용, 예상 성공률 등 고려해야 할 다른 부분들도 있다. 여기서는 의학적 조언과 경험이 그 역할을 한다. 영국 국민보건서비스 산하 혈액-이식센터NHS Blood and Transplant에서는 특정 이식 시술에 따르는 혜택을 정량화할 수 있는 표준 평점 체계를 개발했다. 여기에는 환자가 얼마나 오래 기다렸는지, 조직형 비호환도 수준, 기증자와 수혜자 사이의 나이 차이 등을 고려한다. 통계 분석을 통해 이런 요소들을 결합해서 하나의 점수로 매긴다. 가중치라는 실수다. 유향 그래프 안의 모든 화살표, 즉 잠재적 콩팥 이식을 대상으로 이 가중치를 계산한다.

너무 당연한 조건이 하나 있다. 이 집합 안에 포함된 2개의 교환에 공통의 마디가 포함되어서는 안 된다. 콩팥 하나를 두 사람에게 줄 수는 없으니까 말이다. 수학적으로는 집합에 포함된 요소 회로 component cycle가 중첩되지 않는다고 표현한다. 나머지 조건들에는 더 미묘한 측면들이 있다. 일부 3-회로에는 대단히 유용한 특성이 있

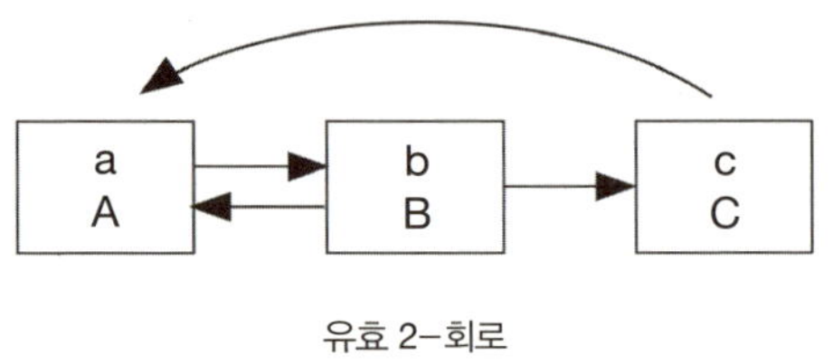

유효 2-회로

다. 두 마디 사이에 반대 방향으로 화살표가 하나 더 있다. 그림을 보면 앞서 나왔던 3-회로에 들어 있는 화살표 말고도 b의 쌍에서 A의 쌍으로 향하는 또 다른 화살표가 있다. 특히 b가 C뿐만 아니라 A와도 호환되는 경우다. 만약 막판에 c가 맞교환 배정에서 빠지는 경우가 생기면 C도 함께 뺄 수 있다. 이 경우 a가 B에게 기증하고 b가 A에게 기증하는 2-회로가 남기 때문에 맞교환이 그대로 진행될 수 있다. 수학적으로 보면 이 세 마디는 3-회로를 형성하면서 거기에 덧붙여 그중 2개의 마디가 2-회로를 형성한다. 이 추가적인 화살표를 역화살표back-arc라고 한다. 역화살표가 포함된 3-회로와 모든 2-회로를 유효 2-회로effective 2-cycle라고 한다.

영국 국민보건서비스 산하 혈액–이식센터 콩팥 자문 위원회 Kidney Advisory Group에서는 다음의 경우에 콩팥 교환 집합이 최적화되었다고 정의한다.

(1). 유효 2-회로의 수를 최대화한다.

(2). (1)을 준수하며 최대한 많은 회로를 담고 있다.

(3). (1)과 (2)를 준수하며 최대한 적은 3-회로를 사용한다.

(4). (1)~(3)을 준수하며 역화살표의 수를 최대화한다.

(5). (1)~(4)를 준수하며 포함된 회로의 총가중치를 최대화한다.

이런 정의 뒤에는 어떤 특성에 우선적으로 대응해야 한다는 직관이 담겨 있다. 먼저 그 특성에 대응한 이후에 우선순위가 뒤처지는 다른 특성들을 차례로 고려한다. 예를 들어 (1)번 조건을 지키면 3-회로 교환을 포함하느라 2-회로 교환의 수가 줄어드는 것을 막을 수 있다. 이렇게 하면 장점이 있다. 하나는 단순해진다는 것이고 또 다른 하나는 누군가 빠진다고 해도 2-회로로 진행할 가능성이 있다는 것이다. (5)번 조건이 의미하는 바는 (1)번에서 (4)번까지 주요 결정이 이루어진 이후라야 교환 집합의 효율과 성공 가능성을 최대로 끌어올리는 방법을 따질 수 있다는 점이다.

이런 기준에 따라 최적의 교환 집합을 찾아내는 일은 수학으로 해결해야 할 문제다. 살짝 머리를 써서 어림잡아 계산해보면 모든 가능한 교환 집합을 일일이 확인해보는 것은 현실성이 없다. 한마디로 가능한 조합이 너무 많다. 250개의 마디와 5,000개의 간선이 있다고 해보자. 평균적으로 각각의 마디는 20개의 간선과 만난다. 대충 화살표 머리 10개와 화살표 꼬리 10개와 만난다고 가정할 수 있다. 가능한 모든 2-회로를 나열하고 싶다고 해보자. 마디 하나를 골라서 거기서부터 나오는 화살 10개를 따라가본다. 각각의 화살이 서로 다른 마디에서 끝나고 그 각각의 마디에서도 10개씩 화살표가 뻗어나온다. 마지막 마디가 첫 번째 마디와 같으면 2-회로를 얻는다. 그럼 확인해봐야 할 가능성이 100개다. 3-회로를 찾으려면 이런 식으로 $100 \times 10 = 1,000$번을 확인해야 한다. 그럼 마디마다 1,100번 확인해야 한다. 마디가 총 250개라면 275,000가지 가능성을 확인해봐야 한다. 지름길을 사용하면 가능성의 총 숫자를 어느 정도 줄일 수는 있지만 전체적인 자릿수는 바뀌지 않기 때문에 무시했다.

하지만 이제야 가능한 2-회로와 3-회로의 목록을 만들었을 뿐이다. 교환은 이 회로들로 집합을 구성해야 하고 집합의 수는 회로의 수에 따라 기하급수적으로 커진다. 2017년 10월의 유향 그래프에는 381개의 2-회로와 3,815개의 3-회로가 있었다. 2-회로로 구성할 수 있는 집합의 수만 따져도 2^{381}개다. 이것은 115자리 숫자다. 3-회로 집합의 수는 무려 1,149자리 숫자다. 이마저도 아직 어느 집합에서 중첩이 일어나는지는 감안하지 않은 값이다.

두 말하면 잔소리지만 이런 식으로는 문제를 풀 수 없다. 이 일을 하려면 뭔가 대단히 강력한 방법을 찾아내야만 한다. 여기서는 관련된 일부 아이디어를 간략하게 소개하겠다. 이 문제를 영광스러운 순회 외판원 문제라 생각할 수 있다. 이것은 제약 조건이 다소 다른 조합 최적화 문제다. 일부 제약은 비슷한데, 가장 중요한 제약은 최적해를 계산하는 데 걸리는 시간이다. 이 전략을 3장에서처럼 계산 복잡도의 관점에서 검토해볼 수 있다.

2-회로로만 맞교환이 이루어진다면 최적의 교환 집합은 그래프 안에서 가중치 짝맞춤weight matching을 최대화하는 표준의 방법을 이용해서 복잡도 부류 P의 다항 시간 안에서 계산할 수 있다. 3-회로가 존재하는 경우에는 심지어 이타적인 기증자가 없는 경우라 해도 최적화 문제는 NP-난해가 된다. 그럼에도 맨러브와 그 동료들은 3장에서 본 선형 계획법을 기반으로 실행 가능한 알고리즘을 고안

해냈다. 이들의 알고리즘 UKLKSS는 최적화 문제를 재구성해서 일련의 선형 계획법 계산을 이용해 풀 수 있게 만들었다. 각각의 계산에서 나온 결과를 다음 계산에서 추가적인 제약으로 입력한다. 따라서 첫 조건 (1)이 최적화된다. 이것은 실비오 미칼리Silvio Micali와 비제이 바지라니Vijay Vazirani가 실행했던 에드먼즈 알고리즘Edmonds' Algorithm이라는 방법을 사용한다. 에드먼즈 알고리즘은 마디 수의 제곱근 곱하기 간선의 수에 비례하는 시간 안에 그래프 안에서 최대의 짝맞춤을 찾아낸다. 짝맞춤은 공통 간선의 끝에 있는 꼭짓점의 쌍들을 묶는 것인데, 우리가 풀려는 문제는 공통의 마디에서 만나는 두 간선을 사용하지 않으면서 최대한 많은 마디 쌍을 짝 맞추는 것이다.

조건 (1)은 최적화했으니 그 해를 COIN-Cbc 정수 계획법 풀이기COIN-Cbc integer programming solver라는 알고리즘을 이용해서 조건 (2)의 계산에 입력하는 식으로 이어간다. 이 풀이기는 '오퍼레이션 연구를 위한 계산 인프라 프로젝트Computational Infrastructure for Operations Research project'에서 모아놓은 알고리즘의 일부다.

2017년이 끝날 즈음 이 그래프 이론식 방법으로 총 1,278개의 잠재적 콩팥 이식 건을 찾아냈지만 그중 760건만 실제로 진행됐다. 평가 막판에 가서 조직형의 호환성이 생각만큼 좋지 않거나, 기증자나 수혜자가 아파서 수술을 받을 수 없는 등 온갖 현실적인 문제가 터져 나오기 때문이다. 하지만 그래프 이론 알고리즘을 체계적으로 이용해서 콩팥 이식을 효율적으로 조직하는 방법은 기존의 방법에 비해 크게 진일보했다. 이것은 또한 우리가 앞으로 나아갈 길도 보여준다. 현재는 콩팥을 체외에서 더 오랜 시간 동안 건강하게 보존하는 것이 가능해져서 체인에 속한 모든 수술을 같은 날에 할 필요가 없어졌기 때문이다. 그 덕에 체인을 더 길게 만드는 것도 고려해볼 수 있게 됐다. 그럼 여기서 새로운 수학 문제가 튀어나온다.

오일러가 수정 구슬로 미래를 내다보는 능력이라도 있었다는 말을 하고 싶은 게 아니다. 오일러도 자기가 푼 퍼즐이 의학에서 사용될 줄은 몰랐을 것이다. 장기 이식에 사용되리라는 생각은 꿈에도 해보지 않았을 것이다. 하지만 아주 오래전이었는데도 이 퍼즐이 훨씬 더 깊은 뭔가를 암시하고 있다는 사실을 알아차린 능력만큼은 인정해주고 싶다. 그도 분명 그렇게 말을 했다. 이 장의 맨 앞에 인용한 오일러의 글을 읽어보자. 오일러는 관련된 맥락으로 '위치의 기하학'을 반복적으로 언급했다. 그가 실제로 사용한 라틴 문구는 'analysis situs'였다. 오일러는 이 용어를 라이프니츠Leibniz가 만들었다고 말했다. 이는 그가 중요한 주제라는 사실을 인식하고 있었다는 것을 암시한다. 그는 분명 전통적인 유클리드 도형을 다루지 않는 형태의 기하학에 흥미를 느꼈다. 정통 기하학이 아니라는 이유로 배척하지 않았고 오히려 그 반대였다. 오일러는 전통만을 고집하는 편협한 사람이 아니었다. 그리고 그런 기하학의 발전에 작게나마 기여할 수 있다는 사실에 기뻐했다. 재미있어했다.

19세기에 중요한 발전이 이루어지면서 라이프니츠의 꿈은 20세기에 결실을 맺었다. 지금은 이를 위상 수학이라 부른다. 13장에서는 위상 수학의 새로운 용도를 소개하겠다. 그래프 이론은 여전히 위상 수학과 관련 있지만 주로 독자적인 노선을 따라 발전해왔다.

간선의 가중치 같은 개념은 위상 수학이 아니라 수치적인 부분이다. 하지만 그래프를 이용해서 복잡하게 상호 작용하는 시스템을 모형화하고 최적화 문제를 풀 수 있다는 개념은 오일러에게서 비롯되었다. 그는 새로운 종류의 의문이 자신의 상상력을 사로잡자 그것과 씨름해서 자기만의 방법을 발명했다. 거의 300년 전, 예카테리나 1세가 통치하던 러시아 상트페테르부르크에서 말이다. 장기 배정을 더 효과적으로 하기 위해 그래프 이론 기법을 사용하는 영국이나 다른 국가에서 콩팥 이식을 받은 사람들은 그의 업적에 감사해야 한다.

절대 뚫리지 않는 암호

아직은 정수론이나 상대성 이론이 호전적인 목적에 사용될 만한 경우를 아무도 발견하지 못했다. 그리고 앞으로도 오랫동안 그런 일은 없을 듯하다.
- 고드프리 해럴드 하디, 《어느 수학자의 변명》, 1940

피에르 페르마Pierre de Fermat는 '페르마의 마지막 정리'로 유명하다. 마지막 정리란 n이 3 이상의 정수일 때, $x^n + y^n = z^n$을 만족하는 양의 정수 x, y, z는 존재하지 않는다는 정리다. 결국 1995년에 앤드루 와일즈Andrew Wiles가 이 정리에 대한 현대적이고 기술적인 증명을 찾아냈다. 페르마가 추측을 내놓은 지 358년이 지나서였다.[39] 페르마는 툴루즈 의회의 변호사였지만 하루 중 대부분을 수학을 하면서 보냈다. 그에게는 프레니클 드 베시 Frénicle de Bessy라는 친구가 있었다. 4차 마방진의 80개를 모두 분류한 것으로 유명한 파리의 수학자였다. 두 사람은 자주 서신을 교환했고 1640년 10월 18일에도 서신 왕래가 있었다. 페르마는 드 베시에게 "모든 소수는 거듭제곱 빼기 1 수열 중 하나와 나누어떨어지고, 이 거듭제곱의 지수는 주어진 소수 빼기 1과 나누어떨어지네"라고 편지에 써서 보냈다.

페르마의 말을 대수적 언어로 표현하면 p가 소수이고 a가 임의의 수라면 $a^{(p-1)}-1$은 p로 나누어떨어진다(나머지가 없다)는 의미다. 예를 들어 17은 소수이므로 그의 주장에 따르면 다음의 모든 수는

$$1^{16}-1 \quad 2^{16}-1 \quad 3^{16}-1 \cdots 16^{16}-1 \quad 18^{16}-1 \cdots$$

정확히 17의 배수가 된다. 당연히 $17^{16}-1$은 17의 한 배수, 즉 17^{16}보다 1이 작아 17의 배수가 될 수 없으므로 빼야 한다. 이런 추가 조건을 달아야 한다는 사실을 페르마도 알고 있었지만 편지에는 그렇게 적지 않았다. 한 사례를 확인해보자.

$$16^{16}-1 = 18,446,744,073,709,551,615$$

그리고 이 수를 17로 나누면

$$1,085,102,592,571,150,095$$

정확히 나누어떨어진다. 놀랍다!

이 신기한 사실을 지금은 페르마의 마지막 정리, 혹은 페르마의 대정리Great theorem와 구분하기 위해 페르마의 소정리Fermat's Little Theorem라고 부른다. 페르마는 정수론의 개척자 중 한 명이었다. 정수론은 정수의 심오한 특성을 연구하는 분야다. 그의 시대 그리고

그 후로 3세기 동안 정수론은 순수 수학 중에서도 가장 순수한 수학이었다. 정수론은 중요한 응용 분야도 없었고 앞으로도 쓸모가 있을 것 같지 않았다. 영국 최고의 순수 수학자 중 한 명인 고드프리 해럴드 하디Godfrey Harold Hardy는 1940년에 출판한《어느 수학자의 변명A Mathematician's Apology》에서 그렇게 말했다. 그가 좋아하던 수학 분야 중 하나가 정수론이었다. 그는 에드워드 메이틀랜드 라이트Edward Maitland Wright와 함께 1938년에 고전 교과서인《정수론 입문An Introduction to the Theory of Numbers》을 펴내기도 했다. 페르마의 소정리도 그 책에서 6장 71번 정리로 소개되어 있다. 사실 6장 전체가 이 소정리에서 유도되어 나온 결과를 다루고 있다.

하디의 정치적, 수학적 관점은 수준 높은 학계 사람들 사이에 만연하던 태도에 물들어 있었기 때문에 지금 보면 다소 가식적으로 느껴질 수 있다. 하지만 그의 글에는 품격이 있으며 그의 글을 통해 당시 학계에 풍미했던 태도를 느낄 수 있어 가치가 있다. 그런 태도 중 어떤 것은 오늘날까지도 이어지고 있다. 하디는 "전문 수학자가 수학에 대해 글을 쓴다는 것은 우울한 경험이다. 수학의 기능은 뭔가를 하는 것이다. 새로운 정리를 증명하고 새로운 수학을 더하는 것이지, 자신이나 다른 수학자들이 한 일에 대해 이야기하는 것이 아니다"라고 적었다. 요즘 학계에서는 적극적으로 대중에게 다가가는 것을 대단히 가치 있게 여기지만 40년 전까지만 해도 대중과 하려는 노력을 깔보는 거만한 태도가 만연했다.

하디가 자신의 일을 정당화한 이유는 그가 보기에 자신이 헌신하고 있는 유형의 수학은 쓸모 있는 적용 분야가 전혀 없고, 또 앞으로도 없을 것 같아 보였기 때문이다. 한마디로 수학이 밥값을 못하고 있다고 생각했다. 수학에 대한 그의 관심은 순수하게 지적인 것이었다. 어려운 문제를 풀어내는 데서 오는 만족감, 인류의 추상적 지식의 발전 등이 그의 관심사였다. 그는 유용성에는 딱히 관심이 없었다. 하지만 그 점에 대해 일말의 죄책감은 있었다. 평생 평화주의자였던 그가 염려한 부분은 수학이 전쟁에 사용되는 일은 없어야 한다는 것이었다. 당시는 제2차 세계대전의 광풍이 불고 있었고 시대를 통틀어 수학의 일부 분야를 군사 영역에서 상당히 많이 사용해왔다. 아르키메데스는 포물선에 대한 지식을 이용해 햇빛의 초점을 적의 함선에 모아 불태우고 지렛대의 원리를 이용해 적의 함선을 물에서 끌어낼 수 있는 거대한 집게발을 설계했다고 전해진다. 그리고 탄도학을 이용하면 포탄 같은 것으로 표적을 겨냥하는 법을 알 수 있다. 미사일과 드론은 통제 이론control theory 같은 정교한 수학을 이용한다. 하지만 하디는 그가 사랑하는 정수론은 절대 군사용으로 사용되지 않을 거라고 확신했다. 적어도 가까운 시일 안에는 그럴 일이 없을 것 같았고 그것을 자랑스러워했다.

* * *

하디는 케임브리지대학교 교수들이 하루에 4시간 정도 연구하고 가끔씩 틈을 내서 학생들을 가르치며 나머지는 지적 배터리 충전을 위해 휴식을 취하던 시대에 그 책을 썼다. 그는 여가 시간에 크리켓 경기를 관람하고 신문을 읽었다. 선도적인 연구 수학자라 해도 여가 시간을 이용해 비전문가에게 수학자가 어떤 일을 하는지를 알리는 활동을 하면 좋겠다는 생각은 하지 못했던 것 같다. 그렇게 했다면 새로운 수학을 만들어내고 관련 글을 쓸 수도 있었을 것이다. 요즘 수학계에 몸담은 사람들 중에는 그러는 사람이 많다.

'순수' 수학 중 상당 부분은 직접적인 용도가 없고 아마 앞으로도 그럴 일이 절대 없을 거라던 하디의 지적은 대체적으로 옳다.[40] 하지만 어느 정도 예상했겠지만 쓸모없는 주제에 대해 구체적인 사례를 지적하는 순간, 그는 완전히 헛다리를 짚고 말았다. 정수론과 상대성 이론이 호전적인 목적으로 사용될 일은 오랫동안 없을 거라 말했는데 완전히 틀린 말이 되어버렸다. 그나마 그런 응용 가능성을 완전히 배제하지 않은 것이 위안이라면 위안이었다. 어떤 개념이 응용 분야가 생기고 어떤 개념이 그렇지 않을지 미리 앞서서 판단하기는 정말 어렵다. 그걸 미리 알 수만 있다면 큰돈을 벌 수도 있다. 하지만 어디에도 응용할 수 없을 것 같았던 분야가 어느 날 갑자기 산업, 상업 그리고 안타깝게도 군수 산업 등의 분야에서 전면적으로 두각을 나타내는 경우가 많아서 문제다. 정수론이 바로 그랬다. 구체적으로 말하면 페르마의 소정리가 그랬다. 현재 우리가 깰 수 없다고 믿는 암호 체계의 밑바탕에는 이 페르마의 소정리가 자리 잡고 있다.

아이러니하게도 하디가 수학자로서 변명을 하기 2년 전에 영국의 비밀정보부 MI6에서 블레츨리 파크를 사들였다. 이곳에 제2차 세계대전 동안 활동한 연합군의 암호 해독 비밀 센터인 정부 암호 학교가 들어왔다. 이곳의 암호 해독가들은 전쟁 기간 동안 독일군이 사용하던 이니그마Enigma 암호를 비롯해서 액시스Axis의 몇몇 다른 암호 체계를 깬 것으로 유명하다. 블레츨리 파크에서 가장 유명했던 앨런 튜링은 1938년에 훈련을 시작했고, 전쟁이 선포되던 날 그곳에 도착했다. 블레츨리 파크의 암호 해독가들은 독창성과 수학을 이용해서 독일의 암호를 깼는데 정수론에서 나온 개념들을 사용했다. 그 후로 40년 동안 정수론에 확고한 기반을 둔 암호학cryptography의 혁명이 진행되었고 민간 분야뿐만 아니라 군사용으로도 응용하여 중요하게 쓰였다. 그리고 머지않아 이 혁명은 인터넷의 기능에 없어서는 안 되는 것으로 자리 잡게 됐다. 오늘날 우리는 존재 자체도 제대로 인식하지 못하는 상태에서 정수론에 의존해 살고 있다.

상대성 이론 역시 군사용과 민간용으로 용도가 생겼다. 상대성 이론은 핵폭탄 개발 맨해튼 프로젝트에 지엽적이나마 영향을 미쳤다. 아인슈타인의 유명한 방정식 $E = mc^2$은 물리학자들에게 적은 양의 물질에도 막대한 양의 에너지가 들어 있다는 확신을 심어주었다. 또한 히로시마와 나가사키에 대한 원자폭탄 공격 이후에 대중에게 그런 무기가 어떻게 가능한지 쉽게 설명하는 데 사용했다. 어쩌면 대중의 관심을 진짜 비밀인 핵반응의 물리학으로부터 멀어지게 만들 의도로 그랬는지도 모른다. 최근에는 위성 항법 시스템Global Positioning System이 중요해졌는데, 특수 상대성 이론과 일반 상대성 이론 덕분에 정확한 위치를 계산할 수 있으며 이 시스템을 개발하는 데 미군이 자본을 댔다. 그리고 처음에는 군용으로만 사용을 제한했다.

정수론과 상대성 이론 모두 하디의 2 대 0 패!

하디를 비난하는 것은 아니다. 그는 블레츨리 파크에서 무슨 일이 벌어지고 있는지도 몰랐고 디지털 컴퓨터와 통신 기술의 급속한 등장도 예상할 수 없었다. '디지털'이란 기본적으로 정수를 가지고 하는 일이고 정수론은 결국 정수를 다루는 학문이다. 수 세대의 순수 수학자들이 순전히 지적 호기심으로 얻어낸 결과를 혁신적 기술에 적용하게 된 것이다. 오늘날에는 정수론만이 아니라 조합론 combinatorics에서 추상 대수학abstract algebra, 함수 해석학functional analysis에 이르기까지 온갖 수학 분야가 인류 4명 중 1명이 매일 들고 다니는 전자 장비 안에 들어 있다. 개인, 기업, 군에서 참여하는 온라인 거래의 비밀 유지는 하디가 사랑해 마지않았던 정수론에 뿌리를 둔 교묘한 수학적 변환을 통해 이루어진다. 튜링이었다면 이 말을 들어도 놀라지 않았을 것이다. 그의 생각은 시대를 훨씬 앞서서 1950년에도 인공지능에 대해 진지하게 고민할 정도였기 때문이다. 튜링은 선지자였다. 당시만 해도 인공지능은 공상 과학의 축에도 못 끼는 그저 판타지에 불과했다.

* * *

암호는 평문, 즉 일반 언어로 표현된 메시지를 뜻 모를 횡설수설처럼 보이는 암호문으로 변환하는 방법이다. 이런 변환에는 일반적으로 암호키가 필요하다. 암호키는 정보 비밀 유지의 핵심이다. 예를 들어 율리우스 카이사르Julius Caesar는 각각의 알파벳 글자를 세 자리씩 옮겨서 적는 암호를 이용했다고 한다. 여기서 암호키는 '세 자리'다. 각각의 알파벳 글자를 정해진 패턴에 따라 다른 글자로 바꾸는 이런 치환 암호substitution cipher는 충분한 양의 암호문만 확보하면 쉽게 깰 수 있다. 그냥 평문에서 알파벳 글자가 출현하는 빈도만 알고 있으면 암호를 추측할 수 있다. 처음에는 몇 번 오류가 있겠지만 그러다가 'JULFUS CAESAR'로 해독되는 구간이 하나 나온다면 굳이 천재가 아니어도 'F'가 'I'여야 한다는 사실을 알아차릴 수 있다.

단순하고 보안도 불확실하지만 카이사르의 암호는 최근까지만 해도 사실상 모든 암호 체계의 밑바탕이 되는 일반적 원리의 좋은 사례다. 바로 대칭 암호symmetric cipher로, 발신자와 수신자 모두 근본적으로 동일한 암호키를 사용한다. 내가 '근본적'이라는 표현을 사용한 이유는 발신자와 수신자가 암호키를 서로 다른 방식으로 사용하기 때문이다. 즉, 카이사르는 알파벳을 세 자리 앞으로 당겨서 사용한 반면, 그것을 받는 사람은 세 자리 뒤로 밀어서 사용해야 한다. 하지만 메시지를 암호화할 때 키를 어떻게 사용했는지 알고 있으면 동일한 암호키로 그 과정을 뒤집어 쉽게 암호를 해독할 수 있다. 아주 정교하고 안전한 암호라 해도 대칭적이다. 따라서 메시지의 발신자와 수신자 말고는 아무도 암호키를 모르게 지키는 것이 보안의 핵심이다.

벤저민 프랭클린Benjamin Franklin은 "세 사람이라도 비밀을 지킬 수 있다. 그중 2명이 죽으면"이라고 말했다. 대칭 암호에서는 적어도 두 사람이 암호키를 알고 있어야 하는데 프랭클린의 입장에서는 2명도 너무 많다. 1944년, 아니면 1945년에 미국 벨 연구소의 누군가 (아마도 정보 이론information theory의 창시자 클로드 섀넌Claude shannon)가

음성 통신의 도청을 막는 방법으로 신호에 무작위 잡음을 더한 다음 그 신호를 받을 때 다시 그 잡음을 빼서 듣자고 제안했다. 이것 역시 대칭 암호 방식이다. 무작위 잡음이 암호키이고 빼기로 더하기를 뒤집을 수 있기 때문이다. 1970년 예전에 정부 암호 학교였던 영국 정보 통신 본부에서 일하던 공학자 제임스 엘리스James Ellis는 그 잡음을 수학적으로 생성할 수 있을지 궁금했다. 그렇게만 된다면 그냥 신호만 추가하는 것이 아니라 내용을 알더라도 뒤집기가 아주 어려운 수학적 과정을 통해 잡음을 추가할 수 있었다. 물론 수신자가 그 과정을 뒤집을 수 있어야겠지만 수신자만 알고 있는 두 번째 암호키를 이용하면 가능했다.

엘리스는 이 개념을 '비비밀 암호화non-secret encryption'라 불렀다. 오늘날의 용어로는 '공개키 암호화public key cryptosystem'라고 한다. 이 용어는 메시지를 암호로 바꾸는 규칙을 대중에 공개해도 두 번째 암호키를 알지 못하면 그 과정을 뒤집어 암호를 해독하는 방법을 알 수 없다는 뜻이다. 단 문제점은 엘리스가 적절한 암호화 방법을 고안할 수 없었다는 것이다. 그는 요즘에 '트랩도어 함수trapdoor function'라고 부르는 것을 원했다. 이 함수는 내리기는 쉬워도 올리기는 어려운 함정문trapdoor처럼 계산하기는 쉽지만 뒤집기는 어려웠다. 하지만 여기서도 마찬가지로 적법한 수신자가 그 과정을 쉽게 뒤집을 수 있도록 비밀의 두 번째 암호키가 있어야 한다. 함정문으로 떨어져도 다시 위로 올라갈 수 있게 해줄 비밀 사다리처럼 말이다.

이번에는 영국의 수학자 클리포드 콕스Clifford Cocks에 대해 알아보자. 그 역시 영국 정보 통신 본부에서 일했다. 1973년 9월 콕스는 묘안이 떠올랐다. 소수의 수학을 이용해 트랩도어 함수를 만들어서 엘리스의 꿈을 실현했다. 수학적으로 보면 2개 이상의 소수를 곱하기는 쉽다. 그냥 손으로 계산해도 50자리 소수 2개를 곱해서 99자리나 100자리 답을 얻을 수 있다. 하지만 역으로 100자리 숫자를 하나 받아서 그 소인수를 찾아내는 일은 훨씬 어렵다. 일반적으로 학교에서 가르치는 '가능한 소인수를 하나씩 차례로 시도해보기' 방법으로는 찾기 요원하다. 가능한 소인수가 너무 많기 때문이다. 콕스는 두 큰 소수를 곱해서 나온 값을 바탕으로 하는 트랩도어 함수를 고안했다. 이렇게 해서 나온 암호는 대단히 안전해서 두 소수를 알려줄 수는 없지만 그 둘을 곱한 값은 공개해도 상관없다. 두 소수를 알지 못하면 아무것도 할 수가 없기에 두 소수의 곱을 아는 것만으로는 도움이 되지 않는다. 예를 들어 내가 당신에게 곱해서 아래의 수가 나오는 두 소수를 발견했다고 말했다고 해보자.

1,192,344,277,257,254,936,928,421,267,205,031,305,805,339,598,743, 208,059,530,638,398,522,646,841,344,407,246,985,523,336,728,666,069

그 2개의 소수를 찾아낼 수 있겠는가?[41] 정말 빠른 슈퍼컴퓨터라면 가능하겠지만 일반 컴퓨터로는 쉽지 않다. 여기서 자릿수가 더 늘어나면 슈퍼컴퓨터조차 버거워진다.

어쨌거나 콕스의 배경은 정수론에 있었고 그는 그런 소수 쌍을 이용해서 트랩도어 함수를 만드는 방법을 고안했다. 그 방법에 대해서는 필요한 개념을 익히고 난 후에 뒤에서 설명하겠다. 너무 간단해서 콕스는 처음에 따로 적어두지도 않았다가 나중에야 상관에게 제출할 보고서를 작성하면서 자세한 내용을 글로 옮겼다. 하지만 당시의 초보적 수준의 컴퓨터로는 이 방식을 어떻게 사용해야 할지 알수 없어서 그냥 기밀 정보로 분류했다. 이 내용은 미국 국가안전국에도 전달됐다. 양쪽 기관 모두 그 군사적 잠재력을 알아봤다. 계산이 느리더라도 공개키 암호화를 이용해서 누군가에게 완전히 다른 암호에 대한 암호키를 전자적으로 전송할 수 있기 때문이다. 요즘에는 군사용으로나 민간용으로나 이런 유형의 암호를 사용할 때는 이방식을 주로 사용한다.

영국의 관료들은 오랫동안 페니실린, 제트 엔진, DNA 지문 감식등 큰 돈벌이가 될 것들을 알아보는 재주가 참 부족했다. 하지만 이번 경우에는 특허법에서 조금의 위안을 찾을 수 있었다. 뭔가를 특허 내려면 그것이 무엇인지 밝혀야 한다. 어쨌든 콕스의 혁명적 개념은 파일로 보관됐다. 마치 영화 〈인디아나 존스 - 레이더스Raiders of the Lost Ark〉에서 성궤가 들어 있는 상자가 똑같이 생긴 다른 상자들과 함께 이름도 없는 거대한 정부의 창고 깊숙한 곳에 처박히던 마지막 장면처럼 말이다.

한편 1977년에는 그와 동일한 방법을 로널드 리베스트Ronald Rivest, 아디 샤미르Adi Shamir, 레너드 애들먼Leonard Adleman, 이렇게 3명의 미국 수학자가 독립적으로 재발명했다. 세 사람은 이 내용을 즉각 발표했고 이 방법은 수면으로 떠오르게 됐다. 이제는 이들의 이름을 따서 RSA 암호RSA cryptosystem라고 부른다. 마침내 1997년 영국 정보부도 콕스의 연구를 기밀 해제했다. 그 덕에 이제 우리는 콕스가 그 아이디어를 처음 생각했다는 사실을 알게 됐다.

* * *

그 어떤 메시지도 하나의 수로 나타낼 수 있다는 사실을 깨닫는 순간 정수론이 암호학의 세계로 들어온다. 카이사르의 암호는 그 수가 알파벳 속 한 글자의 위치다. 수학자들은 대수학적 편이성 때문에 이 수가 1부터 26까지가 아니라 0부터 25까지 이어지는 것으로 표현하는 쪽을 더 좋아한다. 따라서 A는 0, B는 1, …Z=25가 된다. 이 범위를 벗어난 수는 26의 배수를 더하거나 빼서 그 안에 속하는 수로 만들 수 있다. 이렇게 하기로 하면 26개의 글자가 원을 그리며 돌게 할 수 있다. 따라서 Z 다음에는 다시 A로 돌아간다. 카이사르의 암호는 간단한 수학 규칙 혹은 공식으로 응축할 수 있다.

$$n \rightarrow n+3$$

그 반대 과정도 아주 비슷하게 보인다.

$$n \leftarrow n+3 \text{ 혹은 } n \rightarrow n-3$$

이것이 이 암호를 대칭적으로 만드는 부분이다.

공식을 바꾸면 새로운 암호를 발명할 수 있다. 그냥 메시지를 수로 변환할 간단한 방법과 2가지 공식만 있으면 된다. 공식 하나는 평문 메시지를 암호문으로 바꾸는 것이고 또 하나는 암호문을 다시 평문으로 되돌리는 공식이다. 각각의 공식은 다른 공식을 뒤집어놓은 것이어야 한다.

평문을 수로 변환하는 방법은 아주 많다. 간단한 사례를 하나 들면, 각각의 글자를 0에서 25까지의 숫자로 표현하고 0부터 9까지의 숫자는 00부터 09까지의 숫자로 표현해서 이 수치를 문자열로 합치는 방법이 있다. 그럼 'JULIUS'는 092011082018가 된다(A=00이라는 사실을 기억하자). 공백이나 구두점 등을 위해 추가로 숫자가 몇 개 더 필요할 것이다. 한 수를 다른 수로 변환하는 규칙을 수론 함수number-theoretic function라고 부른다.

수를 끝과 끝이 이어지게 둥글게 배치하는 것을 모듈러 연산modular arithmetic 방법이라고 한다. 수를 하나 고른다. 여기서는 그 수가 26이다. 이제 26이 0과 같은 수인 것처럼 취급해서 0부터 25까지의 수만 있으면 되게 만든다. 1801년에 카를 프리드리히 가우스Carl Friedrich Gauss는 자신의 책《산술논고Disquisitiones Arithmeticae》에서 그런 체계가 0에서 25까지라는 선택된 범위를 벗어나지 않고도 대수학의 일반 법칙을 모두 따르며 수끼리 덧셈, 뺄셈, 곱셈이 가능하다고 지적했다. 평범한 수로 흔히 하는 계산을 해본 후에 거기서 나온 정답을 26으로 나눠 그 나머지를 취해보자. 예를 들어 $23 \times 17 = 391$에서 391은 $15 \times 26 + 1$이다. 그 나머지가 1이므로 이 특이한 버전의 대수학에서는 $23 \times 17 = 1$이 된다.

26을 다른 어떤 수로 대체해도 같은 개념을 적용할 수 있다. 26 같은 수를 모듈러라고 한다. 어떤 일이 진행되고 있는지 강조하기 위해 (mod 26)이라고 적을 수 있다. 그래서 위에서 한 계산을 더 정확하게 옮겨보면 '$23 \times 17 = 1 \pmod{26}$'이 된다.

나누기는 어떨까? 그 정확한 의미는 너무 신경 쓰지 말고 그냥 17로 나눠보면 다음과 같이 나온다.

$$23 = 1/17 \pmod{26}$$

따라서 17로 나누는 것은 23을 곱하는 것과 같다. 이제 새로운 암호 규칙을 발명할 수 있다.

$$n \to 23\,n \pmod{26}$$

이것을 뒤집으면

$$n \leftarrow 17\,n \pmod{26}$$

이 규칙을 이용하면 알파벳을 다음과 같은 순서로 아주 뒤범벅으로 만들 수 있다.

AXUROLIFCZWTQNKHEBYVSPMJGD

이것은 여전히 단일 글자 수준의 치환 암호이기 때문에 쉽게 깨질 수 있지만 우리가 공식을 바꿀 수 있다는 사실을 보여준다. 또한 정수론의 많은 영역에서 핵심적인 모듈러 연산의 사용법도 보여준다.

하지만 나누기는 더 까다로울 수 있다. $2 \times 13 = 26 = 0 \pmod{26}$이기 때문에 13으로 나눌 수가 없다. 그렇지 않으면 $2 = 0/13 = 0 \pmod{26}$이 되는데 이것은 틀린 얘기다. 2로 나누는 경우도 마찬가지다. 모듈러와 소인수를 공유하지 않으면 어떤 수로든 나눌 수 있다는 것이 일반적인 규칙이다. 따라서 0은 배제된다. 당연한 일이다. 일반적으로 정수에서도 0으로 나눌 수는 없기 때문이다. 모듈러가 소수인 경우에는 0을 제외하고 그 모듈러보다 작은 어떤 수로도 나눌 수 있다.

모듈러 연산의 장점은 평문 '단어'의 목록에 대수학적 구조를 부여한다는 점이다. 그래서 평문을 암호문으로 변환하고 다시 그 역으로 변환하는 다양한 규칙이 등장할 수 있다. 콕스, 그 뒤에 리베스트, 샤미르, 애들먼은 그중에서 아주 기발한 규칙을 골라낸 것이다.

각각의 글자에 동일한 번호를 붙여서 한 번에 글자 하나씩 메시지를 암호화하면 보안성이 그리 좋지 못하다. 어떤 규칙을 사용하든 치환 암호이기 때문이다. 하지만 예를 들어 메시지를 10글자씩(요즘에는 100글자 이상) 블록으로 나누어 각각의 블록을 수로 변환하면 블록에 대한 치환 암호를 얻을 수 있다. 이 블록의 길이가 충분히 길면 임의의 블록이 등장하는 빈도에서 특징적인 패턴이 드러나지 않기 때문에 어떤 수가 더 자주 등장하는지만 관찰해서는 암호 해독이 불가능하다.

$$* * *$$

콕스와 RSA(리베스트, 샤미르, 애들먼)는 페르마가 1640년에 발견한 아름다운 정리에서 규칙을 유도해냈다. 이 정리는 수의 거듭제곱이 모듈러 연산에서 어떻게 행동하는지 말해준다. 현대의 언어로 표현하면 페르마는 자신의 친구 드 베시에게 만약 n이 소수라면 임의의 수 a에 대해 다음과 같이 말한 것이다.

$$a^n = a \pmod{n} \text{ 혹은 } a^{n-1} = 1 \pmod{n}$$

"증명을 함께 보내고 싶지만 너무 길어질 것 같아 생략하네"라고 페르마는 적었다. 이렇게 생략된 증명은 1736년에 오일러가 보냈다. 그리고 1763년에 오일러는 모듈러가 소수가 아닐 때 적용되는 더 일반적인 정리를 발표했다. 이제 a와 n에 공약수가 있어서는 안 되고 두 번째 버전의 공식에 들어 있는 n-1 제곱은 오일러 피 함수(totient function) $\varphi(n)$으로 대체된다. 이 함수가 무엇인지 알 필요는 없지만,[42] 만약 n = pq가 두 소수 p와 q의 곱이라면 $\varphi(n) = (p-1)(q-1)$이라는 사실은 알고 있어야 한다.

RSA 암호는 다음과 같이 진행된다.

- 2개의 큰 소수 p와 q를 찾는다.

- 곱셈 n = pq를 계산한다.

- $\varphi(n) = (p-1)(q-1)$을 계산한다. 이것을 비밀로 유지한다.

- $\varphi(n)$와 공통 소인수가 없는 e를 고른다.

- de = 1(mod $\varphi(n)$)을 만족하는 d를 계산한다.

- e라는 수를 공개할 수 있다(이렇게 해도 $\varphi(n)$에 관한 유용한 정보는 거의 공개되지 않는다).

- d를 비밀로 한다(이것이 핵심적인 부분이다).

- r을 모듈러 n으로 암호화한 평문 메시지라 하자.

- r을 암호문 r^e(mod n)으로 변환한다(이 규칙 역시 공개할 수 있다).

- r^e를 해독하려면 그것을 d(mod n) 제곱한다(d는 비밀이라는 점을 기억하자). 그럼 이 값은 $(r^e)^d$가 되고 r^{ed}와 같다. 그리고 오일러의 정리를 통해 r과 같다.

여기서의 암호화 규칙은 'e 제곱하기'다.

$$r \rightarrow r^e$$

그리고 해독 규칙은 'd 제곱하기'다.

$$s \rightarrow s^d$$

여기서 깊이 들어가지는 않겠지만 p와 q를 따로따로 알고 있다는 조건 아래서 수학적으로 좀 재주를 부리면 여기 나온 단계를 신속하게 수행할 수 있다(오늘날의 컴퓨터를 이용해서). 여기서 반전은 p와 q를 따로 알지 못하면 n과 e를 안다고 해도 메시지를 해독하는 데 필요한 d를 계산하는 데 별 도움이 안 된다는 사실이다. 그럼 n의 소인수인 p와 q를 직접 알아내야 하는데 앞에서도 봤듯이 p와 q를 곱해서 n을 얻는 것보다 훨씬, 아주 훨씬 어렵다.

바꿔 말하면 'e 제곱하기'가 필요한 트랩도어 함수다.

현재 100자릿수 소수 p와 q에 대해 여기서 설명하는 모든 것을 하는 데 노트북 컴퓨터로 1분 정도가 걸린다. RSA 암호의 반가운 특성은 컴퓨터 기능이 아무리 막강해져도 그냥 p와 q의 값만 크게 키우면 된다는 점이다. 그럼 동일한 방법으로 효과를 볼 수 있다.

RSA 암호의 단점은 대단히 실용적이기는 하지만 메시지의 모든 내용에 대해 일상적으로 사용하기에는 속도가 너무 느리다는 점이다. RSA 암호의 실용적인 주요 적용 분야는 완전히 다른 암호 체계에 사용할 비밀 암호키를 전송할 방법으로 사용하는 것이다. 이 다른 암호 체계가 실행 속도도 빠르고 암호키만 유출되지 않는 한 보안도 확실하기 때문에 서로의 장점을 살릴 수 있다. RSA 암호는 초창기부터 암호학을 몹시 괴롭혔던 암호키 분배key distribution의 문제를 해결할 수 있다. 이니그마 암호가 깨진 이유 중 하나는 매일 하루를 시작할 때마다 보안이 취약한 방식으로 이니그마 기계의 어떤 설정을 통신병들에게 분배했기 때문이다. 흔히 적용하는 또 다른 분야로는 발신자의 신원을 확인하는 암호 메시지인 전자 서명을 검증하는 일이다.

콕스의 상사이자 영국 정보 통신 본부의 수석 과학자, 수석 공학자 겸 감독관이었던 랄프 벤저민Ralph Benjamin은 이런 정황을 훤히 꿰뚫고 있어서 그 가능성을 알아봤다. 그는 한 보고서에 "저는 이것이 군사 목적으로 가장 중요하게 사용되리라 판단합니다. 가변적인 군사적 상황에서는 뜻밖의 위협이나 기회와 마주칠 수 있습니다. 만약 암호키를 전자적으로 신속하게 공유할 수 있다면 적군에 비해 유리한 고지를 차지할 수 있습니다"라고 적었다. 하지만 당시의 컴퓨터로는 그런 과제를 감당하기 버거웠고 뒤돌아보면 아주 거대한 기회였던 이 절호의 찬스를 그냥 날려버리고 말았다.

＊ ＊ ＊

　수학 기법을 그냥 기성 제품처럼 갖다 써서 실용적인 문제를 풀 수 있는 경우는 드물다. 다른 분야와 마찬가지로 다양한 어려움을 극복할 수 있도록 개조하고 수정해서 쓸 필요가 있다. RSA도 마찬가지다. 사실 내가 방금 설명한 것처럼 간단하지는 않다. 그 개념에 대한 찬양을 멈추고 무슨 문제가 생길 수 있는지 생각해보는 순간 수학자들에게 여러 가지 매혹적인 이론적 의문이 떠오른다.

　소인수 p와 q를 모르는 상황에서 $\varphi(n)$을 계산하는 것이 p와 q 자체를 찾아내는 것만큼이나 힘들다는 사실을 보여주기는 어렵지 않다. 사실 p와 q 자체를 찾아내는 것이 $\varphi(n)$을 계산하는 유일한 방법으로 보인다. 그럼 이런 큰 의문이 따라온다. 소인수 분해는 얼마나 어려운 것일까? 대부분의 수학자는 엄밀한 의미에서 극단적으로 어렵다고 생각한다. 어떤 소인수 분해 알고리즘이라도 pq의 곱에 담긴 숫자의 수에 따라 실행 시간이 기하급수적으로 늘어난다(그건 그렇고 소수를 3개나 4개가 아니라 2개만 사용하는 이유는 2개가 제일 어렵기 때문이다. 한 수의 소인수가 많을수록 그중 하나를 찾아내기는 더 쉽다. 그리고 그 소인수로 나누면 수의 크기가 훨씬 작아지기 때문에 나머지를 찾기도 더 쉬워진다). 하지만 소인수 분해가 어렵다는 사실을 현재는 아무도 증명하지 못하고 있다. 그런 증명을 대체 어떻게 시작해야 하는지 감도 못 잡고 있다. 따라서 RSA 암호 방식의 보안성은 증명되지 않은 추측에 기반하고 있는 셈이다.

이 방식의 세부 사항에는 또 다른 의문과 위험이 들어 있다. 수를 잘못 선택하면 RSA 방식이 기발한 공격에 취약해질 수 있다. 예를 들어 e가 너무 작은 경우에는 암호문 r^e을 mod n이 아니라 보통 숫자라고 생각하고 r^e의 e 제곱근을 취해서 메시지 r이 무엇인지 판단할 수 있다. 그리고 각자에게 보내는 p와 q가 다르더라도 똑같은 메시지를 똑같은 거듭제곱 e를 이용해서 e명의 수신자에게 보내는 경우에는 또 다른 잠재적 결함이 생길 수 있다. 그럼 중국인의 나머지 정리Chinese Remainder Theorem라는 사랑스러운 결과를 적용해서 평문 메시지를 밝힐 수 있다.

RSA는 의미론적으로도 불안정하다. 서로 다른 수많은 평문 메시지를 암호화해서 그 결과를 깨뜨리고 싶은 암호문과 비교하여 암호를 깨는 것이 원칙적으로는 가능하다는 얘기다. 이것은 기본적으로 시행착오를 통한 해독 방법이다. 긴 메시지는 이런 방식이 실용적이지 않지만 짧은 메시지를 많이 보내는 경우라면 가능할 수도 있다. 이를 피하기 위해 특정적이지만 무작위적인 계획에 따라 메시지에 추가적인 숫자를 덧대어 RSA 암호를 변형한다. 이렇게 하면 평문이 더 길어지기 때문에 똑같은 메시지를 여러 번 보내는 것을 피할 수 있다.

RSA 암호를 깨는 또 다른 방법은 수학적 결함이 아니라 컴퓨터의 물리적 특성을 이용하는 것이다. 1995년에 암호 사업가 폴 쾨허Paul Kocher는 사용하는 하드웨어에 대해 암호 해독자가 충분히 잘 알고 있고 몇몇 메시지를 해독하는 데 시간이 얼마나 걸리는지 측정할 수 있다면 비밀 암호키 d를 쉽게 추론할 수 있다는 사실을 알아냈다. 댄 보네Dan Boneh와 데이비드 브럼리David Brumley는 2003년에 표준 SSLSecure Sockets Layer 프로토콜을 이용해서 종래의 네트워크상에서 발신한 메시지를 이런 방식으로 공격할 수 있는 실용적 버전을 실증해 보였다.

가끔 아주 큰 수를 대단히 신속하게 소인수 분해할 수 있는 수학적 방법이 존재하기 때문에 p와 q가 일부 제한 조건을 충족하도록 해야 한다. 우선 이 두 수가 너무 가까이 붙어 있지 않아야 한다. 아니면 페르마의 소인수 분해 방법을 적용할 수 있다. 2012년에 아르젠 렌스트라Arjen Lenstra가 이끄는 집단이 인터넷에서 추출한 공개 암호키 수백만 개를 가지고 시도해봤더니 500개 중 하나는 암호를 깰 수 있었다.

실용적인 양자 컴퓨터는 커다란 게임 체인저가 될 수 있다. 양자 컴퓨터는 아직 초기 단계에 머물러 있지만 일반적인 이진수 0과 1 대신 큐비트qubit, quantum bit를 사용한다. 그리고 원칙적으로 전례 없는 빠른 속도로 거대한 수의 소인수 분해 같은 막강한 계산을 수행할 수 있다. 이에 대한 추가적인 설명은 장의 뒷부분으로 미뤄두겠다.

* * *

RSA 시스템은 정수론이나 그와 가까운 친척인 조합론에 바탕을 둔 여러 가지 암호법 중 하나일 뿐이다. 조합론은 모든 가능성을 다 나열해보지 않고도 어떤 대상들을 몇 가지 방식으로 나열할 수 있는지 세는 방법이다. 암호학에서 아직 수학의 우물이 말라버리지 않았다는 사실을 보여주기 위해 대안의 암호 체계에 대해 설명해보겠다. 대안으로 제시하는 이 암호 체계는 오늘날의 정수론에서 가장 심오하고 흥미진진한 분야 중 하나를 이용한다. 바로 타원 곡선elliptic curve으로, 특히나 앤드루 와일즈의 페르마의 마지막 정리 증명에서 핵심적인 부분이다.

정수론은 페르마와 오일러의 시대 이후로 계속 전진해왔다. 대수학도 마찬가지다. 그 과정에서 관심의 초점이 미지의 수에 대한 기호적 표현에서 특정 규칙을 통해 정의되는 기호 체계의 보편적 속성으로 옮겨갔다. 이 두 연구 분야는 중첩되는 부분이 많다. 대수학과 정수론의 두 전문 분야의 조합에서 비밀 암호에 관한 매력적인 개념들이 등장했다. 바로 유한체와 타원 곡선이다. 이와 관련된 것들을 이해하려면 먼저 이것이 무엇인지 알아야 한다.

일부 모듈러에 관한 산술에서 일반적인 대수 법칙을 따르면서 수를 더하고, 빼고, 곱하는 것이 가능하다는 사실을 앞에서 살펴봤다. 그때는 곁길로 새지 않기 위해 그 법칙이 무엇인지 말하지 않았는데, 그 전형적인 사례는 교환 법칙 $ab = ba$와 결합 법칙 $(ab)c = a(bc)$다. 이것은 곱하기에 적용되는 규칙이고 더하기에도 비슷한 법칙이 존재한다. 분배 법칙 a(b+c)=ab+ac도 유효하고 0과 1에 관련된 간단한 규칙도 존재한다. 이를 테면 0+a=a, 1a=a 등이다. 이런 법칙들을 따르는 체계를 '환ring'이라고 부른다. 나누기도 가능하고(0으로 나누기는 제외) 표준 법칙들이 적용되면 그것을 '체field'라고 한다. 이 이름들은 독일어에서 유래했는데 기본적으로 그냥 '특정 법칙을 따르는 것들의 모음'이라는 의미다. 정수 모듈러 26은 Z_{26}이라는 환을 형성한다. 2나 13으로 나누었을 때 문제가 생기는 것은 앞에서 봤으니, 이것은 체가 아니다. 이유는 따로 설명하지 않았지만 정수 모듈러 소수는 그런 문제가 없다고 했다. 따라서 Z_2, Z_3, Z_5, Z_7 등의 정수 모듈러 2, 3, 5, 7은 모두 체다.

평범한 정수는 영원히 이어진다. 이들은 무한 집합을 이룬다. 반면 Z_{26}과 Z_7 같은 체계는 유한하다. 첫 번째는 0부터 25까지의 수만 원소로 갖고 두 번째는 0부터 6까지만 원소로 갖는다. 첫 번째는 유한환finite ring이고 두 번째는 유한체다. 유한 체계가 그 어떤 논리적 모순도 없이 대수학의 많은 법칙을 그대로 따를 수 있다는 사실이 정말 놀랍다. 유한한 수 체계는 너무 크지만 않다면 컴퓨터 계산에 굉장히 적합하다. 정확한 계산이 가능하기 때문이다. 따라서 다양한 암호 방식이 유한체를 바탕으로 한다는 사실이 놀랍지 않다. 그냥 비밀을 유지하는 암호학뿐만 아니라 전기 간섭 등의 무작위 잡음으로 오류가 생기지 않게 하는 오류 감지 부호error-detecting codes와 오류 수정 부호error-correcting codes도 있다. 완전히 새로 등장한 수학 분야인 부호 이론coding theory에서 이런 문제를 다룬다.

가장 단순한 유한체는 정수 모듈러 소수 p인 Z_p다. 이것이 체를 이룬다는 것은 페르마도 알고 있었다(체라는 이름은 몰랐지만). 비극적인 결투에서 스무 살에 죽은 프랑스의 혁명가 에바리스트 갈루아 Évariste Galois는 이것이 유일한 유한체가 아니라는 사실을 증명해 보였다. 그는 유한체를 모두 찾아냈다. 각각의 소수 거듭제곱 p^n에 대해 하나씩 유한체가 존재하고 그 안에는 정확히 p^n개의 서로 다른 수가 들어 있다(경고: n이 1보다 크면, 이 체는 정수 모듈러 p^n이 아니다). 따라서 2, 3, 4, 5, 7, 8, 9, 11, 13, 16, 17, 19, 23, 25, … 원소에 대해서는 유한체가 존재하지만 1, 6, 10, 12, 14, 15, 18, 20, 21, 22, 24, … 원소에 대해서는 유한체가 존재하지 않는다. 아주 신기한 정리다.

타원 곡선(타원과는 아주 간접적으로만 관련이 있다)은 아주 다른 분야인 수에 관한 고전적 이론에서 기원했다. 250년경에 고대 그리스의 수학자 알렉산드리아의 디오판토스Diophantus는 정수(혹은 유리수)를 이용해서 대수 방정식을 푸는 방법에 대한 교과서를 썼다. 예를 들면 유명한 3-4-5 삼각형은 피타고라스의 정리에 따라 직각을 갖고 있다. $3^2+4^2=5^2$이기 때문이다. 따라서 이 수들은 피타고라스의 방정식 $x^2+y^2=z^2$의 해다. 디오판토스의 정리 중 하나는 이 방정식의 분수 해, 특히 정수해를 모두 찾아내는 방법을 보여준다. 유리수로 방정식을 푸는 이 분야를 디오판토스 방정식Diophantine equation이라 부른다. 유리수로 제한하면 게임이 달라진다. 예를 들어 $x^2=2$는 실수해는 있지만 유리수 해는 없다.

디오판토스의 문제 중 하나는 이렇다. '주어진 수를 둘로 나누어 그 둘을 곱한 값이 한 변의 세제곱 빼기 한 변이 되게 하라.' 원래의 수가 a라면 그 값을 Y와 a-Y로 나눈 후에 다음의 방정식을 풀면 된다.

$$Y(a-Y) = X^3-X$$

디오판토스는 a = 6인 경우를 조사해봤다. 변수를 적당히 바꾸면 (9를 빼고, Y는 y+3, X는 -x로 바꿈) 이 방정식을 다음과 같이 바꿀 수 있다.

$$y^2 = x^3-x+9$$

그러고 나서 그는 X = 17/9, Y = 26/27이라는 해를 유도해냈다.

수학자들이 타원형의 원호 조각 길이를 계산하려고 해석학(analysis, 상급 미적분학)을 이용하려 하자 놀랍게도 비슷한 방정식이 기하학에도 등장했다. 사실 타원 곡선이라는 이름도 그래서 나왔다. 수학자들은 미적분학을 이용해서 원에서 그와 비슷한 문제의 답을 푸는 방법은 알고 있었다. 그럼 문제가 이차 다항식의 제곱근과 관련된 함수의 적분을 찾아내는 문제로 환원된다. 그런 (역)삼각 함수를 이용해서 풀 수 있다. 동일한 방법을 타원에 적용하면 삼차 다항식의 제곱근과 관련된 함수의 적분으로 이어진다. 이것을 두고 실험을 해봤지만 결실을 얻지 못했고 새로운 부류의 함수가 필요하다는 것이 분명해졌다. 이 함수들은 복잡하기는 하지만 꽤 예뻤고 타원의 원호 길이와 관련이 있어서 타원 함수elliptic function라는 이름이 붙었다. 삼차 다항식의 제곱근은 다음 방정식의 해 y에 해당한다.

$$y^2 = x^3+ax+b$$

(우면에 나타나는 x^2 항은 0으로 변환할 수 있다). 좌표 기하학에서는 이 방정식이 평면상의 곡선을 정의한다. 따라서 이런 곡선을(그리고 방정식으로 표현되는 그 대수학 버전도) '타원 곡선'이라 부르게 됐다.

계수가 정수일 때는 이 방정식을 Z_7 같은 모듈러 연산으로 고려할 수 있다. 그럼 평범한 정수에서 나오는 모든 해가 모듈러 7 중 하나로 이어진다. 이 체계는 유한하기 때문에 시행착오 방법을 사용해볼 수 있다. 디오판토스의 방정식 $y^2=x^3-x+9$의 경우 (mod 7)의 유일한 해는 다음과 같다는 사실을 신속하게 발견할 수 있다.

$$x=2, y=2 \quad x=2, y=5$$
$$x=3, y=1 \quad x=3, y=6$$
$$x=4, y=3 \quad x=4, y=4$$

이 해는 평범한 정수로 나온 해에 대해서도 함축적 의미를 갖고 있다. 이것은 모듈러 7을 반드시 이 6가지 중 하나로 환원시켜야 한다. 분모가 7의 배수만 아니라면 유리수 해에도 동일하게 적용할 수 있다. 7의 배수는 Z_7 안에서는 분모가 0이 되기 때문에 금지되어 있다. 7을 다른 어떤 수로 바꾸면 가상의 유리수 해의 형태에 대해 더 많은 정보를 얻게 된다.

이제 유한환과 유한체 위의 타원 곡선(방정식)을 살펴보자. 실제로는 곡선의 기하학적 이미지를 적용할 수 없다. 우리가 유한한 점의 집합만을 갖고 있기 때문이다. 하지만 같은 이름을 사용하는 것이 편리하다. 다음 그림에는 전형적인 도형과 그 추가적 특성이 나와 있다. 이 사실을 페르마와 오일러도 알고 있었고 20세기 초에 수학자들의 흥미를 불러일으켰던 특성이다. 그림에서 보듯이 두 해가 주어졌을 때 그 둘을 '더해서' 또 다른 해를 얻을 수 있다. 해가 유리수라면 그 해의 합 또한 유리수가 된다. 이건 그냥 2개를 사면 1개를 덤으로 주는 것이 아니라 2개를 사면 엄청나게 많은 것을 덤으로 주는 꼴이다. 그 과정을 계속 반복할 수 있기 때문이다. 가끔은 이렇게 하다가 출발점으로 돌아오는 경우도 있지만 대부분 서로 다른 무한히 많은 해를 얻을 수 있다. 사실 이 해는 멋진 대수학적 구조를 갖고 있다. 이 해들이 모여 군group을 형성한다. 타원 곡선의 모델-베유군Mordell–Weil group이다. 루이스 모델Louis Mordell이 그 기본적 속성을 증명하고 앙드레 베유André Weil가 그것을 일반화했다. '군'이란 덧셈이 짧은 목록의 간단한 규칙을 따른다는 의미다. 이 군은 가환군commutative으로 P + Q = Q+P라는 의미다. 그림을 보면 P

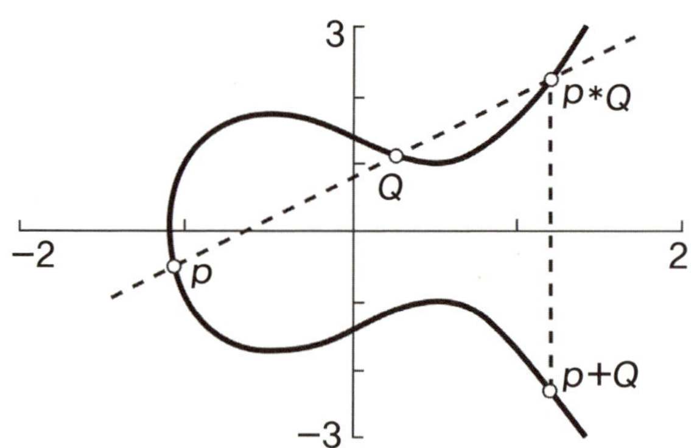

타원 곡선에서 두 점 P와 Q를 더하려면 세 번째 점 P*Q에서 곡선과 만나는 선으로 둘을 연결한다. 그리고 다음으로 x축을 중심으로 반사시켜 P+Q를 얻는다.

와 Q를 통과하는 선이 Q와 P를 통과하는 선이기 때문에 이는 자명한 부분이다. 이런 군 구조가 존재하는 게 특이한 일이다. 대부분의 디오판토스 방정식은 그렇게 협조적이지 않다. 아예 해가 없는 것도 많고 어떤 것은 몇 개의 해만 가지고 있고 자기가 보고 있는 방정식이 그중 어떤 종류인지 예측하기도 힘들다. 사실 타원 곡선은 이런저런 이유로 집중적인 연구가 이뤄지고 있는 분야다. 앤드루 와일즈는 페르마의 마지막 정리를 증명하기 위한 결정적 단계로 타원 곡선에 관한 심오한 추측을 증명해 보였다.

* * *

타원 곡선의 군 구조도 암호학자들의 흥미를 자극했다. 공식이 훨씬 복잡하기는 하지만 보통 해의 '더하기' 형태로 여긴다. 가환성이 있고 '+'라는 기호가 가환군 이론에서는 전통으로 자리 잡았기 때문이다. 특히나 우리에게 (x, y)라는 해가 있고 이것을 한 평면상의 점 P라 생각한다면 $P + P$, $P+P+P$ 등의 해를 만들어낼 수 있다. 이것을 $2P$, $3P$ 등으로 부르는 것이 자연스럽다.

1985년에 닐 코블리츠Neal Koblitz와 빅터 밀러Victor Miller는 군의 법칙을 타원 곡선에 적용해서 암호를 만들 수 있다는 사실을 독립적으로 깨달았다. 이것은 많은 수의 원소를 갖고 있는 유한체 안에서 작업하는 개념이다. P를 암호화하기 위해 어떤 아주 큰 정수 k에 대해 kP를 계산한다. 계산은 컴퓨터로 하면 쉽다. 그리고 그 결과값을 Q라고 하자. 이 과정을 뒤집으려면 Q에서 시작해서 P를 찾아내야만 한다. 사실상 k로 나누는 것이다. 군 공식의 복잡성 때문에 이렇게 거꾸로 계산하기는 아주 어렵다. 이는 새로운 종류의 트랩도어 함수, 따라서 공개 암호 방식을 발명한 것으로, 타원 곡선 암호 방식 Elliptic-curve cryptography이라고 부른다. RSA가 서로 다른 많은 소수를 이용해서 적용할 수 있는 것처럼 타원 곡선 암호 방식도 서로 다른 많은 유한체상에서, 서로 다른 P와 승수 k를 선택하여 서로 다른 많은 타원 곡선을 적용할 수 있다. 여기서도 역시 해독을 신속하게 해주는 비밀 암호키가 있다.

이 방식의 장점은 크기가 작은 군으로도 훨씬 큰 소수를 기반으로 만든 RSA 암호만큼이나 보안이 좋은 암호를 만들 수 있다는 것이다. 그래서 타원 곡선 암호가 더 효율적이다. 비밀 암호키만 알고 있다면 메시지를 암호화하고 암호를 해독하기가 더 빠르고 간단하다. 반면 암호키를 모르면 암호키를 깨기 어렵다. 2005년에 미국 국가안전국에서는 공개키 암호화 방식 연구가 타원 곡선이라는 새로운 분야로 나가는 게 좋겠다고 권고했다.

RSA 암호 방식의 경우와 마찬가지로 타원 곡선 암호 방식이 보안이 확실하다는 엄격한 증명은 나와 있지 않다. 가능한 공격 범위도 RSA와 비슷하다.

현재 암호 화폐에 대한 관심이 뜨겁다. 암호 화폐는 기존 은행의 통제를 받지 않는 화폐 체계지만 은행들 역시 이 분야에 관심을 갖고 있다. 돈을 벌 새로운 방법이 있다면 언제나 눈을 뜨고 달려드는 곳이 은행이니까 말이다. 가장 잘 알려진 암호 화폐는 비트코인이다. 비트코인은 블록체인blockchain 기술로 보안을 확보한다. 블록

체인은 특정 '코인'과 관련된 모든 거래를 암호화해서 기록해놓는다. 새로운 비트코인은 채굴mining을 통해 세상에 탄생한다. 채굴이란 본질적으로 무의미한 계산을 엄청나게 수행하는 것이다. 비트코인 채굴은 몇몇 소수를 부자로 만들어주는 것 말고는 아무런 쓸모도 없는 일에 막대한 양의 전기를 사용한다. 지하에서 올라오는 증기로 열 발전을 하는 덕분에 전기료가 무척 저렴한 아이슬란드에서는 모든 가정에서 사용하는 전력을 합친 것보다 더 많은 전력을 비트코인 채굴에 사용한다. 이런 활동이 기후 온난화와 기후 위기에 맞서 싸우는 데 대체 어떤 도움이 된다는 것인지 이해하기 어렵다.

비트코인과 다른 많은 암호 화폐는 secp256k1이라는 기억하기 쉬운 이름인 특정 타원 곡선을 사용한다. 그 방정식인 $y^2 = x^3 + 7$은 훨씬 더 기억하기 쉬운데 이 방정식을 선택한 가장 큰 이유는 쉬워서가 아닌가 싶다. secp256k1을 통한 암호화는 다음과 같이 주어지는 곡선상의 한 점을 기반으로 한다.

$$x = 55066263022277343669578718895168534326250603453777594175500187360389116729240$$

$$y = 32670510020758816978083085130507043184471273380659243932759389043357573374824244$$

이것은 타원 곡선 암호 방식을 실제로 적용할 때 어마어마하게 큰 값의 정수가 이용된다는 사실을 잘 보여주고 있다.

＊ ＊ ＊

RSA 암호화 방식의 보안은 소인수 분해가 어렵다는 증명되지 않은 가정에 기반하고 있다는 사실을 앞에서 몇 번 얘기했다. 설사 그것이 사실이라고 해도, 그리고 그럴 가능성이 대단히 높지만 암호의 보안을 위태롭게 할 다른 방법이 존재할지도 모른다. 그리고 이는 고전적인 공개키 암호화 전략 모두에 해당하는 얘기다. 이런 일을 가능하게 할 방법은 누군가 현재 나와 있는 그 어떤 것보다 속도가 훨씬 빠른 컴퓨터를 발명하는 것이다. 현재 이런 새로운 유형의 보안 위협이 서서히 모습을 드러내고 있다. 바로 양자 컴퓨터다.

고전적 물리계는 한 특정 상태로 존재한다. 탁자 위 동전은 앞면 혹은 뒷면이다. 전기 스위치는 켜져 있거나 꺼져 있다. 컴퓨터 메모리 속의 2진수(혹은 비트)는 0 아니면 1이다. 양자계는 그와 다르다. 양자적 대상은 하나의 파동이고 파동은 서로 포개질 수 있다. 이것을 전문 용어로 중첩superposition이라고 한다. 중첩 상태는 요소들의 상태가 뒤섞여 있는데 유명한(아니 악명 높은) 슈뢰딩거 고양이가 그 생생한 사례다. 방사성 원자와 독가스가 든 유리병으로 교묘하게 장치를 만들어 불투과성의 상자 안에 고양이와 함께 넣으면 이 불쌍한 고양이의 양자 상태는 '삶'과 '죽음'의 중첩 상태에 들어간다. 고전적인 고양이는 살면 산 거고 죽으면 죽은 거지만, 양자 상태의 고양이는 살아 있으면서 동시에 죽어 있을 수 있다.

그 상자를 열기 전까지는 말이다.

상자를 여는 순간 고양이의 파동 함수wave function는 고전적인 상태 중 하나로 붕괴한다. 살아 있거나 죽어 있거나 둘 중 하나로 말이다. 호기심(상자 열기)이 고양이를 죽인 것이다. 물론 살아 있을 수도 있지만.

이 고양이에게 양자 상태가 실제로 이렇게 작용하는지를 두고 뜨거운 논란이 있지만 거기까지 파고들지는 않겠다.[43] 여기서 중요한 것은 그보다 간단한 대상에는 수리 물리학이 아름답게 작동한다는 사실이다. 초보적인 양자 컴퓨터에서는 이미 이용하고 있다. 여기서는 0 아니면 1인 비트 대신에 동시에 0이면서 1인 큐비트를 사용한다. 여러분과 내가 책상 위에, 가방 속에, 주머니 속에 넣고 다니는 고전적 컴퓨터는 정보를 0과 1의 시퀀스로 취급한다. 사실 요즘 컴퓨터는 회로의 크기가 아주 작아서 이런 정보 처리에 양자 효과를 사용하고 있지만 그 결과로 나오는 계산은 고전적이다. 공학자들은 고전적 컴퓨터가 0은 확실히 0으로 남고, 1은 확실히 1로 남아 절대 이 둘이 공존하는 일은 없게 하려고 갖은 노력을 했다. 고전적인 고양이는 죽거나 살거나 둘 중 하나여야 한다. 따라서 8비트 레지스터라면 01101101이나 10000110 같은 단일 시퀀스를 저장할 수 있다.

반면 양자 컴퓨터에서는 정확히 그 반대의 일이 일어난다. 8큐비트 레지스터는 8비트 시퀀스에서 나올 수 있는 다른 254가지 가능성과 함께 이 둘을 동시에 저장할 수 있다. 더군다나 동시에 이 256가지 가능성 모두를 가지고 계산할 수 있다. 하나가 아니라 256개의 컴퓨터를 갖고 있는 셈이다. 시퀀스가 길수록 가능성의 수도 폭발적으로 증가한다. 100비트의 레지스터는 100비트의 단일 시퀀스를 저장할 수 있다. 반면 100큐비트 레지스터는 100비트의 10^{30}가지 가능한 시퀀스 모두를 저장하고 조작할 수 있다. 이것은 대규모 '병렬 처리parallel processing' 방식이고 수많은 사람이 양자 컴퓨터에 열광하는 이유다. 10^{30}가지 계산을 한 번에 하나씩 하는 대신 동시에 한다.

원칙적으로는 그렇다.

1980년대에 폴 베니오프Paul Benioff는 고전적 계산을 이론적으로 공식화한 튜링 기계의 양자 모형을 제안했다. 그 후 얼마 안 가 물리학자 리처드 파인만Richard Feynman과 수학자 유리 마닌Yuri Manin이 양자 컴퓨터가 막대한 수의 계산을 병렬로 수행할 수 있을지도 모른다고 지적했다. 이론적인 측면에서 큰 돌파구는 1994년에 찾아왔다. 피터 쇼어Peter Shor가 큰 수를 소인수 분해할 수 있는 아주 빠른 양자 알고리즘을 발명한 것이다. 이것은 RSA 암호 체계가 잠재적으로 양자 컴퓨터를 사용하는 적의 공격에 취약하다는 사실을 보여준다. 하지만 더 중요한 사실은 양자 알고리즘이 억지로 꾸며내지 않은 합리적인 문제에서도 고전적 알고리즘을 크게 능가할 수 있다는 점이다.

실제로 실용적인 양자 컴퓨터를 구축하는 데는 큰 장애물들이 도사리고 있다. 외부에서 가하는 작은 교란, 혹은 우리가 열이라 부르는 분자의 진동만으로도 중첩 상태의 결잃음decoherence이 아주 신속하게 일어날 수 있다. 한마디로 중첩 상태가 깨진다는 것이다. 이런 문제를 완화하기 위해 현재는 양자 컴퓨터를 절대 0도인 섭씨 273도에 가깝게 냉각해야 하는데 이를 위해 핵반응에서 나오는 희귀한 부산물인 헬륨 3을 공급해야 한다. 이렇게까지 해도 결잃음의 발생을 막을 수는 없다. 그 속도를 늦출 뿐이다. 따라서 계산할 때마다 외부 교란을 감지해서 큐비트를 원래 있어야 할 상태로 되돌려 줄 오류 수정 시스템이 필요하다. 양자 역치 정리Quantum threshold theorem에 따르면 결잃음 때문에 오류가 생기는 속도보다 더 빠르게 오류를 수정할 수만 있다면 이런 기술은 작동할 수 있다. 대략 추정해보면 각각의 논리 게이트logic gate의 오류율error rate이 많아야 1,000개당 하나라야 한다.

오류 수정에는 불이익이 따른다. 더 많은 큐비트가 필요하기 때문이다. 예를 들어 n 큐비트에 저장할 수 있는 수를 쇼어의 알고리즘을 이용해서 소인수 분해하려면 그 계산 시간은 대략 n과 n^2 사이의 어떤 값에 비례해서 걸린다. 그런데 실제에서는 필수적인 오류 수정을 진행하려면 이 값이 n^3에 더 가까워진다. 1,000큐비트 수의 경우 오류 수정 때문에 실행 시간이 1,000배 늘어난다.

아주 최근까지만 해도 몇 큐비트 이상의 양자 컴퓨터는 아무도 만들지 못했다. 1998년에 조너선 A. 존스Jonathan A. Jones와 미셸 모스카Michele Mosca는 2큐비트 장치를 이용해서 도이치의 문제Deutsch's problem를 풀었다. 이 문제는 데이비드 도이치David Deutsch와 리처드 조자Richard Jozsa의 1992년 연구에서 나온다. 기존의 그 어떤 알고리즘보다도 기하급수적으로 빠른 양자 알고리즘으로 항상 답을 내놓고 그 답은 항상 정답이다. 이 알고리즘이 푸는 문제는 다음과 같다. 우리에게 오라클이라는 어떤 가상의 장치가 있는데 오라클은 불 함수Boolean function를 시행하는 장치다. 이 불 함수는 n개의 숫자로 이루어진 비트 문자열을 받아서 0이나 1을 결과치로 내놓는다. 수학적으로 보면 오라클이라는 장치는 바로 이 불 함수다. 우리는 불 함수가 비트 문자열이 온통 0이거나, 온통 1이거나, 정확히 절반은 0이고 나머지 절반은 1이거나, 이 셋 중에 하나의 값을 취한다는 얘기도 들었다. 함수를 비트 문자열에 적용해서 결과값을 관찰하여 이 3가지 경우 중 어느 것이 일어났는지 판단하는 것이 문제다. 도이치의 문제는 인위적으로 꾸며낸 문제로, 실용적인 문제가 아니라 개념을 증명하는 문제다. 이것의 장점은 양자 알고리즘이 종래의 그 어떤 알고리즘도 능가할 수 있는 구체적인 문제를 제시한다는 점이다. 기술적으로 표현하면 이 문제는 복잡도 부류 EQP(양자 컴퓨터의 정확한 다항 시간 해)가 P 부류(기존 컴퓨터의 정확한 다항 시간 해)와 다르다는 사실을 증명한다.

1998년에는 3큐비트 양자 컴퓨터가 탄생했고 2000년에는 5큐비트와 7큐비트의 컴퓨터가 탄생했다. 2001년에는 리에븐 반델시펜 Lieven Vandersypen과 그 동료들이[44] 큐비트로 특별하게 합성된 분자(이것은 상온 액체 상태 핵자기 공명 기술을 이용해 조작할 수 있다)에서 7개의 스핀-1/2 원자핵을 이용해 쇼어의 알고리즘을 실행시켜 정수 15의 소인수를 찾아냈다. 대부분의 사람은 암산으로도 찾아낼 수 있지만 이것은 중요한 개념 증명이었다. 2006년에는 연구자들이 12큐비트를 달성했다. 그리고 2007년에는 디웨이브D-Wave라는 회사에서 28큐비트를 달성했다고 주장했다.

* * *

이런 일이 벌어지는 동안 연구자들은 결잃음 전 양자 상태의 지속 시간을 크게 늘려놓았다. 2008년에는 1큐비트를 원자핵 안에 저장하는 시간이 1초를 조금 넘겼다. 그러다 2015년에는 6시간이 됐다. 이 시간들은 다른 양자적 방법을 이용해서 다른 장치에서 측정한 거라서 서로 비교하기는 어렵다. 하지만 그 발전만큼은 인상적이다. 2011년에 디웨이브에서는 128-큐비트 프로세서를 장착한 상업적 컴퓨터 디웨이브 원D-Wave One을 만들었다고 발표했다. 그리고 2015년에 디웨이브에서는 1,000큐비트를 넘어섰다고 주장했다.

처음에는 디웨이브의 주장에 회의적인 반응이 많았다. 이 장치의 구조가 특이해서 진짜 양자 컴퓨터가 아니라 양자와 관련된 기구를 사용하는 성능 좋은 고전적 컴퓨터가 아니냐는 의심을 사기도 했다. 테스트에서 이 컴퓨터는 유용한 과제에서 고전적 컴퓨터보다 뛰어난 성능을 보여줬다. 하지만 이 컴퓨터는 그 과제를 위해 특별히 설계된 컴퓨터였던 반면, 그와 경쟁하는 고전적 컴퓨터는 그렇지 않았다. 고전적 컴퓨터도 그 과제에 맞게 특별히 설계했다면 그런 장점은 사라질 듯 보였다. 논란은 계속 이어지고 있지만 디웨이브의 기계들은 실제로 사용되고 있고, 잘 작동하고 있다.

연구의 핵심 목표는 양자 우위quantum supremacy다. 양자 우위란 적어도 계산에서 양자 장치가 최고의 고전적 컴퓨터보다 더 뛰어난 성능을 보이는 것을 말한다. 2019년에 구글 AI의 한 팀에서 〈네이처〉에 '프로그램 가능한 초전도체 회로를 이용한 양자 우위quantum supremacy using a programmable superconducting processor'라는 이름으로 논문을 발표했다.[45] 그들은 54개의 큐비트를 장착한 시카모어Sycamore라는 양자 프로세서를 만들었지만 큐비트 하나가 고장을

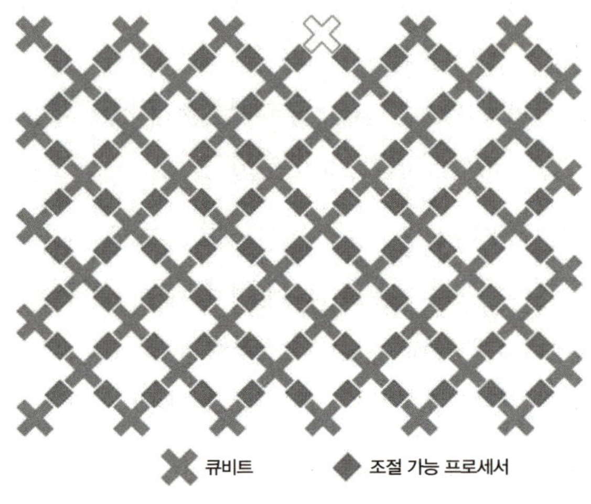

시카모어 양자 프로세서의 구조

일으켜서 53개가 됐다고 발표했다. 이들은 이 컴퓨터를 이용해서 고전적 컴퓨터로는 만 년이 걸릴 문제를 200초 만에 풀었다.

이 주장은 즉시 2가지 측면에서 의문이 제기됐다. 하나는 고전적 컴퓨터에서도 더 짧은 시간 안에 계산을 수행할 수 있었다는 것이다. 또 하나는 시카모어가 푼 문제가 조금 작위적이라는 것이었다. 그 문제는 의사 난수pseudorandom 양자 회로에서 표본을 추출하는 과제였다. 이 회로의 설계를 보면 요소들을 무작위로 연결하고 있는데, 그 목표는 가능한 출력의 표본에서 확률 분포를 계산하는 것이다. 일부 출력은 다른 출력보다 가능성이 훨씬 높다고 드러났기 때문에 이 분포는 아주 복잡하고 비균일하다. 큐비트의 수가 증가할수록 고전적 계산도 기하급수적으로 증가한다. 그럼에도 이 연구진은

1차 목표 달성에 성공했다. 뭔가에서 고전적 컴퓨터를 이길 수 있는 양자 컴퓨터를 만드는 데 실질적인 장애물은 존재하지 않는다는 사실을 성공적으로 보여주었다.

의문점이 하나 바로 머리에 떠오른다. 그 정답이 과연 옳은지 어떻게 알 수 있을까? 고전적 컴퓨터가 그 문제를 풀 때까지 만 년을 기다릴 수도 없고 그 정답을 확인해보지도 않고 그냥 믿을 수도 없는 노릇이다. 연구진은 크로스 엔트로피 벤치마킹cross entropy benchmarking이라는 방법을 이용해서 이 문제를 해결하려 했다. 크로스 엔트로피 벤치마킹은 특정 비트 문자열을 고전적 컴퓨터에서 계산한 이론적 문자열과 비교해보는 방법이다. 이렇게 하면 결과가 정답일 가능성이 얼마나 되는지 측정할 수 있다. 그 결과 0.2% 이내의 아주 높은(파이브 시그마) 확률로 정확하다는 결론이 나왔다.

이런 발전에도 대부분의 전문가는 실용적인 양자 컴퓨터가 나오기까지는 아직 갈 길이 멀다고 생각한다. 일부는 과연 만들 수 있을지 아직도 확신하지 못하고 있다. 물리학자 미하일 디아코노프Mikhail Dyakonov는 이렇게 적었다.

주어진 어느 한 순간에 한 유용한 양자 컴퓨터의 상태를 기술하는 연속 매개 변수의 수는 분명 10^{300} 정도는 된다. 우리가 이런 시스템의 양자 상태를 정의하는 10^{300}개의 연속적인 가변 매개 변수를 통제하는 법을 배울 수 있을까? 내 대답은 간단하다. 안 된다. 절대 불가능하다.

디아코노프가 옳을 수도 있지만 여기에 동의하지 않는 사람들도 있다. 어느 쪽이든 누군가(아마도 정부나 거대 기업에서 자금을 지원하는 대규모 연구진이 될 것이다)가 양자 컴퓨터를 만들 수 있다는 가능성만으로도 여러 국가의 정보부와 금융 산업계에 악몽을 안겨주기에 충분하다. 적군이 우리의 군사 메시지를 해독하고 범죄자는 인터넷 상거래와 온라인 뱅킹을 파괴할 것이다. 그래서 이론가들은 양자 컴퓨터 시대에는 어떤 암호를 사용해야 하는지에 관심을 두고 있다.

좋은 소식이 있다. 양자 컴퓨터로 깰 수 있는 것은, 양자 컴퓨터로 깰 수 없게 만들 수도 있다는 것이다. 이렇게 하려면 양자 컴퓨터라도 깰 수 없는 새로운 암호를 양자 계산으로 만들어내는 새로운 암호가 필요하다. 그럼 그 밑바탕이 되는 수학을 완전히 새로운 방식으로 생각해야 한다. 흥미로운 특성 하나는 거기서도 상당 부분 여전히 정수론을 이용한다는 점이다. 물론 페르마 때보다는 더 현대적인 수학을 이용하지만 말이다.

양자 컴퓨터의 등장이 임박하자 양자 컴퓨터로는 깰 수 없는 암호법을 고안하는 연구가 유행하고 있다. 최근에는 미국 표준 기술 연구소에서 양자 시대 암호학Post-Quantum Cryptography 프로그램을 시작했다. 이 프로그램의 목적은 위험에 노출되어 있는 고전적인 암호 체계를 찾아내어 그 취약성을 보완한 새로운 방법을 찾아내는 것이다. 2003년에 존 프루스John Proos와 크리스토프 잘카Christof Zalka[46]는 쇼어 알고리즘을 실행하는 양자 컴퓨터에 대한 RSA 시스템과 타원 곡선 암호의 취약성을 추정해봤다. 마틴 뢰텔러Martin Roetteler와 그 동료들[47]은 그들의 결과를 2017년에 업데이트했다. 이들은 q가 대략 2^n인 q개의 원소를 갖는 유한체상의 타원 곡선의 경우 RSA는 $9^n + 2\log_2 n + 10$ 큐비트와 최대 $448n^3\log_2 n + 4090n^3$개의 토폴리 게이트Toffoli gate 회로를 가진 양자 컴퓨터에 취약하다는 사실을 증명했다. 토폴리 게이트는 특별한 종류의 논리 회로다. 이것으로 그 어떤 논리 함수도 수행할 수 있는 회로를 구축할 수 있다. 더군다나 역산도 가능해서 출력값을 가지고 거꾸로 계산해 올라가면 입력값을 연역할 수 있다. 현재의 기준으로 RSA는 2048비트의 수를 이용한다. 대략 616 자릿수를 갖는 값이다. 이 연구진은 2048비트 RSA는 $n=256$인 양자 컴퓨터에 취약해지고 타원 곡선 암호는 $n=384$인 양자 컴퓨터에 취약해질 거라고 추정했다.

취약성을 확인하는 것까지는 좋은데 그런 취약성으로부터 보호하기 위해 무엇을 해야 하느냐는 큰 문제가 남아 있다. 그러기 위해서는 완전히 새로운 암호 방식이 필요하다. 일반적인 개념은 언제나처럼 똑같다. 쉽게 들어갈 수 있게 백도어가 열려 있는 어려운 수학 문제를 기반으로 암호 방식을 만들어내는 것이다. 하지만 여기서 '어렵다'는 것은 '양자 컴퓨터도 어렵다'라는 의미가 된다. 현재 이런 종류에 해당하는 4가지 문제 부류가 확인되었다.

- 무작위 선형 오류 수정 암호
- 대형 유한체상의 비선형 방정식 풀이 시스템
- 고차원 격자에서 짧은 벡터 찾기
- 무작위로 보이는 그래프의 무작위 꼭짓점 사이에서 경로 찾기

이 중 네 번째 것을 잠깐 들여다보자. 여기에는 최신 개념과 일부

고급 수학이 관련되어 있다.

실용적인 목적에서 보면 우리는 약 10^{75}개의 꼭짓점과 그와 비슷하게 많은 수의 간선을 가진 그래프로 작업을 하게 된다. 이것은 일종의 순회 외판원 문제로 그와 비슷한 수준으로 어렵다. 백도어를 만들려면 그래프에 반드시 문제 풀이를 쉽게 만들어주는 숨겨진 구조가 있어야 한다. 여기서의 핵심 개념은 슈퍼싱귤러 아이소제니 그래프supersingular isogeny graph, SIG를 사용하는 것이다. 슈퍼싱귤러supersingular라는 특별한 속성을 가진 타원 곡선을 이용해서 정의를 내린다. 그래프의 꼭짓점들은 p개의 원소를 가진 유한체의 대수학 폐포algebraic closure상의 모든 슈퍼싱귤러 타원 곡선에 대응한다. 그런 곡선은 약 p/12개 정도 있다.

두 타원 곡선 사이의 아이소제니isogeny는 모델-베유군의 구조를 보존하는, 한 타원 곡선에서 다른 타원 곡선으로의 다항식 사상polynomial map이다. 그래프의 간선은 아이소제니를 이용해서 정의한다. 그렇게 하기 위해 두 번째 소수 q를 취한다. 이 그래프의 간선은 그 간선의 끝에 해당하는 두 타원 곡선 사이의 q도degree 아이소제니에 해당한다. 각각의 꼭짓점으로부터 정확히 q+1개의 간선이 뻗어 나온다. 이 그래프들은 확장 그래프expander graph다. 확장 그래프란 임의의 꼭짓점에서 시작한 무작위 걸음이 적어도 많은 수의 걸음을 걷는 경우에는 빠르게 발산한다는 의미다.

확장 그래프를 이용해서 해시 함수를 만들 수 있다. 해시 함수란 n 비트 문자열에서 m 비트 문자열로 가는 불 함수다(여기서 m값이 n보다 훨씬 작다). 어떤 n 비트 문자열이 있고 밥이 그 문자열을 알고 있을 때, 앨리스는 그 문자열이 무엇인지 누설하지 않고도 해시 함수를 이용해서 자기가 그 문자열을 알고 있다는 사실을 밥에게 설득할 수 있다. 즉, 앨리스는 그 문자열보다 훨씬 짧은 그 문자열의 해시 함수를 만든 다음 그것을 밥에게 보내면 된다. 그럼 밥은 자기 문자열의 해시 함수를 계산해서 비교해본다.

이 방식이 안전하게 이뤄지려면 2가지 조건이 필요하다. 하나는 역상 저항성preimage resistance이라는 트랩도어 조건이다. 해시 함수를 뒤집어서 그 해시 함수를 만들어낸 n 비트 문자열을 계산하기가 현실적으로 불가능해야 한다. 그런 문자열이 일반적으로 많겠지만 요점은 사실상 그중 어떤 것도 찾을 수 없어야 한다. 두 번째 조건은 충돌 저항성collision-resistant 해시 함수다. 똑같은 m 비트 해시를 갖는 서로 다른 2개의 n 비트 문자열을 찾는 것이 쉽지 않아야 한다. 즉, 도청자 이브가 앨리스와 밥의 대화를 엿듣는 경우가 생기더라도 이브가 앨리스가 보낸 해시를 가지고 원래의 n 비트 문자열이 무엇이었는지 알아내는 데 도움이 되지 않아야 한다는 의미다.

어떤 추가적인 기술적 조건이 붙은 두 소수 p와 q가 주어지면 그에 해당하는 SIG를 구축하여 이 개념을 이용할 수 있다. 그리고 그 확장 속성을 이용해 역상 저항성, 충돌 저항성이 있는 해시 함수를 정의할 수 있다. 그리고 이것을 이용해서 보안성이 대단히 뛰어난 암호를 만들 수 있다. 이 암호를 깨려면 타원 곡선 사이의 수많은 아이소제니를 계산해야 한다. 이런 계산을 하는 데는 최고의 양자 알고리즘도 실행 시간이 $p^{1/4}$ 정도 나온다. p와 q를 충분히 큰 값으로 잡으면(얼마나 커야 하는지는 수학이 알려줄 것이다) 양자 컴퓨터도 깰 수 없는 암호 체계를 얻을 수 있다.

이것은 아주 기술적인 문제라서 여러분이 그 세세한 내용까지 모두 이해할 필요는 없다. 여기서는 그런 구체적인 부분들을 대부분 다루지도 않았다. 하지만 현재는 가설에 지나지 않지만 머지않아 현실이 될 양자 컴퓨터로 무장할 도청자들로부터 우리의 개인적, 상업적, 군사적 통신을 보호하려면 아주 발전된 추상 수학이 필요하다는 메시지는 얻어갔으면 한다.

하디가 사랑해 마지않은 정수론은 그의 상상보다 훨씬 유용해졌다. 하지만 오늘날 정수론을 적용하는 분야 중에는 분명 그가 실망할 부분이 있다. 어쩌면 사과를 해야 할 사람은 그가 아니라 우리가 아닐까.

수평면

신성한 영혼은 분석의 경이로움, 이상 세계의 의미, 존재와 비존재 사이의 이중성에서 숭고한 배출구를 찾아냈다. 우리는 그것을 부정적 통일의 허근이라 부른다.
- 고트프리트 라이프니츠, 《악타 에루디토룸》, 1702

우리는 현재 2차 양자 혁명의 한가운데 있다. 첫 번째 양자 혁명은 우리에게 물리적 실제를 지배하는 새로운 규칙을 안겨주었다. 두 번째 양자 혁명은 이런 규칙을 취해 새로운 기술을 발전시킬 수 있게 할 것이다.
- 조너선 다울링과 제라드 밀번, 〈런던 왕립 학회 철학회보〉, 2003

최근 몇 달 동안 코벤트리시에 자리 잡은 우리 동네에서 많은 활동이 있었다. 도로변 곳곳에 하얀색 승합차들이 주차되어 있었고 삽과 외바퀴 손수레가 가득 들어 있는 트럭들이 함께 주차되어 있을 때도 많았다. 소형 포크레인이 캐터필러 바퀴를 굴리며 도로를 돌아다니며 도보를 따라, 도로를 가로질러, 정원을 가로질러 도랑을 팠고, 여기저기 새로 깐 아스팔트는 마치 강아지 크기의 달팽이가 지나가면서 남긴 점액의 흔적 같아 보였다. 형광색 작업복을 입은 사람들이 나타나더니 뚜껑이 열린 맨홀 구멍으로 들어갔다. 생울타리에 받쳐놓은 케이블들은 맨홀로 빨려들어 가기를 기다리며 도로변을 장식하고 있었다. 기술자들이 빗속에서 천막 아래 앉아 커다란 금속 상자 안에 든 색색의 전선들을 만지작 거리고 있었다.

승합차 옆에는 이 모든 활동을 설명해주는 메시지가 적혀 있었다. "여러분의 동네에 초고속 광섬유 광대역 인터넷을 설치해드립니다."

영국의 도심부에는 이 놀라운 현대 통신 기술이 벌써 오래전에 설 치됐지만 우리 집은 오지에 자리 잡고 있었다. 너무 오지에 있어서 한 회사는 6.5km라는 거리가 너무 멀다며 아예 방문 자체를 거절하 기도 했다. 정확히 말하면 도시 경계까지는 겨우 몇백 미터밖에 되 지 않는데도 케이블을 까는 데 돈이 더 들어간다. 그리고 도시 경계 를 벗어나면 주로 농장밖에 없어서 인구 밀도가 너무 낮다. 비용과 수익을 따지자면 그 방향으로 확장하기는 쉽지 않다. 회사 입장에서 는 구미가 당기는 사업 지역이 아니었다. 하지만 정부에서 통신 회 사에 압박을 가한 후에 마침내 모든 도시 지역과 대부분의 시골 지 역에 광섬유 통신망을 설치해야 한다는 전면적인 압력이 가해졌다. 인구 밀도가 높은 지역들이 하루가 멀다 하고 최신의 초고속 인터넷 서비스로 업데이트되는 모습을 기약 없이 지켜만 보던 나머지 지역 들도 마침내 그 속도를 따라잡기 시작했다. 적어도 더는 뒤처질 일 은 없게 됐다.

사실상 모든 활동이 인터넷에 집중된 시대에서 초고속 광대역 인 터넷은 사치가 아니라 필수다. 식수나 전기만큼은 아니지만 적어 도 전화기에 맞먹을 만큼은 필수적이다. 컴퓨터 혁명을 주도하고 있는 첨단 전자 기기와 급속한 전 세계 통신망 연결 덕분에 2020년대는 1990년대의 시점에서 보면 굉장히 낯선 세계가 됐다. 이것도 이제 시작일 뿐이다. 공급 증가로 수요가 폭발적으로 증가하고 있다. 구리로 만든 전화선이 대화를 실어 나르던 시절은 이제 빠른 속도로 저물고 있다. 지금까지도 그런 전화선을 이용하는 이유는 용량을 늘리려는 교묘한 전자적, 수학적 술책 때문이었다. 요즘에는 통신 케이블이 대화 내용보다는 주로 데이터를 실어 나른다. 그래서 광섬유가 전면에 등장하게 되었다.

몇십 년 안으로 광섬유도 말과 마차처럼 한물간 존재가 될 것이다. 숨이 막힐 정도로 빠른 속도로 훨씬 막대한 양의 데이터 전송을 가능하게 해줄 미래의 기술들이 곧 모습을 드러낼 것이다. 일부는 이미 나와 있다. 전기와 자기의 고전 물리학은 여전히 과학의 근본으로 남아 있지만 전자 공학자들은 기이한 양자의 세계에 점점 더 의존해서 다음 세대의 통신 장치들을 만들어내고 있다. 역사상 가장 기이한 수학적 발명 중 하나가 이 모든 발전의 밑바탕인 고전 물리학과 양자역학을 뒷받침하고 있다. 그 기이한 수학적 발명은 기원이 고대 그리스로 거슬러 올라가며 이탈리아 르네상스 시대에 미약하나마 발판을 마련했고 19세기에 들어 대부분의 수학을 급속하게 장악하면서 완전히 만개했다. 그 발명은 진정한 실체를 이해하기도 전부터 널리 사용되었다.

내가 발견이 아니라 발명이라 부른 이유는 자연에서 영감을 받은 것이 아니기 때문이다. 만약 저기 어딘가에서 발견되기를 기다리고 있었다면 그 '어딘가'는 아주 이상한 장소, 즉 인간의 상상력과 논리와 구조에 따른 구속의 세계였다. 그 기이한 발명은 새로운 종류의 수였다. 너무 새로워서 '허수imaginary number'라고 이름을 붙였고 아직도 그 이름을 사용하고 있다. 그리고 우리는 점점 더 허수에 의존하고 있는데도 대부분의 사람들에게 허수는 여전히 아주 낯선 존재다.

수직선number line에 대해서는 들어봤을 것이다.

이제 수평면number plane을 만나보자.

* * *

이런 이상한 발전이 어떻게, 왜 이루어졌는지 이해하려면 먼저 전통적인 유형의 수들을 살펴봐야 한다. 수는 너무 평범하고 익숙해서 그 미묘한 본성을 과소평가하기 쉽다. 우리는 2 더하기 2는 4라는 것을 안다. 그리고 5 곱하기 6은 30이라는 것도 안다. 하지만 2, 4, 5, 6, 30이란 대체 무엇일까? 이것은 단어가 아니다. 같은 수를 두고 언어마다 다른 단어를 사용한다. 그렇다고 기호도 아니다. 문화권마다 서로 다른 기호를 사용한다. 컴퓨터에서 사용하는 2진 표기법을 이용하면 이 수들은 각각 10, 100, 101, 110, 11110으로 표시된다. 그런데 기호란 또 무엇일까?

수를 자연에 대한 직관적 기술로 볼 때는 모든 것이 훨씬 단순했다. 당신에게 10마리의 양이 있다면 10이라는 수는 당신이 소유한 양이 얼마나 되는지를 표현한다. 그중 4마리를 팔았다면 당신에게는 6마리가 남는다. 수란 기본적으로 셈하는 장치였다. 하지만 수학자들이 수를 점점 더 기기묘묘한 방식으로 사용하자 이런 실용적 관점이 다소 불확실해 보이기 시작했다. 수의 본질이 무엇인지 알지도 못하는데 계산이 절대 서로 모순을 일으키지 않을 거라 어떻게 확신할 수 있겠는가? 한 농부가 양의 수를 두 번 세었을 때 반드시 같은 답을 얻는다고 할 수 있을까? 그리고 여기서 '센다는 것'은 대체 무슨 의미일까?

1800년대에는 이렇게 사소해 보이는 것들을 트집 잡는 의문이 전면에 등장했다. 수학자들이 수의 개념을 몇 번에 걸쳐 확장했고, 새로운 버전이 나올 때마다 기존의 버전을 그 안에 흡수했지만 현실과의 연결은 점점 더 간접적으로 변하고 있었기 때문이다. 제일 먼저 무대에 올라온 것은 자연수, 정수 혹은 1, 2, 3, …으로 이어지는 양의 정수였다. 그다음에는 1/2, 2/3, 3/4 같은 분수가 올라왔다. 그리고 어느 시점에 가서는 0이 슬며시 올라왔다. 그때까지는 수와 현실의 대응 관계가 꽤 직접적이었다. 오렌지 2개와 또 다른 오렌지 3개를 가져와서 세보면 총합이 5개의 오렌지라고 보여줄 수 있다. 그리고 부엌칼의 도움을 받으면 1/2, 즉 절반짜리 오렌지도 보여줄 수 있다. 0개의 오렌지? 빈손을 보여주면 된다.

하지만 여기서도 어려움은 있다. 절반짜리 오렌지는 엄밀히 말하면 오렌지의 수가 아니다. 이것은 오렌지라 할 수 없다. 그저 오렌지 하나의 일부 조각일 뿐이다. 오렌지를 절반으로 자르는 방법은 아주 많은데 그렇게 자른 것이 모두 똑같지는 않다. 끈의 길이로 따지면 더 간단하다. 끈을 자를 때 상식적인 방법으로 자르고 길이를 따라 쪼개는 등의 바보 같은 짓만 하지 않는다면 말이다. 그럼 모든 것이

다시 단순해진다. 첫 번째 끈 조각이 같은 길이의 또 다른 끈과 이어 붙였을 때 두 번째 끈의 길이와 같다면 첫 번째 조각은 두 번째 조각의 절반 길이다. 분수는 사물을 측정할 때 제일 쓸모가 많다. 고대 그리스인들은 수의 기호보다 측정이 다루기 더 쉽다는 사실을 알아냈다. 그래서 유클리드는 개념을 뒤집었다. 선의 길이를 측정하기 위해 수를 이용하는 대신 선을 이용해서 수를 나타냈다.

그다음 단계인 음수는 더 까다롭다. 마이너스 4개의 오렌지를 보여줄 수 없기 때문이다. 돈을 이용하면 더 쉬워진다. 여기서 음수는 빚으로 해석할 수 있으니까 말이다. 서기 200년경 중국에서는 이 모든 것을 이해하고 있었다. 지금까지 알려진 첫 번째 출처는 구장산술九章算术이다. 하지만 그 개념이 그보다 더 오래전부터 존재했다는 점은 분명하다. 수를 측정과 연관 지을 때는 음수 값에 대한 다른 해석이 자연스레 등장한다. 예를 들어 음수의 온도는 0도 아래의 온도, 즉 영하로 해석할 수 있는 반면, 양수의 온도는 0도 위의 온도, 즉 영상으로 해석할 수 있다. 어떤 조건에서는 양의 측정치를 어떤 점의 오른쪽에 놓고 음의 측정치를 왼쪽에 놓기도 한다. 이런 식으로 음은 양의 반대다.

요즘에는 수학자들이 이런 수 체계 사이의 차이점에 대해 요란을 떨고 있지만 일반인들이 보기에 이런 수 체계들은 모두 수라는 동일한 주제의 변주곡에 불과하다. 우리는 다소 순진하다 할 수 있는 관습에 기꺼이 동조한다. 동일한 산술 규칙이 이 모든 체계에 공통으로 적용되고, 새로운 유형의 수도 우리가 이미 알고 있는 내용을 바꾸는 일 없이 그저 낡은 체계를 확장만 하기 때문이다. 수의 개념을 확장해서 좋은 점은 확장할 때마다 기존에는 불가능했던 계산이 가능해진다는 것이다. 정수에서는 2를 3으로 나눌 수 없다. 하지만 분수에서는 가능하다. 자연수에서는 3에서 5를 뺄 수 없다. 하지만 음수 체계에서는 할 수 있다. 이런 것들 모두 수학을 더 단순하게 만들어준다. 어떤 산술 연산이 허용되는지 여부에 대해 더는 걱정할 필요가 없기 때문이다.

* * *

분수를 이용하면 수를 우리가 원하는 만큼 미세하게 나눌 수 있다. 미터를 1000분의 1 크기의 밀리미터, 혹은 100만 분의 1크기인 마이크로미터, 혹은 10억 분의 1 크기인 나노미터로도 나눌 수 있다. 0이야 얼마든지 더 이어붙일 수 있지만 그전에 그런 수의 단위에 붙여줄 이름이 다 떨어진다. 실용적인 측면에서 보면 측정에는 항상 작은 오류가 발생하기 때문에 분수만 있으면 충분하다. 사실 분모가 10의 배수인 분수만 이용해도 문제가 없다. 전자계산기를 보라. 하지만 이론적인 측면에서 봐도, 수학을 깔끔한 상태로 유지한다는 측면에서 봐도 분수는 적절하지 못하다는 사실이 입증됐다.

고대 그리스의 피타고라스 추종 집단은 우주가 수를 바탕으로 운행한다고 믿었다. 현재는 더 정교해졌지만 최첨단 물리학 분야에 아직도 널리 퍼져 있는 관점이다. 이 고대 그리스인들이 인식했던 수는 정수와 양의 분수밖에 없었기 때문에 그중 한 명이 정사각형 대각선의 길이가 변의 길이의 분수로 정확히 표현할 수 없다는 사실을 발견했을 때 이들의 신념 체계는 큰 충격을 받았다. 이 발견은 소위 '무리수irrational number'의 발견으로 이어졌다. 여기서 발견한 무리수는 2의 제곱근이었다. 기원전 4세기 중국에서부터 1585년 시몬 스테빈Simon Stevin에 이르기까지 복잡한 발전의 역사를 거치면서 이런 수를 다음과 같이 십진법으로 표현하게 됐다.

$$\sqrt{2} = 1.414,213,562,373,095,048, \cdots$$

이 수는 무리수이기 때문에 소수점 밑에서 그냥 0으로 끝나지 않고 영원히 수가 이어진다. $1/3 = 0.3333333\cdots$처럼 같은 숫자 덩어리를 계속 반복할 수도 없다. 이것은 무한 소수infinite decimal이다. 그 수를 끝까지 다 적을 수는 없다. 하지만 개념적으로는 가능하다고 가정할 수 있다. 원칙적으로는 그 수를 원하는 자릿수까지 얼마든지 적을 수 있기 때문이다.

무한한 과정에 호소해야 하지만 그래도 무한 소수는 아주 기분 좋은 수학적 속성을 갖고 있다. 특히 이 수는 $\sqrt{2}$ 같은 기하학적 길이를 정확하게 표상해준다. 이 수가 없었다면 $\sqrt{2}$ 같은 수는 아예 수치를 가질 수 없었을 것이다. 무한 소수는 '실수real number'로 불리는데 길이, 면적, 부피, 무게 같은 실제 양의 (이상화된) 측정치였기 때문이다. 연속적으로 이어지는 숫자들은 각 단계마다 10으로 나누어지는 기본 크기의 배수를 나타낸다. 우리는 점점 더 미세한 값으로 나뉘며 이 과정이 무한히 이어지는 모습을 상상할 수 있다. 이렇게 하면 우리가 원하는 임의의 정확도로 수를 표현할 수 있다. 원자 수준으로 내려가면 실제 물리학은 이렇지 않고 공간 자체도 아마 그렇지 않은 것으로 보인다. 하지만 실수는 여러 가지 용도에서 실제를 지극히 잘 표현하고 있다.

* * *

역사적으로 보면 새로운 유형의 수를 처음 제안할 때마다 저항이 있었다. 그러다가 분명한 쓸모가 드러나고 용도가 확립되면 사람들은 그 개념을 받아들인다. 보통 한 세대 안으로 대부분의 저항이 사라진다. 뭔가를 일상적으로 접하면서 자라면 당연히 있어야 할 자연스러운 세상의 일부로 여기기 때문이다. 철학자들은 0이 진짜 수인지를 두고 논쟁을 벌일 수 있고 실제로 아직도 논쟁을 벌이고 있지만 일반인들은 필요할 때 0을 사용할 뿐, 그 본질을 더는 고민하지 않는다. 가끔씩 죄책감을 느끼기는 했지만 수학자들도 그랬다. 새로운 수에 붙여준 용어를 보면 이들의 태도를 엿볼 수 있다. 새로운 수에는 음수(negative number, 부정적인 수), 무리수(irrational number, 비이성적인 수)라는 이름이 붙었다.

하지만 수학자들도 새로운 혁신 때문에 몇 세기 동안 골머리를 앓기도 했다. 소위 '허수'라는 수가 도입되면서 소동이 일어났다. 순전히 역사적인 이유 때문에 아직도 허수라는 이름을 그대로 사용하고 있는데, 이 이름만 봐도 수학자들이 얼마나 당황했는지 짐작할 수 있다. 이 수에 대한 사람들의 평판이 박했다는 힌트인 셈이다. 여기서도 역시나 제곱근이 그 논란의 밑바탕에 자리 잡고 있었다.

일단 무한 소수까지 포함하도록 수 체계를 확장하고 나니 모든 양수는 제곱근을 갖게 됐다. 사실 이 제곱근 값은 양수와 음수 이렇게 2개가 있다. 예를 들어 25는 제곱근이 +5와 −5로 2개가 있다. 이 신기한 사실은 '음수 곱하기 음수는 양수다'라는 결과에서 비롯되었다. 음수와 음수를 곱하면 양수가 나온다는 것을 처음 접한 사람들은 어리둥절해질 때가 많다. 이것을 절대 받아들이지 않는 사람도 있다. 하지만 이것은 음수도 양수와 동일한 산술 규칙을 따라야 한다는 원칙에서 나온 간단한 결과다. 이야기가 합리적으로 들리지만 이것은 음수는 제곱근이 없다는 의미를 함축하고 있다. 예를 들어 −25는 제곱근이 없다. 그 사촌인 +25는 제곱근이 2개나 된다는 사실을 생각하면 불공평해 보인다. 그래서 수학자들은 음수도 제곱근을 갖는 새로운 수의 왕국을 생각해냈다. 수학자들은 또한 이 확장된 왕국에서 일반적인 산술과 대수의 규칙들이 그대로 적용된다고 암묵적으로 가정했다. 그러자 근본부터 완전히 새로운 수 하나가 필요하다는 사실이 분명해졌다. 바로 −1의 제곱근이다. 이 새로운 수는 현재 공학자를 제외한 모든 사람이 i라는 기호로 표시하고 있다 (공학자들은 j라고 표시한다). 이 수의 핵심 특징은 다음과 같다.

$$i^2 = -1$$

이제 수의 세상이 공평해져 양수든, 음수든 0을 제외한 모든 수가 2개의 제곱근을 갖게 됐다.[48] −0 = +0이기 때문에 0의 제곱근은 하나다. 하지만 0은 이렇게 예외인 경우가 많기 때문에 그 점에 대해서

는 아무도 걱정하지 않는다.[49]

　음수가 의미 있는 제곱근을 가질지 모른다는 개념은 고대 그리스의 수학자 겸 공학자 알렉산드리아의 헤론Heron으로 거슬러 올라간다. 하지만 그 개념의 이해를 향한 첫 발걸음은 그로부터 1500년 후인 르네상스 시대 이탈리아에 가서야 내딛게 됐다. 지롤라모 카르다노Girolamo Cardano는 1545년에 《아르스 마그나Ars Magna》('위대한 예술', 최초의 대수학 교과서 중 하나)에서 그 가능성을 언급하기는 했으나 의미 없다며 그 아이디어를 무시해버렸다. 돌파구는 1572년에 찾아왔다. 이탈리아의 대수학자 라파엘 봄벨리Rafael Bombelli가 가상의 -1의 제곱근을 가지고 계산을 수행하는 규칙을 작성하고 진정한 수일 리가 없는 두 '수'를 더하는 공식을 이용해서 3차 방정식의 실수해를 찾아낸 것이다. 세상에 존재할 수 없는 수들이 편리하게도 서로를 지우면서 올바른 정답이 나왔다. 이 대담하고 신비로운 시도에 수학자들이 눈을 번쩍 떴다. 이 해를 직접 검증해보니 제대로 작동했기 때문이다.

　이 새로운 수에 대한 불편한 마음을 덜기 위해 실제 사물을 측정하는 데 사용할 수 있는 '진정한 수', 즉 '실수'와 대비시켜 '허구의 수', 즉 '허수'라고 불렀다. 이런 용어를 사용함에 따라 실수는 과할 정도로 특별한 지위를 누리게 됐고 그것을 사용하는 표준 방식 때문에 수학적 개념에 혼란을 일으켰다. 뒤에서 보겠지만 허수는 완벽하게 합리적인 사용과 해석이 가능한데도 길이나 질량 같은 표준의 물리량에 대한 측정치로는 사용할 수 없다. 이 빌어먹을 허수라는 것의 정체가 대체 무엇이든 간에 봄벨리는 완전히 실질적인 문제를 푸는 데 허수를 사용할 수 있다는 사실을 입증한 최초의 사람이었다. 마치 존재하지도 않는 이상한 목공구를 가지고 완전히 정상적인 의자를 만들 수 있는 것처럼 보였다. 물론 허수는 개념적인 도구이기는 하지만 그렇다 해도 그 계산 절차는 혼란스러웠다. 그리고 이 방법이 제대로 작동한다는 증거까지 나왔으니 더 혼란스러웠다.

허수는 기적처럼 적용 분야가 점점 더 넓어지면서 효력을 이어갔다. 1700년대에 접어들어서는 수학자들이 이 수를 아주 자유롭게 사용하고 있었다. 1777년에 오일러는 −1의 제곱근을 나타내는 표준 기호로 i를 도입했다. 실수와 허수를 결합하자 복소수라는 아름답고 일관성 있는 수 체계가 등장했다. 복소수의 '복complex'은 복잡하다는 의미가 아니라 몇 개의 부분으로 구성되어 있다는 의미다. 대수학적으로 보면 복소수는 $a+bi$의 형태다. 여기서 a와 b는 실수다. 이 수는 복소수 체계를 벗어나지 않으면서 더하기, 곱하기, 나누기, 제곱근, 세제곱근 등을 취할 수 있다.

가장 큰 결함이라면 실세계에서 적절한 해석을 찾아내기가 어렵다는 점이다. 적어도 당시의 모든 사람이 그렇게 생각했다. 예를 들어 $3+2i$라는 측정치가 대체 어떤 값인지 명확하지 않았다. 복소수의 정당성에 관해 철학적인 논란이 들끓다가 수학자들이 복소수를 이용해서 수리 물리학의 문제를 푸는 방법을 발견했다. 거기서 나온 답을 다른 수단을 이용해서 항상 확인해볼 수 있었는데 그때마다 항상 정답으로 나오자 이 막강한 새 기법을 이용하기 바빠서 그에 대한 논란은 일단 제쳐두었다.

* * *

오랫동안 수학자들은 포괄적이지만 그 의미가 모호한 '영속성의 원리principle of permanence'를 들어 허수의 정당화를 시도했다. 영속성의 원리란 기본적으로 실수에서 유효한 대수 법칙은 어떤 것이든 자동적으로 복소수에서도 유효해야 한다는 주장이다. 이런 주장의 가장 큰 증거는 실제로 복소수를 사용해보니 올바른 정답이 나온다는 것이었다. 논리보다는 희망에 기댄 주장이었다. 한마디로 효과가 있는 것을 보니 효과가 있고, 효과가 있는 것이 효과가 있다는 증거가 아니겠냐는 셈이었다.

수학자들은 훨씬 후에야 복소수를 표현할 방법을 찾아냈다. 사실 음수와 마찬가지로 복소수도 몇 가지 서로 다른 '실세계' 해석을 갖고 있다. 곧이어 뒤에서 전기 공학에서 그런 해석을 만나보게 될 것이다. 복소수는 진동 신호의 진폭(최대 크기)을 그 위상phase과 깔끔하고 간편하게 하나로 묶어준다. 더 간단하게 말하자면 실수가 선 위의 점들을 모형화하듯이 복소수는 평면 위의 점들을 모형화한다. 이렇게 간단하다. 그리고 많은 간단한 개념들이 그랬듯이 이 간단한 개념이 수 세기 동안 간과되었다.

이런 돌파구의 첫 번째 힌트는 존 월리스John Wallis의 1685년《대수학Algebra》에서 찾을 수 있다. 그는 실수를 직선으로 표현하는 방식을 복소수로 확장했다. a+bi라는 복소수를 생각해보자. 이 수의 실수부는 그냥 표준의 실수다. 따라서 이 값을 일반적인 실수 직선 위에 놓을 수 있다. 그 직선도 평면 위의 한 고정된 선으로 생각할 수 있다. 남아 있는 요소인 bi는 허수다. 따라서 실수 직선 위의 어떤 점과도 짝을 지을 수 없다. 하지만 그 계수인 b는 실수이기 때문에 그 평면 위에서 실수 직선과 직각이고 길이가 b인 선을 그릴 수 있다. 이렇게 해서 얻은 평면 위의 점이 a+bi를 나타낸다. 지금이야 이게 그 수를 (a, b) 좌표를 갖는 평면 위의 한 점으로 표현했다는 사실을 바로 알아볼 수 있지만, 월리스가 제안하던 당시에는 원하던 성과를 얻지 못했다. 역사적으로 그 공은 흔히 장-로베르 아르강Jean-Robert Argand에게로 돌아간다. 그는 이 내용을 1806년에 발표했다. 하지만 그보다 먼저 선수를 친 사람이 있었다. 잘 알려지지 않은 사람인데 덴마크의 측량사 카스파르 베셀Caspar Wessel이었다. 그는 1797년에 발표했다. 하지만 베셀의 논문은 덴마크어로 되어 있어서 한 세기 후에 프랑스어 번역판이 나올 때까지 사람들이 존재를 모르고 있었다. 두 사람 모두 유클리드 양식의 기하학적 구성을 이용해 두 복소수를 곱하고 더하는 방법을 보여주었다.

마침내 1837년에 아일랜드의 수학자 윌리엄 로언 해밀턴William

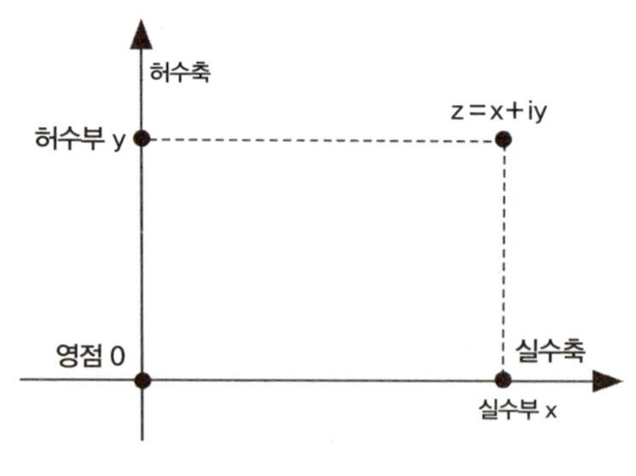

복소평면

Rowan Hamilton이 복소수를 한 쌍의 실수, 즉 평면 위 한 점의 좌표
로 나타낼 수 있다는 사실을 분명하게 지적했다.

$$복소수 = (첫\ 번째\ 실수,\ 두\ 번째\ 실수)$$

그러고 나서 그는 이 쌍들을 더하고 곱하는 두 공식을 기하학적으
로 다시 구성해서 적었다. 아주 간단하면서도 우아해서 여러분에게
도 보여주려고 한다.

$$(a, b) + (c, d) = (a+c, b+d)$$
$$(a, b)\ (c, d) = (ac - bd, ad+bc)$$

시시한 수수께끼처럼 보일 수도 있지만 이 공식은 자신의 임무를
아주 아름답게 해내고 있다. $(a, 0)$이라는 형태를 갖는 수는 실수와
똑같이 행동한다. 그리고 미스터리의 i는 $(0, 1)$이라는 쌍이다. 이것
은 허수가 실수에 직각이라고 했던 월리스의 제안을 좌표에 고쳐 적
은 것이다. 해밀턴의 공식에 따르면 다음과 같다.

$$i^2 = (0, 1)\ (0, 1) = (-1, 0)$$

이 값이 실수 −1이라는 것은 이미 앞에서 확인했다. 깔끔하게 맞
아떨어진다. 가우스도 1831년에 볼프강 보여이Wolfgang Bolyai에게
보낸 편지에서 동일한 개념을 언급했지만 그 내용을 발표하지는 않

았다.

가우스는 아마도 완전히 이해하지 못하고 있었지만 해밀턴은 이해하고 있었다. 이 두 공식을 이용하면 기존에는 실수하고만 연관 지어 생각했던 대수의 모든 일반적인 규칙을 복소수도 따른다는 사실을 증명할 수 있었다. 우리가 처음 대수학을 접할 때 대부분 당연하게 여기는 $xy = yx$ 교환 법칙과 $(xy)z = x(yz)$ 결합 법칙 등의 규칙이다. 이런 규칙이 복소수에서도 작동한다는 사실을 증명하려면 기호를 실수의 쌍으로 대체해서 해밀턴의 공식을 적용한 다음, 실수가 따르는 대수학 규칙만을 이용해도 양쪽이 똑같은 쌍이 나오는지 확인해보면 된다. 누워서 떡 먹기다. 역설적이게도 가우스와 해밀턴이 평범한 실수 쌍을 이용해 복소수의 밑바탕에 깔린 논리를 밝혀냈을 즈음, 수학자들은 복소수를 이미 너무 많이 사용해온 터라 그 안에 담긴 구체적인 논리적 의미에 흥미를 많이 잃어버린 상태였다.

복소수가 가장 빛을 본 분야는 전자기장, 중력, 유체의 흐름 같은 물리학에 관한 의문이었다. 놀랍게도 복소 해석학(complex analysis, 복소 함수로 하는 미적분학)의 일부 기본 방정식들이 수리 물리학의 표준 방정식과 정확히 짝을 이루고 있었다. 따라서 복소수로 미적분을 하면 물리학 방정식을 풀 수 있다는 얘기다. 가장 큰 제약은 복소수가 평면 위에 존재한다는 것이었다. 따라서 물리학도 평면 위에서 일어나거나 평면 위의 문제여야 했다.

* * *

복소수는 기하학에 맞추어, 따라서 운동motion에도 맞추어 아름답게 고쳐 쓸 수 있는 체계적인 대수학적 구조를 평면에 부여한다. 이 섹션의 나머지 부분은 다음 장의 주제인 3차원 기하학에서 다룰 비슷한 주제를 대비한 2차원 시운전이라고 봐도 된다. 이것도 결국 대수학이라 공식이 몇 개 나올 텐데, 공식을 피해가면서 모든 것을 명확하게 설명할 수 있을지는 확신이 서지 않는다.

복소수 z를 x와 y가 실수인 z = x +yi의 형태로 나타내는데 르네 데카르트의 이름을 딴 데카르트 좌표계Cartesian coordinate system를 이용한다. 이 좌표계에서는 실수부 x(수평축)와 허수부 y(수직축), 이 2개의 축이 서로 직각으로 만난다. 하지만 또 다른 중요한 평면 좌표계가 있다. 극좌표계polar coordinate로 점을 (r, A)의 쌍으로 나타낸다. 여기서 r은 양의 실수이고 A는 각도다. 이 두 좌표계는 서로

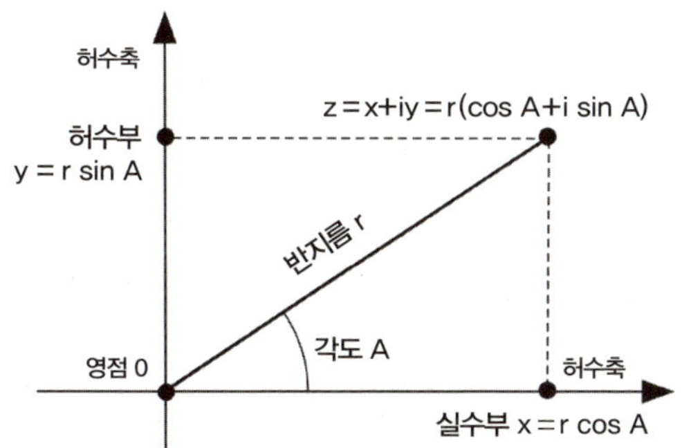

복소평면의 데카르트 좌표계와 극좌표계 기하학이다. 여기서 cos과 sin은 코사인과 사인의 삼각 함수다(그림이 사실상 이런 함수들을 정의하고 있다).

긴밀하게 연관되어 있다. r은 영점 0에서 z까지의 거리이고 A는 영점과 z를 연결하는 선과 실수축 사이의 각도다.

데카르트 좌표계는 회전 없이 움직이는 물체를 기술하기에 이상적이다(병진 운동). x + iy라는 점이 수평으로 a 단위, 수직으로 b 단위만큼 움직이면 이 점은 (x+iy) + (a+ib)로 움직인다. 이 개념을 x와 y에 해당하는 값들을 나열한 점들의 집합으로 확장하면, 이 집합에 속한 각각의 점에 고정된 값의 복소수 a+ib를 더할 경우 집합 전체가 수평으로 a 단위, 수직으로 b 단위만큼 움직인다. 거기에 더해서 이 운동은 물체의 형태가 변하지 않는 강체 운동rigid motion이다. 대상 전체가 모양이나 크기의 변화 없이 이동한다.

강체 운동의 또 다른 중요한 유형으로 회전 운동이 있다. 여기서도 역시 물체는 모양이나 크기의 변화가 없지만 각도는 변한다. 그리고 어떤 중심점을 기준으로 몇 도 정도 회전이 이루어진다. 여기서 핵심적인 관찰 사항 하나는 i를 곱하면 점이 영점을 기준으로 직각만큼 회전한다는 것이다. z의 허수부 y를 나타내는 y축이 실수부

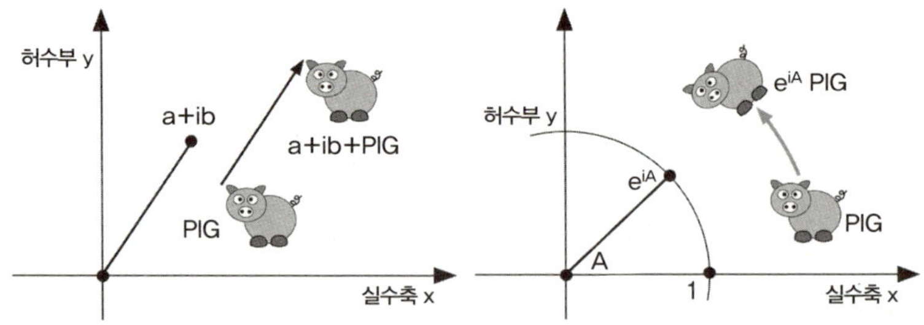

복소수를 이용한 점의 집합 PIG의 병진 운동(왼쪽)과 회전 운동(오른쪽)

x를 나타내는 x축과 직각인 이유가 이 때문이다(허수부라는 이름에도 허수부는 실수다. 여기에 i를 곱해서 iy를 얻을 때 비로소 허수가 된다).

어떤 점의 집합을 직각만큼 회전시키고 싶을 때는 그 집합에 포함된 모든 점에 i를 곱해준다. 더 일반화해서 약간의 삼각법을 적용해보면, 점의 집합을 각도 A만큼 회전시키고 싶을 때는 모든 점에 다음의 복소수를 곱해주면 된다.

$$\cos A + i \sin A$$

오일러는 이 수식과 e^x($e = 2.71828\cdots$는 자연로그의 밑)라는 지수 함수 사이의 놀랍고도 아름다운 관계를 발견했다. 복소수 z의 지수 함수 e^z가 실수 지수 함수와 동일한 기본 속성을 갖고 z가 실수일 때도 일치하도록 e^z를 정의할 수 있다. 그럼 다음과 같은 결과가 나온다.

$$e^{iA} = \cos A + i \sin A$$

미분 방정식을 이용하면 어째서 이런 일이 일어나는지 우아하게 확인할 수 있다. 이것은 조금 기술적인 내용이라 주석에 담았다.[50]

복소수를 극좌표계로 표현한 경우에는 그 좌표가 다음의 점을 표현하는 것으로 나온다.

$$r(\cos A + i \sin A) = re^{iA}$$

아주 간단하고 깔끔한 공식이다.

기하학과 관련해서 복소수의 미학은 데카르트 좌표계와 극좌표계 2가지를 동시에 갖는다는 점이다. 물체의 병진 운동 공식은 데카르트 좌표계에서는 간단하지만 극좌표계에서는 엄청 복잡하다. 하지만 역으로 회전 운동 공식은 극좌표계에서는 간단하지만 데카르트 좌표계에서는 터무니없이 복잡해진다. 복소수를 이용하면 어느 쪽 표현 방식이 자신의 용도에 제일 잘 맞는지 선택할 수 있다.

복소수 대수학의 이런 기하학적 특성은 2차원 컴퓨터 그래픽에서 이용할 수 있지만, 사실 평면은 간단하고 컴퓨터는 복잡한 공식을 별로 문제 삼지 않기 때문에 그렇게 해서는 얻을 게 별로 없다. 하지만 7장에서 3차원 컴퓨터 그래픽에 그와 비슷한 방식을 사용했을 때 경이로운 결과가 나오는 것을 볼 수 있다. 하지만 지금 당장은 복소수의 진짜 유용한 적용 분야에 대해 얘기하면서 복소수에 관한 이야기를 깨끗이 정리하고 넘어갈 필요가 있다.

*　*　*

수학자들은 복소수가 명확한 물리적 해석이 결여되어 있는데도 실수보다 더 간단하고 난해했던 실수의 특성을 밝혀주는 경우도 많다는 사실을 차츰 깨닫기 시작했다. 예를 들어 카르다노와 봄벨리가 알아차렸듯이 2차 방정식은 2개의 실수해를 갖거나 해가 없고 3차 방정식은 1개나 3개의 실수해를 갖는다. 이것을 복소수의 해로 보면 훨씬 간단해진다. 2차 방정식은 언제나 2개의 복소수 해를 갖고 3차 방정식은 항상 3개를 갖는다. 그런 식으로 하면 10차 방정식은 복소수 해가 10개지만 실수해는 10개가 될 수도 있고 8, 6, 4, 2개가 될 수도, 아예 없을 수도 있다. 1799년에 가우스는 오래전부터 짐작만 하던 사실을 하나 증명했다. 오래전 1608년에 폴 로스Paul Roth가 추측해서 대수학의 기본 정리Fundamental Theorem of Algebra로 부르는, 'n차 다항 방정식은 n개의 복소수 해를 갖는다'라는 정리였다. 지수 함수, 사인 함수, 코사인 함수 등 모든 표준 함수는 자연적인 복소수 유사체를 갖고 있고 복소수의 관점에서 바라보면 일반적으로 그 특성이 더 단순해진다.

여기서 비롯된 실용적 결과물로 복소수가 전자 공학에서 표준 기술로 자리 잡게 됐다. 복소수가 교류 전류를 우아하고 단순하게 다룰 수 있는 방법을 제공해준다는 것이 가장 큰 이유다. 전류는 전하를 띤 아원자 입자인 전자의 흐름이다. 배터리 등에서 생산되는 직류에서는 모든 전자가 같은 방향으로 흐른다. 하지만 전기 분야에서는 교류가 더 안전해서 폭넓게 사용하는데 교류는 전자가 앞뒤로 왔다 갔다 하면서 흐른다. 그래서 전압 그래프와 전류 그래프가 삼각법의 코사인 곡선처럼 보인다.

돌아가는 바퀴의 가장자리 위 한 점을 생각하면 이 곡선이 간단하게 나온다. 단순하게 바퀴의 반지름이 1이라고 가정해보자. 회전하는 점을 수평으로 투사해보면 점이 양옆으로 왔다 갔다 하면서 그 값이 양극단에서는 +1과 −1까지 도달한다. 만약 바퀴가 일정한 속도로 흐른다면 이 수평 거리의 그래프는 코사인 곡선을 그리고 수직 거리의 그래프는 사인 커브를 그린다(그림에서 검은 선).

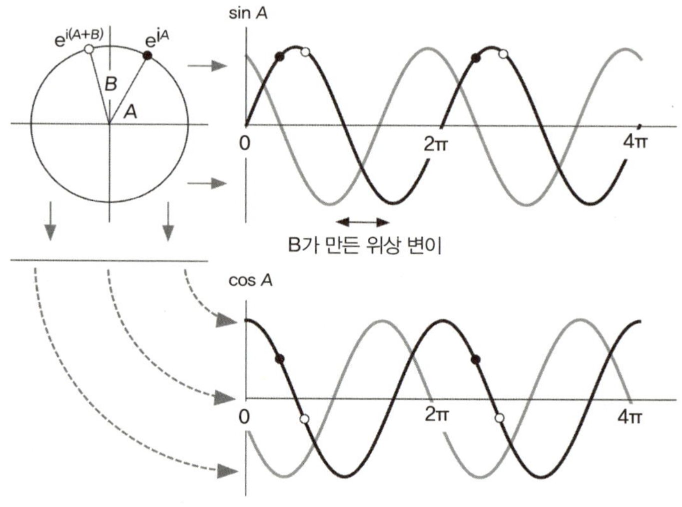

복소평면의 회전을 투사해서 나오는 주기적 진동이다.
각도 A에 B를 더하면 그래프가 왼쪽으로 움직인다. 즉, 위상 변이한다.

움직이는 점의 위치는 한 쌍의 실수(cos A, sin A)로 나타낼 수 있다. 여기서 A는 점과 수평축 사이의 각도를 말한다. 해밀턴의 기교를 사용하면 이것을 복소수 cos A + i sin A로 해석할 수 있다. A값이 변하면서 이 수는 복소평면 위에서 단위 원 주위를 돌고 또 돈다. 각도를 호도radian로 측정하면 A가 0에서 2π로 커졌을 때 완전한 원 한 바퀴를 그린다. 그리고 A가 다시 2π에서 4π로 커졌을 때 다시 한 바퀴를 돈다. 이런 식으로 2π 주기마다 운동이 주기적으로 반복된다.

오일러의 공식이 함축하는 바는 A가 연속적인 실숫값을 거치며 움직이는 동안 그에 대응하는 e^{iA}가 일정한 속도로 단위원 주변을 따라 돌고 또 돈다는 사실이다. 이런 상관관계를 이용하면 사인이나 코사인처럼 생긴 진동하는 함수에 관한 진술을 복소수의 지수에 관한 진술로 바꿀 수 있다. 수학적으로는 지수가 더 간단하고 다루기 쉽다. 더군다나 각도 A는 진동의 위상으로 자연스러운 물리적 해석이 가능하다. 즉, 각도 상수 B를 더해서 A를 바꿔주면 사인과 코사인 곡선을 해당하는 양만큼 이동할 수 있다(그림에서 회색 선).

더 좋은 점이 있다. 회로의 전압과 전류에 관한 기본 미분 방정식이 거기에 대응하는 복소수 방정식에 대해 변화 없이 확장된다는 사실이다. 물리적 진동이 복소수 지수의 실수부가 되고 그와 같은 방법이 직류뿐만 아니라 교류에도 적용된다. 마치 실제 행동에 비밀스럽게 허수적 속성이 동반되는 것 같다. 그리고 이 둘이 함께 있으면 따로 있을 때보다 더 단순해진다. 전자 공학자들은 컴퓨터를 사용할 때라도 계산을 단순화하기 위해 이런 수학적 요령을 일상적으로 사용한다.

* * *

전자 공학에서는 복소수를 마치 마술사의 모자에서 꺼낸 토끼처럼 사용한다. 어쩌다 보니 복소수 덕분에 공학자들이 살기 편해졌지만 복소수가 절대적으로 필요하고 또 물리적 의미도 가진 놀라운 맥락이 있다. 바로 양자역학이다.

위그너Wigner는 이 터무니없는 효용성의 사례를 자기 강의의 핵심 주제로 삼았다.

양자역학의 힐베르트 공간Hilbert space은 복소수 힐베르트 공간이라는
사실을 잊지 말자. … 선입견이 없는 마음으로 보면 복소수는 자연스
럽지도, 단순하지도 않으며 물리적 관찰을 통해서는 그에 대한 암시를
얻을 수 없다. 더군다나 이 경우 복소수의 사용은 응용 수학에서처럼
계산을 위한 잔재주가 아니라 양자역학 법칙의 공식화에서 거의 필수
적인 조건에 가깝다.

그는 또한 자신이 말하는 '터무니없는'의 의미를 강조하기 위해
애썼다.

우리가 경험하는 것 중에 이런 양quantity을 도입해야 할 필요성을 암
시하는 것은 없다. 사실 수학자에게 복소수에 관심을 갖는 이유를 정
당화해보라고 하면 살짝 분개하면서 방정식 이론, 멱급수 이론, 해석
함수 이론에 들어 있는 수많은 아름다운 정리 등을 지적할 것이다. 이
런 이론들은 복소수를 도입한 덕분에 생겨났기 때문이다. … 여기서
우리는 기적을 마주하고 있다는 인상을 피하기 힘들다. 자연의 법칙이
존재하고 인간에게 그런 법칙을 예측할 수 있는 정신적 능력이 있다는
2가지 기적에 버금갈 만하다.

양자역학은 실험 물리학자들이 작은 규모에서 나타나는 물질의
이상한 행동을 발견한 후 이를 설명하기 위해 1900년대 즈음에 탄
생했고, 인류가 발명한 가장 성공적인 물리 이론으로 빠르게 성장했
다. 분자, 원자, 특히 한데 모여 원자를 만들어내는 아원자 입자의 수

준으로 들어가면 물질은 아주 놀랍고 당혹스러운 방식으로 행동한다. 어찌나 놀랍고 당혹스러운지 '물질'이라는 단어를 적용하는 것이 과연 맞느냐는 생각이 들 정도다. 빛 같은 파동이 때로는 입자처럼 행동하고(광자) 전자 같은 입자가 파동처럼 행동하기도 한다.

아직까지도 많은 부분이 수수께끼로 남아 있지만 파동과 입자 모두를 지배하는 수학 방정식의 도입으로 파동-입자 이중성의 문제는 결국 해소되었다. 그 과정에서 이 양쪽을 수학적으로 표현하는 방식이 말 그대로 풍부하고도 기이하게 바뀌는 상전벽해가 일어났다. 그때까지만 해도 물리학자들은 물질 입자의 상태를 질량, 크기, 위치, 속도, 전하 등의 몇 가지 항목으로 특징지었다. 하지만 양자역학에서는 어떤 계(界, system)의 상태를 파동, 더 정확히는 파동 함수로 특징짓는다. 그 이름이 암시하듯 파동 함수는 파동의 속성을 가진 수학 함수다.

함수란 어떤 수를 특정 방식에 따라 또 다른 수로 바꿔주는 수학적 규칙 혹은 과정이다. 더 일반화해서 말하면 함수란 수의 목록을 하나의 수로 바꿔줄 수도 있고, 또 다른 수의 목록으로 바꿔줄 수도 있다. 여기서 더 일반화하면 함수는 수를 대상으로만 작용하지 않고 종류를 막론하고 어떤 수학적 대상의 집합에도 작용할 수 있다. 예를 들어 함수 '면적'은 모든 삼각형의 집합에 적용할 수 있는데, 이 함수를 임의의 삼각형에 적용하면 그 삼각형의 면적이 나온다.

양자계의 파동 함수는 우리가 계를 대상으로 측정 가능한 것들의 목록, 예를 들면 위치 좌표나 속도 좌표 등에 작용한다. 고전역학에서는 일반적으로 유한히 많은 그런 수가 계의 상태를 결정하지만 양자역학에서는 이 목록에 무한히 많은 변수가 관여할 수 있다. 이 변수들은 소위 힐베르트 공간에서 취한다. 힐베르트 공간은 그 안에 포함된 임의의 두 원소 사이의 거리가 개념적으로 잘 정의되어 있는 무한 차원 공간인 경우가 많다.[51]

파동 함수는 힐베르트 공간 속의 각각의 함수에 대해 하나의 수를 출력하지만 거기서 출력되는 수는 실수가 아니라 복소수다.

고전역학에서 관측 가능량(observable, 우리가 측정할 수 있는 양)은 계가 취할 수 있는 각각의 상태에 수를 결부시킨다. 예를 들어 우리가 지구에서 달까지의 거리를 관찰하면 이것은 지구와 달이 원칙적으로 취할 수 있는 모든 가능한 공간 구성 위에서 정의되는 함수다. 양자역학에서는 관측 가능량이 연산자다. 연산자는 상태의 힐베르트 공간의 원소를 취해 그것을 복소수로 바꿔놓는다. 연산자들은 몇 가지 수학 규칙을 따라야 한다. 그중 하나가 선형성linearity이다. 두 상태 x와 y가 있고 연산자 L이 그 두 상태에 대해 L(x)와 L(y)를 출력한다고 해보자. 양자론에서는 상태가 중첩되어, 즉 한데 더해져 x+y가 나올 수 있다. 선형성이란 그럼 연산자 L이 L(x)+L(y)를 출력해야 한다는 의미다. 요구하는 속성을 모두 만족시키면 소위 에르미트 연산자Hermitian operator가 나온다. 이 연산자는 힐베르트 공간 속의 거리와 관련해서 아주 착하게 행동한다.

물리학자들은 특정 양자계를 모형화할 때 다양한 방식으로 이 공간과 연산자들을 선택한다. 만약 단일 입자의 위치와 운동량 상태에 관심이 있는 경우라면 힐베르트 공간은 '제곱 적분 가능 함수square-integrable function'로 구성된다. 이것은 무한 차원이다. 만약 단일

전자의 스핀에 관심이 있다면 힐베르트 공간은 소위 스피너spinor
로 구성된 2차원이 된다. 그 사례가 슈뢰딩거 방정식Schrödinger's
equation이다. 이 방정식은 다음과 같다.

$$i\hbar \frac{d}{dt}|\Psi(t)\rangle = \hat{H}|(t)\rangle$$

이 수학을 이해할 필요는 없지만 기호들은 살펴보자. 특히 첫 번째
기호에 주목하자. 여기에는 많은 것이 들어 있는데 −1의 제곱근 i가
들어 있는 게 보인다. 우리가 지금 보는 것은 양자역학의 기본 방정
식인데 제일 처음 나오는 기호가 허수 i다.

그다음에 나오는 $\hbar$는 플랑크 상수를 2π로 나눈 값reduced Planck's
constant인데 약 10^{-34}줄-초joule-seconds정도로 아주아주 작은 값이
다. 이것 때문에 양자역학에 양자quanta가 생긴다. 다양한 양이 취
할 수 있는 이 크기는 작은 값이지만 불연속적으로 도약한다. 그다
음에는 d/dt 분수가 등장한다. t는 시간을 말하고 d는 미적분에서처
럼 변화의 속도를 찾아내라는 말이기 때문에 이것은 미분 방정식이
다. 다음에 나오는 기호의 조합 $|\Psi(t)\rangle$는 시간 t에서 계의 양자 상태
를 상술하는 파동 함수이므로 이것이 우리가 변화 속도를 알고 싶어
하는 그 대상이다. 마지막으로 $\hat{H}$은 소위 해밀토니언hamiltonian이라
는 것으로 기본적으로 에너지를 말한다.

일반적으로 파동 함수는 임의의 개별 상태가 아니라 관찰을 통
해 그 상태에 있는 계를 발견할 확률을 나타낸다고 해석한다. 하지
만 확률은 0과 1 사이의 실수인 반면, 파동 함수의 출력은 어떤 크

기의 복소수도 될 수 있다. 따라서 물리학자들은 복소수의 진폭 (amplitude, 수학자들은 모듈러스modulus라고 부른다)에 초점을 맞춘다. 이 진폭은 복소수가 영점에서 얼마나 멀리 떨어져 있는지, 즉 극좌표계의 r값이다. 물리학자들은 이 수를 상대적 확률로 생각한다. 따라서 한 상태의 진폭은 10이고 다른 상태의 진폭이 20이라면 두 번째가 첫 번째보다 확률이 2배 높다.

모듈러스는 복소수가 영점에서 얼마나 떨어져 있는지 말해주지만 어느 방향으로 가야 그 복소수에 닿을 수 있는지는 말해주지 않는다. 이 방향은 또 다른 실수, 즉 극좌표계의 각도 A로 특정된다. 수학자들은 이 각도를 복소수의 편각argument이라고 부르지만 물리학자들은 위상phase이라 부른다. 위상은 단위원을 얼마나 둘러서 가야 하는지 말해주는 값이다. 따라서 복소수 파동 함수는 해당 관찰이 발생할 상대적 확률을 나타내는 진폭과 진폭을 변화시키지 않고 측정이 거의 불가능한 위상을 가진다. 위상은 상태가 중첩되는 방식에 영향을 미치고, 따라서 이런 중첩된 상태가 발생할 확률에도 영향을 미치지만 사실상 실험을 통해서는 알 수 없게 숨겨져 있다.

이 모든 것이 의미하는 바는 결국 실수만으로는 양자 상태를 수량화할 수 없다는 것이다. 심지어 통상의 실수만을 이용해서는 양자역학을 공식화하는 것도 불가능하다.

* * *

만약 "복소수의 실용적인 용도가 대체 무엇이냐?"라고 묻는다면 양자역학의 수많은 응용 분야를 들면 된다. 이 분야들이 분명 복소수의 응용 분야라고 믿어도 좋다. 근래까지만 해도 이런 질문에 답할 때는 심오한 최신 물리학 같은 실험실 실험에 관한 대답이 나왔지, 부엌이나 거실에서 흔히 보이는 물건에 관한 대답이 나오지 않았다. 하지만 현대 전자 공학이 모든 것을 바꿔놓았고 우리가 좋아하는 장치들 중 상당수는 양자역학을 기반으로 작동한다. 공학자들은 이런 부분에 대해 심도 있게 자세한 부분까지 이해하고 있어야 하지만 우리는 그저 느긋하게 한발 물러서서 그들의 창조물을 찬양하기만 하면 된다. 물론 가끔은 이 빌어먹을 물건을 어떻게 만들었는지 알지 못하니 원하는 대로 작동하지 않아 저주를 퍼붓기도 하지만 말이다.

우리 집에 새로 설치한 광섬유 광대역 인터넷이 그런 경우다. 일반적인 케이블과 비슷해 보이지만 이미 양자 기술에 의존하고 있는 전송 시스템의 일부다. 하지만 양자 비트가 케이블 속에 들어 있지는 않다. 광섬유 광대역 인터넷은 시스템 전체가 의존하는 광펄스를 만들어내는 장치다. 물론 어쨌거나 빛은 아주 양자적인 존재이지만 이 장치는 양자역학을 사용하여 설계했고 양자역학 없이는 작동하지 않는다.

'광섬유'라는 단어는 여러 가닥으로 만들어진 케이블을 말한다. 이 개개의 가닥들은 빛을 전송하는 얇은 유리실이다. 이 실은 빛이 그 안쪽 벽을 통과하지 못하고 튕겨 나오게 설계되어 있다. 그래서 케이블을 휘어도 빛이 그 안에 머문다. 정보는 일련의 날카로운 펄스로 광선 속에 암호화된다. 통신 회사에서 광섬유를 도입한 이유는 몇 가지 장점 때문이다. 현재 나와 있는 광섬유는 투명도가 대단히 높아서 신호의 약화 없이 먼 거리까지 빛을 전송할 수 있다. 빛의 펄스는 전통적인 구리 전화선보다 훨씬 많은 정보를 실어 나를 수 있다. 이 높은 대역폭 덕분에 속도가 올라간다. 이것은 펄스의 이동 속도가 빨라진다는 의미가 아니다. 한 광섬유 혹은 한 케이블 안에 더 많은 펄스, 따라서 더 많은 정보를 욱여넣을 수 있다는 의미다. 광섬유는 구리선보다 가벼워서 운송과 장착이 더 쉽고 전기 간섭의 영향도 적다.

광통신 시스템은 송신기(transmitter, 광원), 신호를 실어 나르는 케이블, 신호의 질이 너무 저하되기 전에 신호를 포착해서 깨끗하게 정리한 후에 다시 보내주는 일련의 중계기 그리고 수신기(감지기) 이렇게 4가지 주요 요소로 이루어져 있다. 여기서는 송신기에만 초점을 맞추겠다. 이것은 빛을 만들어낼 수 있어야 하고 빛이 일련의 펄스로 나타나도록 제어가 가능해야 한다. 그럼 이 펄스를 온(1), 오프(0)로 전환해서 2진 메시지를 암호화할 수 있다. 이 전환 또한 극단적으로 빨라야 하고 모든 것이 대단히 정확해야 한다. 특히 빛의 파장(색깔)이 한 특정 값만을 가져야 한다. 마지막으로 수신기에서 알아볼 수 있게 펄스가 자신의 형태를 유지할 수 있어야 한다.

이런 일을 할 수 있는 이상적인 도구는 레이저다. 사실상 레이저 말고는 대안이 없다. 레이저는 특정 파장의 간섭성빛coherent light을 강력한 빔으로 방출하는 장치다. 간섭성빛이란 빔 속에 들어 있는 모든 파장이 서로 위상이 같아서 서로를 상쇄해 지우지 않는 빛을 말한다. 레이저는 한 쌍의 거울 사이에서 빛(광자의 형태로)을 앞뒤로 튕기면서 양의 되먹임 고리positive feedback loop를 통해 광자가 점점 더 많이 쏟아져 나오게 해서 이런 빛을 만들어낸다. 이렇게 해서 빛이 충분히 강해지면 빠져나오게 한다.

최초의 레이저는 크기가 크고 거추장스러웠지만 요즘에 나오는 대부분의 경량 레이저는 만들어지는 과정이 컴퓨터의 반도체 집적 회로 칩을 생산하는 과정과 동일하다. 지난 30년 동안 소비자와 기업이 사용하는 거의 모든 레이저(예를 들어 블루레이 플레이어는 파란빛을 만들어내는 레이저 덕분에 나올 수 있었다)는 분리 폐쇄형 헤테로 접합 레이저(separated confinement heterostructure laser, SCH 레이저)였다. 분리 폐쇄형 헤테로 접합 레이저는 양자 우물 레이저quantum well laser를 개선하여 만들었다. 양자 우물 레이저란 중간층이 양자 우물로 작동하는 일종의 샌드위치 구조물이며 곡선이 아니라 일련의 계단처럼 보이는 파동 함수를 만들어낸다. 그래서 에너지 수준이 양자화된다. 애매하게 함께 뭉뚱그려진 형태가 아니라 별개로 분리된 날카로운 형태를 띤다. 이 에너지 수준은 양자 우물을 적절하게 설계해서 동조tuning할 수 있다. 그렇게 하고 나면 레이저 작용에 적합한 올바른 주파수의 빛이 만들어진다.

SCH 레이저는 샌드위치의 상단과 하단에 가운데 3개 층보다 굴절률이 낮은 층을 2개 더 추가했다. 추가한 2개 층은 빛을 레이저의 공동 안에 가둬준다. 수많은 양자역학을 적용하지 않고는 이런 종류의 양자 장치를 만들 수 없으리라 생각하는 것이 합리적이다. 따라서 1990년대의 광섬유도 이미 양자적 요소들을 사용하고 있었고 오늘날에는 더욱 그렇다.

미래에는 엄청나게 다양한 새로운 양자 장치들이 우리의 삶을 바꿔놓을 것이다. 양자역학에 나오는 하이젠베르크의 불확정성의 원리Heisenberg uncertainty principle는 어떤 관측 가능량을 동시에 정확하게 측정하는 게 불가능하다고 말한다. 예를 들어 한 입자가 정확히 어디에 위치하는지 안다면 그 입자가 얼마나 빠른 속도로 움직이고 있었는지는 확실히 알 수 없다. 이런 특성을 이용해서 권한이 없는 누군가가 비밀 메시지를 몰래 엿듣고 있는지 감지할 수 있다. 도청자가 몰래 신호의 양자 상태, 예를 들어 광자의 스핀 같은 것을 관찰하면 그 양자 상태가 변하고 도청자는 그 변화를 통제할 수 없다. 마치 메시지 안에 종을 달아놓아 누군가가 그 메시지를 읽으려 할 때마다 종이 울리게 만들어놓는 셈이다.

이 개념을 실행에 옮기는 한 방법은 광자의 양자역학적 속성, 즉 양자 포토닉스quantum photonics를 이용하는 것이다. 또 다른 방법

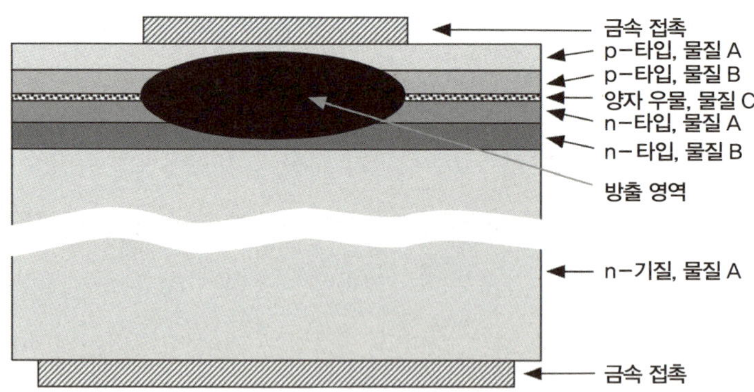

SCH 레이저의 구조 도해다. n-타입, p-타입이란 용어는 전하를 전자가 담고 있는 반도체와 '구멍'이 담고 있는 반도체를 각각 지칭한다. 구멍은 전자가 빠져 있는 곳을 말한다.

은 양자 입자의 스핀을 조작하는 것으로, 스핀트로닉스spintronics라는 성장 분야다. 이런 장치는 그냥 입자의 존재 여부만이 아니라 그 입자의 스핀 속에 추가 데이터를 암호화하기 때문에 종래의 신호보다 더 많은 정보를 실어 나를 수 있다. 그럼 우리 집에 들어온 초고속 광섬유 광대역 인터넷이 이제 머지않아 똑같은 케이블로 훨씬 많은 정보를 실어 나르는 슈퍼두퍼 스핀트로닉 광대역 인터넷으로 대체될지도 모른다. 어느 똑똑한 사람이 6차원 초고해상도 감각 홀로그래피를 발명해서 추가 대역폭까지 모두 집어삼키기만 한다면 말이다.

컴퓨터 그래픽으로 용 만들기

〈ASC: 블랙 플래그〉에서 파도가 기분 좋게 당신의 배에 와서 부딪히나요? 수학입니다.

〈콜 오브 듀티: 고스트〉에서 당신의 머리 위로 총알이 날아다니나요? 수학입니다.

소닉이 아주 빠르게 달리고 마리오가 점프를 한다고요? 수학입니다.

〈니드 포 스피드〉에서 코너를 시속 80마일로 드리프트하는 거요? 수학입니다.

〈SSX〉에서 경사면을 따라 스노우보드를 탄다고요? 수학입니다.

〈커벌 스페이스 프로그램〉에서 로켓을 발사하는 거요? 수학입니다.

– 〈포브스〉 웹사이트, '이것이 슈퍼 마리오 뒤에 자리 잡고 있는 수학이다.'

중세 풍경 같은 마을이다. 초가지붕 집이 있고 흙길에서는 말이 마차를 끌고 들판에는 농작물이 자라고 있으며 양이 풀을 뜯고 있다. 촘촘히 붙어 있는 건물들 사이로 구불구불 좁게 흐르는 강물이 노을을 받아 황금색으로 빛난다. 우리는 비행기에서 보듯이 위에서 바라보고 있다. 비행기가 급강하하며 곡예를 하는 것처럼 풍경이 빙글빙글 돈다. 하지만 이건 비행기가 아니다. 땅에서 올려다본 장면을 보니 용의 윤곽이 분명하게 드러난다. 다시 용의 시점으로 돌아온다. 용이 땅으로 급강하해서 지붕 위로 스칠 듯 아슬아슬하게 날아가며 불을 뿜어 초가지붕을 태운다.

영화일 수도 있고 컴퓨터 게임일 수도 있다. 요즘에는 이 둘이 거의 구분이 안 된다. 어느 쪽이든 컴퓨터 그래픽의 놀라운 승리다.

이것이 수학이냐고? 그렇다.

그럼 아주 새로운 수학이 분명하다.

음. 꼭 그렇지도 않다. 수학을 새롭게 적용한 것은 맞고 그중에는 새로 나온 정교한 수학도 있다. 하지만 내가 지금 염두에 두고 있는 부분은 175년 정도 된 것이다. 그리고 컴퓨터 그래픽을 염두에 두고 만든 게 절대 아니었다. 당시에는 컴퓨터도 없었다.

이것은 하드웨어와는 상관없는 더 보편적인 주제를 다루기 위해 만들어졌다. 바로 3차원 공간의 기하학이다. 요즘의 관점에서 보면 컴퓨터 그래픽과 잠재적 관련성이 분명하게 보인다. 하지만 기하학보다는 대수학처럼 보였다. 또 한편으로는 대수학의 기본 규칙 중 하나를 깨서 심지어 대수학처럼 보이지도 않았다. 이것은 아일랜드의 수학 신동 윌리엄 로언 해밀턴이 만들어 세상에 내놓았다. 그는 자신의 머리로 낳은 이 창작물을 사원수라 불렀다. 역설적이게도 그가 찾던 것은 사실 사원수가 아니었다. 그리고 그럴 만한 이유가 있었다.

그는 존재하지 않는 것을 찾고 있었다.

* * *

요즘에는 이 지구 위에 사람보다 컴퓨터가 더 많다. 사람의 인구는 76억 명이 넘는다. 그런데 랩탑 컴퓨터만 따져도 20억 개가 넘고 스마트폰과 태블릿을 치면 거의 90억 개에 이른다. 스마트폰이나 태블릿 모두 1980년에 돈을 주고 살 수 있었던 최고의 슈퍼컴퓨터보다 계산 능력이 뛰어나다.[52] 제조업체들이 식기세척기, 토스터기, 냉장고, 세탁기, 고양이 문 같은 것에 욱여넣고 있는 작은 컴퓨터들까지 다 따지면 이제 컴퓨터는 인구보다 4배나 많다.

마치 항상 그랬던 것처럼 느낄 정도다. 혁신의 속도가 가히 폭발적이었다. 최초의 가정용 컴퓨터인 애플 II, TRS-80, 코모도어 펫 Commodore PET 등은 1977년에 소비자 시장에 나왔다. 이제야 40년을 살짝 넘었다. 처음 시작할 때부터 가정용 컴퓨터는 주로 게임 분야에서 사용했다. 그래픽은 투박하고 게임은 단순하기 그지없었다. "당신은 모두 다르게 생긴 구불구불한 복도로 이루어진 미로에 들어와 있습니다"처럼 어떤 게임은 문자 메시지로만 이루어져 있었다. 그리고 이어서 "당신은 모두 비슷하게 생긴 구불구불한 복도로 이루어진 미로에 들어와 있습니다"라는 훨씬 더 사악한 메시지가 뒤따랐다.

컴퓨터의 처리 속도가 빨라지면서 메모리 용량은 거의 무한해졌고 가격은 곤두박질쳤으며 컴퓨터로 만들어낸 이미지는 훨씬 실사에 가까워졌다. 그래서 컴퓨터 그래픽이 영화 산업을 장악해 들어오기 시작했다. 짧은 애니메이션은 그보다 10년 전 즈음부터 나오고 있었지만 완전히 컴퓨터 그래픽으로 만들어진 최초의 극장용 장편 애니메이션 영화는 1995년에 나온 〈토이 스토리Toy Story〉다. 이제는 특수 효과로 극사실적 표현이 가능해지고 하도 널리 사용되다 보니 특수 효과를 사용했는지 눈치채기도 어렵다. 피터 잭슨Peter Jackson 감독은 영화 〈반지의 제왕Lord of the Rings〉 3부작을 촬영할 때 조명은 걱정하지 않았다. 촬영 후에 컴퓨터로 사후 처리했기 때문이다.

우리는 고속으로 움직이는 고품질 그래픽에 너무 익숙해져서 이런 것이 다 어디서 왔는지 궁금해하는 일이 좀처럼 없다. 최초의 비디오 게임은 언제 등장했을까? 가정용 컴퓨터가 등장하기 30년 전이었다. 1947년에 TV의 선구자 토머스 골드스미스 주니어Thomas Goldsmith Jr.와 에슬 레이 맨Estle Ray Mann이 '음극선관 놀이 장치cathode-ray tube amusement device'라는 특허를 신청했다. 음극선관은 부드럽게 휘어지는 넓은 밑면(스크린)과 좁은 목을 가진 짧고 뚱뚱한 유리병이다. 그 목에 있는 장치가 스크린에 전자 빔을 쏘면 전자석으로 빔의 방향을 조절해서 마치 사람의 눈이 책에 적힌 글을 읽을 때와 비슷한 방식으로 스크린을 차례대로 수평 주사한다. 이 빔이 음극선관의 전면에 가서 부딪히면 특수 코팅이 형광으로 빛을 내면서 밝게 빛나는 점을 만들어낸다. 1997년 즈음에 평면 화면 텔레비전이 판매되기 시작할 때까지만 해도 대부분의 텔레비전은 음극선관을 디스플레이로 사용했다. 골드스미스와 맨의 게임은 제2차 세계대전의 레이더 디스플레이에서 영감을 받았다. 화면에 나타나는 점은 미사일이었고 플레이어는 그 미사일로 표적을 맞추었다. 표적은 종이에 그려서 스크린에 붙여놓았다.

1952년에는 메인 프레임 컴퓨터 에드삭EDSAC이 등장해서 3목 두기noughts and crosses 놀이를 하는 경지까지 올라갔다. 상업적으로 큰 히트를 친 게임은 퐁Pong이었다. 아타리Atari에서 제작한 초기 아케이드 게임으로 플레이어가 각각 패를 하나씩 가지고 공을 튕기며

노는 간단한 2차원 탁구 게임이었다. 오늘날의 기준으로 보면 그래 픽은 아주 기본적이었다. 패는 2개의 움직이는 직사각형으로, 공은 움직이는 정사각형으로 표시했고 동작은 거의 없다시피 했다. 하지 만 더 나은 기술이 나오기 전까지 퐁은 최신 비디오 게임이었다.

당연한 얘기지만 해밀턴이 이런 용도로 사용할 생각으로 자신의 수학적 창조물을 만들었을 리는 없다. 이런 아이디어가 싹트기까지 는 또다시 142년이 걸렸다. 하지만 뒤돌아보면 원래 그가 풀려고 했 던 문제 유형 안에 이런 가능성이 내재되어 있었다. 수학에는 여러 가지 스타일이 있다. 수학자는 실제 세상의 것이든, 순수 수학의 정 신세계의 것이든, 특정 문제에 대한 답을 찾는 일에 초점을 맞추는 문제 해결사가 될 수 있다. 혹은 이론 구축가가 되어 통일된 틀 안에 서 수많은 특수한 정리들을 체계화할 수도 있다. 혹은 이단아가 되 어 한 분야에서 다른 분야로 변덕스럽게 오가며 끌리는 것은 무엇이 든 닥치는 대로 연구할 수도 있다. 아니면 도구 제작자가 되어 아직 제기되지도 않은 문제를 해결할 때 혹시나 유용하게 쓰일지 모를 새 로운 도구를 만들 수도 있다. 이것은 응용 분야를 찾아낼 때의 방법 이다.

해밀턴은 이론 구축가로서 한 연구를 통해 대부분의 명성을 얻었 지만 사원수는 그가 도구 제작자로서도 능력이 있다는 사실을 보여 주었다. 그는 3차원 공간 기하학을 체계적으로 계산할 수 있는 대수 학적 구조를 제공하기 위해 사원수를 발명했다.

* * *

윌리엄 해밀턴은 1805년에 아일랜드 더블린에서 아홉 형제 중 넷째로 태어났다. 어머니는 사라 허튼Sarah Hutton, 아버지는 사무변호사인 아치볼드 해밀턴Archibald Hamilton이었다. 윌리엄은 세 살 때 학교를 운영하던 삼촌 제임스James에게 가서 삼촌과 같이 살았다. 어려서부터 언어에 재능이 있었고 수학도 독학으로 많이 배운 것으로 보인다. 만 18세부터 더블린 트리니티대학에서 공부하면서 아주 높은 점수를 받은 과목도 수학이었다. 존 브링클리John Brinkley 주교는 "이 젊은이가 앞으로 무엇이 될지 알 수 없지만 현재는 그의 나이에 수학자가 된 최초의 인물이다"라고 단언했다. 옳은 말이었다. 1837년에 대학생 신분으로 앤드루스 천문학 교수(1783년 던싱크 천문대 설립과 함께 설립된 더블린대학교 천문학과의 교수직이다 : 옮긴이) 겸 아일랜드 왕립 천문학자 자리에 올랐다. 그는 자신의 나머지 경력을 더블린 근처의 던싱크 천문대에서 보냈다.

그의 가장 유명한 연구는 광학과 역학이었고 특히 다양한 수리 물리학 영역 사이에서 광학과 역학의 놀라운 관련성을 발견한 것으로 유명했다. 해밀턴은 이 관련성을 공통의 수학적 개념을 이용해 재공식화했다. 이를 현재는 해밀토니언이라 부르며 두 분야 모두에서 중요한 발전을 가져왔다. 그리고 나중에는 이것이 아주 이상하고 새로운 양자역학 이론을 설명하는 데 딱 필요한 것으로 밝혀졌다.

앞 장에서 이미 해밀턴을 잠깐 만나본 적이 있다. 1833년에 그는 수 세기 묵은 철학적 수수께끼를 해결하여 복소수의 미스터리를 벗겨냈다. 복소수는 교묘한 가면을 쓰고 있어서 새로워 보일 뿐, 그 진정한 실체는 별거 아니라는 사실을 보여주었다. 해밀턴은 복소수가 더하고 곱하는 특수한 규칙들을 장착한 실수의 쌍, 그 이상도 이하도 아니라고 말했다. 우리는 앞에서 이런 수수께끼 해소가 너무 늦게 이루어져 사람들에게 감명을 주지 못했고, 가우스도 그와 동일한 개념을 떠올렸지만 귀찮아서 발표조차 하지 않았다는 사실을 보았다. 그럼에도 복소수에 대한 해밀턴의 사고방식은 아주 가치가 컸다. 거기서 영감을 받아 사원수가 탄생했기 때문이다.

이런 수학적 발견의 공로를 인정받아 해밀턴은 1835년에 기사 작위를 수여받았다. 사원수는 그보다 늦게 발견했다. 사원수를 발견했을 때는 해밀턴 자신과 소수의 추종자를 제외하면 그 중요성을 이해하는 사람이 거의 없었다. 그의 살아생전에 대부분의 수학자와 물리학자는 사원수를 열렬히 옹호하는 그의 모습을 보고 혼자만의 망상에 빠져 있다고 생각한 것 같다. 미쳤다고는 할 수 없지만 거의 미쳤다고 봤을 것이다. 하지만 그들이 틀렸다. 그의 새로운 발명은 혁명을 촉발해서 수학을 아무도 가보지 않은 야생의 땅으로 이끌었다. 대부분의 사람이 그 잠재력을 이해하지 못한 이유는 여러분도 알 것이다. 하지만 해밀턴은 무언가 굉장한 것이 걸려들었다는 사실을 알고 있었다. 그가 개척한 이 야생의 땅은 오늘날까지도 감질나는 새로운 통찰을 제공하고 있다.

*　*　*

사람들이 게임을 하거나 영화를 보면서도 좀처럼 신경 쓰지 않는 의문들이 있다. 그래픽은 어떻게 작동하지? 환영은 어떻게 만들어질까? 진짜처럼 느껴지는 이유는 뭘까? 괜찮다. 그런 것쯤 몰라도 게임을 즐기고 영화를 관람하는 데 아무런 문제가 없으니까 말이다. 하지만 역사적 발전과 그 발전을 위해 발명한 기술, 컴퓨터 그래픽과 게임 제작을 전문으로 하는 회사들은 그 다양한 기술이 어떻게 작동하는지 세부 사항까지 잘 알고 있고, 새로운 기술을 발명할 기술과 창의성을 갖고 있는 전문 인력이 많이 필요하다. 이미 얻은 성공에 안주할 수 있는 산업 분야가 아니다.

기본적인 기하학적 원리가 수립된 지는 적어도 600년이 지났다. 이탈리아 르네상스 시대에 몇몇 저명한 화가들은 원근법에 따라 그림을 그리는 기하학을 이해하기 시작했다. 이 기술 덕분에 화가들은 2차원 캔버스 위에 3차원의 실감 나는 이미지를 창조할 수 있었다. 사람의 눈도 캔버스 대신 망막이 있을 뿐, 그와 아주 비슷한 일을 한다. 제대로 설명하려면 복잡하지만 간단히 설명하면 화가들은 장면 속에 들어 있는 각각의 점에서 관찰자의 눈을 표상하는 점으로 이어지는 직선을 구축한 후에 이 선이 캔버스와 만나는 곳을 표시하여 실제 장면을 평면의 캔버스 위에 투사한다. 알브레히트 뒤러Albrecht Dürer의 뛰어난 목판화 〈류트를 그리는 남자Man Drawing a Lute〉가 이 과정을 생생하게 묘사하고 있다.

이런 기하학적 기술 방법을 간단한 수학 공식으로 바꿀 수 있다.

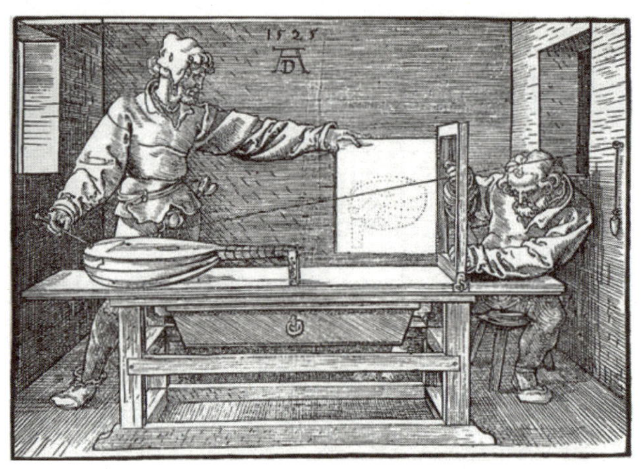

알브레히트 뒤러의 〈류트를 그리는 남자〉다.
3차원 공간을 2차원 캔버스 위에 투사하는 장면을 묘사하고 있다.

이 공식은 공간 속 한 점의 좌표 3개를 캔버스 위 해당 이미지 속의 좌표 2개로 바꿔준다. 이 공식을 적용하려면 캔버스의 위치와 장면에 대한 관찰자 눈의 상대적 위치만 알고 있으면 된다. 실용적인 이유 때문에 투사projection라는 이 변환을 물체의 모든 점을 대상으로 적용하지는 않고 근사치 형태를 얻을 수 있을 정도로만 적용한다. 이런 특성이 뒤러의 목판화에서도 보인다. 류트의 윤곽 전체가 찍혀 있지 않고 류트처럼 생긴 점의 집합이 그려져 있는 것을 알 수 있다. 지붕의 초가, 강 수면의 잔물결, 색깔 등은 이렇게 그려놓은 점의 집합 위에 덧씌우면 된다. 거기에 사용하는 방법까지 설명하려면 책 한 권을 써야 할 테니 여기서는 그냥 넘어가겠다.

용의 시선에서 바라본 마을을 보여줄 때도 기본적으로 이런 일이 일어난다. 컴퓨터에는 이미 마을의 모든 주요 구조물의 좌표가 메모리에 저장되어 있다. 용의 망막이 캔버스 역할을 한다. 용이 어느 위치에서 어느 각도로 보고 있는지 알고 있으면 공식을 이용해서 용이 보게 될 모습을 계산할 수 있다. 이렇게 해서 특정 시간에 마을의 모습을 보여주는 영화의 한 프레임이 나온다. 그다음 프레임에서 마을은 여전히 같은 장소에 있지만 용과 그 망막이 움직인다. 이 둘이 어디로 움직였는지 알아낸 다음 같은 계산을 반복하면 다음 프레임이 나온다. 용이 하늘을 가로지르는 경로를 따라가면서 프레임을 따서 이어 붙이면 용이 바라보는 마을의 모습이 동영상으로 나온다.

물론 실제로 이런 식으로 작동하는 것은 아니고 그냥 밑바탕이 되는 주요 개념을 소개한 것이다. 계산을 더 효율적으로 만들어 컴퓨터의 처리 시간을 절약하는 특별한 기술들이 존재한다. 하지만 단순한 설명을 위해 그런 부분은 무시하자.

마을로 다가오는 용을 땅 위에서 바라보는 장면에도 같은 유형의 계산을 적용한다. 이제는 용의 위치를 특정할 또 다른 점의 집합이 필요하고 모든 것이 투사될 스크린은 용이 아니라 땅 위에 있다. 여기서는 명확한 설명을 위해 용의 시점만 다루기로 하자. 용의 관점에서 보면 자기의 눈은 고정되어 있고 마을이 움직이는 것처럼 보인다. 용이 땅을 향해 급강하하는 동안 마을에 있는 모든 것은 더 커져 보인다. 그리고 용이 몸을 틀고 방향을 전환할 때마다 마을도 그 동작을 따라 움직인다. 용이 다시 구름 위로 솟구쳐 오르면 마을의 크기도 작아진다. 이 전체 과정에서 원근감이 설득력 있어야 한다. 이를 위한 수학적 열쇠는 마을을 단단한(그리고 꽤 복잡한) 물체로 취급하는 것이다. 자신이 용이 된 것처럼 눈앞에서 아무 물체나 들고 이리저리 움직이고 방향을 틀어보면 내가 무슨 말을 하는지 감이 올 것이다.

지금 우리는 모든 것을 용의 '기준계frame of reference' 안에서 표현하고 있고 이 기준계는 용에 고정되어 있다. 마을은 강체rigid body처럼 움직인다. 이것의 수학적 의미는 임의의 두 점 사이의 거리가 동일하게 유지된다는 점이다. 하지만 강체 전체는 공간 속에서 이동할 수 있다. 운동에는 2가지 기본 운동이 있다. 병진 운동과 회전 운동이다. 병진 운동에서는 물체가 비틀리거나 회전하지 않고 어떤 방향으로 움직인다. 회전 운동에서는 물체가 어떤 고정된 축을 중심으로 회전하고 모든 점이 그 축과 직각으로 만나는 평면 위에서 동일한 각도만큼 움직인다. 축은 공간 속 어느 선이라도 될 수 있고 각도는 어떤 크기라도 될 수 있다.

모든 강체 운동은 병진 운동과 회전 운동의 조합이다(하지만 병진 운동이 0의 거리만큼 진행되고 회전 운동이 0도만큼 진행될 수도 있다. 이 경우 해당 운동은 아무런 영향도 미치지 않게 된다). 사실 이것은 거짓말이다. 또 하나의 가능한 강체 운동으로 거울처럼 행동하는 반사reflection가 있다. 하지만 연속적인 운동으로는 반사를 얻을 수 없기 때문에 이것은 무시할 수 있다.

이제 우리는 움직이는 용을 수학으로 바꾸는 핵심적인 단계를 밟았다. 우리가 이해해야 할 부분은 병진 운동이나 회전 운동을 적용했을 때 공간 속 점의 좌표가 변하는 방식이다. 그것을 이해하고 나면 표준 공식을 이용해서 그 결과를 평면의 스크린 위에 투사할 수 있다. 병진 운동은 쉬웠다. 진짜 골칫거리는 회전 운동이다.

* * *

2차원 평면에서는 모든 것이 훨씬 쉽다. 유클리드는 기원전 300년 즈음에 평면의 기하학을 공식화했다. 하지만 강체 운동을 이용해서 그 기하학을 수립한 것은 아니다. 대신 합동 삼각형을 이용했다. 합동 삼각형은 모양과 크기는 같고 위치만 다른 삼각형이다. 19세기 즈음 수학자들은 그런 삼각형 쌍을 강체 운동, 즉 첫 번째 삼각형을 두 번째 삼각형의 위치로 옮겨주는 평면의 변환transformation으로 해석하는 법을 배웠다. 게오르크 베른하르트 리만Georg Bernhard Riemann은 특정 유형의 변환을 이용해 기하학을 정의했다.

수학자들도 아주 다른 경로를 통해 평면에서 일어나는 강체 운동을 계산할 효율적인 방법을 고안해냈다. 바로 복소수였다. 복소수는 대수학의 새로운 발전에 따라온 예상치 못한 부작용이었다. 139쪽에 나온 PIG 그림처럼 한 도형을 병진 운동시킬 때는 그 도형을 구성하는 모든 점에 고정된 값의 복소수를 더하면 된다. 이 도형을 각도 A만큼 회전 운동시킬 때는 모든 점에 e^{iA}를 곱해준다. 복소수는 물리학의 미분 방정식을 푸는 데도 이상적이어서 아주 금상첨화였다. 다만 2차원 공간에서만 그랬다.

이 모든 것이 해밀턴에게 아이디어를 주었고 이는 집착으로 변했다. 복소수가 2차원에서 물리학에 그렇게 효과적이니, 분명 3차원에서도 같은 효과를 내는 '슈퍼 복소수supercomplex number'가 존재해야 했다. 그런 새로운 수 체계만 찾아낸다면 현실을 잘 반영하는 물리학이 활짝 열릴 터였다. 어떻게 시작해야 할지도 분명했다. 복소수는 실수의 쌍으로 이루어져 있으니 이 가상의 슈퍼 복소수는 1차원당 하나씩, 실수가 3개 들어간 트리플로 이루어져 있어야 했다. 그런 트리플(해밀턴은 트리플렛triplet이라고 종종 불렀다)을 더하는 공식은 자명했다. 해당 요소끼리 그냥 더해주면 된다. 그럼 병진 운동 문제는 해결됐다. 이제는 이 수를 곱하는 방법만 알아내면 끝날 일이었다. 하지만 해밀턴은 모든 시도에서 실패했고 1842년에는 이 장애물을 넘기 위해 얼마나 집착했는지 그의 아이들도 눈치채고 있었다. 아이들은 매일 "아빠, 트리플렛 곱하기 돼요?"라고 물었다. 그리고 해밀턴은 매일 어깨를 으쓱하며 고개를 저었다. 더하기하고 빼기는 문제가 없었다. 그런데 곱하기는? 도무지 알 수가 없었다.

위대한 수학적 돌파구가 마련된 정확한 날짜는 애매할 때가 많다. 수학자가 최종 발견을 향해 나가는 동안 혼란 속에서 장황하게 헤매는 시기가 있기 때문이다. 하지만 그 정확한 시간과 장소를 알 수 있는 경우도 있다. 해밀턴의 경우 그 시간은 1843년 10월 16일 월요일, 장소는 더블린이었다. 심지어 그 시간도 추정해볼 수 있다. 당시 왕립 아일랜드 학술원 의장이었던 그는 학술원 협의회에 참석하기 위해 아내와 함께 운하를 따라 걷고 있었다. 그는 걷다가 브로엄 다리Brougham Bridge에서 잠깐 숨을 돌렸는데, 그때 여러 해 동안 그를 괴롭히던 그 문제의 해답이 번뜩 떠올랐다. 해밀턴은 가지고 있던 주머니칼로 그 내용을 다리 석조에 새겨놓았다.

$$i^2 = j^2 = k^2 = ijk = -1$$

그때 새겨놓은 글은 이제 닳아서 사라졌지만 매년 과학자와 수학자들이 그 기억을 되살리기 위해 '해밀턴 산책로'를 따라 길을 걷는다.

설명 없이 보면 이 내용은 당최 무슨 말인지 이해할 수가 없다. 심지어는 설명을 들어도 처음에는 기이하고 무의미해 보일 수 있다. 하지만 위대한 수학적 돌파구는 그런 경우가 많다. 그 내용을 충분히 이해하는 데 시간이 걸린다. 만약 복소수를 발견한 것이었다면 해밀턴은 그냥 간단하게 $i^2 = -1$이란 규칙을 새겨놓았을 것이다. 이 방정식은 복소수 체계 전체에 관한 열쇠를 쥐고 있다. 산술의 일반적 규칙이 여기에도 그대로 적용되어야 한다고 고집을 부리면 나머지 내용은 그냥 따라온다. 여기에 i뿐만 아니라 j와 k도 집어넣어 해밀턴의 공식은 더 광범위한 수 체계를 정의하고 있다. 원한다면 수가 아니라 수와 비슷한 대상이라 해도 좋다. 해밀턴은 이것의 이름을 사원수라 붙였다. 4가지 요소로 이루어져 있었기 때문이다. 이 각각의 요소는 일반적인 실수다. 이 요소들을 살펴보면 평범한 실수, i라는 수(이 기호를 쓰는 보통의 허수와 똑같이 행동한다)의 실수배real multiple, 그리고 2가지 새로운 요소로 이루어져 있다. 2가지 새로운 요소는 j라는 수의 실수배와 k라는 수의 실수배다. 따라서 전형적인 사원수는 $a + bi + cj + dk$라는 조합이다(여기서 a, b, c, d는 4개의 평범한 실수). 아니면 수수께끼 같은 수는 지워버리고 몇 가지 산술 규칙을 따르는 실수의 쿼드러플quadruple인 (a, b, c, d)라고 해도 된다.

그렇게 가벼운 기물 파손 행위를 저지른 다음 날 해밀턴은 친구였

던 수학자 존 그레이브스John Graves에게 "그곳에서 트리플로 계산
하려면 어떤 의미에서는 4차원의 공간을 인정해야만 한다는 개념
이 떠올랐네"라고 편지를 썼다. 그리고 아버지에게 보내는 편지에서
는 "전기 회로가 맞붙는 것 같더니 불꽃이 튀었습니다"라고 적었다.
사실 그가 생각했던 것보다 훨씬 큰 불꽃이었다. 오늘날 그의 발견
은 1,000조 개의 작은 불꽃을 일으키는 수십억 개 전기 회로에서 결
정적인 역할을 하고 있기 때문이다. 그 회로는 플레이스테이션 4, 닌
텐도 스위치, X박스 등의 이름으로 불린다. 그리고 〈마인크래프트〉,
〈지티에이Grand Theft Auto〉, 〈콜 오브 듀티〉 같은 비디오 게임에도
사용한다.

지금은 해밀턴이 트리플 곱하기를 시도하면서 왜 그렇게 많은 곤
란을 겪었는지 이해한다. 애초에 불가능한 것을 시도했기 때문이
다. 그는 일반적인 대수 법칙 모두가 반드시 적용되어야 한다고, 특
히 0이 아닌 그 어떤 수로도 나눌 수 있어야 한다고 가정했다. 하지
만 그 어떤 공식을 시도해봐도 필수 법칙을 모두 따르게 만드는 데
실패했다. 훗날 대수학자들은 이 요구 조건이 논리적으로 모순이라
는 사실을 증명해 보였다. 모든 법칙이 성립하려면 복소수를 넘어가
면 안 된다. 2차원에 갇혀 있는 것이다. 해밀턴의 공식을 갖고 놀면
서 결합 법칙이 성립한다고 가정하면 그가 이미 그런 법칙 하나를
폐기했다는 사실을 재빨리 발견하게 된다. 바로 곱셈의 교환 법칙이
다. 예를 들어 그의 공식은 $ij = k$이면서 동시에 $ji = -k$라는 사실을 암
시하고 있다.

해밀턴은 고통스럽기는 해도 이 법칙을 버릴 수 있는 상상력을 가

지고 있었다. 하지만 지금은 그렇게 해도 여전히 자족적인 트리플 수 체계를 구축할 수 없다는 사실을 알고 있다. 1923년에 사후 발표된 아돌프 후르비츠Adolf Hurwitz의 아름다운 정리에서 진정한 나눗셈 대수학division algebra은 실수, 복소수, 사원수밖에 없다고 말하고 있다. 즉, 1개, 2개, 4개의 실수 요소로는 가능하지만 3개의 요소로는 안 된다는 것이다. 그중에서 교환 법칙을 따르는 것은 실수와 복소수밖에 없다. 결합 법칙을 약화하면 8원수Octonion 혹은 케일리 수Cayley number라는, 요소가 8개인 수 체계도 얻을 수 있다. 그럼 다음에 자연스럽게 등장하게 될 요소의 수는 16이 되겠지만 여기까지 오면 약화된 형태의 결합 법칙도 깨진다. 그걸로 끝이다. 그 이후로 나머지는 다 불가능하다. 이것은 수학자들이 가끔 차려 내오는 기묘하고 진기한 현상 중 하나다. 이런 맥락에서 보면 1, 2, 4, 8, …의 순서 다음에 와야 할 항이 존재하지 않으니까 말이다.

불가능한 것을 한번 해보겠다고 수많은 세월을 아무런 결실 없이 매달렸으니 해밀턴이 가엾기도 하다. 그는 결국 2가지 핵심 원칙을 버린 덕분에 돌파구를 마련할 수 있었다. 즉, 곱셈은 교환 법칙이 성립해야 한다는 원칙과 3차원 물리학을 다룰 올바른 수 체계는 3가지 요소로 구성되어야 한다는 원칙이었다. 발전을 위해서는 양쪽 모두 버려야 한다는 사실을 깨달은 것만으로도 그는 큰 공을 인정받을 자격이 있다.

해밀턴이 자신의 새로운 수 체계에 붙여준 사원수라는 이름은 4차원과의 관계를 반영하고 있다. 그는 특수한 유형의 사원수인 '벡터 부분' bi + cj + dk가 우아한 방식으로 3차원 공간을 표상할 수 있다는 사실을 보여주며 수학과 물리학의 여러 분야에서 이 수 체계의 사용을 장려했다. 하지만 그보다 간단한 체계인 벡터 대수vector algebra가 등장하면서 사원수는 유행에서 멀어져버렸다. 사원수는 순수 수학과 이론 물리학에 대한 관심을 떠올려주었지만 실제로 사용을 바랐던 창조자의 희망에 부응하는 데는 실패했다. 컴퓨터 게임과 영화 산업의 컴퓨터 그래픽 분야가 생기기 전까지는 말이다.

컴퓨터 그래픽의 대상물들은 3차원 공간 안에서 회전해야 하기 때문에 사원수와의 관련성이 부상했다. 이것을 처리할 최고의 방법은 해밀턴의 사원수에 기대는 것이다. 그럼 회전의 효과를 신속하고 정확하게 계산할 수 있는 간단한 대수학적 도구를 얻을 수 있다. 그의 시대에는 영화가 존재하지 않았기 때문에 해밀턴이 봤다면 무척 놀랐을 것이다. 낡은 수학이 완전히 새로운 용도를 얻었으니까 말이다.

사원수를 컴퓨터 그래픽에서 이용하자는 제안은 1985년에 켄 슈메이크Ken Shoemake가 발표한 논문 〈사원수 곡선을 이용한 회전 운동 애니메이션Animating rotation with quaternion curves〉[53]에 나왔다. 이 논문은 "고체는 공간을 빙글빙글 가로지르며 움직인다. 컴퓨터 애니메이션에서 카메라도 그렇다. 이런 회전 운동은 4차원 좌표계인 사원수를 이용하는 것이 최고의 표현법이다"라는 문장으로 시작한다. 슈메이크는 이어서 사원수는 매끄러운 중간 영상 동화 작업in-betweening이 가능하다는 점이 가장 큰 장점이라 진술하고 있다. 즉, 주어진 두 키프레임 사이에 이미지를 삽입하기가 편하다는 점이다.

세부 내용으로 들어가기 전에 그가 이런 식으로 접근하도록 동기를 부여한 컴퓨터 애니메이션의 몇 가지 특성을 알아보는 것이 좋겠다. 지금 하는 이야기는 크게 단순화한 것이고 다른 많은 기술도 함께 사용한다는 사실을 알아두자. 영화 혹은 컴퓨터 스크린 위에서 움직이는 동영상은 사실 일련의 정지 화상을 빠른 속도로 연이어 보여주어 움직이고 있다는 착시를 만들어낸다. 월트디즈니 만화 같은 초창기 애니메이션에서는 화가들이 이 정지 화면을 한 장, 한 장 손수 그려서 만들었다. 그래서 실감나는 운동을 만들어내려면 아주 훌륭한 기술이 필요했다(말하는 생쥐를 실감나게 그린다고 생각해보라). 이 과정을 단순화하기 위해 다양한 기술을 사용했다. 예를 들면 한 시퀀스 내내 배경은 동일하게 유지되고 변화하는 대상을 그 위에 중첩시키는 식이다.

하지만 이런 방식은 손이 굉장히 많이 가고 고속으로 움직이는 우주 전투나 고품질 애니메이션을 제작하는 데 한계가 있었다. 몇 대의 우주선이 상호 작용하는 영화나 게임의 한 시퀀스를 애니메이션으로 제작한다고 상상해보자. 각각의 우주선은 이미 컴퓨터로 그래픽 아티스트가 설계해놓았다. 이 우주선은 공간 속에 자리 잡은 점들의 집합으로 표상된다. 이 점들이 하나로 이어져 작은 삼각형의 네트워크를 형성한다. 그다음에는 이것들이 다시 점의 좌표, 점과 점사이의 연결 등을 나타내는 적절한 수의 목록으로 표상된다. 컴퓨터 소프트웨어는 이런 수의 묶음을 렌더링rendering해서 우주선의 2차원 이미지를 창조해낼 수 있다. 이렇게 하면 어떤 기준 위치에 자리 잡았을 때, 어떤 특정 위치에서 바라보았을 때 우주선이 어떻게 보일지 알 수 있다.

우주선을 움직이게 만들려면 애니메이터는 적절한 방식으로 그 수를 바꾸어준다. 예를 들어 새로운 위치로 이동하려면 링크는 전과 동일하게 유지한 상태에서 모든 점에 고정된 3개의 수(변위 벡터 displacement vector)를 더해준다. 그리고 이 새로운 수의 목록을 렌더링해서 다음의 정지 화상을 얻는다. 이런 식으로 계속 이어진다. 벡터 더하기는 간단하고 빠르지만 물체는 공간 속에서 회전도 할 수 있다. 물체는 어느 축을 중심으로 해서도 회전할 수 있고 물체가 움직이는 동안 축도 변할 수 있다. 회전은 수의 목록도 바꿀 수 있지만 더 복잡한 방식으로 바꾸어놓는다.

보통 애니메이터는 물체가 어디서 출발해서(예를 들면 지상) 어디로 가야 하는지(멀리 떨어진 달을 바라보며 정렬) 알고 있을 때가 많다. 2차원 스크린에서 정확한 위치도 대단히 중요하다. 관람객이 그 모습을 보기 때문이다. 이 영상은 적절하게 예술적으로, 혹은 흥미진진하게 보여야 한다. 그래서 시작점과 종점, 이 두 위치는 꼼꼼하게 계산된 수의 목록 2가지로 표상된다. 그 둘 사이의 정확한 운동이 별로 중요하지 않을 경우 컴퓨터를 시켜서 시작점과 종점 사이에 화면을 삽입하게 만들 수 있다. 즉, 한 위치에서 다른 위치로 변환하는 상황을 나타내는 수학 규칙을 이용해서 두 목록을 하나로 결합한다. 예를 들어 서로 대응하는 각각의 좌표쌍을 평균 내면 물체가 시작점과 종점의 중간에 위치하게 된다. 하지만 이런 방식은 너무 단순해서 받아들일 수 없다. 이런 식으로 진행하면 보통 우주선의 모양이 왜곡된다.

여기서의 요령은 중간 정지 화면을 삽입할 때 공간 속의 강체 운동을 이용하는 것이다. 처음에는 우주선을 중간 지점까지 병진 운동을 시키고 45도 회전 운동을 시킨다. 이것을 한 번 더 하면 우주선은 90도 회전된 상태로 종점에 도착한다. 이것이 연속 동작이라는 착시를 일으키려면 위치 차이의 1/90만큼씩 반복적으로 병진 운동을 시키면서 그때마다 1도씩 회전 운동을 시켜주면 된다. 실제로는 단계를 그보다 더 잘게 나눈다.

더 추상적으로는 이 과정을 모든 강체 운동의 '구성 공간configuration space' 측면에서 생각할 수 있다. 이 공간 속의 각각의 점은 고유의 강체 운동에 대응하고 가까운 점은 가까운 운동을 만들어낸다. 따라서 각각의 운동이 앞의 운동과 가까이 붙어 있는 이 운동 시퀀스는 각각의 점이 앞의 점과 가까이 붙어 있는 점 시퀀스와 대응한다. 이 점들을 차례대로 한데 이어 붙이면 강체 운동의 공간 속 다각형 경로를 얻게 된다. 이 단계들을 아주 촘촘하게 만들면 연속적인 경로가 나온다. 그럼 이제 시작점 이미지에서 종점 이미지까지 중간 과정 동화 처리 문제가 구성 공간을 관통하는 경로를 찾는 문제로 재구성되었다. 매끄러운 이행을 원하면 이것이 급하게 꺾이는 곳이 없는 매끄러운 경로가 되어야 한다. 다각형을 매끄럽게 만드는 훌륭한 방법들이 나와 있다.

이 구성 공간의 차원, 즉 공간 속 한 점을 정의하는 데 필요한 좌표의 수는 6이다. 우선 3차원 분량만큼의 병진 운동 정보가 들어 있다. 남북, 동서, 상하 방향으로 각각 좌표가 하나씩이다. 그다음에는 회전축의 위치를 정의하기 위해 좌표 2개가 더 필요하다. 그리고 마지막으로 회전 각도를 위해 1개가 필요하다. 따라서 3차원 공간 안에서 물체를 매끄럽게 움직이는 문제로 시작했던 것이 6차원 안에서 매끄러운 경로를 따라 점을 움직이는 문제로 바뀌었다. 이렇게 재구성된 애니메이션 문제는 다차원 기하학에서 나온 기법을 통해 적절한 경로를 디자인하여 해결할 수 있다.

응용 수학에서 강체의 회전 운동을 다루는 전통적인 방법은 오일러로 거슬러 올라간다. 1752년에 그는 물체를 반사하지 않는 강체 운동은 모두 병진 운동이거나 일부 축을 중심으로 이루어지는 회전 운동이라는 사실을 증명했다.[54] 하지만 계산을 위해서 그는 공간에 대한 일반적인 좌표 표현법coordinate representation 안에서 3개의 축을 중심으로 하는 3개의 회전 운동을 결합했다. 이런 방법을 현재는 오일러 각Euler's angles이라 부른다. 일례로 슈메이크는 항공학에서 3개의 각도로 특정되는 비행기의 방향을 다음과 같이 고려했다.

- 수직축을 중심으로 하는 요yaw. 수평면 안에서 비행기의 위치를 말해준다.
- 피치pitch. 날개를 잇는 수평축을 중심으로 회전한다.
- 롤roll. 비행기 머리부터 꼬리까지 잇는 선을 중심으로 회전한다.

이런 식으로 표현할 때 생기는 첫 번째 문제는 그 요소들을 적용하는 순서가 중요하다는 것이다. 회전 운동은 교환 법칙이 성립하지 않는다. 두 번째 문제는 축의 선택이 고유하지 않아서 응용 분야마다 선택 방식이 다르다는 점이다. 세 번째 문제는 오일러 각으로 표현되는 2개의 연속적 회전을 결합하는 공식이 굉장히 복잡하다는 것이다. 이런 특성이 기본적인 항공학 응용 분야에서는 별 문제를 일으키지 않는다. 항공학에서는 주어진 방향에서 비행기에 가해지는 힘에 대해 주로 다루기 때문이다. 하지만 물체가 연속적으로 운동하는 컴퓨터 애니메이션에서 사용하기는 거추장스럽다.

슈메이크는 사원수가 덜 직접적이기는 하지만 애니메이터들이 특히 중간 영상 동화 작업과 관련해서 훨씬 편리하게 회전 운동을 특정할 수 있는 방법을 제공해준다고 주장했다. 사원수 $a+bi+cj+dk$는 스칼라 부분인 a와 벡터 부분인 $bi+cj+dk$로 나뉜다. 벡터 v를 사원수 q로 회전하려면 v를 왼쪽에는 q^{-1}을 곱하고 오른쪽에는 q를 곱해서 $q^{-1}vq$를 얻는다. q가 무슨 값이든 그 결과는 다시 스칼라 부분이 0인 벡터가 나온다. 사원수를 곱하는 해밀턴의 규칙에 따르면 놀랍게도 모든 회전 운동은 하나의 사원수에 대응한다. 스칼라 부분은 물체가 회전하는 각도 절반의 코사인이다. 벡터 부분은 회전축을 가리키고 그 각도 절반의 사인에 해당하는 길이를 갖고 있다. 따라서 사원수는 회전 운동의 전체적인 기하학을 깔끔하게 부호화하고 있다. 다만 살짝 불편한 점은 공식이 각도를 직접 다루지 않고 각도의 절반을 다룬다는 점이다.[55]

물체는 여러 번 회전해야 하는 경우가 많은데 사원수를 이용하면 그럴 경우에 축적될 수 있는 왜곡을 피할 수 있다. 컴퓨터는 정수 계산은 정확하게 할 수 있지만 실수 계산은 완벽하게 정확한 표현이 불가능해서 작은 오류가 끼어들게 된다. 일반적인 변환 방법으로는 조작되는 대상의 모양이 살짝 바뀌게 되는데 시각은 이런 부분을 잘 찾아낸다. 반면, 사원수를 취해서 수를 살짝 바꾸면 그 결과는 여전히 사원수이고 여전히 회전 운동을 표현한다. 모든 사원수는 어떤 회전과 대응하기 때문이다. 그냥 정확한 회전과 살짝 다른 회전일 뿐이다. 시각은 이런 오류에는 덜 민감하다. 그리고 이런 오류가 너무 커지면 쉽게 보정할 수 있다.

* * *

사원수는 3차원에서 현실적인 움직임을 구현하는 한 방법이지만 지금까지 내가 설명한 내용은 강체에만 적용된다. 그래서 우주선은 괜찮지만 용은 곤란하다. 용은 신축성이 있기 때문이다. 그럼 컴퓨터 그래픽으로 현실적인 용을 어떻게 만들어낼 수 있을까? 흔히 사용하는 방법이 하나 있는데 이 방법은 용뿐만 아니라 거의 모든 것에 적용할 수 있다. 내가 적당한 공룡 그림을 구했으니 우리는 공룡에 적용해보자. 이런 접근 방식은 신축성 있는 물체의 운동을 서로 연결되어 있는 강체들의 운동으로 환원시켜준다. 강체들을 올바르게 연결해줄 추가적인 조정만 거친다면 강체에 적용 가능한 방법은 무엇이든 써도 된다. 특히 강체를 회전 운동, 병진 운동하는 데 사원

왼쪽은 티라노사우르스의 거친 다각형망이고 오른쪽은 기초 골격에 부착된 다각형망이다.

수를 이용하고 있다면 동일한 방법을 개조해서 신축성 있는 공룡에 작동하게 만들 수 있다.

첫 번째 단계는 공룡의 3차원 디지털 모형을 만드는 것이다. 이 모형에서 공룡의 표면은 삼각형, 직사각형, 다소 불규칙한 사각형 등의 납작한 다각형의 복잡한 망으로 되어 있다. 이 일에 사용하는 소프트웨어는 그 형태를 기하학적으로 보여준다. 그 모형을 움직이고 회전하고 확대하면 그 움직임들이 모두 컴퓨터 스크린 위에 나타난다. 하지만 소프트웨어가 조작하는 것은 그런 기하학이 아니라 다각형들이 만나는 지점의 좌표 수치 목록이다. 사실 공룡 그리기 소프트웨어에서 사용하는 수학은 그 결과물을 애니메이션으로 내놓는데 사용하는 수학과 거의 비슷하다. 중요한 차이점이라면 이 단계에서는 공룡이 고정되어 있고 시점을 회전시키거나 움직인다는 점이다. 애니메이션에서는 시점을 고정시킨 상태에서 공룡이 움직일 수 있다. 아니면 급강하하는 용처럼 시점 자체도 움직일 수 있다.

이제 대략적인 형태의 강체 공룡을 얻었다. 어떻게 하면 움직이게 만들까? 미키마우스 시절에 화가들이 하던 일은 하지 않아도 된다. 살짝 달라진 위치에 있는 공룡의 이미지를 수백 장 새로 그리는 일은 하지 않아도 된다는 얘기다. 그런 반복적인 일은 컴퓨터에 시키면 된다. 그럼 이 공룡을 기본적인 뼈대만 남겨보자. 끝에서 서로 연결된 몇 개의 딱딱한 막대(뼈)만 남긴다. 이 막대기를 몸통, 다리, 꼬리, 머리까지 모두 연결한다. 해부학적으로 정확한 골격을 나타낼 필요는 없다. 동물의 주요 부분을 움직일 수 있는 프레임워크만 제공해주면 된다. 이 골격 역시 각각의 뼈 양쪽 끝을 나타내는 좌표의 목록으로 표상되어 있다.

특히나 사람이나 사람 비슷한 생명체에서 아주 효율적으로 실감나는 동작을 얻을 수 있는 방법은 모션 캡쳐motion capture다. 배우가 카메라 한 대나 몇 대 앞에서 요구받은 동작을 선보이면 그 동작으로 3차원 데이터를 얻는다. 발, 무릎, 고관절, 팔꿈치 등 배우의 몸 중 중요한 부위에 하얀 점을 부착한다. 그럼 컴퓨터는 배우의 동영상을 분석해서 그 점들이 어떻게 움직였는지 추출한다. 여기서 나온 데이터를 이용해서 골격의 애니메이션을 만든다. 〈반지의 제왕〉 3부작에서 골룸의 애니메이션도 그렇게 처리했다. 당연한 얘기지만 사람의 동작이 아니면서도 실감나는 동작을 얻고 싶다면 배우는 그에 적절하게 이상한 방식으로 몸을 써야 한다.

골격을 어떤 식으로 애니메이션했든 일단 그 결과물에 만족하면 골격 위에 다각형망을 덧씌운다. 즉, 2개의 좌표 목록을 결합해서 뼈의 위치와 그 주변 다각형망의 위치 사이의 추가적인 연결을 명시한다. 그런 다음 대부분의 과정에서는 그 다각형망에 대해 잊어버리고 골격만 애니메이션한다. 강체 운동에 대한 연구가 빛을 발하는 부분이 바로 여기다. 각각의 뼈는 강체이고 우리는 그 강체들을 3차원 공간 속에서 움직이게 하고 싶기 때문이다. 골격들이 계속해서 서로 붙어 있도록 동작에 제약도 가해야 한다. 우리가 뼈 하나를 움직이면 그 끝 좌표가 올바른 위치로 가도록 거기에 부착된 뼈들의 끝부분도 반드시 움직여야 한다. 그럼 그 뼈는 뻣뻣하게 움직이고 당연히 거기에 부착된 뼈에도 영향을 미치게 된다. 이렇게 해서 우리는 전체 골격을 조금씩 움직일 수 있다. 다리를 움직여 걷게 하고 꼬리를 위, 아래, 옆으로 흔들며 무시무시한 아가리를 벌릴 수도 있다. 하지만 이 모든 것은 골격을 대상으로 한다. 뼈를 구성하는 조각은 훨씬 적기 때문에 이렇게 하면 더 간단하고 신속하며 저렴하게 작업할 수 있다.

골격이 원하는 대로 움직여 만족스러워지면 그 골격 위에 다각형망을 다시 덧씌워보고 운동의 첫 프레임부터 다시 확인해보는 것이 좋다. 그럼 애니메이션 소프트웨어가 연속적인 프레임 위에서 다각형망이 골격의 운동을 따라가도록 만들어준다. 그저 마우스를 한두 번만 클릭해주면 컴퓨터가 다 알아서 한다. 이렇게 하면 공룡이 자신의 골격에 일어나는 일을 그대로 따라갈 때도 여전히 실감나게 보이는지 확인할 수 있다.

이제 온갖 창조적인 작업을 해볼 수 있다. 소프트웨어에서 사용하는 시점인 카메라의 위치를 움직일 수도 있고 확대해서 더 자세히 들여다 볼 수도 있으며 달리는 공룡을 먼 거리에서 바라볼 수도 있고 무엇이든 해볼 수 있다. 괴물 같은 티라노사우루스를 피해 달아나는 초식 공룡 무리 등 다른 생명체도 만들어낼 수 있다. 이런 경우도 우선 골격 작업을 한 다음 그 위에 다각형망을 덧씌우는 방식으로 진행한다. 각각의 생명체를 따로따로 애니메이션 작업한 다음 모두 한 장면에 집어넣어 사냥 장면을 만들 수 있다.

골격은 그냥 막대그림에 불과하기 때문에 이 시점에서는 두 생명체가 같은 공간을 차지하지 못하게 막지 못한다. 소프트웨어 수정을 통해 이런 충돌이 일어나면 경고를 해주도록 만들 수 있다. 골격 위에 다각형망을 덧씌울 때 앞에 나와 있는 다각형이 뒤에 있는 다각형과 중첩된다. 공룡은 투명하지 않기 때문에 시야에 보이지 않는 부분은 제거해야 한다. 이런 작업은 좌표 기하학의 간단한 계산을 이용해서 진행할 수 있지만 많은 계산이 필요하다. 정말 빠른 컴퓨터가 나오기 전까지는 이런 작업이 버거웠지만 이제는 일상적인 과정으로 자리 잡았다.

아직도 할 일이 많이 남아 있다. 다각형을 덕지덕지 붙여놓은 모습의 공룡은 그다지 무섭거나 인상적이지 않기 때문이다. 그 다각형 위에 실감나는 피부 모양을 덧씌운 다음 색깔 정보를 담고 실감나는 피부 질감도 만들어야 한다. 비늘과 모피는 보이는 모습이 아주 다르다. 이 각각의 단계마다 다른 소프트웨어를 동원하여 여러 가지 수학 기법을 적용한다. 이런 단계를 렌더링이라고 하며 이는 우리가 영화를 볼 때 스크린 위에 나타날 최종적인 그림을 조합하는 과정이다. 하지만 이 모든 것의 중심에는 점과 간선을 강체 운동시키는 수십억 회의 계산이 자리 잡고 있다.

이런 수학적 방식에는 또 다른 장점도 있다. 어느 단계에서든 무언가 좀 안 맞다 싶으면 바꿀 수 있다. 갈색 공룡 대신 초록색 공룡을 만들고 싶으면 처음부터 모든 것을 새로 그릴 필요가 없다. 똑같은 골격, 똑같은 다각형망, 똑같은 동작, 똑같은 피부 질감을 사용하되 피부의 색만 바꿔주면 된다.

영화나 게임 애니메이션을 제작할 때는 전문가팀에서 이런 과정을 수행하기 위해 개발한 다양한 표준 소프트웨어 패키지를 사용한다. 이런 활동이 얼마나 복잡한지 감을 잡을 수 있게 영화 〈아바타 Avatar〉를 만들 때 어떤 회사와 소프트웨어 패키지를 동원했는지 살펴보자.

애니메이션 제작 과정의 상당 부분은 〈반지의 제왕〉과 〈호빗Hobbit〉
으로 유명한 뉴질랜드의 웨타 디지털이 맡았다. 1975년 조지 루카
스가 〈스타워즈〉 첫 영화의 특수 효과를 만들어내기 위해 설립한
'인더스트리얼 라이트&매직'은 그런 시퀀스 180개를 만들어냈다.
주로 마지막 전투 장면의 항공기를 제작했다. 영국, 캐나다, 미국에
있는 나머지 회사들은 조정실 스크린이나 바이저의 헤드업 디스플
레이 같은 미래 기술을 시뮬레이션하는 부분을 담당했다. 이런 장면
은 대부분 오토데스크 마야라는 소프트웨어가 담당했다. 모델 설계,
특히 스콜피온 건십의 설계에는 룩솔로지의 모도를 사용했다. 후디
니는 판도라 행성의 기지인 헬스게이트 장면과 그 내부를 만들어냈
다. 외계 생명체는 지브러시를 이용해서 디자인했다. 오토데스크 스
모크는 색감 수정을 담당했고 매시브는 외계 식물을 시뮬레이션했
으며 머드박스는 하늘에 떠 있는 산을 담당했다. 컨셉 아트와 텍스
처는 1차로 어도비 포토샵을 이용해서 만들었다. 전체적으로 12곳
의 회사와 22개의 소프트웨어 도구, 그 외 특수하게 코딩된 셀 수 없
이 많은 플러그인을 동원해서 만들었다.

*　*　*

컴퓨터 그래픽 애니메이션 제작을 위해 대단히 정교한 수학도 일
부 동원하고 있다. 언제나처럼 그 목표는 애니메이션 제작자가 해야
할 일을 최대한 줄이고 실감나는 결과물을 얻고 비용과 시간을 절약

하기 위해서다. 우리는 이 모든 것을 지금 당장, 저렴하게 얻기를 원한다.

예를 들어 영화사에서 공룡이 다양한 운동을 하는 시퀀스를 라이브러리로 확보하고 있다고 가정해보자. 한 시퀀스에서는 공룡이 '보행 주기gait cycle' 하나를 거쳐 앞으로 질주한다. 보행 주기는 주기적으로 반복되는 동작의 한 구간을 말한다. 또 다른 시퀀스에서는 공룡이 공중으로 뛰어올랐다가 아래로 요란하게 떨어진다. 공룡이 작은 초식 공룡의 뒤를 쫓아가다가 그 위로 뛰어올라 덮치는 장면을 만들고 싶다고 해보자. 그럼 보행 주기를 12번 정도 이어 붙인 다음 그 끝에 가서 뛰어올랐다 떨어지는 시퀀스를 이어 붙이는 방법이 효과적이다. 물론 똑같은 애니메이션을 12번이나 그대로 반복했다는 사실이 뻔히 드러나지 않게 모든 부분을 조금씩 손봐야겠지만 이 정도면 출발로는 나쁘지 않다.

골격 수준에서 시퀀스를 하나로 이어 붙이기는 어렵지 않다. 다각형망을 덧씌우고 색깔과 질감을 입히는 등의 작업은 나중에 해도 된다. 그럼 뛰어나가는 사이클을 12번 이어 붙인 후에 끝에 뛰어오르는 시퀀스를 붙이고 어떻게 보이는지 관찰한다.

끔찍하다.

개별 시퀀스는 괜찮은데 각각이 매끈하게 이어지지가 않는다. 결과물이 자꾸 덜컥거리고 현실감이 느껴지지 않는다.

최근까지만 해도 이 문제를 해결할 방법은 손으로 연결을 일일이 수정하거나 새로운 운동을 살짝살짝 삽입하는 식으로 손보는 것이었다. 이것만 해도 만만한 작업은 아니었을 것이다. 최근에는 수학

기법의 발전으로 이 문제를 훨씬 나은 방법으로 해결할 수 있으리라는 기대가 생겼다. 틈이 생긴 곳을 메우고 갑작스러운 전환이 일어나는 부분을 매끄럽게 펴서 없애는 개념이다. 여기서 핵심 단계는 그 일을 골격 속에 들어 있는 뼈 하나, 더 일반적으로 표현하면 곡선 하나로 해낼 수 있는 방법을 찾는 것이다. 이 문제를 해결하고 나면 개별 뼈로부터 골격을 이어 붙일 수 있다.

현재 시도가 이루어지고 있는 수학 분야는 형태 이론shape theory이다. 그럼 뻔한 질문부터 시작해보자. 형태란 무엇인가?

일반적인 기하학에서는 삼각형, 정사각형, 평행 사변형, 원 등 여러 가지 표준 도형, 즉 형태를 만나게 된다. 이것을 좌표 기하학으로 해석하면 도형이 방정식으로 바뀐다. 예를 들어 한 평면에서 단위 원 위에 있는 점 (x, y)는 방정식 $x^2+y^2=1$을 만족시키는 점과 정확히 일치한다. 원을 표상하는 또 다른 편리한 방법은 소위 매개 변수를 이용하는 방법이다. 매개 변수는 보조 변수, 예를 들어 매개 변수 t를 시간으로 잡고 x와 y가 t에 좌우되는 공식을 생각할 수 있다. t가 어떤 수의 범위에서 변화하면 각각의 t값이 두 좌표 $x(t)$와 $y(t)$를 내놓는다. 올바른 공식만 있으면 이 점들이 원을 정의한다.

원의 표준 매개 변수 공식에는 삼각법이 들어간다.

$$x(t) = \cos t, \, y(t) = \sin t$$

하지만 매개 변수가 공식에서 나타나는 방식을 바꿔도 여전히 원을 얻을 수 있다. 예를 들어 t를 t^3으로 바꾸면 다음과 같다.

$$x(t) = \cos t^3, \, y(t) = \sin t^3$$

이것도 원을 결정한다. 같은 원이다. 이런 효과가 나타나는 이유는 시간 매개 변수가 x와 y의 변화 방식 이상의 정보를 담고 있기 때문이다. 첫 번째 공식은 t의 변화에 따라 이 점이 일정한 속도로 움직인다고 말하고 있다. 하지만 두 번째 공식에서는 그렇지 않다.

형태 이론은 이런 고유성 결여를 해결하는 방법이다. 도형은 곡선이다. 곡선을 특정 매개 변수 공식에 좌우되지 않는 대상으로 보기 때문이다. 따라서 두 매개 변수 곡선parametric curve은 t를 t^3으로 바꾸는 것처럼 매개 변수를 바꾸어 한 공식을 다른 공식으로 바꿀 수 있다면 동일한 형태를 정의한다. 지난 세기 동안 수학자들은 그런 일을 하는 표준의 방식을 고안해냈다. 누구든 생각해봤을 법한 내용은 아니다. 다소 추상적인 관점이 필요하기 때문이다.

첫 번째 단계는 단 매개 변수 곡선 하나만을 고려하지 않고 모든 가능한 매개 변수 곡선의 '공간space'을 생각한다. 그러고 나서 만약 매개 변수를 바꾸어 한 점에서 다른 점으로 갈 수 있으면 이 공간 속의 두 '점'(즉, 2개의 매개 변수 곡선)이 동치라고 말한다. 그리고 '형태shape'는 곡선의 동치류equivalence class 전체, 즉 주어진 곡선과 동등한 모든 곡선의 집합으로 정의한다.

이것은 모듈러 산술에서 사용한 방법을 더 일반화한 버전이다. 예를 들어 정수 모듈러 5에서 '공간'은 모든 정수다. 그리고 두 정수 사이의 차이가 5의 배수면 두 정수는 동치다. 5개의 동치류가 존재한다.

모든 5의 배수

모든 5의 배수 더하기 1

모든 5의 배수 더하기 2

모든 5의 배수 더하기 3

모든 5의 배수 더하기 4

왜 거기서 멈출까? 5의 배수에 5를 더한 것은 그냥 살짝 더 큰 5의 배수이기 때문이다.

이 경우 Z_5로 표시하는 동치류 집합이 유용한 구조를 아주 많이 갖고 있다. 실제로 5장에서는 기초 정수론 중 많은 부분이 이 구조에 달려 있다는 사실을 보여주었다. Z_5는 정수 모듈러 5의 몫공간quotient space이라고 하는데 5만큼씩 차이가 나는 수를 같은 수라고 취급했을 때 나타나는 결과다. 형태 공간shape space을 얻을 때도 비슷한 일이 일어난다. 여기서는 정수 대신 모든 매개 변수 곡선의 공간이 있다. 그리고 5의 배수로 수를 바꾸는 대신 매개 변수 공식을 바꿔서 몫공간을 얻는다. 이것은 모든 매개 변수 곡선 모듈러 매개 변수 변화의 공간이다. 무의미한 소리로 들릴 수 있지만 오랜 시간에 걸쳐 그 가치가 명확하게 입증된 표준 방식이다. 이것이 가치가 있는 이유는 몫공간이 우리가 관심을 가지는 물체에 대한 자연스러운 기술이기 때문이다. 또 다른 이유도 있다. 보통 몫공간은 원래의 공간으로부터 흥미로운 구조를 그대로 물려받는다. 형태 공간의 경우 구조에서 가장 흥미로운 항목은 두 형태 사이의 거리 측정값이다. 원을 가져다가 형태를 살짝 비틀어보자. 원래의 원과 비슷하지만 같지는 않은 폐곡선이 나온다. 원의 형태를 크게 비틀어놓으면 직관적으로 봐도 더 많이 다른 폐곡선이 나온다. 이 곡선은 원래의 곡선과 더 멀리 떨어져 있다. 이런 직관을 정확한 값으로 나타낼 수 있고 형태 공간이 합리적이고 자연스러운 거리 개념을 가지고 있다는 사실을 증명할 수 있다. 거리 함수metric라는 개념이다.

일단 공간에 거리 함수가 부여되면 온갖 유용한 일을 할 수 있다. 특히 연속적인 변화를 비연속적인 변화와 구분할 수 있고 조금 더 수준을 끌어올려 매끄러운 변화를 매끄럽지 않은 변화와 구분할 수도 있다. 마지막으로 애니메이션 시퀀스를 이어 붙이는 문제로 다시 돌아가보자. 컴퓨터에서 형태 공간에 이 거리 함수를 적용하면 적어도 불연속성이나 매끄러움이 결여된 것을 감지할 수 있다. 그냥 눈으로 확인하는 게 아니라 계산을 통해서 말이다. 하지만 거기서 끝이 아니다.

수학에는 매끄럽게 만드는 기법이 많다. 이 기법을 이용하면 불연속적인 함수를 연속적인 함수로, 혹은 매끄럽지 않은 함수를 매끄러운 함수로 만들어줄 수 있다. 이런 기법은 형태 공간에도 적용할 수 있다. 따라서 이어 붙이다가 갑자기 불연속적으로 동작하는 시퀀스도 컴퓨터로 제대로 계산하면 그런 불연속성이 자동으로 제거된다. 쉬운 일은 아니지만 가능하다. 그리고 돈을 절약할 수 있을 정도로 충분히 효율적이다. 두 곡선 사이의 거리만 계산하는 것은 최적화 기법을 사용한다. 순회 외판원 문제에서 본 것과 살짝 비슷한 방법이다. 시퀀스를 매끄럽게 하려면 미분 방정식을 풀어야 한다. 이것은 9장과 10장에서 만나볼 열 흐름을 위한 푸리에 방정식과 다소 비

244

숫하다. 이제 곡선의 애니메이션 시퀀스 전체를 타일러서 불연속적인 것을 매끄럽게 펴며 다른 애니메이션 시퀀스로 흘러들어가게 만든다. 이것 역시 열의 흐름이 사각파square wave를 매끄럽게 펴는 것과 비슷하다.[56]

비슷한 추상적 공식화를 이용하면 애니메이션을 비슷한 다른 애니메이션으로 전환하는 것도 가능하다. 걸어 다니는 공룡을 보여주는 시퀀스를 살짝 바꿔서 달리는 모습으로 만들 수도 있다. 그냥 동작의 속도만 빨리한다고 될 문제가 아니다. 걷는 방식과 달리는 방식은 눈으로 봐도 확연히 다르기 때문이다. 이런 방법들은 아직도 유아기 단계를 거치고 있지만 아주 고차원의 수학적 사고가 미래의 영화 애니메이션 산업에서 큰 결실을 맺으리라 암시해주고 있다.

수학이 애니메이션에 기여하는 방식은 이것 말고도 많다. 바다, 바람에 날리는 눈, 구름, 산의 파동을 물리적으로 단순화해서 시뮬레이션하는 방법도 나와 있다. 이런 방법들의 목적은 계산을 최대한 단순화하면서 보다 실감나는 결과물을 얻는 것이다. 현재는 사람의 얼굴을 표상하는 수학 이론도 광범위하게 나와 있다. 〈스타워즈〉 시리즈 중 하나인 영화 〈로그 원Rogue One〉에서는 영화배우 피터 커싱Peter Cushing(1994년 사망)과 캐리 피셔Carrie Fisher(2016년 사망)의 얼굴을 대역 배우의 얼굴 위에 디지털로 덧씌워 재창조했다. 그런데 사실성이 떨어져서 팬들의 원성을 샀다. 〈라스트 제다이Last Jedi〉에서는 더 나은 방법을 사용했다. 기존의 영화에서 편집하면서 잘라냈던 피셔의 등장 화면을 고른 후에 대본에 맞춰 수정하면서 이어 붙였다. 하지만 일관성을 유지하려면 의상을 바꿔야 해서 여전히 컴퓨터 그래픽이 많이 필요했다. 사실 머리, 헤어스타일, 몸, 의상 등 얼굴을 제외한 거의 모든 것을 디지털로 새로 렌더링해야 했다.[57]

정치 선동용 딥페이크를 만들 때도 이와 동일한 기법을 이미 사용하고 있다. 누군가가 인종차별주의적 발언이나 성차별적 발언을 하는 장면, 혹은 술에 취한 장면 등을 동영상으로 촬영한 후에 정적의 얼굴을 그 위에 덮어씌워 소셜 미디어에 올린다. 결국 그 속임수가 밝혀진다고 해도 팩트보다는 소문이 더 빨리 돌기 때문에 이미 되돌릴 수 없게 된다. 수학과 그와 관련된 기술들은 좋은 일에도 쓸 수 있지만 나쁜 일에도 쓸 수 있다. 어떻게 사용하느냐가 중요하다.

8

스프링과 카오스

스프링은 누르거나 당겼다가 놓으면 원래의 모습을 회복하는 탄력성 있는 물체다. 지속적인 장력을 행사하거나 운동을 흡수해서 역학적 에너지를 저장하는 데 사용한다. 스프링은 자동차 산업에서 가구 제작에 이르기까지 사실상 모든 산업에서 사용한다.
- 영국산업연맹, 〈제품 자료표 – 유럽의 스프링〉

얼마 전에 새 침대 매트리스를 구입했다. 스프링이 5,900개 들어 있는 매트리스였다. 백화점에 나와 있는 단면도를 보니 코일 모양으로 감긴 스프링이 빽빽하게 배열되어 있고 그 위에 그보다 작은 스프링이 한 층 더 올라가 있었다. 진짜 고급 매트리스는 주요 층 안에 스프링이 다시 2,000개 더 있다. 매트리스에 별로 편안하지 않은 큰 스프링 200개 정도가 들어가던 시절과 비교하면 요즘의 매트리스 기술은 차원이 다르다.

스프링은 안 들어가는 곳이 없지만 문제가 생기기 전에는 있는지도 모르는 장치 중 하나다. 자동차 엔진에는 밸브 스프링이 들어가 있고 볼펜에는 가늘고 긴 스프링이 들어 있으며 컴퓨터 키보드, 토스터기, 문손잡이, 시계, 트램펄린, 소파, 블루레이 플레이어 등에도 서로 다른 모양의 수많은 스프링이 들어 있다. 우리가 그 존재를 알아차리지 못하는 이유는 장치나 가구 안쪽 깊숙한 곳에 박혀 있어 보이지 않기 때문이다. 스프링은 정말 대규모 산업이다.

여러분은 스프링이 어떻게 만들어지는지 알고 있는가? 나는 1992년에 내 사무실 전화가 울리기 전까지는 분명 모르고 있었다.

"여보세요? 저는 렌 레이놀즈Len Reynolds라고 합니다. 셰필드에 있는 스프링 연구 및 제조 연합Spring Research and Manufacturers Association, SRAMA의 공학자입니다. 카오스 이론에 대한 선생님의 책을 읽었습니다. 거기서 카오스 끌개chaotic attractor의 모양을 관찰을 통해 알아내는 방법에 대해 언급하셨죠. 혹시 그 방법이 스프링 제조 산업에서 지난 25년 동안 풀지 못한 난제를 해결하는 데 도움이 될지도 모른다는 생각이 들었습니다. 약간의 테스트 데이터를 가지고 제 ZX81 컴퓨터로 시도해봤습니다."

싱클레어 ZX81은 일반 대중을 대상으로 팔린 최초의 컴퓨터 중 하나로 TV를 모니터로 사용하고 카세트테이프를 이용해서 소프트웨어를 저장했다. 크기는 책만 하고 재질은 플라스틱에 메모리는 무려(?) 1K나 했다. 헐거워져 떨어지지 않게 조심만 하면 컴퓨터 뒤쪽에 16K 메모리를 추가로 장착할 수도 있었다. 나는 나무로 짠 틀로 램을 제자리에 고정시켜놓았다. 블루택(점토 접착제)을 사용하는 사람도 있었다.

최첨단 컴퓨터라고 할 수는 없었지만 렌의 예비 연구 결과는 영국 무역산업부로부터 9만 파운드의 연구비를 받아내고, 스프링과 철선 제조업체 컨소시엄으로부터 공동 자금 출자를 받아낼 만큼 유망했다. 렌은 그 돈을 스프링 철선의 대조군 실험 품질 향상을 위한 3년 짜리 프로젝트에 사용했고 그로부터 5년 동안 2개의 다른 프로젝트 가 생겨났다. 한 단계에서 추정해보니 이 연구 결과로 스프링과 철 선 제조 산업에서 연간 180만 파운드를 절약할 수 있다는 예측이 나 오기도 했다.

말 그대로 수천 건의 응용 수학이 산업 문제를 해결하기 위해 보 이지 않는 곳에서 항상 진행 중이다. 그중에는 기밀 유지 협약으로 보호받는 상업적 비밀이 많다. 가끔 공학 및 물리 과학 연구 위원회 Engineering and Physical Sciences Research Council, EPSRC나 수학 및 수 학 응용 분야 연구회Institute of Mathematics and its Application 같은 영 국 기관에서 이런 프로젝트 몇 가지에 대해 간단한 사례 연구 결과 를 발표한다. 그리고 미국이나 다른 나라도 마찬가지다. 이런 프로 젝트, 혹은 전 세계의 크고 작은 회사에서 표적을 정해서 수학을 활 용하는 경우들이 없었다면 우리가 매일 사용하고 있는 제품이나 장 치들은 존재하지도 않았을 것이다. 하지만 이런 내용은 감춰져 있어 서 사람들은 그런 것이 있는지도 모른다.

이번 장에서는 내가 참여한 3가지 프로젝트의 뚜껑을 열어보려고 한다. 특별히 중요해서가 아니라 그 내용을 내가 알기 때문이다. 그 기본적 개념들은 대부분 산업계 학술지에 발표되어 특허권이 소멸 된 내용이다. 산업계에서 수학을 이용하는 방식이 간접적이고 놀라 우며 뜻밖의 재미가 있을 때가 많다는 사실을 보여주고 싶다.

렌의 전화처럼 말이다.

* * *

사반세기 동안 아주 간단하고 기본적인 문제 하나가 철선과 스프링 산업계를 곤혹스럽게 만들고 있었다. 스프링(스프링 제조업체에서 제작)은 철선(철선 제조업체에서 제작)을 가져다가 코일 성형기를 통과시켜 만든다. 대부분의 철선은 올바른 크기와 탄력을 가진 스프링을 만들어낸다. 하지만 배송된 철선 중에서 가끔 실력 좋은 기술자가 직접 손을 써도 제대로 코일이 만들어지지 않는 철선이 있다. 1990년대의 일반적인 품질 관리 방식으로는 질 좋은 철선과 질 나쁜 철선을 구분할 수 없었다. 양쪽 철선 모두 화학 조성과 인장 강도 등 테스트는 똑같이 다 통과했는데도 불량 제품이 생겼다. 눈으로 보면 둘이 똑같다. 하지만 좋은 철선을 코일 성형기에 넣으면 원하는 스프링이 나오는데 질 나쁜 철선을 넣으면 모양은 스프링 같지만 크기가 엉뚱하게 나오거나 최악의 경우 대책 없이 꼬인 상태로 나왔다.

이런 철선으로 스프링을 만들려고 시도하는 것은 효율적이지 않았다. 철선의 품질이 안 좋은 경우에는 값비싼 코일 성형기를 며칠씩 잡아먹고 나서야 이번에 입고된 철선으로는 제대로 된 스프링을 만들 수 없겠다는 판단을 내릴 수 있었다. 안타깝게도 이 철선들은 일반적인 테스트를 통과했기 때문에 제조사 측에서는 그 철선에 아무런 문제가 없다고 주장할 수 있었다. 코일 성형기의 세팅에 분명 문제가 있다고 말이다. 서로가 서로를 비난하는 이 교착 상태를 양쪽 산업계 모두 개탄했다. 양쪽 모두 누구의 주장이 옳은지 밝혀낼 신뢰할 만한 방법을 원했다. 그리고 양쪽 모두 그 책임이 자기에게 있지 않다는 사실을 밝히고 싶어 했다. 하지만 의지는 있으나 객관적인 검증 방법이 없었다.

이 프로젝트를 시작하고 첫 단계로 수학자들을 스프링 제조회사로 데려가서 철선이 어떻게 스프링이 되는지 보여주었다. 이것은 기하학의 문제였다.

가장 흔한 스프링은 압축 스프링이다. 압축 스프링은 양쪽 끝을 누르면 되밀어내는 힘이 발생한다. 가장 단순한 디자인은 나선 모양이다. 한 점이 균일한 속도로 한 원의 둘레를 돌고 또 돈다고 상상해보자. 그리고 이제 이 원이 평면의 직각 방향으로 균일한 속도로 움직인다고 상상해보자. 이렇게 하면 공간 속에 나선 곡선이 그려진다. 실용적인 이유 때문에 나선 스프링의 양쪽 끝에는 코일이 모여 있게 만든다. 움직이는 점이 원에 직각 방향으로 움직이기 전에 한 바퀴를 제자리에서 돌고 직각으로 움직이다가 마지막 바퀴에 가서는 다시 제자리에 멈춰서 한 바퀴를 돈 것처럼 말이다. 이렇게 하면 날카로운 스프링 끝이 어디 걸리지도 않고 사람도 그 끝에 찔리지 않는다.

수학적으로 나선에는 2가지 속성이 있다. 곡률curvature과 비틀림 torsion이다. 곡률은 나선이 얼마나 날카롭게, 혹은 부드럽게 휘는지 측정한 값이다. 비틀림은 나선이 휘어지는 방향으로 결정되는 평면에서 얼마나 크게 비틀어지며 나오는지를 측정한 값이다(분명 기술적인 정의도 존재하지만 공간 곡선의 서로 다른 기하학에 너무 깊이 들어가지는 말자). 나선에서는 이 두 값이 일정하다. 그래서 나선을 옆에서 보면 코일의 간격이 균일하고 같은 각도로 기울어져 있다. 나선의 축을 따라 일정한 속도로 움직였기 때문에 생기는 결과다. 나선을 한쪽 끝에서 보면 모든 코일이 서로 중첩되며 원 모양을 보이는데 점의 회전 운동이 균일하게 이루어져 나타난 결과다. 이 원이 작으면 곡률이 높은 것이고 원이 크면 곡률이 작은 것이다. 그리고 가파르게 올라가는 나선은 비틀림이 높은 것이고 천천히 올라가는 나선은 비틀림이 낮은 것이다.

코일 성형기는 놀라울 정도로 단순한 방법으로 이런 속성을 기계적으로 구현하고 있다. 큰 자동 물레에서 코일 성형기에 작은 금속 도구를 통해 철선을 공급한다. 그리고 그와 동시에 한 방향으로 철선을 휘면서 그 직각 방향으로 조금씩 밀어낸다. 휘는 동작이 곡률을 만들어내고 밀어내는 동작이 비틀림을 만들어낸다. 철선이 계속 공급되면 코일 성형기는 계속 돌며 나선을 만들어낸다. 충분히 길어지면 또 다른 기구가 작동해서 코일을 끊어내고 다음 스프링을 만들 준비를 한다. 그리고 다른 기구가 작동해서 양쪽 끝에서는 비틀림을 0으로 바꾸어놓는다. 그래서 끝에서는 코일이 납작해지면서 모여 닫히게 된다. 이 과정은 스프링이 초당 몇 개 만들어질 정도로 빠르게 진행된다. 한 제조업체에서는 코일 성형기마다 초당 18개 정도의 속도로 특수 철선으로 작은 스프링을 만들어냈다.

철선과 스프링 제조업체들은 일반적으로 소규모 중소기업들이다. 이들은 브리티시 스틸 같은 대형 공급업체와 자동차 업체, 매트리스 업체 같은 대형 소비 업체 사이에 샌드위치처럼 끼어 있다. 그래서 양쪽에서 영업 이익을 쥐어짜며 압박한다. 이런 환경에서 살아남으려면 효율을 끌어올리는 수밖에 없다. 개별 회사가 자체적으로 비용을 들여 연구부를 따로 둘 수는 없기 때문에 SRAMA(이후 스프링 기술 연구소Institute of Spring Technology, IST로 이름을 바꾸었다)는 일종의 공동 연구 개발 사업체로서 그 회원사들이 공동으로 자금을 대서 세운 벤처 기업이다. SRAMA에서 일하는 렌과 그의 동료들은 지금까지 잘못됐던 부분을 바탕으로 이미 코일 문제에서 어느 정도 진척을 이룬 상태였다. 코일이 만들어질 때의 곡률과 비틀림은 가소성plasticity 같은 철선의 물질적 속성에 좌우된다. 가소성은 휘기가 쉽고 어려운 정도를 말한다. 코일이 규칙적으로 보기 좋은 나선을 형성하는 경우에는 이런 속성이 철선 전체를 따라 균질하게 유지되고 있다는 의미다. 하지만 철선의 품질이 균질하지 못하면 제대로 된 나선이 나오지 않는다. 따라서 코일 만듦성coilability이 떨어지는 이유는 철선을 따라 이런 물질적 속성이 들쭉날쭉하기 때문이다. 그럼 문제가 분명해졌다. 이런 들쭉날쭉한 변화를 어떻게 감지할 것인가?

그 해답은 포크에 스파게티면을 감듯이 철선을 금속 막대기 주변으로 감아 코일을 만들어보면 된다. 그렇게 하면 연이어 감겨 있는 코일 사이의 간격을 측정할 수 있다. 이 간격이 모두 균일하면 좋은 철선이다. 만약 이 간격이 두서없이 엉망이면 질 나쁜 철선이다. 하지만 그 정도가 다양하기 때문에 질이 나쁘더라도 스프링 제작용으로 건질 만한 것들이 있다. 아주 질 좋은 철선처럼 정확한 스프링은 못 만들겠지만 어떤 용도로는 충분히 쓸 만한 경우가 있다. 그럼 문제를 이렇게 다시 정리할 수 있다. 철선이 두서없이 엉망인 정도를 어떻게 수량화할 수 있을까? 즉, 어떻게 값으로 매길 수 있을까?

SRAMA의 공학자들은 측정치 목록에 일반적인 통계 도구를 모두 적용했지만 코일 만듦성과 잘 맞아떨어지지 않았다. 그 부분에서 카오스 이론을 다룬 내 책이 등장한다.

* * *

카오스 이론이라는 이름은 언론에서 붙였다. 수학자들에게는 그보다 더 넓은 분야인 비선형 동역학nonlinear dynamics 이론의 일부로 더 잘 알려져 있다. 비선형 동역학은 시간에 따른 계의 행동이 특정한 수학 규칙의 지배를 받을 때 그 계가 어떻게 행동하는지 연구하는 학문이다. 현재 계의 상태를 측정해서 거기에 규칙을 적용한 후에 짧은 시간 후 그 계의 상태를 추론한다. 그리고 그 과정을 다시 반복한다. 시간의 흐름에 따라 계의 상태를 원하는 만큼 어디까지든 계산할 수 있다. 이런 기법이 동역학이다. '비선형'이라는 의미를 대략적으로 설명하면 이 규칙에 따라 만들어지는 미래의 상태가 현재의 상태, 혹은 현재의 상태와 어떤 기준 상태 사이의 차이에 비례하지 않는다는 뜻이다. 시간이 연속적으로 변화하는 경우 규칙은 미분 방정식으로 특정된다. 이 미분 방정식은 계의 변수의 변화 속도와 그 변수의 현재 값 사이의 관계를 말해준다.

시간이 단계별로 진행하는 불연속적인discrete 버전도 있다. 이 경우에는 정차 방정식difference equation으로 설명할 수 있다. 현재 상태에 당신이 규칙을 적용했을 때 등장하는 상태가 시계가 한 단계 똑딱거린 후의 상태가 된다. 이것은 코일 문제를 해결하는 불연속 버전이다. 다행히 이쪽이 이해하기가 더 쉽다. 이것은 다음과 같이 작동한다.

시간 0에서의 상태 → 시간 1에서의 상태 → 시간 2에서의 상태 → …

여기서 화살표는 '규칙 적용'을 의미한다. 예를 들어 규칙이 '2를 곱하라'이고 초기 상태를 1에서 시작한다면, 연이어 단계를 거치면서 매번 2배로 늘어나는 1, 2, 4, 8, …이라는 수열이 만들어진다. 출력이 입력에 비례하기 때문에 선형 규칙이다. '제곱해서 3을 빼라' 같은 규칙은 비선형적이다. 이 경우는 다음과 같은 수열이 나온다.

$$1 \rightarrow -2 \rightarrow 1 \rightarrow -2 \rightarrow \cdots$$

이 수열은 두 수가 계속해서 반복하는데 이를테면 계절의 순환 같은 '주기적periodic' 동역학이다. 초기 상태만 주어지면 미래의 행동이 완전히 예측 가능하다. 그냥 1과 -2만 계속 반복하니까 말이다.

반면 규칙이 '제곱해서 4를 빼라'라면 다음과 같은 수열이 나온다.

$$1 \rightarrow -3 \rightarrow 5 \rightarrow 21 \rightarrow 437 \rightarrow \cdots$$

여기서는 첫 번째 경우를 빼고는 수가 계속 커지기만 한다. 하지만 수열 자체는 여전히 예측 가능하다. 계속해서 규칙만 적용하면 그만이다. 결정론적이고 무작위적인 속성이 없기 때문에 연이어지는 각각의 값은 기존의 값을 통해 고유하게 결정된다. 따라서 미래는 전적으로 예측 가능하다.

연속 시간 버전도 마찬가지다. 다만 이 경우는 예측 가능성이 그렇게 확실하지는 않다. 이런 종류의 수열을 시계열time series이라고 한다.

갈릴레오 갈릴레이Galileo Galilei와 뉴턴에게 영감을 받은 수학자와 과학자들은 이런 유형의 규칙을 수없이 발견했다. 예를 들면 중력으로 낙하하는 물체의 위치에 대해 밝힌 갈릴레오의 규칙이나 뉴턴의 중력 법칙 같은 것들이다. 이 과정에서 모든 역학계는 결정론적 규칙을 따르므로 예측 가능하다는 믿음이 생겨났다. 위대한 프랑스 수학자 앙리 푸앵카레Henri Poincaré는 이 논증에서 허점을 찾아내 1890년에 그 내용을 발표했다. 뉴턴의 중력 법칙은 항성과 행성 같은 2개의 천체가 공통 질량 중심을 주변으로 타원형 궤도를 돌 거라는 사실을 암시하고 있다. 항성과 행성은 보통 이 공통 질량 중심이 항성 내부에 위치한다. 이 운동은 주기적이다. 그리고 그 주기는 궤도를 한 바퀴 돌고 출발점으로 돌아오는 데까지 걸리는 시간이다. 푸앵카레는 천체가 3개일 경우(예를 들면 태양, 행성, 행성의 위성)에는 무슨 일이 일어날지 조사했다. 그리고 일부의 경우 극단적으로 비규칙적인 운동이 일어난다는 사실을 발견했다. 뒤늦게 이 발견을 살펴본 후대의 수학자들은 이런 유형의 비규칙성 때문에 이런 계의 미래를 예측하기가 불가능하다는 사실을 깨달았다. 예측 가능성 증명에 들어 있는 허점은 이런 예측이 가능하려면 초기 상태를 측정할 수 있고 모든 계산을 무한히 많은 소수 자리까지 완벽히 정확하게 할 수 있다는 전제조건이 필요하다는 것이었다. 그렇지 않으면 아무리 사소한 차이라도 빠르게 기하급수적으로 커져 결국 진짜 값을 뒤덮고 만다.

이것은 카오스, 더 정확히 말하면 결정론적 카오스deterministic chaos다. 규칙을 알고 있고 무작위적인 속성이 없는데도 이론적으로는 미래 예측이 가능하나 실질적으로는 불가능하다. 사실 너무 비규칙적인 행동이 나타나서 무작위로 보일 수도 있다. 진정한 무작위계에서는 현재의 상태가 그다음 상태에 대해 아무런 정보도 제공해 주지 못한다. 반면 카오스계에서는 미묘한 패턴이 존재한다. 카오스 뒤에 자리 잡고 있는 비밀 패턴은 기하학적이다. 그리고 상태 변수를 좌표로 나타내는 공간에 모형 방정식의 해를 그래프로 그려보면 그 패턴을 시각화해서 나타낼 수 있다. 그래프가 그려지는 모습을 지켜보고 있으면 그 곡선이 복잡한 기하학적 형태를 그리는 게 보인다. 서로 다른 출발점에서 시작한 곡선들이 모두 동일한 형태를 그릴 때 그 형태를 끌개attractor라 부른다. 이 끌개는 카오스적 행동 속에 숨어 있는 패턴의 특징을 보여준다.

표준으로 자리 잡은 사례는 로렌츠 방정식Lorenz equation이다. 이것은 대기 중의 뜨거운 공기처럼 대류하는 기체를 모형화하는 연속시간 동역학계continuous-time dynamical system이다. 이 방정식에는 변수가 3개 있다. 3차원 좌표계를 이용해서 이 변수들이 어떻게 변화하는지 그래프로 그려보면 해의 곡선들 모두 결국에는 마스크와 비슷한 형태를 따라 움직인다. 이것이 로렌츠 끌개Lorenz attractor다. 카오스가 발생하는 이유는 해의 곡선이 이 끌개에 바짝 붙어서 움직이기는 하지만 해가 다르면 아주 다른 방식으로 돌아다니기 때문이다. 어떤 해는 왼쪽 고리에서 6번을 돈 후에 오른쪽 고리에서 7번을 도는데, 그와 가까운 다른 곡선은 왼쪽 고리에서 8번을 돈 후에 오른쪽 고리에서 3번을 돌 수도 있다. 그래서 이 곡선들은 아주 비슷한 변숫값에서 출발해도 예측한 미래가 아주 달라진다.

하지만 단기 예측은 그래도 믿을 만하다. 처음에는 이웃한 두 곡선이 가까이 붙어서 움직인다. 그러다가 나중에야 발산하기 시작한다. 따라서 카오스계도 완전히 예측이 불가능한 진짜 무작위 계와 달리 단기적으로는 예측이 가능하다. 이것은 결정론적 카오스를 무작위성과 구분해주는 숨겨진 패턴 중 하나다.

특정 수학 모형으로 작업할 때는 모든 변수를 알고 있기 때문에 컴퓨터를 이용해서 그 변수들이 어떻게 변할지 계산할 수 있다. 그리고 좌표계에 이런 변화를 그래프로 그려서 끌개를 시각화할 수 있다. 반면 실제로 카오스적일지 모를 진짜 계를 관찰할 때는 이런 호사를 항상 누리기 어렵다. 최악의 경우에는 단 하나의 변수만 측정 가능할 수도 있다. 그럼 다른 변수들을 알 수 없어 끌개를 그릴 수가 없다.

여기서 로렌츠의 통찰이 빛을 발한다. 수학자들은 단일 변수의 측정을 통해 끌개를 재구성하는 교묘한 방법을 고안해냈다. 그중 제일 간단한 것은 노먼 패커드Norman Packard와 플로리스 타켄스Floris Takens가 개발한 패커드-타켄스 재구성Packard–Takens reconstruction 혹은 슬라이딩창 재구성sliding-window reconstruction이다. 동일한 변수를 시간을 달리해서 측정하여 새로운 '가짜' 변수를 도입한다. 그래서 동시에 진행하는 원래의 3가지 변수 대신 단 하나의 변수를 3번

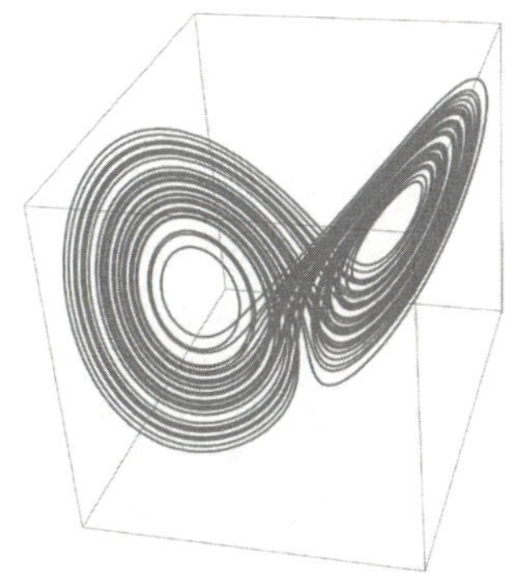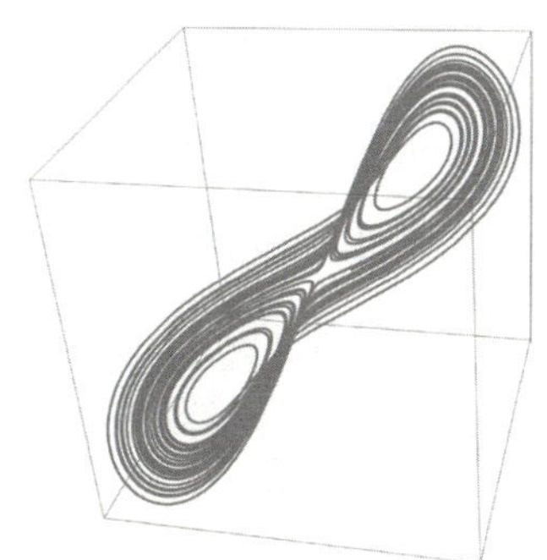

왼쪽은 로렌츠 끌개이고 오른쪽은 단일 변수로부터 재구성한 위상이다.

의 시간 단계에 걸쳐진 창을 통해 바라본다. 그런 다음 창을 한 단계 슬라이딩한 다음, 같은 일을 진행하면서 이 과정을 여러 번 반복한다. 오른쪽 그림은 로렌츠 끌개에서 이것이 어떻게 작동하는지 보여준다. 왼쪽 그림과 같지는 않지만 시간 단계를 아주 끔찍하게 선택하지만 않으면 두 그림은 동일한 위상을 갖는다. 재구성한 끌개는 실제 끌개를 연속적으로 왜곡한 버전이다. 여기서는 두 이미지 모두 눈구멍 2개가 달린 마스크처럼 보이지만 하나는 다른 하나의 일그러진 버전이다.

이 기법을 이용하면 끌개를 질적으로 평가해볼 수 있다. 그럼 어떤 카오스가 등장할지 예상할 수 있다. 그래서 동일한 기법을 자신의 스프링 데이터에 적용할 수 있을지 궁금해진 렌은 코일 사이에 연속적으로 나타나는 간격을 시계열로 취급하는 2차원 그래프를 그려 슬라이딩창 재구성을 적용했다. 하지만 마스크 모양처럼 깔끔한 기하학적 형태를 얻지는 못했다. 그가 얻은 것은 구름처럼 흐릿하게 모여 있는 점이었다. 코일 간격의 수열이 수학자들이 말하는 엄밀한 의미에서 카오스적이지 않을 수 있다는 암시였다.

그럼 이 방법은 쓸모가 없었을까?

전혀 그렇지 않다.

렌의 관심을 사로잡은 것은 흐릿한 구름의 전체적인 형태였다. 철선 표본들은 코일 성형기 안에서 집중적으로 검사한 것이었기 때문에 그는 어느 표본이 좋은지, 나쁜지, 혹은 그저 그런지 잘 알고 있었다. 재구성한 점의 구름을 보고 어느 것이 어느 것인지 알아낼 수 있을까? 보기에는 가능할 것 같았다. 철선의 품질이 정말 좋아서 코일을 만들기 쉽고 아주 정교한 스프링이 나올 때는 구름의 크기가 작고 모양은 대략 원형에 가까웠다. 철선의 품질이 그럭저럭 쓸 만한 경우에는 코일이 꽤 쉽게 만들어졌지만 스프링의 크기가 더 다양하게 나왔다. 구름의 크기는 더 커졌지만 여전히 대략 원형을 유지했다. 반면 철선의 품질이 나쁠 때는 코일로 구부려서 스프링을 만들기가 불가능하고 구름이 컬런처럼 길고 가는 모양으로 나왔다.

만약 다른 표본에서도 동일한 패턴이 이어진다면 시간과 비용을 들여가며 코일 성형기로 직접 검사할 필요 없이 구름의 모양과 크기를 사용해서 철선의 품질이 훌륭한지, 그저 그런지, 나쁜지 판단할 수 있다. 그럼 코일 만듦성을 저렴하고 효과적으로 검사할 수 있는 실용적인 방법이 생긴다. 코일의 간격이 무작위적인지, 카오스적인지, 양쪽이 섞였는지는 중요하지 않다. 철선의 길이를 따라 재료의 속성이 정확히 어떻게 달라지는지 알 필요도 없고 심지어 그렇게 변하는 속성이 무엇인지도 알 필요가 없다. 그리고 그런 속성 변화가 어떻게 코일 만듦성으로 이어지는지 이해하기 위해 탄성 이론으로 아주 복잡한 계산을 하고, 그만큼이나 복잡한 실험을 통해 검증해볼 필요도 없다. 그저 슬라이드창 그래프로 좋은 철선을 나쁜 철선과 어떻게 구분할 수 있는지만 알면 된다. 이것이 정확한지는 더 많은 철선 표본으로 테스트해서 실제 코일 성형기에서 나오는 성적과 비교해보면 확인할 수 있다.

평균과 편차 등 데이터에 대한 표준의 통계 측정이 도움이 되지 않았던 이유가 이제 분명해졌다. 이런 측정법은 데이터가 발생하는 순서를 무시한다. 즉, 각각의 간격이 앞선 간격과 어떤 관계인지 무시해버린 것이다. 이 수를 뒤죽박죽 섞어버리면 평균과 편차는 변하지 않지만 점 구름point cloud의 형태가 극적으로 변할 수 있다. 그런데 그것이 바로 질 좋은 스프링을 만드는 핵심이다.

이런 통찰에 대해 조사하기 위해 우리는 품질 관리 기계 FRACMAT를 구축했다. 이 기계는 금속 막대기 둘레로 테스트 코일을 감고 레이저 마이크로미터로 연이어진 간격을 측정한다. 그리고 그 수치를 컴퓨터에 입력하고 슬라이드창 재구성을 적용해서 점의 구름을 얻고 그 형태와 제일 잘 맞아떨어지는 타원 형태를 추정해서 이것이 원형인지, 궐련 형태인지, 얼마나 큰지 확인한 다음, 철선 표본이 얼마나 좋은지, 혹은 얼마나 나쁜지 판단했다. 엄밀하게 따지면 이는 카오스적이지도 않은 문제에 재구성 기법이라는 카오스 이론을 실용적으로 적용한 사례다. 공교롭게도 DTI 자금 지원은 연구가 아니라 기술 이전을 위해서였다. 우리는 카오스 동역학의 수학에서 나온 재구성 기법을 아마도 카오스적이지 않을 현실 세계의 계를 관찰한 시계열로 옮겨서 적용했다. 이것이 바로 우리가 하려는 일이라 말했던 그것이다.

* * *

카오스는 '무작위'를 그냥 멋져 보이게 표현하는 단어가 아니다. 카오스는 단기적으로는 예측 가능하다. 주사위를 굴릴 때는 지금 던져서 나온 값이 그다음 던졌을 때 나올 값에 대해 아무것도 말해주지 않는다. 지금 던져서 무엇이 나오든 그다음에 1, 2, 3, 4, 5, 6의 값이 나올 확률은 모두 동일하다. 물론 어떤 수가 더 잘 나오게 조작하지 않은 공정한 주사위라고 가정했을 때의 얘기다. 카오스는 다르다. 만약 카오스가 주사위였다면 패턴이 존재한다. 1이 나왔을 때는 그 뒤로는 2나 5만 나올 수 있다거나 2가 나왔을 때는 4나 6만 나올 수 있다는 식으로 말이다. 그다음 결과를 어느 정도 선에서 예측할 수 있다. 하지만 지금부터 5번이나 6번을 던진 후에 나올 값은 아무 값이든 될 수 있다. 더 먼 미래를 알려고 할수록 예측은 더 불확실해진다.

두 번째 프로젝트인 다이나콘DYNACON은 첫 번째 프로젝트에서 나왔다. 우리는 카오스의 단기 예측 가능성을 이용한 코일 성형기 제어가 가능할지도 모른다는 사실을 깨달았다. 만약 스프링을 생산하는 동안 그 길이를 어떻게든 측정해서 코일 성형기가 실제로 카오스적으로 작동하고 있다는 사실을 어떤 수치로 찾아낼 수 있다면 질 나쁜 스프링이 만들어지고 있다는 사실을 확인하고 기계를 조정해서 문제를 해결할 수 있을지도 모른다. 제조업체에서는 부정확한 스프링을 별개의 통으로 나누기 위해 제작 중인 스프링의 길이를 측정할 방법을 이미 찾아낸 상태였다. 하지만 우리는 그 이상을 원했다. 스프링을 만드는 동안에 질 나쁜 것을 골라내는 데 그치지 않고 아예 나쁜 스프링이 만들어지는 것을 멈추기를 원했다. 완벽히 막을 수는 없겠지만 적어도 대량의 철선을 낭비하는 일은 막고 싶었다.

대부분의 수학자는 정확성을 따진다. 어떤 수가 2와 같은지, 아닌지, 그 수가 소수의 집합에 속하는지, 아닌지 등. 하지만 현실 세계는 그보다 애매한 경우가 많다. 측정값이 2에 가깝기는 하지만 정확히 2는 아닐 수 있다. 더군다나 같은 양을 다시 측정해보면 그 값이 살짝 달라질 수도 있다. 어떤 수가 '거의 소수'일 수는 없지만 분명 '거의 정수'일 수는 있다. 1.99나 2.01 같은 수에 대해서는 이런 표현이 말이 된다. 1965년에 로트피 자데Lotfi Zadeh와 디터 클라우아Dieter Klaua는 이런 애매모호한 특징을 정확히 수학적으로 기술할 수 있는 방법을 각자 공식화했다. 이와 관련된 개념인 퍼지 논리fuzzy logic와 함께 묶어서 퍼지 집합 이론fuzzy set theory이라고 한다.

종래의 집합론에서는 수 같은 한 대상이 특정 집합에 속하면 속하는 거고 아니면 아닌 거다. 하지만 퍼지 집합 이론에서는 대상이 집합에 속하는 정도에 대한 정확한 측정치가 존재한다. 따라서 2라는 수가 집합에 절반만 속하거나 1/3만 속할 수 있다. 측정치가 1인 경우 그 수는 확실하게 그 집합에 속하고 0인 경우는 확실하게 속하지 않는다. 이 값이 0과 1만 나올 수 있는 경우가 종래의 집합론이다.

반면 0과 1 사이의 어떤 값이라도 가질 수 있다면 소속의 정도를 애매하게 표현해서 두 양극단 사이의 중간 지대를 함께 얻을 수 있다.

　일부 저명한 수학자들은 퍼지 집합 이론이 그저 가면을 쓴 확률론에 지나지 않는다거나 대부분 사람의 논리는 이미 충분히 애매모호하기 때문에 굳이 수학자들까지 똑같이 나설 필요가 없다고 주장하며 당장에 이런 개념을 묵살했다. 일부 학자들이 이 새로운 개념을 즉각적으로 묵살하고 나선 이유가 무엇인지 나로서는 당최 이해가 안 된다. 그렇게 반대할 합리적인 이유도 없었기 때문이다. 누군가 표준의 논리를 퍼지 논리로 대체하자고 주장한 것도 아니었다. 그저 무기고에 보관할 또 하나의 무기를 보탠 것뿐이었다. 얼핏 보면 퍼지 집합은 확률론과 비슷해 보이지만 규칙이 다르고 따라서 해석도 다르다. 어떤 수가 한 집합에 1/2의 확률로 속할 경우, 빈도론자 frequentist는 실험을 여러 번 반복하면 그 수의 절반 정도는 그 집합에 속하게 될 거라고 하고 베이지안주의자Bayesian는 그 수가 집합에 속할 신뢰도는 50%라고 말할 것이다. 하지만 퍼지 집합 이론에서는 확률의 요소가 존재하지 않는다. 그 수는 확실하게 집합에 소속되어 있다. 다만 거기에 소속된 정도가 1이 아닐 뿐이다. 그 소속의 정도는 정확하게 1/2이다. 퍼지 논리의 논리가 빈약하다는 비웃음에 대해서도 한마디하겠다. 퍼지 논리에는 정확한 규칙이 있고 그 논리를 이용하는 모든 논거는 그 규칙을 따랐는지 여부에 따라 옳으면 옳고 그르면 그르다. 아마도 애매모호하다는 의미의 '퍼지'라는 단어를 사용하는 바람에 사람들이 그 내용을 알아보지도 않고 퍼지 논리의 규칙이 정확하지 않아 엿장수 맘대로일 거라 추측하지 않았나 싶다. 전혀 그렇지 않다.

흙탕물을 흐려놓은 또 다른 쟁점도 있다. 퍼지 집합과 퍼지 논리가 수학에 기여하는 가치가 있느냐는 문제다. 장황한 형식 체계를 만들어놓아도 내용은 텅 빈 공식만 뒤죽박죽 뒤섞여 허세만 부리기 쉽다. 이런 것은 한마디로 '추상적인 난센스'다. 아마도 자테의 성과물을 그런 식으로 바라보고 싶은 유혹이 강했을 것이다. 특히나 그 기초적인 내용이 심오하거나 어려운 것도 아니었으니까 말이다. 길고 짧은 것은 대봐야 알지만 수학의 가치를 평가하는 방법은 몇 가지가 있다. 지적 심오함은 그중 하나일 뿐이다. 이 책과 다소 관련이 있는 또 다른 평가 방법으로 유용성이 있다. 아주 사소해 보이는 수학적 개념이 결국은 대단히 유용하다고 밝혀진 경우가 많다. 10진 표기법이 그런 경우다. 정말 기발하고 혁신적이어서 수학의 판도를 바꿔놓았지만 지적으로 심오한 개념은 아니었다. 어린아이도 이해할 수 있을 정도니까 말이다.

지적 심오함이라는 기준에서 보면 퍼지 논리와 퍼지 집합 이론은 실패한 경우다. 적어도 리만 가설이나 페르마의 마지막 정리와 비교해서는 그렇다. 하지만 이들은 대단히 유용하다고 밝혀졌다. 우리가 관찰하는 정보의 정확성을 전적으로 확신하지 못할 때 이 두 이론은 빛을 발한다. 퍼지 수학은 이제 언어학, 의사 결정, 데이터 분석, 생물 정보학bioinformatics 같은 다양한 분야에서 널리 사용하고 있다. 이 이론이 다른 대안들보다 잘 작동하면 쓰면 되고 잘 작동하지 않으면 그냥 무시하면 그만이다.

퍼지 집합 이론에 대해 자세히 설명하고 싶지는 않다. 퍼지 집합 이론을 이해하지 않아도 우리의 두 번째 프로젝트를 이해하는 데는 문제가 없다. 우리는 코일 성형기에서 질 나쁜 스프링이 만들어지려고 하는 순간을 예측하기 위해 몇 가지 방법을 시도하면서 그때그때 기계에서 필요한 부분을 조종해나갔다. 그런 방법 중 하나가 다카기 도마히로와 스게노 미치오라는 두 공학자의 이름을 딴 다카기-스게노 퍼지 식별자 모형Takagi–sugeno fuzzy identifier model이다.[58] 이 모형은 퍼지 수학의 정확한 형식을 따라 그 자체로 퍼지한 규칙 체계를 시행한다. 이 경우 규칙은 '현재 스프링의 길이를 측정한 값(필연적으로 퍼지할 수밖에 없다)이 X라면 Y를 해서 코일 성형기를 조정'하

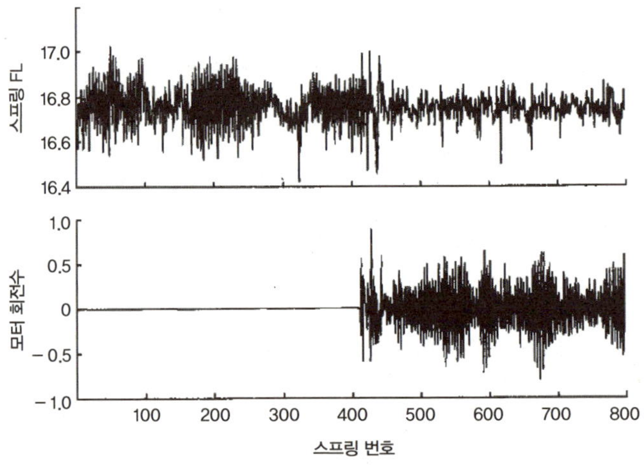

퍼지 자가 조정 제어기의 스위치를 켰을 때의 효과를 나타낸 그림이다. 스프링의 수는
왼쪽에서 오른쪽으로 간다. 위 그림은 측정한 스프링 길이이고 아래는 제어기의 활성도다.
활성도는 제어 모터의 회전수로 측정했다. 스프링 1~400번까지는 제어기가
작동하지 않았고 길이의 변동성이 높게 나타났다. 스프링 401~800번은 제어기를
켠 상태에서 코일을 감았고 변동성이 눈에 띄게 작아졌다.

는 형태를 취한다. 이 규칙은 철선의 다양한 재료적 특성이 야기한 교란, 기계의 마모 등에 대한 추정치와 함께 앞에서 이루어진 조정도 고려한다. 모든 데이터가 퍼지하기 때문에 당신이 취하는 행동도 퍼지하다. 수학적 형식mathematical formalism은 이런 부분에 자동으로 대처해서 코일 성형기를 그때그때 봐가며 즉석에서 조정한다.

이 스트립 금속 프로젝트를 위해 3가지 다른 제어 방식을 시도했다. 제일 먼저 다른 제어 시스템이 얼마나 효과적인지 판단할 기준선을 잡기 위해 제어 시스템 스위치를 끈 상태에서 기계를 돌렸다. 여기서 얻은 데이터는 수학 모형의 다양한 매개 변수를 추정하는 데도 도움이 됐다. 다음으로는 내장 제어기를 켜고 돌려봤다. 내장 제어기는 고정된 수학 공식을 이용해 한 코일에서 다음 코일로 넘어갈 때의 조정 변화를 예측한다. 그리고 마지막으로 퍼지 자가 조정 제어기를 사용했다. 이 제어기는 관찰된 스프링 길이에 따라 즉석에서 자신의 규칙을 미세하게 조정하며 작동했다. 이것을 탄소강 철선으로 해봤더니 스프링 길이가 얼마나 다양하게 나오는지 측정한 표준 편차가 제어기를 사용하지 않은 경우는 0.077, 내장 제어기로는 0.065, 퍼지 자가 조정 제어기로는 0.039가 나왔다. 따라서 퍼지 논리 방식이 제일 효과가 좋아서 변동성이 절반으로 줄어들었다.

* * *

수학의 또 다른 기본 원리는 일단 효과 있는 뭔가를 발견하면 그것을 죽기 살기로 사용한다. 가치가 입증된 개념이 있으면 관련은 있지만 환경은 다른 조건에서도 활용하는 경우가 많다. 역시나 다이나콘의 일부였던 세 번째 프로젝트는 다시 FRACMAT로 돌아갔지만, 스프링 제조와 비슷하지만 철선 대신 스트립 금속을 사용하는 산업에 맞추어 테스트 장비를 수정했다.

가정에서 이 스트립 금속 산업에서 나오는 제품을 안 쓰는 사람은 없다. 영국에서는 모든 전기 플러그에 구리 클립으로 고정한 퓨즈가 들어 있다. 이 클립들은 얇고 넓은 구리 스트립을 감은 대형 코일로 만든다. 기계가 대략 원형으로 배열된 일련의 도구들 사이로 스트립 금속을 공급한다. 이 도구들은 스트립 금속이 통과하는 중앙을 향하고 있다. 각각의 도구들은 스트립 금속을 특정 위치에서 특정 각도로 휘거나 구멍을 뚫거나 필요한 다른 작업을 수행한다. 그리고 마지막으로 절삭 도구가 마무리된 클립을 잘라내면 클립이 통 속으로 떨어진다. 일반적인 기계는 초당 10개 이상의 클립을 만들 수 있다.

이와 동일한 과정을 엄청나게 다양한 소형 금속 제품을 만드는 데 사용한다. 매달린 천장suspended ceiling을 받쳐주는 클립을 전문으로 제작하는 영국의 한 회사는 매일 수십만 개의 클립을 생산해낸다. 스프링 제조업체에서 철선이 코일로 잘 만들어질지 평가하는 데 어려움을 겪듯이 클립 제조업체에서는 주어진 스트립 금속 표본이 의도대로 잘 휘어질지 평가하는 데 어려움을 겪고 있다. 문제의 원천은 비슷하다. 스트립의 길이를 비롯해서 가소성 같은 다양한 금속의 성질 때문이다. 그래서 스트립 금속에도 슬라이딩창 재구성과 동일한 방법을 충분히 시도해볼 만했다.

하지만 스트립 금속을 억지로 코일로 만드는 것은 합리적인 방법이 아니었다. 금속의 모양이 쉽게 코일로 휠 수 있는 형태도 아니고 코일 만들기는 클립의 제작 방식과 별 상관관계도 없었다. 여기서의 핵심은 스트립이 특정 힘을 가했을 때 얼마나 휘어지느냐였다. 그래서 생각에 생각을 거듭한 후에 테스트 기계를 새로 설계해서 훨씬 간단한 것을 만들어냈다. 3개의 롤러 사이로 스트립 금속을 넣어서 가운데 롤러가 힘으로 그 금속을 휘게 만든다. 가운데 롤러를 단단한 스프링 위에서 움직일 수 있게 설치해서 그 아래로 스트립이 지나는 동안 얼마나 움직이는지 측정한다. 스트립이 휘어졌다가 다시 펴지는데 그만큼 휘는 데 필요한 힘을 측정할 수 있다. 스트립의 가소성이 길이에 따라 변화가 심하면 이 힘도 변화가 심하게 나올 것이다.

레이저 마이크로미터로 철선의 코일 간격을 불연속적으로 측정하는 대신 이번에는 힘을 연속적으로 측정하게 됐다. 이 기계는 또한 표면 마찰도 측정한다. 표면 마찰이 품질에 중요한 영향을 미친다는 사실이 밝혀졌기 때문이다. 하지만 데이터 분석은 거의 동일하다. 이 테스트 기계는 FRACMAT보다 작고 만들기도 쉬우며 보너스로 검사 방법 자체가 비파괴적이다. 스트립 금속이 초기 상태로 되돌아가기 때문에 원하면 제조에 사용할 수 있다.

* * *

우리는 무엇을 배웠을까?

아마도 우리가 철선과 스프링 산업계의 돈을 상당히 절약해주었을 것이다. 따라서 우리는 이런 종류의 수학적 데이터 분석이 돈으로 환산 가능한 가치가 있다는 사실을 배웠다. 어떤 면에서는 FRACMAT의 존재만으로도 철선 제조업체들은 생산 과정을 개선해야 할 필요성을 느끼게 됐고 이것이 다시 스프링 제조업체들에게 도움이 됐다. 이 테스트 기계는 아직도 사용하고 있다. 그리고 스프링 기술 연구소는 계속해서 수많은 소규모 업체를 대신해서 테스트를 진행하는 공유 자원으로서 그 역할을 다하고 있다.

우리는 수학적으로 아주 깔끔하고 정교한 카오스 동역학에서 발생하지 않은 데이터라 해도 슬라이딩창 재구성 방식이 유용하게 사용될 수 있다는 사실을 배웠다. 철선의 재료적 특성이 엄밀한 의미에서 카오스적으로 달라질까? 우리도 모른다. 몰라도 새로운 테스트 과정과 기계를 만드는 데 문제가 없다. 수학적 방법론은 애초에 발전하게 된 특정 맥락에 국한되지 않고 다른 맥락으로 이식이 가능하다.

우리는 유효하게 작동하던 방식을 새로운 맥락(제어)에 적용해보려고 하면 제대로 작동하지 않는 경우가 있다는 사실을 배웠다. 그럼 다른 방법(퍼지 논리)을 찾아봐야 한다.

때로는 이렇게 새로운 분야에 적용하는 것이 아주 잘 작동한다는 것도 배웠다. 어떤 면에서는 첫 번째 시도보다 더 나은 면도 있다. 스트립 금속에 사용한 기계는 철선에서도 작용하며 비파괴적이라는 장점이 있다.

무엇보다도 우리는 아주 다른 전문 분야의 사람들이 팀을 이루어 공동의 문제에 힘을 모으면 혼자서는 풀 수 없는 문제도 해결할 수 있다는 사실을 배웠다. 21세기에 접어들면서 사회적 문제에서 기술적 문제에 이르기까지 모든 수준에서 상호 작용하는 새로운 문제에 직면하고 있는 인류에게 이는 매우 중요한 교훈이다.

9

상처 없이 몸속 들여다보는 법

한 환자가 평생 처음으로 의사를 찾아갔다.
"여기 오시기 전에 누구한테 의학 상담을 받으셨습니까?"
"동네 약사요."
"그 멍청이가 어떤 바보 같은 조언을 해주던가요?"
"가서 의사 선생님을 만나보라고 하더군요."
– 작자 미상

저자가 이런 방정식에 도달하게 된 방식도 어렵기는 마찬가지입니다. 그리고 그 방정식을 통합하기 위한 저자의 분석에도 여전히 보편성과 엄격함이라는 면에서 아쉬운 점이 남아 있습니다.
– 조제프 푸리에, 1811년 파리 연구소 수학상 제출 보고서

요즘에는 병원에 내원하면 보통 스캔 촬영을 한다. 스캐너의 종류는 참 많다. 자기 공명 영상MRI, PET 스캔, 초음파 스캔 등. 어떤 것은 실시간으로 움직이는 영상을 보여주고 어떤 것은 컴퓨터로 재주를 부려서, 즉 수학을 이용해서 3차원 영상을 보여준다. 이 경이로운 기술의 가장 놀라운 특성은 우리 몸의 내부에서 일어나는 모습을 영상으로 보여준다는 점이다. 얼마 전까지만 해도 마법처럼 보였을 것이다. 지금 봐도 그렇다.

옛날에는(이 경우는 1895년 이전을 말한다) 의사들이 환자를 괴롭히는 질병을 조사하려면 자신의 감각에만 의존해야 했다. 몸을 촉진해서 내부 장기의 모양, 크기, 위치 등의 감을 잡거나 심장 박동 소리를 들어보고 맥박을 손으로 느껴보기도 했다. 그리고 체온을 재보고 체액의 냄새, 질감, 맛을 느껴보기도 했다. 하지만 인체 내부가 어떻게 생겼는지 알아낼 방법은 직접 열어보는 것 말고는 없었다. 종교 당국에서 해부를 금지해서 그조차 불가능한 경우도 있었다. 의학적 목적은 아니지만 전쟁터에서는 그와 비슷한 일이 아주 흔하게 일어나는데도 말이다. 종교 당국에서 의학적 해부는 금지하면서 자기네와 종교적 신념이 다른 사람에게는 그런 종류의 해부를 승인하는 경우가 많았다.

그러다 1895년 12월 22일에 새로운 시대가 도래한다. 독일의 물리학 교수 빌헬름 뢴트겐Wilhelm Röntgen이 아내의 손을 손가락뼈가 보이는 영상으로 촬영한 것이다. 당시 사실상 모든 사진이 그랬듯이 이 영상도 흑백이었고 영상도 다소 번져 보였지만 살아 있는 인체 내부를 볼 수 있는 능력은 전례가 없었다. 뢴트겐의 아내는 별로 감흥이 없었다. 자기 골격의 일부가 찍힌 사진을 보고 "내 죽음을 봤네요"라고 말했다.

뢴트겐의 발견은 순전히 우연이었다. 1785년에 윌리엄 모건William Morgan이라는 보험계리사가 부분 진공 상태인 유리관 속으로 전류를 통과시키는 실험을 진행했다. 그 결과 어두운 곳에서는 잘 보이는 희미한 빛이 만들어졌고 그는 그 결과를 런던 왕립 학회에서 발표했다. 1869년 즈음 이제는 유행이 된 방전관discharge tube

에서 실험을 하던 물리학자들은 음극선cathode ray이라는 새로운 유형의 이상한 방사선을 발견했다. 방전관의 음극에서 방출되기 때문에 음극선이라고 불렀다. 1893년에는 물리학 교수였던 페르난도 샌포드Fernando Sanford가 '전기 사진술electric photography'에 관한 글을 발표했다. 그는 관 한쪽 끝에 얇은 알루미늄박을 대고 그 안에 구멍을 뚫었다. 그리고 전류 스위치를 켜자 희미한 빛을 만들어냈던 그것이 구멍을 통과하고 사진 건판을 때려 그 구멍의 모양을 그 위에 재현했다. 그의 발견은 언론에 실렸고 〈샌프란시스코 이그재미너 San Francisco Examiner〉에는 "렌즈도 빛도 없이 어둠 속에서 사진 건

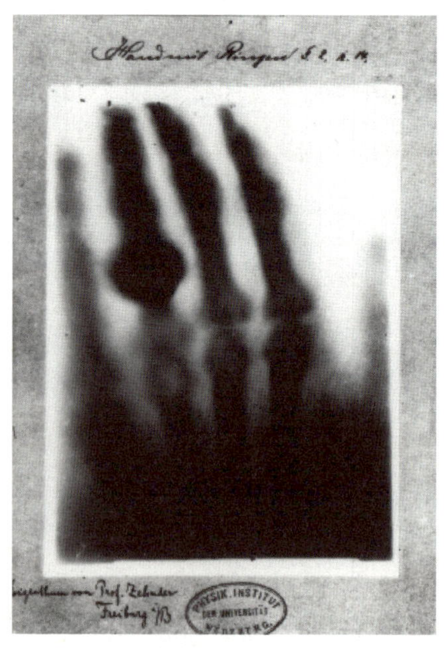

뢴트겐이 아내의 손을 찍은 X선 사진

판과 물체만으로 사진을 찍다"라는 헤드라인이 올라왔다. 이 뉴스는 매력적이면서도 혼란스러웠고 아무 쓸모도 없는 내용 같았지만 물리학자들은 흥미를 느꼈다. 그리고 왜 그런 일이 일어났는지 이해하려 노력했다.

뢴트겐은 그 이상한 불빛이 빛과 비슷하지만 눈에는 보이지 않는 일종의 방사선이라는 사실을 깨달았다. 그는 이 방사선을 X선X-ray이라 명명했다. 당시에는 본성을 알지 못할 때 'X'로 지칭하는 것이 유행이었기 때문이다. 연구 노트가 남아 있지 않아 확신할 수는 없지만 뢴트겐은 이 방사선이 골판지를 통과한다는 사실을 우연히 발견했다고 한다. 그러자 이 방사선이 또 무엇을 통과할 수 있을지 바로 궁금해졌다. 사진상에서 구멍의 형태가 나타나는 것으로 보아 얇은 알루미늄박은 통과하지 못했다. 책은? 통과했다. 과학 논문은? 통과했다. 아내의 손은? 통과했다. X선은 살아 있는 인체를 들여다볼 수 있는 창을 제공해주었다. 이는 역사상 유례가 없는 일이었다. 뢴트겐은 X선의 의학적 잠재력을 바로 알아봤고 언론도 재빨리 그 내용을 발표했다. 1896년에는 학술지 〈사이언스Science〉에 X선에 관한 논문이 23편 실렸다. 그리고 그해에 1,000편이 넘는 과학 문헌에서 이 주제를 다뤘다.

얼마 안 가서 X선이 당장 눈에 보이는 문제를 일으키지는 않지만 반복적으로, 혹은 장시간 X선에 노출되면 피부 화상을 입거나 탈모가 생긴다는 사실이 밝혀졌다. 한 예로 존 다니엘John Daniel이 머리에 총상을 입은 아이를 밴더빌트대학교 연구실로 데려가 노출 시간을 1시간으로 해서 X선 촬영을 했다. 3주 후에 존 다니엘은 X선 촬영을 한 아이의 머리에서 부분 탈모가 일어난 것을 발견했다. 이런 증거에도 많은 의사가 X선의 안전을 확신했고 그런 손상은 자외선 노출이나 오존 때문이라 생각했다. 그러다 1905년에 미국의 방사선 촬영 기사 엘리자베스 플리쉬만Elizabeth Fleischmann이 X선 합병증으로 사망했다. 그 후로도 X선을 의학적으로 계속 사용했지만 사용에 신중해졌고 더 좋은 사진 건판을 사용해서 노출 시간을 줄였다. 요즘에는 X선이 아무리 유용할지라도 총방사선량을 절대 최소치로 유지해야 한다는 사실을 잘 알고 있다. 여기까지 오는 데는 시간이 걸렸다. 내가 약 열 살쯤이었던 1950년대에 X선 장치를 갖춘 신발 가게에서 신발을 신고 X선 사진을 찍어 신발이 발의 형태와 얼마나 잘 맞는지 봤던 기억이 난다.

X선 사진은 몇 가지 결함이 있었다. 이 사진은 흑백이었다. X선이 통과하지 못한 곳은 검게, 통과하는 곳은 하얗게 나오고 그 중간은 회색 음영으로 나타났다. 하지만 그 반대로 나오게 하는 경우가 더 흔했다. 네거티브 사진으로 만드는 것이 더 간단했기 때문이다. 뼈는 명확하게 나타났지만 연조직은 대체로 잘 보이지 않았다. 하지만 가장 심각한 문제는 영상이 2차원이라는 점이었다. X선 영상은 사실상 X선 광원과 사진 건판 사이에 있는 모든 기관의 이미지를 중첩시켜 내부 배치를 평면화한다. 물론 방향을 달리해서 X선을 더 촬영할 수도 있지만 그렇게 얻은 결과를 해석하려면 경험과 기술이 필요했고 추가 촬영을 하면 방사선 노출량이 증가했다.

인체의 내부를 3차원으로 촬영할 수 있다면 정말 좋지 않을까?

                              * * *

공교롭게도 수학자들이 그 문제에 관한 근본적인 발견을 이미 한 상태였다. 그 발견에 따르면 2차원의 평면 영상을 서로 다른 방향에서 여러 장 촬영하면 그 영상에 촬영된 대상의 3차원 구조를 연역해낼 수 있었다. 하지만 이런 발견이 X선과 의학에서 동기를 부여받아서 나온 것은 아니었다. 이것은 원래 파동과 열 흐름에 관한 문제를 해결하기 위해 발명된 방법의 후속작이었다.

이 이야기에는 거물급 스타들이 총출동한다. 그중에는 갈릴레오도 있다. 갈릴레오는 사면을 따라 공을 굴려서 그 공이 주어진 시간 후에 이동한 거리를 살펴보면 단순한 수학적 패턴이 드러난다는 것을 관찰했다. 행성의 운동에서 심오한 패턴을 발견한 뉴턴도 등장한다. 뉴턴은 힘으로 움직이는 물체들의 운동을 나타내는 수학 방정식으로부터 양쪽 패턴을 연역해냈다. 자신의 기념비적 저서인 《자연철학의 수학적 원리Philosophiae Naturalis Principia Mathematica》에서 뉴턴은 고전 기하학을 이용해서 자신의 개념을 설명하는 쪽을 택했지만 '가장 깨끗한' 수학적 공식화는 그의 또 다른 발견인 미적분학에서 나왔다. 이 미적분학은 고트프리트 라이프니츠도 독립적으로 발견한 바 있다. 그렇게 재해석하고 난 후에 뉴턴은 자연의 근본 법칙을 미분 방정식으로 표현할 수 있다는 사실을 깨달았다. 미분 방정식은 중요한 특성이 시간의 흐름 속에서 어떤 속도로 변하는지에 관한 방정식이다. 그래서 속도는 위치가 변화하는 속도이고 가속도는 속도가 변화하는 속도다.

갈릴레오의 패턴은 가속으로 표현할 때 가장 간단하다. 구르는 공이 일정한 가속도로 움직인다고 표현할 수 있다. 따라서 공의 속도는 일정한 속도로 증가한다. 즉, 선형적으로 커진다. 공의 위치는 일정하게 증가하는 속도에서 나온다. 이는 공이 시간 0의 정지 상태에서 움직이기 시작하면 그 위치가 경과 시간의 제곱에 비례한다는 의미다. 뉴턴은 이 개념을 중력이 거리의 제곱에 반비례해서 작용한다는 또 다른 간단한 법칙과 결합해서 행성이 타원 궤도로 움직인다는 사실을 연역했다. 이로써 앞서 요하네스 케플러Johannes Kepler가 경험적으로 연역한 내용을 설명할 수 있게 됐다.

유럽 대륙의 수학자들은 이 발견을 기회 삼아 미분 방정식을 다양한 물리 현상에 적용했다. 그랬더니 물의 파도와 음파는 파동 방정식의 지배를 받는 반면, 전기와 자기도 중력 방정식처럼 자체적인 방정식을 갖고 있었다. 이 방정식 중에는 편미분 방정식이 많았다. 이것은 공간 속의 변화 속도를 시간상의 변화 속도와 연관 짓는다. 1812년에 프랑스 학사원에서 그해에는 열 흐름 문제를 해결하는 사람에게 상이 돌아갈 거라고 공표했다. 뜨거운 물체는 냉각된다. 그리고 그 열은 그 열을 전도하는 물질을 따라 이동한다. 냄비에 요리를 할 때 그 금속 손잡이가 뜨거워지는 이유도 그 때문이다. 프랑스 학사원에서는 이런 일이 어떻게 일어나는지 설명할 수학적 기술을 원했고 그 기술은 편미분 방정식의 형태를 띨 것으로 보였다. 열의 분포는 시간과 공간을 따라 변화하기 때문이다.

조제프 푸리에Joseph Fourier는 1807년에 프랑스 학사원에 열의 흐름에 관한 논문을 보냈지만 학사원에서 출판을 거절했다. 새로운 도전에 영감을 받은 푸리에는 열의 흐름을 설명할 편미분 방정식을 개발해서 상을 받았다. 그의 '열 방정식'이 수학의 형태를 빌어 진술하는 바에 따르면 주어진 위치에서 열은 공간의 인접 영역으로 퍼져 나가면서 시간의 흐름에 따라 변화한다. 종이에 떨어진 잉크 방울이 번지는 것처럼 말이다.

푸리에가 간단한 경우부터 시작해서 자신의 방정식을 풀려고 시도하자 골칫거리가 시작됐다. 금속 막대기의 열 문제였다. 그는 초기 열 분포가 삼각법의 사인 곡선이나 코사인 곡선과 비슷하면 간단한 해가 존재한다는 사실을 알아차렸다. 그리고 이어서 수많은 사인 곡선과 코사인 곡선을 한데 결합하면 더 복잡한 초기 열 분포 문제도 다룰 수 있다는 사실을 알아차렸다. 심지어 각각의 항이 정확히 얼마나 기여하는지 기술하는 미적분 공식까지 발견했다. 초기 열 분포 공식에 관련된 사인이나 코사인을 곱해서 적분하면 됐다. 이리하여 그는 과감한 주장을 내놓는다. 지금은 푸리에 급수Fourier series라고 부르는 공식인데 그는 이 공식으로 초기 열 분포에 관한 모든 문제를 풀 수 있다고 했다. 특히 사각파처럼 불연속적인 열 분포에서도 작동한다고 주장했다. 사각파는 막대기의 절반을 따라서는 한 온도가 일정하게 유지되고 나머지 절반을 따라서는 다른 온도가 일정하게 유지되는 경우를 말한다.

이 주장으로 그는 수십 년 동안 이어져오던 논쟁의 한가운데로 빨려들어갔다. 같은 주제가 파동 방정식에 관한 오일러와 베르누이Bernoulli의 연구에서 이미 동일한 적분 공식으로 등장한 상태였다. 이 공식에서는 이상화된 바이올린 줄을 표준의 사례로 삼았기 때문

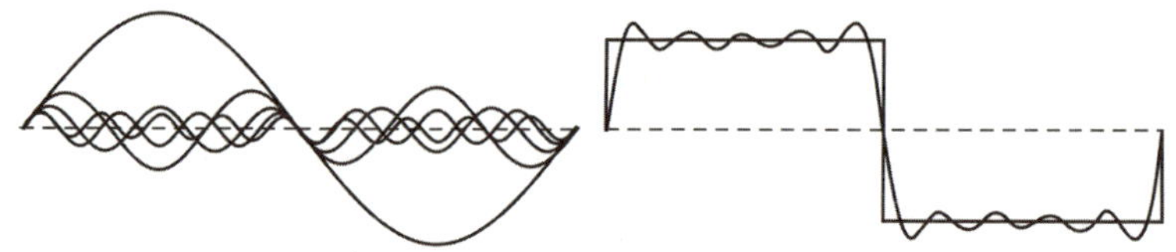

사인과 코사인으로 사각파를 얻는 방법이다. 왼쪽은 사인파 형태의 성분파이고
오른쪽은 푸리에 급수 첫 다섯 항을 더하면 사각파의 근사치가 나오는 모습이다.
항을 추가하면(그림에는 나오지 않음) 근사치가 개선된다.

에 줄을 불연속적으로 만들어서는 진동을 시작시킬 수 없었다. 줄이 그냥 끊어진다. 따라서 물리학적인 직관으로는 불연속적인 함수를 표현하는 데 문제가 있을지도 모른다는 생각이 들 수밖에 없었다. 수학적 직관으로도 삼각 급수trigonometric series의 수렴 여부 때문에 우려가 커졌다. 즉, 과연 무한히 많은 사인파 형태를 합한다는 것이 말이 되는지, 말이 된다면 과연 합쳐져서 불연속적인 사각파를 만들어낼지, 아니면 다른 어떤 것을 만들어낼지 의문이 들었다.

비난하려는 생각은 아니지만 푸리에는 물리학자처럼 생각하고 그를 비판하는 사람들은 수학자처럼 생각한 것도 문제였다. 물리학적으로는 사각파가 열의 모형으로 말이 된다. 금속 막대기는 하나의 선으로 이상화되어 있다. 오일러와 베르누이가 바이올린 줄을 이상화한 방식도 이랬다. 만약 열이 이 선의 절반을 따라서 균일하게 분포되다가 나머지 절반이 더 차가운 온도로 시작된다면 사각파가 자연스러운 모형이 되었다.

양쪽 모형 모두 실재를 표상하기에는 완전히 적절하지 못하지만 당시의 수학에서는 점질량point mass, 완전 탄성 충돌perfectly elastic collision, 무한히 얇은 완전 강체 막대기infinitely thin perfectly rigid rod 같은 이상화된 물체를 주로 다루었다. 사각파가 여기 어울리지 못할 이유는 없었다. 더군다나 수학적으로 보면 푸리에의 해는 불연속성이 확산을 통해 즉각적으로 매끄러워져 가파르지만 연속적인 곡선이 되어 천천히 편평해진다고 예측했다. 이것은 물리학적으로 말이 되고 수학적 불연속성도 제거해줬다. 하지만 안타깝게도 이런 논거는 너무 불분명해서 수학자들을 설득하지 못했다. 수학자들은 무한급수가 너무 미묘해서 문제를 잘 일으킨다는 사실을 알았기 때문이다. 결국 프랑스 학사원의 관료들은 타협을 보았다. 상은 푸리에에게 수여하되 그의 연구 논문은 출판하지 않기로 했다.

푸리에는 이에 굴하지 않고 자신의 연구를 1822년에 〈열 분석 이론Théorie analytique de la chaleur〉에 발표했다. 그러고 나서 모두를 정말 짜증나게 만드는 일을 했다. 프랑스 학사원의 비서관 자리에 오르자마자 상을 받았던 원래의 연구 논문을 전혀 수정하지 않고 학사원의 학술지 〈투셰이Touché〉에 발표한 것이다.

푸리에의 주장으로 뜨거워진 수학적 논쟁을 해소하는 데는 한 세기 정도가 걸렸다. 전체적으로 보면 여러 가지 면에서 푸리에의 주장이 옳았지만 몇 가지 중요한 부분에서는 그가 틀렸다. 그의 방법론은 불연속 부분에서 정확히 무슨 일이 일어나는지에 관해서 조금 수정만 해주면 사각파에서 실제로 작동했다. 하지만 더 복잡한 초기 분포에서는 분명 작동하지 않았다. 수학자들이 집합론으로 가장 잘 표현되는 위상 수학적 개념과 함께 더 보편적인 적분 개념을 개발한 이후에야 이 부분을 완벽하게 이해할 수 있게 됐다.

푸리에가 대체 무엇을 하는 것인지 마침내 수학계에서 알아내기 오래전에 이미 공학자들은 그 기본 개념을 포착해서 자기 것으로 만들어냈다. 그들은 푸리에 연구의 본질은 수학적 변환mathematical transform이라는 사실을 깨달았다. 지금은 이것을 푸리에 변환Fourier transform이라고 부른다. 이 변환을 이용하면 시간에 따라 변화하는 복잡한 신호를 진동수가 다른 단순한 신호들의 조합으로 재해석할 수 있다. 푸리에의 적분 공식은 관점을 시간의 영역에서 진동수의 영역으로 바꾸었다가 다시 원래대로 바꾸는 법을 말해준다. 놀랍게도 원래대로 바꿀 때도 거의 비슷한 공식을 사용한다. 이는 두 표현 사이에 '이중성duality'이 성립한다는 의미다.

이 이중성이 의미하는 바는 변환을 거꾸로 뒤집어서 원래의 신호가 만들어내는 진동수로부터 그 원래 신호를 회복할 수 있다는 것이다. 마치 동전을 앞면에서 뒷면으로 뒤집었다가 다시 앞면으로 뒤집는 것과 비슷하다. 공학에서 이 과정의 장점은 시간 영역에서는 감지하기 어려운 일부 특성이 진동수 영역에서는 명확해진다는 점이다. 그 반대도 마찬가지다. 따라서 동일한 데이터를 아주 다른 2가지 방법으로 분석할 수 있다. 이 두 방법은 각각 다른 방법이 놓치고 있는 특정한 속성을 드러내준다.

예를 들어 지진이 났을 때 키 큰 건물이 나타내는 반응을 보면 시간 영역에서는 무작위적, 카오스적으로 보인다. 하지만 진동수 영역으로 보면 특정 진동수에서 큰 스파이크가 몇 개 보일 수 있다. 이것은 건물이 지진에 격렬하게 반응을 보인 공명 진동수를 나타낸다. 지진이 났을 때 무너지지 않는 빌딩을 설계하려면 그 특정 진동수를 억누를 필요가 있다. 일부 건물에서 사용한 실용적인 해법에서는 건물을 토대까지 통째로 측면으로 움직일 수 있는 콘크리트 베이스 위에 올려서 지지해놓았다. 큰 무게추나 스프링을 부착하면 이 측면 운동을 누그러뜨릴 수 있다.

또 다른 적용 분야는 프랜시스 크릭Francis Crick과 제임스 왓슨 James Watson의 DNA 구조 발견으로 거슬러 올라간다. 이들이 옳았 다는 사실을 확인해준 핵심적인 증거는 DNA 결정의 X선 회절 사진 이었다. 이 기술은 X선 빔을 결정에 통과시키는데 그러면 결정에 X 선이 휘어지고 산란한다. 이런 행동을 회절diffraction이라고 한다. 파 동은 로렌스 브래그Lawrence Bragg와 윌리엄 브래그William Bragg의 회절 법칙에 따라 특정 각도로 무리를 짓는 경향이 있는데 사진에 서는 복잡하게 기하학적으로 배열된 점으로 나타난다. 이 회절 무늬 는 본질적으로 DNA 분자 속 원자들의 위치를 일종의 푸리에 변환 한 것이다. 이것을 역변환하면(이것은 복잡한 컴퓨터 계산이다. 그때에 비 하면 지금이 훨씬 쉬워졌다) 분자의 형태를 연역할 수 있다. 그럼 앞서 말 했듯이 원래의 형태에서는 알아보기 어려웠던 구조적 특성이 변환을 통해 분명하게 드러난다. 이 경우 크릭과 왓슨은 다른 X선 회절 사진 을 본 적이 있었기 때문에 역변환을 굳이 계산해보지 않고도 바로 알 아낼 수 있었다. DNA 분자는 일종의 나선 구조였다. 다른 개념을 통 해 이 통찰을 개선해서 결국에는 그 유명한 이중 나선 구조를 발견했 고, 이는 훗날 푸리에 변환을 통해 확실히 증명되었다.

이것은 푸리에 변환과 그 사촌 격인 수많은 변환을 실용적으로 응 용한 여러 사례 중 2가지일 뿐이다. 다른 응용 분야로는 라디오 수신, 오래된 LP판이 긁혀서 생기는 잡음 제거, 잠수함에서 사용하는 초음파 시스템의 성능과 감도 개선, 설계 단계에서 자동차의 바람직하지 못한 진동 제거 등이 있다.

여러분도 보면 알겠지만 그중 열의 흐름과 관련된 것은 아무것도 없다. 터무니없는 효용성의 사례다. 원래 연구를 시작했을 때는 문제에 대한 물리적 해석이 큰 영향을 미쳤겠지만 이제는 중요하지 않다. 중요한 것은 그 수학적 구조다. 구조가 같거나 비슷하면 어떤 문제라도 동일한 방법론을 적용할 수 있다. 스캐너도 여기서 등장한다.

수학자들도 푸리에 변환에 흥미를 느끼고 이것을 함수의 언어로 재구성했다. 함수란 '제곱하라', '세제곱근을 취하라' 등 한 수를 다른 수로 전환하는 수학적 규칙을 말한다. 다항식 함수, 제곱근 함수, 지수 함수, 로그 함수, 삼각 함수 사인, 코사인, 탄젠트 등 전통적인 함수 모두 여기에 해당하지만 공식으로 표현되지 않는 더 복잡한 '규칙'도 있을 수 있다. 예를 들면 푸리에에게 큰 고민을 안겼던 사각파가 그런 경우다.

이런 관점에서 보면 푸리에 변환은 한 유형의 함수(원래의 신호)를 취한 후에 그것을 다른 유형의 또 다른 함수(진동수 목록)로 변환한다. 역변환도 존재한다. 이것은 첫 번째 변환의 효과를 되돌리는 역할을 한다. 역변환도 변환 자체와 거의 동일하다는 이중성의 측면은 아주 우아한 보너스다. 여기서의 올바른 맥락은 구체적 특성을 가진 함수의 공간, 즉 함수 공간function space이다. 양자론에서 사용하는 힐베르트 공간(6장)은 함수 공간이다. 여기서는 함수의 값이 복소수이고 그 수학이 푸리에 변환의 수학과 긴밀하게 연관되어 있다.

연구에 종사하는 수학자들은 모두 아주 강한 반사 작용을 보였다. 누군가가 놀랍거나 유용한 특성을 가진 새로운 개념을 생각해내면 이들은 다른 환경에서 동일한 기법을 이용할 수 있는 그와 비슷한 다른 개념이 있지 않을까 하고 반사적으로 궁금해했다. 푸리에 변환과 비슷한 다른 변환이 존재할까? 다른 이중성이? 순수 수학자들은 자기만의 추상적이고 보편적인 방식으로 그런 의문을 좇는 반면, 응용 수학자와 공학자나 물리학자는 이 모든 것을 어떻게 써먹을 수 있을까 궁금해한다. 이 경우 푸리에의 기발한 비결은 변환과 이중성이라는 분야 전체에 시동을 걸었다. 그리고 오늘날까지도 이 분야는 개척이 끝나지 않았다.

* * *

이렇게 푸리에의 테마를 변형한 것 중에 현대 의학 스캐너로 들어가는 문을 열어젖힌 것이 있다. 이것을 발명한 사람은 요한 라돈 Johann Radon이다. 그는 1887년에 오스트리아-헝가리 제국의 한 지역인 보헤미아 테첸에서 태어났다. 현재 이 지역은 체코공화국의 데친에 해당한다. 그는 어느 모로 보나 사람들에게 상냥하고 매력적이었으며 조용하고 학자적인 사람이었다. 부끄러움을 많이 타지도 않아서 사람들과 어울리는 데도 아무 문제가 없었다. 많은 학자나 교수들처럼 그도 음악을 사랑했고 라디오와 텔레비전이 등장하기 전까지만 해도 사람들은 집에 모여 서로에게 연주를 들려주며 즐겼다. 라돈은 바이올린을 곧잘 연주했고 노래 솜씨도 훌륭했다. 한 사람의 수학자로서 그는 처음에는 자신의 박사 학위 주제인 변분법calculus of variations을 연구했다. 그래서 자연스럽게 함수 해석학이라는 급성장하는 신생 분야에 빠져들었다. 스테판 바나흐Stefan Banach가 이끄는 폴란드 수학자들이 처음 시작한 이 분야는 고전적 해석의 핵심 개념을 무한 차원 함수 공간이라는 측면에서 재해석했다.

해석학의 초기 시절에는 수학자들이 함수의 도함수, 함수의 변화 속도, 함수의 적분, 그래프 아래쪽 면적 등을 계산하는 데 초점을 맞췄다. 그러다 학문이 발전하면서 관심의 초점이 미분과 적분 연산의 일반적 속성이 무엇인지, 함수의 조합에서 이런 것들이 어떻게 행동하는지에 맞추어졌다. 함수 2개를 더하면 그 적분은 어떻게 될까? 함수의 특별한 특성이 전면에 등장했다. 함수가 연속적인가(튀는 곳이 없나)? 미분 가능한가(매끄럽게 변화하는가)? 적분 가능한가(면적이란 의미가 통하는가)? 이런 속성들은 서로 어떻게 관련되어 있는가? 함수의 수열, 혹은 무한급수의 합에 극한을 취하면 이 모든 것이 어떻게 작동하는가?

바나흐와 그 동료들은 더욱 보편적인 이 주제를 '범함수functional'라는 용어로 공식화했다. 함수가 수를 또 다른 수로 바꾸듯, 범함수는 함수를 수나 다른 함수로 바꿔놓았다. 그 예가 적분과 미분이다. 폴란드 수학자와 다른 수학자들이 발견한 중요한 비법이 하나 있었다. 수의 함수에 관한 정리들을 가져다가 함수의 범함수에 관한 정리로 바꾸는 것이다. 그 결과로 나온 진술은 참일 수도 있고 거짓일 수도 있다. 이 중 어떤 일이 일어나는지 찾아내는 것이 재미다. 함수에 관한 평범해 보이는 정리들이 범함수에 관한 훨씬 깊은 정리로 바뀌지만 동일하게 간단한 증명 과정이 적용될 때가 많다 보니 이 개념은 추진력을 얻었다. 또 다른 비법은 사인과 로그 등의 복잡한 공식을 어떻게 적분할지에 관한 기술적인 문제는 모두 무시하고 기초적인 내용을 다시 생각해보는 것이었다. 해석에서는 무엇이 중요할까? 두 수가 얼마나 가까운지가 해석의 가장 기본적인 특성으로 밝혀졌다. 이것은 두 수의 차이로 측정되며 어느 순서로든 이 차이는 양의 값이 된다. 입력한 수의 차이가 작을 때 그 출력되는 수의 차이도 작으면 그 함수는 연속적이다. 함수의 도함수를 찾으려면 변수의 값을 조금 키워서 그 작은 양에 비례해서 함수가 어떻게 변하는지 살펴본다. 수준을 다음 단계로 높여서 범함수로 비슷한 게임을 하려면 두 함수가 서로 가깝다는 의미가 무엇인지 정의할 필요가 있다. 이것을 하는 방법은 여러 가지가 있다. 어느 주어진 지점에서 그 값 사이의 차이를 살펴보고 모든 점에 대해 그 값을 작게 만들 수 있다. 그리고 그 차이의 적분을 작게 만들 수도 있다. 각각의 선택은 특정 속성을 가진 모든 함수를 포함하고 자체적인 거리 함수metric 혹은 놈norm을 갖춘 서로 다른 '함수 공간'으로 이어진다. 수 및 함수에 비유하자면 함수 공간은 실수나 복소수의 집합 역할을 하고 범함수는 한 함수 공간에 있는 함수를 또 다른 함수 공간의 함수로 바꾸는 규칙이 된다. 푸리에 변환은 범함수 중에서도 특히나 중요한 사례다. 이것은 함수를 그 함수의 푸리에 계수Fourier coefficient 수열로 바꿔준다. 그리고 역변환은 반대로 수의 수열을 함수로 바꿔준다.

이런 관점에서 보면 고전적 해석의 많은 부분이 갑자기 함수 해석의 사례로 잘 맞아떨어지게 된다. 하나나 몇 개의 실수 혹은 복소수 변수를 갖는 함수는 다소 단순한 공간에 있는 다소 단순한 범함수로 생각할 수 있다. 그런 수의 수열로 형성된 실수 집합, 복소수 집합, 혹은 무한 차원 벡터 공간으로 말이다. 변수를 3개 갖는 함수는 그저 실수의 모든 트리플의 공간 위에서 정의되는 (범)함수일 뿐이다. '적분' 같은 더 난해한 범함수는 '관련된 두 함숫값의 차이의 제곱을 적분하라'라는 거리 함수로 3차원 공간에서 실수까지 모든 연속 함수의 공간 위에서 정의된다. 가장 큰 차이는 공간에 있다. 실수와 3차원 공간은 유한 차원이지만 모든 연속 함수의 공간은 무한 차원이다. 함수 해석은 일반적인 해석과 아주 비슷하다. 다만 무한 차원 공간에서 수행될 뿐이다.

이 시기에 이루어진 또 다른 주요 혁신도 이 설정과 깔끔하게 맞아떨어진다. 앙리 르베그Henri Lebesgue가 측도론measure theory이라는 이름 아래 도입한 새롭고 더 보편적이며 더 다루기 쉬운 적분 이론이다. 측도measure는 면적이나 부피 같은 양으로, 어느 공간 속 점의 집합에 수를 부여한다. 새로운 반전이라면 이 집합이 극단적으로 복잡할 수 있다는 점이다. 일부 집합은 너무 복잡해서 르베그의 측도 개념조차 적용이 안 되기는 하지만 말이다.

라돈의 학위 주제였던 변분법에서는 수가 아니라 최적의 속성을 가진 함수를 발견하는 문제라고 생각될 때는 '범함수'라고 외친다. 따라서 라돈이 고전적인 변분법에서 함수 해석학으로 갈라져 나온 것은 자연스러운 단계였다. 그는 큰 영향을 미쳤고 측도론과 함수 해석학에서 몇몇 중요한 개념과 정리는 그의 이름을 따서 짓기도 했다.

그중 하나가 라돈 변환Radon transform으로 1917년에 라돈이 우연히 발견했다. 함수 해석학의 관점에서 보면 이것은 푸리에 변환과 가까운 수학적 사촌이다. 평면 위의 이미지에서 시작해서 다양한 회색 음영을 가진 영역으로 구성된 흑백 사진을 생각해보자. 이 음영을 0(검정색)에서 1(하얀색) 사이의 실수로 표상할 수 있다. 이 이미지를 어느 방향으로든 납작하게 눌러서 밝은 영역과 어두운 영역을 표상하는 수들을 모두 더해 그 이미지의 투사projection를 얻을 수 있다. 라돈 변환은 모든 방향에서 이 납작하게 눌린 모든 투사를 포착한다. 정말 중요한 개념은 역변환이다. 이를 통해 이 투사로부터 원래의 이미지를 재구성할 수 있다.

내가 알기로 라돈은 이 변환을 순수하게 수학적 이유 때문에 연구했다. 변환에 대해 발표한 그의 논문을 보면 응용에 대해서는 어떤 언급도 없었다. 그나마 응용에 제일 가까운 것이라면 수리 물리학, 구체적으로는 전기, 자기, 중력의 공통 기반인 퍼텐셜 이론potential theory과의 관계를 잠시 언급한 것이다. 라돈은 수학 그리고 가능한 한 일반화에 초점을 맞춘 것으로 보인다. 나중에 이루어진 연구에서 그는 이것을 3차원으로 확장해서 조사했다. 이 경우에는 공간 속 밝음과 어두움의 분포를 모든 가능한 평면으로 납작하게 누른다. 그리고 그 연산에서 재구성 공식을 찾아냈다. 나중에는 다른 수학자들이 더 높은 차원으로 일반화하는 방법을 찾아냈다. 라돈이 X선을 봤더라면 자극을 받았을 것이다. X선은 인체 내의 장기와 뼈의 분포에 대해 정확히 이런 투사를 수행해서 '밝음'과 '어두움'을 X선에 대한 투명도의 차이로 해석하기 때문이다. 하지만 그의 발견을 실제 장치에 응용하는 데는 한 세기가 걸렸다. 인체의 내부를 살펴볼 수 있는

X선 장치의 능력은 그때나 지금이나 거의 기적처럼 보인다.

＊ ＊ ＊

요즘에 CTComputed Tomography 스캐너라고 흔히 부르는 CATComputer Assisted Tomography 스캐너는 X선을 이용해서 인체 내부의 3차원 영상을 만들어낸다. 이 영상은 컴퓨터 안에 저장되어 있어 적절히 조작하면 뼈와 근육을 볼 수 있고 암의 위치도 파악할 수 있다. 초음파 같은 다른 종류의 스캐너도 폭넓게 사용하고 있다. 스캐너는 몸을 열어보지도 않고 어떻게 그 안에 들어 있는 것을 찾을 수 있을까? X선이 연조직은 쉽게 통과하는 반면 뼈같이 단단한 물체는 X선에 불투명하다는 사실을 다들 알고 있다. 하지만 X선 이미지는 고정된 방향에서 바라보면 조직의 평균 밀도만을 보여준다. 이것을 어떻게 3차원 영상으로 변환할 수 있을까? 라돈은 자신이 그 문제를 해결했다는 말로 논문을 시작했다.

변수 x, y를 가진 함수, 즉 평면 위의 점 함수 f(P)를 적분할 때 임의의 직선 g를 따라 적절한 정칙 조건regularity condition에 대입하면 적분값 F(g)라는 선 함수를 얻는다. 이 논문의 A부에서 해결한 문제는 이 선형 함수 변환의 역이다. 즉, 다음과 같은 질문의 답을 얻었다. 적절한 정칙 조건을 만족하는 모든 선 함수를 이런 식으로 구성할 수 있다고 여길 수 있는가? 만약 그렇다면 f는 F로부터 고유하게 알려지는가? 그리고 f는 어떻게 계산할 수 있는가?

그가 해답으로 내놓은 라돈 역변환inverse Radon transform은 조직
의 내부 배치, 더 정확히 표현하면 모든 방향에서 나온 투사의 전체
집합에서 X선에 대한 불투명도를 재구성하는 공식이다.

이것의 작동 방식을 이해하려면 먼저 인체를 한 번 스캔(투사)해서
무엇이 보이는지 기술해야 한다. 이런 스캔은 인체를 관통하는 2차
원 슬라이스 한 장으로 촬영한다. 그림을 보면 X선에 대한 불투명도
가 서로 다른 내부 장기 몇 개가 들어 있는 인체의 슬라이스를 통과
하는 평행한 X선 빔을 도해로 보여주고 있다. 이 빔이 이런 장기들
을 통과하면서 반대편으로 빠져나오는 X선의 강도가 달라진다. 빔
이 통과한 장기가 불투명할수록 빔의 강도도 낮아진다. 빔의 위치에
따라 그 강도가 달라지는 모습을 관찰해서 그래프로 그릴 수 있다.

사실상 이런 식으로 영상을 1장 촬영하면 인체 내부의 회색 음영
분포를 빔의 방향을 따라 납작하게 눌러버린다. 엄밀하게 말하면 그
방향의 분포를 투사한 것이다. 이런 종류의 투사 1장으로는 기관이
어떻게 배열되어 있는지 당연히 정확히 알 수 없다. 예를 들어 그림

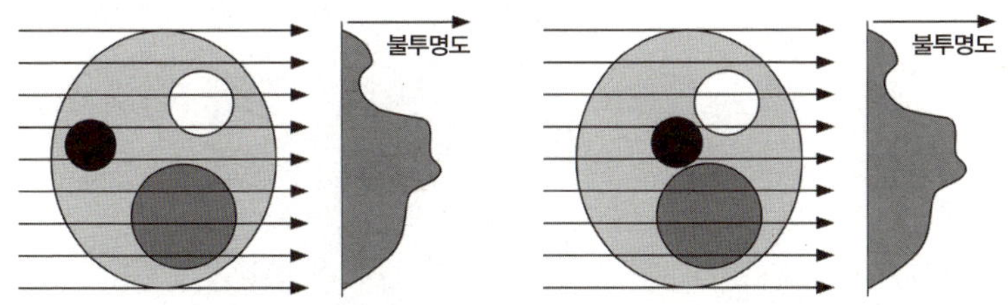

어두운 영역일수록 불투명도도 높아진다. 왼쪽은 인체의 한 단면을 한쪽 방향에서
스캔하면 그 방향에서만 관찰한 X선의 불투명도 그래프가 나오는 모습이다.
오른쪽은 내부의 배열이 달라졌는데도 동일한 그래프가 나온 모습이다.

에 나와 있는 검은 장기를 빔의 방향으로 움직이면 투사되어 나온 영상에 변화가 없다. 하지만 그 수직 방향에서 또 다른 스캔을 촬영해보면 검은 원반의 위치 변화가 그 불투명도 그래프에서 가시적인 효과를 나타낸다. 직관적으로 봐도 기존의 스캔과 각도를 조금씩 회전하면서 일련의 스캔 영상을 촬영하여 수많은 방향에서 인체를 투사해보면 기관과 조직의 공간적 위치에 대해 더 많은 정보를 얻을 수 있다. 하지만 그 정보만으로 장기의 위치를 정확히 알아낼 수 있을까?

라돈은 가능한 모든 방향에서 인체의 슬라이스를 바라봤을 때의 불투명도 그래프를 알고 있다면 조직과 기관의 2차원 회색 음영 분포를 정확하게 연역할 수 있다는 사실을 증명했다. 사실 역투영backprojection이라는 아주 간단한 방법이 있다. 이 방법은 회색 음영 분포를 투사 방향을 따라 펴서 문지르되 균일하게 문지른다. 그럼 회색 띠로 채워진 정사각형 영역을 얻는다. 그래프 값이 높을수록 해당 띠의 색깔도 짙어진다. 띠를 따라 회색을 균일하게 펴 바른 이유는

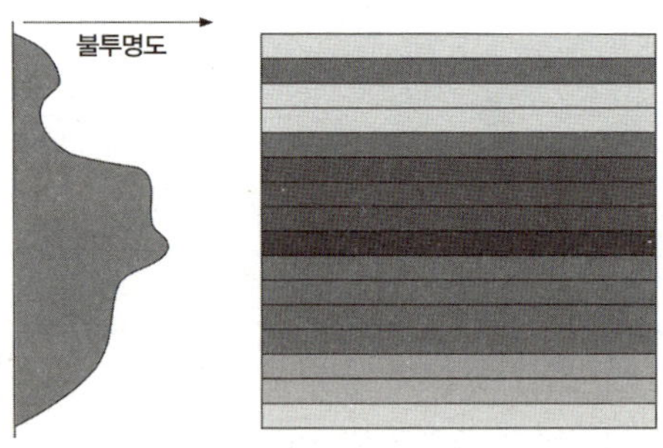

불투명도 그래프를 X선 빔의 방향과 나란한 일련의 회색 음영 띠로 바꾸었다.

특정 장기가 어디에 있는지 투사만 가지고는 알 수 없기 때문이다.

　원래 갖고 있던 일련의 스캔에 대해 모든 방향에서 이런 작업을 할 수 있다. 라돈의 역변환 공식에 따르면 띠로 채운 이 이미지들을 모두 그에 대응하는 각도로 기울여 중첩시킨 다음, 각각의 점에서 해당 회색 음영 값을 모두 더하면 내부 장기의 원래 배치 상태를 재구성할 수 있다. 다음 그림은 원래의 형태가 정사각형일 때 어떻게 작동하는지 보여준다. 5개와 100개의 서로 다른 방향에서 얻은 역투사를 이용해서 재구성할 수 있다. 각도를 더 많이 사용할수록 나오는 결과의 질도 좋다.

　일단 슬라이스 1장에서 조직들의 분포를 재구성하고 나면 슬라이스 평면의 수직 방향으로 짧은 거리를 이동한 다음 같은 과정을 반복한다. 이런 식으로 개념상 몸 전체를 슬라이스 식빵처럼 잘라본 상태가 될 때까지 진행한다. 그런 다음에는 컴퓨터로 이 슬라이스 영상을 쌓아올리면 조직의 3차원 분포를 완벽하게 기술할 수 있다. 일련의 2차원 슬라이스로부터 3차원 구조를 감지하는 방법을 단층촬영tomography이라고 하고, 이것은 곤충이나 식물 같은 견고한 대

왼쪽은 정사각형, 가운데는 5방향에서 역투사, 오른쪽은 100방향에서 역투사한 모습이다.

상의 내부를 보기 위해 현미경 학자들이 오랫동안 사용해온 방법이다. 기본적인 기술은 대상을 왁스에 묻은 다음 마이크로톰microtome이라는 소형 절편기 같은 장치로 아주 얇은 슬라이스로 잘라낸다. CT 스캐너도 이와 똑같은 개념을 사용한다. 다만 슬라이스를 X선과 수학적 비법을 이용해서 얻는다는 점이 다르다.

이렇게 하고 난 후에는 일반적인 수학 기법을 이용해서 3차원 데이터를 후처리해서 온갖 관련 정보를 얻을 수 있다. 완전히 다른 슬라이스를 만들어 조직의 형태를 관찰할 수도 있고 특정 유형의 조직만 볼 수도 있으며 근육, 장기, 뼈에 색을 입혀서 볼 수도 있다. 원하는 어떤 방식으로도 사용할 수 있다. 여기서 주로 사용하는 도구는 표준의 이미지 처리 방법이며 궁극적으로 3차원 좌표 기하학에 의존한다.

실제로는 그렇게 간단하지 않다. 스캐너 장치는 연속적인 방향에서 무한히 많은 스캔을 촬영하지 않고 촘촘하지만 불연속적인 방향에서 유한한 수의 스캔을 촬영한다. 이렇게 하려면 수학을 변형해줘야 한다. 불연속적인 시점 각도를 사용해서 생기는 인위적 영상을 피하려면 데이터를 걸러주는 것이 도움이 된다. 하지만 기본적인 부분은 최초의 스캐너가 발명되기 50년 전에 라돈이 연구한 내용과 정확히 일치한다. 영국의 전기 공학자 고드프리 하운스필드Godfrey Hounsfield가 1971년에 실제로 작동하는 최초의 스캐너를 만들었다. 거기에 필요한 이론은 1956~1957년에 남아프리카공화국 출신의 미국 물리학자 앨런 코맥Allan Cormack이 알아냈다. 그는 이 내용을 1963~1964년에 발표했다. 당시에 그는 라돈의 연구 결과를 알지 못했기 때문에 필요한 내용을 스스로 연구해서 알아냈다. 하지만 나중에 라돈의 논문을 우연히 알게 됐고 라돈의 이론은 더 보편적이었다. 하운스필드와 코맥은 CAT의 발명으로 1979년에 노벨 생리의학상을 수상했다. 그 기계의 가격은 300달러였다. 현재 나와 있는 상업용 CT 스캐너는 150만 달러 정도 한다.

스캐너를 의학 분야에서만 사용하지는 않았다. 요즘에는 이집트 연구 학자들도 미라의 붕대를 벗기지 않고 그 안에 무엇이 들어 있는지 알아낼 때 스캐너를 일상적으로 사용한다. 골격과 남아 있는 내부 장기를 조사하고 골절이나 다양한 질병의 흔적뿐 아니라 종교적 부적 같은 것을 어디에 숨겨놓았는지도 찾아낼 수 있다. 박물관에서 터치스크린으로 가상 미라를 전시하는 경우가 많다. 관람객은 터치스크린을 조작해서 화면 속에서 뼈만 남을 때까지 붕대, 그다음에는 피부, 그다음에는 근육을 벗겨낼 수 있다. 이 모든 것은 3차원 기하학, 이미지 처리 기술, 그래픽 디스플레이 방식 등 컴퓨터로 구현한 수학 덕분에 가능하다.

다른 종류의 스캐너도 많다. 음파를 이용하는 초음파 스캐너, 몸속에 주입한 방사성 물질이 방출하는 아원자 입자를 검출하는 PET 스캐너(양전자 방출 단층 촬영법), 원자핵에서 나타나는 자기 효과를 감지하는 자기 공명 영상 등. 자기 공명 영상은 한때 핵 자기 공명Nuclear Magnetic Resonance, NMR이라 불렸다. 하지만 사람들이 '핵'이라는 말에서 핵폭탄이나 핵 발전소 같은 이미지를 떠올릴까 봐 광고 회사에서 이름을 바꿨다. 이처럼 각각의 스캐너는 자기만의 수학 이야기를 갖고 있다.

JPG의 마법

카메라가 해야 할 일은 딱 하나, 사진 만들기를 방해하지 않는 것이다.
– 켄 록웰, 〈카메라는 중요하지 않다〉

인류는 매년 인터넷에 1조 장 정도의 사진을 올린다. 이런 사진을 보면 다른 사람들이 과연 나의 휴가 셀카, 새로 태어난 아기, 혹은 이름을 나열하기도 힘든 온갖 것을 그렇게 열심히 찾아보려고 할지 의문이 든다. 사진 찍는 것은 아주 간편하고 쉽다. 사람들의 전화기가 이제는 카메라다. 카메라의 설계와 제조에는 엄청난 수학이 동원된다. 고해상도 초소형 렌즈는 기술이 낳은 기적이다. 여기에는 휘어진 고체가 만들어낸 빛의 굴절에 대한 아주 정교한 수리 물리학이 들어간다. 이 장에서는 오늘날의 사진술 중 딱 한 측면에만 초점을 맞추려 한다. 이미지 압축image compression이다. 단독 제품이든 폰에 들어간 제품이든 디지털카메라는 대단히 정교한 이미지를 2진 파일로 저장한다. 메모리 카드는 실제로 저장할 수 있는 양보다 더 많은 정보를 저장하는 것 같다. 그렇다면 어떻게 작은 컴퓨터 파일에 그렇게 많은 고해상도 사진을 저장할 수 있을까?

사진 이미지에는 쓸데없이 중복된 정보가 굉장히 많이 들어 있는데 이런 정보는 해상도를 떨어뜨리지 않고도 제거할 수 있다. 수학적 기법을 이용하면 신중하게 구성된 체계적인 방식으로 이런 일을 할 수 있다. 최근까지만 해도 가장 흔히 사용하는 파일 포맷이었고 현재도 널리 쓰이는 JPEG 파일 형식은 별개의 수학적 변환 5개를 연이어 수행하는 방식으로 작동한다. 여기에 관여하는 수학은 이산 푸리에 변환discrete Fourier analysis, 대수학, 부호 이론coding theory이다. 이런 변환 과정은 카메라의 소프트웨어에 이미 내장되어 있기 때문에 이미지를 메모리 카드에 쓰기 전에 데이터를 압축한다.

물론 로우 데이터RAW data를 원한다면 예외다. 로우 데이터는 사실상 카메라가 실제로 받아들인 가공하지 않은 데이터다. 메모리 카드 용량이 엄청나게 빠른 속도로 성장하고 있기 때문에 파일 압축이 더는 필수적인 요소가 아니다. 하지만 그렇게 하면 32MB의 이미지 파일을 다뤄야 한다. 기존에는 그 1/10 정도의 파일 용량이면 족했는데 말이다. 그리고 이미지를 클라우드에 업로드하는 시간도 길어진다. 이런 번거로움이 과연 가치 있는 일인지는 당신이 하는 일이 무엇인지, 그 사진을 어디에 쓸지에 따라 달라진다. 당신이 전문 사진작가라면 아마도 당신에게 필수적인 부분이 될 것이다. 하지만 나처럼 여행 다니면서 스냅 사진만 찍고 다닌다면 2MB의 JPEG파일로도 아주 멋진 호랑이 사진을 찍을 수 있다.

이미지 압축은 그보다 더 보편적 주제인 데이터 압축에서 가장 큰 부분을 차지하며 기술의 막대한 발전에도 여전히 대단히 중요한 영역으로 남아 있다. 차세대 인터넷의 속도가 10배 빨라지고 용량이 훨씬 커질 때마다 어떤 천재가 나타나 전보다 훨씬 많은 데이터를 필요로 하는 새로운 데이터 포맷을 발명하면(예를 들면 초고해상도 3차원 동영상 같은), 다시 원점으로 돌아간다.

때로는 신호 채널에서 가능한 모든 용량을 쥐어짜내는 것 말고는 다른 선택이 없을 때도 있다. 2004년 1월 4일 화성에서는 하늘에서 뭔가가 떨어져 땅에 부딪혀 튀어 올랐다. 사실 화성 탐사 로버 A, 혹은 스피릿은 버블랩 같은 팽창식 풍선으로 둘러싸인 상태에서 27번이나 튕겼다. 최첨단 착륙 방식이었다. 스피릿호는 전반적인 상태를 점검하고 다양한 초기화 절차를 거친 후에 화성의 표면을 탐사하기 시작했고, 얼마 안 가 곧 다른 탐사 로봇인 오퍼튜니티호가 합류했다. 이 두 탐사 로봇은 큰 성공을 거두어 막대한 양의 데이터를 보내왔다. 당시 수학자 필립 데이비스Philip Davis는 이 미션이 수학에 어마어마하게 의존하고 있지만 대중은 그런 부분을 거의 인식하지 못한다고 지적했다. 알고 보니 일반 대중만 그런 것이 아니었다. 2007년에 덴마크의 수학 대학원생 우페 얀크비스트Uffe jankvist와 비욘 톨보드Bjørn Toldbod가 취재를 위해 패서디나에 있는 제트 추진 연구소를 방문했다. 화성 탐사 로봇 프로그램의 숨은 수학을 알아보려는 취재였다. 하지만 돌아온 답은 이랬다.

"저희는 그런 것은 하지 않습니다. 추상 대수학, 군론group theory 같은 것은 사실 하지 않아요."

걱정스러운 대답이라 그 덴마크 학생 중 한 명이 물었다.

"그래도 채널 부호화channel coding는 사용하시죠?"

"거기에 추상 대수학을 사용하나요?"

"리드 솔로몬 부호Reed-Solomon code가 갈루아체Galois field를 기반으로 하죠."

"그건 몰랐네요."

사실 나사NASA의 우주 탐사 미션에서는 데이터를 압축하고 전송하는 과정에서 필연적으로 생길 수밖에 없는 오류를 수정할 수 있게 부호화하는 아주 고급 수학을 이용하고 있다. 발신기가 지구에서 10억 km 정도 떨어져 있는데 전구 하나 정도의 전력밖에 없을 때는 그래야 한다(마르스 오디세이Mars Odyssey나 마르스 글로벌Mars Global 같은 화성 궤도 선회 우주선을 통해 데이터를 중계하는 것도 조금 도움이 된다). 공학자들은 대부분 이런 것까지 알 필요는 없고 실제로 알지도 못한다. 대중들은 공학자들이 그런 수학을 다 알 거라 생각하지만 오해다.

* * *

이메일이든, 사진이든, 동영상이든, 테일러 스위프트Taylo Swift의 앨범이든 컴퓨터에 들어 있는 모든 것은 0과 1로 이루어진 2진수의 스트림으로 메모리에 저장된다. 8비트가 1바이트를 이루고 1,048,576바이트가 1메가바이트MB를 이룬다. 전형적인 저해상도 사진이 대략 2MB를 차지한다. 모든 디지털 데이터가 이런 형태를 취하지만 응용 프로그램에 따라 서로 다른 포맷을 사용하기 때문에 데이터의 의미는 응용 프로그램이 무엇이냐에 달려 있다. 각각의 데이터 유형에는 수학적 구조가 숨어 있고 파일의 크기보다는 처리의 편리성이 더 중요할 때가 많다. 데이터 포맷이 편리해지면 실제 정보의 내용이 필요한 것보다 더 많은 비트를 사용해서 중복된 데이터가 생길 수 있다. 이런 경우 데이터 압축을 이용하면 중복을 제거할 수 있는 기회가 생긴다.

영어에는 중복redundancy이 많다. 그 증거로 이 장에서 맨 앞에 소개했던 문구를 가져다가 다섯 번째마다 나오는 문자를 지워보자.

카메라가 해야 할 일은 딱 하나, _진 만들기_ 방해하_ 않는 _이다.

글자를 지웠지만 무슨 말인지 어렵지 않게 알아들을 수 있을 것이다. 지운 후에 남은 정보만으로도 원래의 문장 전체를 재구성하기에 충분하다.

그래도 내가 출판사에게 다섯 번째 글자마다 모두 지워서 잉크를 절약하자고 설득하지 않는 편이 독자들이 이 책을 읽기에는 훨씬 편할 것이다. 글이 적절하게 적혀 있어야 뇌가 처리하기 쉽다. 뇌는 그렇게 하도록 학습되어 있기 때문이다. 하지만 어떤 어플리케이션을 이용해서 데이터를 직접 처리하는 것이 아니라 다른 누군가에게 비트 문자열을 전송하고 싶을 때는 0과 1의 수열을 짧게 만들수록 더 효율적이다. 정보 이론의 초창기에 클로드 섀넌 같은 선구자들은 이런 중복을 이용하면 신호를 더 적은 비트로 부호화하는 것이 가능하다는 사실을 깨달았다. 사실 그는 중복의 양이 주어졌을 때 부호를 이용해서 신호를 얼마나 더 짧게 만들 수 있는지 말해주는 공식을 증명하기도 했다.

중복이 반드시 있어야 한다. 중복이 없는 메시지는 정보 손실 없이 압축하기가 불가능하기 때문이다. 이 증명은 간단하게 셈을 하는 논거를 이용했다. 예를 들어 1001110101처럼 10비트 길이의 메시지에 관심이 있다고 해보자. 이런 비트 문자열이 정확히 1,024개가 있다. 10비트의 데이터를 8비트 문자열로 압축하고 싶다고 해보자. 그런 문자열은 정확히 256개가 있다. 그럼 압축된 문자열보다 4배나 많은 문자열을 갖는 게 된다. 10비트 문자열마다 8비트 문자열을 일일이 할당해서 서로 다른 10비트 문자열이 서로 다른 8비트 문자열과 연결되게 만들 방법은 없다. 만약 모든 10비트 문자열이 동일한 확률로 나타날 수 있다면 이런 한계를 우회할 방법은 없다. 하지만 일부 10비트 문자열은 아주 흔히 나타나고 일부 문자열은 아주 드물게 나타난다면, 제일 흔한 메시지는 짧은 문자열(예를 들면 6비트)에 할당하고 흔하지 않은 메시지는 그보다 긴 문자열(예를 들면 12비트)에 할당하는 부호를 선택할 수 있다. 12비트 문자열은 수가 많기 때문에 부족할 일은 없다. 이 문자열이 발생할 때마다 길이가 2비트씩 길어지지만 흔한 메시지가 생길 때마다는 4비트씩 줄어든다. 확률을 적절히 선택하면 추가되는 비트보다 제거되는 비트가 더 많아진다.

이런 기법을 중심으로 부호 이론이라는 수학의 분야 하나가 통째로 생겨났다. 이것은 일반적으로 내가 방금 윤곽을 설명한 것보다 훨씬 복잡하고 미묘하게 작동한다. 그리고 보통은 추상 대수학의 특성을 이용해서 부호를 정의한다. 당연한 얘기다. 5장에서 봤듯이 부호와 암호는 결국 수학적 함수이고 정수론의 함수들이 특히나 유용하기 때문이다. 암호에서는 보안이 목적이었던 반면, 부호에서는 데이터 압축이 목적이다. 하지만 동일한 원리가 적용된다. 대수학에서 중요한 것은 결국 구조이고 그 점은 중복에서도 마찬가지다.

데이터 압축과 이미지 압축은 중복을 이용해서 특정 유형의 데이터 크기를 줄이는 부호를 만들어낸다. 압축 방식이 '무손실 압축 lossless'일 때도 있다. 이 경우 압축 버전을 이용하여 원래의 정보를 정확하게 재구성할 수 있다. 일부 데이터가 손실되는 방식도 있다. 이 경우는 원래 데이터의 근사치로만 재구성할 수 있다. 만약 은행 잔고 데이터에 이런 일이 생긴다면 불행한 일이 되겠지만 이미지의 경우에는 그다지 문제가 되지 않는다. 사람의 눈으로 보기에 근사치 이미지가 원본 이미지와 비슷하게 보이도록 설정하는 것이 요령이다. 그럼 정보가 비가역적으로 손실되어도 애초에 문제가 되지 않는다.

실세계의 이미지들은 대부분 중복적이다. 휴가 때 찍은 사진을 보면 파란 하늘이 큰 덩어리로 들어가 있는 경우가 많다. 이 덩어리는 거의 비슷한 파란 색조를 띠고 있기 때문에 같은 수를 담고 있는 직사각형의 픽셀 덩어리를 잡아서 양쪽 대각선의 좌표 두 쌍과 '이 영역의 색깔은 파란색이다'라는 의미의 짧은 부호로 대체할 수 있다. 이런 방식은 무손실 압축에 해당한다. 실제로 이런 방법을 사용하지는 않지만 어째서 무손실 압축이 가능한지 이해할 수 있다.

* * *

나는 사람이 좀 구식이다. 그래서 민망하게도 10년 정도 된 낡은 카메라 기술을 이용하고 있다. 그래도 가끔은 내 폰을 카메라로 사용할 정도로 최신 기술에 능숙한 편이다. 하지만 폰 카메라는 리플렉스 카메라로 나오지는 않기 때문에 인도 국립 공원에 호랑이 사파리를 가는 등 굵직굵직한 휴가 여행에는 소형 디지털카메라를 가지고 다닌다. 소형 디지털카메라로 촬영하면 IMG_0209.JPG 같은 이름의 이미지 파일이 만들어진다. JPG 식별자는 그 파일 포맷이 JPEG라는 사실을 말해준다. JPEG는 '공동 영상 전문가 그룹Joint Photographic Experts Group'의 약자이고 데이터 압축 시스템이 무엇인지 말해준다. JPEG는 산업 표준이지만 여러 해에 걸쳐 진화해왔고 현재는 기술적으로 다른 몇 가지 형식으로 나와 있다.

JPEG 포맷[59]은 최소 5가지의 단계를 차례로 이용한다. 이 단계들은 대부분 기존의 단계를 거쳐온 데이터(첫 번째 단계에서는 원래의 로우 데이터)를 압축한다. 나머지 단계는 추가적인 압축을 위해 데이터를 재부호화한다. 디지털 이미지는 픽셀이라는 수백만 개의 작은 정사각형으로 구성되어 있다. 이 픽셀이 그림의 기본 요소다. 카메라 로우 데이터는 각각의 픽셀에 색과 밝기를 나타내는 비트 문자열을 할당한다. 이 2가지 양은 빨강, 초록, 파랑이라는 빛의 삼원색 비율을 통해 동시에 표상된다. 삼원색 3가지의 비율이 모두 낮으면 창백하고 밝은색이 나오고 높으면 어두운 색이 나온다. 이 수는 사람 뇌의 이미지 지각 방식에 더 잘 대응하는 3가지 수로 전환된다. 첫 번째는 휘도luminance로, 전체적인 밝기를 나타낸다. 이 값은 검은색에서 점점 밝아지는 회색을 거쳐 하얀색까지 걸쳐 있는 수로 측정된다. 여기서 색 정보를 완전히 제거해버리면 구식의 흑백 이미지만 남을 것이다. 흑백이라고 하지만 사실은 다양한 회색 음영으로 이루어진 이미지다. 나머지 2가지는 색차chrominance라고 하며 각각 이 값과 파란색의 양, 이 값과 빨간색의 양 사이의 차이를 낸다.

기호로 표현하면, R = 빨강, G = 초록, B = 파랑일 때 R, G, B의 초기값이 휘도 R+G+B와 2개의 색차 (R+G+B)−B = R+G와 (R+G+B)−R = G+B로 대체된다. R+G+B, R+G, G+B를 알고 있다면 R, G, B를 계산할 수 있다. 따라서 이 단계는 무손실 과정이다.

2단계는 무손실 과정이 아니다. 이 단계에서는 해상도를 거칠게 하여 색차 데이터를 더 작은 값으로 깎는다. 이 단계만 거쳐도 데이터 파일의 크기가 절반으로 줄어든다. 이래도 별 문제가 안 되는 이유는 카메라가 보는 것과 비교하면 인간의 시각은 밝기에 더 민감하고 색의 차이에는 조금 둔감하기 때문이다.

3단계는 가장 수학적인 단계다. 여기서는 9장에서 의학 스캐너와 관련해서 만나본 푸리에 변환의 디지털 버전을 이용해서 휘도 정보를 압축한다. 거기서는 신호를 진동수 요소로, 혹은 그 역으로 전환하는 원래의 푸리에 변환을 수정해서 회색 음영 이미지의 투사를 표현하게 만들었다. 이번에는 회색 음영 이미지 자체를 표현하되, 간단한 디지털 포맷으로 표현한다. 이미지를 작은 8×8의 픽셀 블록으로 쪼개서 각각의 픽셀에 하나씩 64개의 가능한 휘도 값이 존재하게 만든다. 푸리에 변환의 디지털 버전인 이산 코사인 변환discrete cosine transform이 이 8×8 회색 음영 이미지를 64개 표준 이미지의 멀티플의 중첩으로 표상한다. 이 멀티플들은 해당 이미지의 진폭이다. 이 이미지들은 줄무늬와 다양한 넓이의 체커판처럼 보인다. 이런 식으로 어떤 8×8 픽셀 블록이라도 취할 수 있기 때문에 이 단계역시 무손실 과정이다. 블록 위의 좌표 안에서 이 표준 블록들은 다양한 정수 m과 n에 대해 cos mx cos ny의 이산 버전discrete version이다(여기서 x는 수평으로, y는 수직으로 움직이며 양쪽 모두 0에서 7까지의 값을 갖는다).

이산 푸리에 변환이 무손실이라도 의미가 없지는 않다. 그 덕에 4단계가 가능하기 때문이다. 이 단계 역시 사람의 시각이 민감하지 않다는 사실에 의존하며 이런 특징이 중복을 만들어내기 때문이다. 이미지의 넓은 영역에서 밝기나 색이 변화하면 우리는 알아차릴 수 있

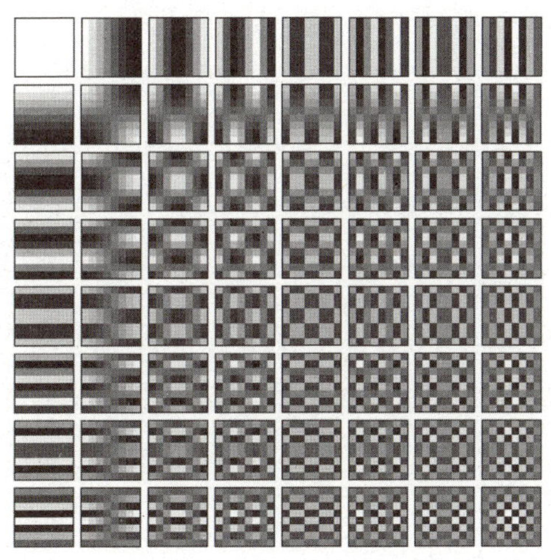

이산 코사인 변환의 64개 기본 패턴

다. 반면 작은 영역 안에서만 변화하면 시각 시스템이 이를 부드럽게 처리해서 우리는 그 평균 색깔만 본다. 우리가 프린터로 출력한 이미지를 알아볼 수 있는 이유도 그 때문이다. 출력물을 가까이 들여다보면 하얀 배경의 종이 위에 검은색 점 패턴으로 회색을 나타내더라도 출력한 이미지를 이해할 수 있다. 인간의 시각이 이런 특성을 갖고 있기 때문에 아주 섬세하게 줄이 그어진 무늬는 덜 중요하다. 따라서 그 진폭을 덜 정확하게 기록하는 것이 가능하다.

5단계는 기술적 '허프만 부호Huffman code'라는 기술적 트릭으로 64개 기본 패턴의 진폭을 더 효율적으로 기록한다. 데이비드 허프만 David Huffman은 아직 학생 신분이었던 1951년에 이 방법을 발명했다. 그는 최적 효율의 2진 부호에 대한 학기말 리포트를 써야 했지만 기존의 어떤 부호도 최적이라는 사실을 증명할 수 없었다. 그러다 막 포기하려는데 새로운 방법이 생각났고 그 방법이 최고의 방법이라는 사실을 증명했다. 문제를 대략 설명하면 2진 문자열을 이용해서 기호의 집합을 부호화한 다음, 그것을 사전으로 이용해서 메시지를 부호화 형태로 전환했다. 이때 반드시 부호화된 메시지의 총길이를 최소화해서 진행해야 한다.

예를 들어 기호가 알파벳 글자일 수 있다. 알파벳은 26개가 있으므로 그냥 5비트 문자열을 할당할 수 있다. A = 00001, B = 00010 등으로 말이다. 5비트가 필요한 이유는 4비트로는 16가지 문자열밖에 나오지 않기 때문이다. 하지만 5비트를 사용하는 것은 비효율적이다. Z처럼 잘 등장하지 않는 글자도 E처럼 흔히 등장하는 글자와 같은 양의 비트를 사용하기 때문이다. 그렇다면 E에는 0이나 1처럼 짧은 문자열을 할당하고 잘 등장하지 않는 글자일수록 점진적으로 긴 문자열을 할당하는 것이 낫다. 하지만 이렇게 하면 부호 문자열의 길이가 서로 달라지기 때문에 문자열을 어디서 잘라서 읽어야 할지 수신자에게 알려줄 추가적인 정보가 필요하다. 이것은 부호 문자열 앞에 나오는 접두 부호prefix를 인식하면 가능하지만 부호에는 접두 부호가 없어야 한다. 어떤 부호 문자열도 어느 더 긴 부호 문자열 앞에 나오지 않는다. 그랬다가는 부호 코드가 어디서 끝나는지 알 수 없을 것이다. 이제 Z같이 드물게 나오는 글자는 더 많은 비트가 필요하지만 자주 등장하는 글자가 아니기 때문에 E에 할당된 더 짧은 문자열이 그 이상으로 보상해준다. 그래서 전형적인 메시지의 경우 전체적 길이가 더 짧아진다.

허프만 부호는 '트리tree'를 만들어 이 목적을 달성한다. 트리란 닫힌 루프closed loop가 없는 일종의 그래프로 컴퓨터 과학 분야에서 아주 흔하다. 각각의 판단이 기존의 판단에 좌우되는 전체적인 예/아니오 판단 전략을 표현하기 때문이다. 트리의 리프leaf들은 A, B, C, … 등의 기호이고 각각의 리프에서 2개의 가지가 뻗어 나온다. 이 것은 0과 1의 두 비트에 대응한다. 각각의 리프에는 가중치라는 수가 표시된다. 이 수는 해당 기호가 얼마나 자주 등장하는지 말해준다. 트리는 출현 빈도가 제일 낮은 리프 2개를 하나의 새로운 '모mother' 리프로 합쳐 그 둘은 그 밑에 '딸' 리프로 내리는 식으로 단계적으로 구성된다. 모 리프에 부여되는 가중치는 두 딸 리프의 가중치를 더한 값이다. 이런 식으로 모든 기호가 합쳐질 때까지 이 과정을 되풀이한다. 그런 다음 한 기호에 대한 부호 문자열을 그 기호

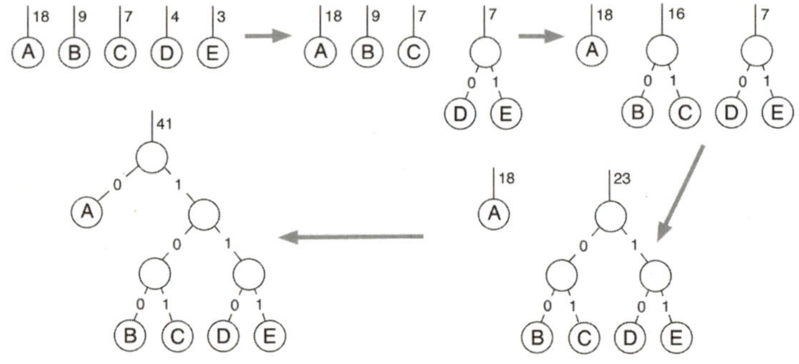

호프만 부호 만들기

까지 이어지는 경로에서 읽어낸다.

예를 들어 그림을 보면 왼쪽 위 그림에 A, B, C, D, E라는 기호와 18, 9, 7, 4, 3이라는 수가 보인다. 이 수는 각각의 기호가 얼마나 자주 흔히 등장하는지 말해준다. 등장 빈도가 제일 적은 기호 2개는 D와 E다. 두 번째 단계를 보여주는 중간 위 그림에서는 이 2개를 합쳐서 가중치가 4+3=7인 모 리프를 만들고 기호 D와 E는 그 아래 딸 리프가 된다. 이 두 딸 리프로 이어지는 가지 2개에 0과 1이라 라벨을 붙인다. 모든 기호가 합쳐질 때까지 이 과정을 반복한다(아래 왼쪽 그림). 이제 트리를 따라 아래로 경로를 따라가며 부호 문자열을 읽어낸다. A는 0이라는 라벨이 붙은 가지 하나만으로 도달한다. B는 100이라는 경로를 통해 도달하고 C는 101, D는 110, E는 111이라는 경로로 도달한다. 가장 빈번하게 등장하는 기호 A는 경로가 짧게 나오는 반면, 잘 등장하지 않는 기호는 경로가 길어진다는 사실에 주목하자. 만약 이렇게 하지 않고 고정된 길이의 부호를 사용한다면

5개의 기호를 표시하는 데 적어도 3비트가 필요하다. 2비트 문자열은 4가지밖에 안 나오기 때문이다. 여기서 제일 긴 문자열은 3비트지만 제일 흔한 문자열은 1비트다. 따라서 평균해보면 이 부호가 더 효율적이다. 이런 과정을 이용하면 부호에 접두 코드를 사용하지 않을 수 있다. 한 기호로 이어지는 경로는 어느 것이든 그 기호에서 멈추기 때문이다. 다른 기호로 이어질 수는 없다. 더군다나 가장 출현 빈도가 적은 기호에서 시작하기 때문에 빈도가 가장 높은 기호에 가장 짧은 경로가 할당된다. 아주 똑똑한 아이디어다. 프로그래밍하기도 쉽고 일단 그 방법을 파악하고 나면 개념적으로도 아주 간단하다.

카메라가 JPEG 파일을 만들 때는 그 안에 내장된 전자 장치들이 당신이 사진을 찍는 대로 바로바로 그 모든 계산을 진행한다. 그 압축 과정은 무손실 과정이 아니지만 대부분은 그 사실을 알아차리지 못한다. 어차피 우리가 사용하는 컴퓨터 스크린이나 종이 출력물도 아주 꼼꼼하게 보정하지 않는 한 색상과 밝기를 정확히 표현하지 못하니까 말이다. 원본 이미지와 압축 버전 이미지를 직접 대놓고 비교하면 그 차이를 더 확실하게 느낄 수 있지만 파일 크기를 원본의 10% 정도로 줄여놓더라도 전문가라야 차이를 알아낼 수 있다. 평범한 사람들은 3% 정도까지 줄여야 그 차이를 간신히 알아차릴 수 있다. 따라서 JPEG 파일은 원본 로우 데이터보다 10배나 많은 이미지를 메모리 카드에 저장할 수 있다. 보이지 않는 곳에서 눈 깜짝할 사이에 진행되는 이 복잡한 5단계 절차가 그 마법의 비결이다. 그리고 이 절차는 적어도 5가지의 서로 다른 수학 분야를 이용한다.

＊＊＊

이미지를 압축하는 또 다른 방법은 1980년대 말에 프랙털 기하학에서 등장했다. 앞에서도 얘기했지만 프랙털이란 해안선이나 구름처럼 모든 척도에서 세밀한 구조를 갖고 있는 기하학적 도형이다. 프랙털에는 프랙털 차원fractal dimension이라는 수가 따라온다. 이것은 그 프랙털이 얼마나 거친지, 혹은 구불구불한지 말해주는 값이다. 보통 프랙털 차원은 정수가 아니다. 수학적으로 다루기 편한 유용한 프랙털 부류는 자기 유사성self-similar을 갖는 프랙털로 구성되어 있다. 이런 프랙털은 작은 조각을 적당히 확대해보면 마치 전체의 큰 조각과 비슷하게 보인다. 그 고전적인 사례가 고사리다. 고사리는 수십 개의 작은 잎으로 이루어져 있는데 그 각각의 잎이 마치 미니 고사리처럼 보인다. 자기 유사 프랙털은 반복 함수계iterated function system라는 수학적 구성을 이용해 표현할 수 있다. 이것은 형태의 복사본을 축소하고 거기서 나온 타일을 움직여 그 조각들이 한데 어울려 전체를 만들어내게 하는 방법을 말해주는 규칙의 집합이다. 이런 규칙을 이용해서 프랙털을 재구성할 수도 있고 프랙털 차원을 계산하는 공식도 나와 있다.

1987년에 프랙털에 매료된 수학자 마이클 반슬리Michael Barnsley는 이런 속성이 이미지 압축 방식의 근간이 될 수 있다는 사실을 깨달았다. 고사리의 세밀한 부분을 하나하나 모두 부호화하면서 막대한 양의 데이터를 사용하는 대신 거기에 대응하는 반복 함수계만 부호화하면 되니까 말이다. 그럼 필요한 데이터가 훨씬 줄어든다. 소

프랙털 고사리다. 스스로를 변환한 3개의 복사본을 이용해 만들었다.

프트웨어가 그 반복 함수계로부터 고사리의 이미지를 재구성할 수 있다. 그는 앨런 슬로안Alan Sloan과 함께 이터레이티드 시스템스 주식회사를 차렸다. 이 회사는 20개가 넘는 특허를 받았다. 이 회사는 1992년에 돌파구를 마련했다. 적절한 반복 함수계 규칙을 찾아내는 자동화된 방식을 찾아냈는데, 이 방식은 살짝 더 큰 영역의 축소 버전으로 볼 수 있는 작은 이미지 영역을 찾아냈다. 그리고 찾아낸 이미지 영역을 타일로 사용해서 전체 이미지를 커버했다. 하지만 이 방식은 자기 유사성이 분명한 이미지뿐만 아니라 어떤 이미지에도 적용 가능한 보편적 방식이기도 했다. 프랙털 이미지 압축은 다양한 이유로 아직 JPEG 방식의 성공 수준에는 도달하지 못했지만 몇몇 실용적인 응용 분야에서 사용되었다. 아마도 마이크로소프트의 디지털 백과사전 엔카르타가 가장 성공한 응용 분야일 것이다. 여기서는 주요 이미지들을 모두 반복 함수계를 이용해서 압축했다.

1990년대를 거치는 동안 회사들은 이 방식을 동영상 압축으로 확장하려고 무던히도 애를 썼지만 아무도 인기를 끌지 못했다. 가장 큰 이유는 당시 컴퓨터 처리 속도가 충분히 빠르지 못하고 메모리 용량도 충분하지 않았기 때문이다. 1분 동영상을 압축하는 데만 15시간이 걸렸다. 하지만 지금은 상황이 변해서 동영상 프레임당 1분 정도의 속도로 200 : 1이라는 프랙털 동영상 압축 비율을 달성했다. 하지만 컴퓨터 계산 능력이 개선되면서 다른 방법도 가능해졌기 때문에 현재 프랙털 동영상 압축 방식은 버려진 상태다. 그래도 그 밑바탕 개념은 한동안 유용했고 여전히 흥미로운 가능성을 가지고 있다.

* * *

인간은 질이 떨어지는 이미지를 해독하는 아주 이상한 비결을 갖고 있다. 눈을 가늘게 찡그려서 보는 방법이다. 놀랍게도 이렇게 하면 사진이 무엇인지 알아보는 데 도움이 되는 경우가 많다. 특히 조금 흐린 사진이나 입자가 거친 컴퓨터 이미지를 볼 때 도움이 많이 된다. 1973년에 벨 연구소의 레온 하몬Leon Harmon이 사람의 지각과 컴퓨터 패턴 인식에 관한 글에서 선보인 유명한 그림이 있다. 이 그림은 검정색, 흰색, 회색의 정사각형 270개로 구성되어 있다.

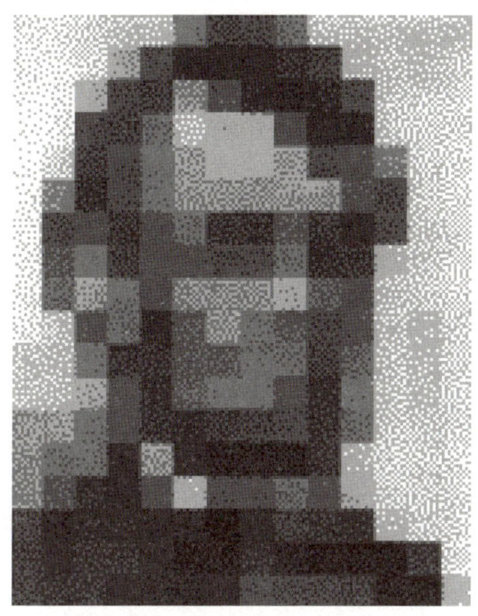

이 사진은 누구일까? 눈을 가늘게 뜨고 보자.

누구일까? 뚫어지게 보다 보면 결국에는 에이브러햄 링컨Abraham Lincoln 대통령이라는 사실을 희미하게나마 알아볼 수 있지만 눈을 가늘게 뜨고 보면 정말 링컨처럼 보인다.

우리 모두 이런 방식을 평소에도 사용하기 때문에 그 효과를 알고 있다. 하지만 정말 말이 안 되는 것 같다. 눈을 가늘게 떠서 시야를 흐리게 하는데 왜 더 잘 보일까? 심리적인 면도 존재한다. 눈을 가늘게 뜨면 우리 뇌의 시각 처리 시스템은 '질 떨어지는 이미지 모드'로 들어간다. 아마도 질 떨어지는 데이터를 다루기 위해 진화된 특별한 이미지 처리 알고리즘을 자극하는 것 같다. 하지만 또 다른 측면도 있다. 역설적이게도 눈을 가늘게 뜨는 것이 일종의 전처리 단계로 작용해서 이미지를 어떤 유용한 방식으로 청소해주는 것이다. 예를 들어 이렇게 보면 링컨 사진을 구성하는 픽셀의 경계가 흐려지면서 더는 회색 벽돌을 쌓아놓은 모습처럼 보이지 않는다.

약 40년 전 즈음에 수학자들은 사람이 눈을 가늘게 뜨는 것과 같은 역할을 하는 다양하고 정교한 방법에 대해 알아보기 시작했다. 웨이블릿 분석wavelet analysis이라고 하는데 시각 이미지뿐만 아니라 수치 데이터에도 적용할 수 있다. 이 기법은 원래 특정 공간 척도에서 구조를 추출할 목적으로 도입되었다. 웨이블릿을 이용하면 수많은 복잡한 나무와 관목으로 구성된 사실을 모르는 상태에서도 숲을 감지할 수 있다.

웨이블릿은 원래 이론적인 부분에 자극을 받아서 나왔다. 유체의 난류 같은 것에 대한 과학 이론을 검증하는 데 뛰어났고 좀 더 최근에는 지극히 현실적인 응용 분야에 활용할 방법이 생겼다. 미국 FBI는 지문 데이터를 더 저렴하게 저장하는 데 웨이블릿을 적용하고 있고 다른 국가의 법 집행 기관들도 그 뒤를 따르고 있다. 웨이블릿은 그냥 이미지 분석만이 아니라 압축도 가능하게 한다.

JPEG에서는 사람의 시각에서 별로 중요하지 않은 정보를 폐기해서 데이터를 압축한다. 하지만 정보를 보고 어느 비트가 덜 중요한 정보인지 분명하게 알 수 있는 경우는 드물다. 친구에게 조금 지저분한 종이에 그림을 그려 이메일로 보낸다고 해보자. 그 그림 위에는 그림 자체도 있지만 수많은 검은 얼룩이 존재한다. 사람은 그 그림을 보면 그런 점이 중요하지 않다는 사실을 단번에 알아볼 수 있지만 스캐너는 그럴 수 없다. 스캐너는 그저 해당 페이지를 한 줄 한

줄 스캔해서 이미지를 기나긴 흑/백의 2진 신호 문자열로 표상할 뿐, 어느 특정한 검은 점이 그림에서 핵심적인 부분인지, 중요하지 않은 얼룩인지 알아볼 수 없다. 어떤 얼룩이 사실은 멀리 떨어져 있는 소의 눈동자이거나 표범의 점일 수도 있다.

여기서 중요한 장애물은 스캐너의 신호가 원치 않는 항목을 알아보고 제거하기 쉬운 방식으로 이미지 데이터를 표상하지 않는다는 점이다. 하지만 데이터를 표상할 다른 방법이 있다. 푸리에 변환은 곡선을 진폭과 진동수의 목록으로 대체해서 동일한 정보를 다른 방식으로 부호화한다. 그리고 데이터가 다른 방식으로 표상되면 한 표상에서는 어렵거나 불가능했던 연산이 다른 표상 방식에서는 쉬워질 수 있다. 예를 들어보자. 전화 통화 내용을 가져다가 푸리에 전환을 한 다음, 푸리에 요소에 인간의 귀로 듣기에는 진동수가 너무 높거나 낮은 신호가 들어 있는 부분은 모두 제거한다. 그리고 그 결과물을 역변환하면 사람의 귀에는 원본과 똑같이 들리는 소리를 얻을 수 있다. 그럼 동일한 통신 채널을 통해 더 많은 대화를 보낼 수 있다. 변환되지 않은 원래의 소리를 가지고 직접 이런 일을 할 수는 없다. 그 신호에서는 '진동수'라는 특성이 명확하게 드러나지 않기 때문이다.

목적에 따라서는 푸리에 기법에 결함이 하나 나타날 수 있다. 사인과 코사인 요소가 영원히 이어진다는 것이다. 푸리에 변환은 간결한 신호를 표상하는 데는 신통치 못하다. 한 번의 '블립(blip, 삑 소리)' 소리는 단순한 신호지만 그래도 들어줄 만한 블립을 만들려면 수백 개의 사인과 코사인이 필요하다. 여기서는 블립의 모양을 제대로 만드는 것이 문제가 아니라 블립 바깥의 모든 것을 0으로 만드는 게 어려운 문제다. 사인과 코사인 곡선에 따라오는 무한히 긴 구불구불한 꼬리를 모두 없애야 하는데 그러려면 쓸데없는 부분을 상쇄해 없애기 위해 훨씬 많은 고진동수 사인파와 코사인파를 더해주어야 한다. 그래서 변환된 버전이 원래의 블립보다 훨씬 복잡해져 더 많은 데이터가 필요하게 된다.

웨이블릿 변환은 블립을 기본 구성 요소로 사용해서 모든 상황을 뒤바꿔놓았다. 이것은 쉽지 않은 일이고 옛날 블립을 가지고 할 수도 없다. 하지만 수학자들에게는 어떻게 시작해야 할지가 분명하게 보인다. 모 웨이블릿으로 활동할 어떤 특정 형태의 블립을 선택한다. 그리고 거기서 모 웨이블릿을 옆으로 밀어 다양한 위치에 갖다 놓고 척도를 변화시켜 확장하거나 압축하여 딸 웨이블릿(손녀 웨이블릿이든, 증손녀 웨이블릿이든)을 만들어낸다. 더 보편적인 함수를 표상하려면 척도를 달리해서 이 웨이블릿의 적절한 배수를 더한다. 마찬가지로 푸리에 변환의 기본 사인 곡선, 코사인 곡선은 '모 사인릿 sinelet'이고 나머지 다른 진동수 사인과 코사인은 그 딸들이다.

웨이블릿은 블립 비슷한 데이터를 효율적으로 기술하기 위해 디자인됐다. 더군다나 딸 웨이블릿과 손녀 웨이블릿은 그저 모 웨이블릿의 척도만 새로 바꾼 버전이기 때문에 특정 수준의 세부 사항에 초점을 맞추는 게 가능하다. 작은 척도의 구조를 지우고 싶으면 웨이블릿 변환에서 증손녀 웨이블릿을 모두 제거하면 된다. 표범을 웨이블릿으로 변환한다고 상상해보자. 큰 웨이블릿 몇 개는 몸통, 작은 거 몇 개는 눈, 코, 점 그리고 작은 웨이블릿은 털을 표현한다고

316

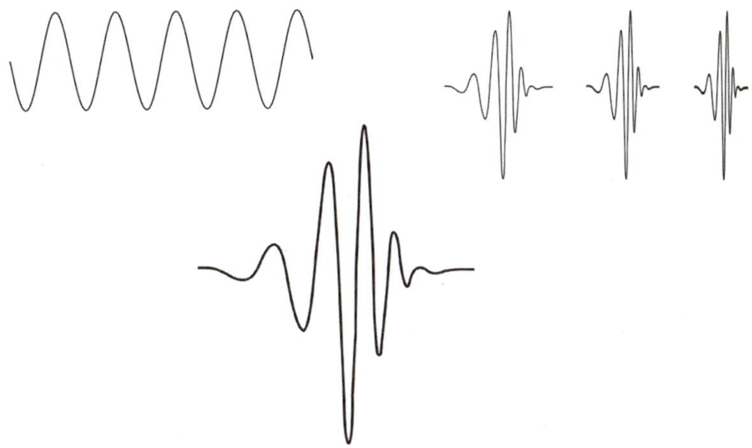

왼쪽은 사인 곡선이 영원히 이어지는 모습이고
아래 가운데는 웨이블릿이 국소화된 모습이며 오른쪽은 3대를 더 추가한 모습이다.

해보자. 데이터를 압축하되 여전히 표범처럼 보이게 만들어야 하는데 개개의 털은 중요하지 않다고 판단하고 웨이블릿 변환에서 증손녀 웨이블릿은 모두 제거한다. 그럼 점무늬는 여전히 남아 있기 때문에 표범처럼 보인다. 푸리에 변환으로는 이런 것을 할 수 있다고 해도 절대 쉽지가 않다.

웨이블릿을 개발하는 데 필요한 수학적 도구들은 대부분 바나흐의 함수 해석 영역에서 반세기 넘게 추상적인 형태로 자리 잡고 있었다. 그러다 웨이블릿을 본격적으로 사용하자 함수 해석학의 비법들이 웨이블릿을 이해하고 효과적인 기법으로 발전시키는 데 필요한 거라는 사실이 드러났다. 함수 해석학의 장치들이 생명을 얻는데 필요한 가장 중요한 전제 조건은 모 웨이블릿으로 사용할 좋은 형태

였다. 우리는 모든 딸 웨이블릿이 모 웨이블릿과 수학적으로 독립적
이어서 모와 딸이 부호화하는 정보 사이에 중첩이 없고 어느 딸 웨
이블릿에도 중복이 일어나는 부분이 없기를 원한다. 함수 해석학의
용어로 표현하자면 모와 딸이 반드시 직교orthogonal해야 한다.

1980년대 초반에 지구 물리학자 장 몰렛Jean Morlet과 수리 물리
학자 알렉산더 그로스먼Alexander Grossmann이 적절한 모 웨이블릿
을 생각해냈다. 1985년에는 수학자 이브 마이어Yves Meyer가 몰렛
과 그로스먼의 웨이블릿을 개선했다. 그러다가 1987년에는 잉그리
드 도브시Ingrid Daubechies의 발견이 이 분야 전체를 뒤흔들어놓았
다. 기존의 모 웨이블릿은 적절한 블립 모양으로 보였지만 모두 무
한히 구불구불 뻗어나가는 작은 수학적 꼬리가 있었다. 도브시는 꼬
리가 전혀 없는 모 웨이블릿을 구축했다. 이 모 웨이블릿은 특정 구
간 밖에서는 항상 정확히 0이다. 도브시의 모 웨이블릿은 유한한 공
간 영역에 완전히 국한되어 있는 진정한 블립이었다.

* * *

웨이블릿은 일종의 수학적 줌렌즈 역할을 해서 특정 공간 척도를
차지하는 데이터의 특성에 초점을 맞출 수 있게 한다. 이런 능력은
데이터 분석에도 사용할 수 있지만 데이터 압축에도 활용 가능하다.
웨이블릿 변환을 조작하면 컴퓨터는 '눈을 가늘게 뜨고' 이미지를
바라보며 원치 않는 해상도 척도를 버릴 수 있다. 1993년에 FBI에
서도 이런 결정을 내렸다. 당시에 지문 데이터베이스에는 2억 건의

지문이 종이 카드에 잉크로 찍은 형태로 보관되어 있었고 이미지를 디지털화해서 그 결과물을 컴퓨터에 저장하는 기록의 현대화 작업이 진행 중이었다. 거기서 생기는 분명한 장점은 범죄 현장에서 발견된 지문과 일치하는 지문을 신속하게 검색할 수 있다는 점이었다.

충분한 해상도를 가진 종래의 이미지로는 각각의 지문 카드에 대해서 10MB 정도의 컴퓨터 파일이 나온다. 그럼 FBI의 기록 보관소 2,000테라바이트 정도의 저장소를 차지하게 된다. 게다가 매일 적어도 3만 장 정도의 새로운 카드가 들어오니까 저장소 용량이 매일 2진 자릿수로 2.4조 자리씩 늘어나야 한다. FBI는 데이터 압축이 간절히 필요했다. JPEG를 시도해봤지만 휴가 가서 찍은 사진과 달리 지문에서는 '압축 비율(원본 데이트의 크기에 대한 압축 데이터 크기의 비율)'이 10:1 정도로 높아지면 JPEG 방식은 쓸모없었다. 비압축 이미지도 만족스럽지 않았다. 8×8 블록으로 분할하는 과정에서 타일 붙이기 인공물tiling artefact로 생긴 경계 표시가 남기 때문이다. 압축 비율이 적어도 10:1이 나오지 않는 한 이 방식은 FBI에는 별 소용이 없었다. 타일 붙이기 인공물은 그냥 심미적인 문제만이 아니었다. 알고리즘이 짝이 맞는 지문을 검색하는 능력을 심각하게 저해했다. 대안으로 제시한 푸리에 기반 방식 또한 불쾌한 인공물을 만들어냈다. 이 모두의 원인을 추적해보면 푸리에 사인과 코사인에 들어 있는 무한한 '꼬리'의 문제로 귀결되었다. 그래서 FBI의 톰 호퍼Tom Hopper, 로스 앨러모스 국립 연구소의 조너선 브래들리Jonathan Bradley와 크리스 브리슬론Chris Brislawn은 디지털화한 지문 기록을 웨이블릿/스칼라 양자화wavelet/scalar quantization, WSQ라는 방법을 이용해 웨이블릿으로 부호화하기로 했다.

타일 붙이기 인공물을 만들어 중복 정보를 제거하는 대신, WSQ 는 이미지 전체에서 세부적인 부분들을 제거했다. 너무 섬세해서 눈이 지문의 구조를 인식하는 능력과는 별 관련이 없는 세부 사항들을 말이다. FBI가 시도해봤더니 3가지 방식의 웨이블릿 방식 모두 JPEG를 비롯한 2가지 푸리에 방식보다 뛰어난 성과를 보여주었다. 종합해보면 WSQ가 가장 합리적인 방법으로 드러났다. 이 방식을 적용하면 압축 비율이 적어도 15:1 정도는 나와서 저장 메모리 비용을 93% 줄여주었다. WSQ는 이제 지문 이미지의 교환과 저장에 사용하는 표준으로 자리 잡았다. 미국 대부분의 법 집행 기관에서는 인치당 500픽셀의 압축 지문 이미지에 이 방식을 적용하고 있다. 그보다 고해상도의 지문에는 JPEG를 사용한다.[60]

웨이블릿은 거의 모든 곳에서 얼굴을 내밀고 있다. 데니스 힐리 Dennis Healy의 연구진에서는 웨이블릿 기반의 이미지 강화 방식을

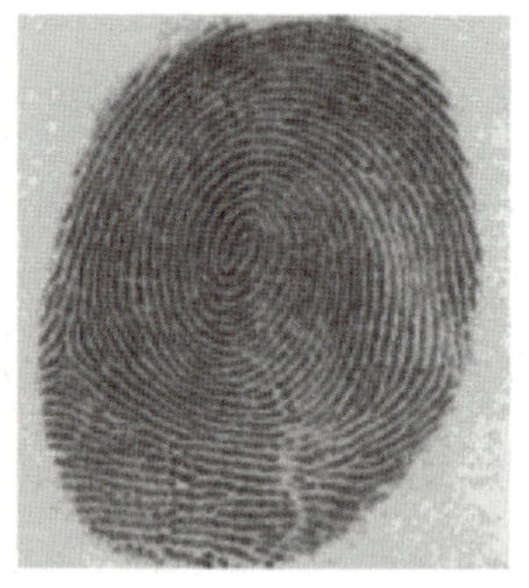

왼쪽은 지문 원본이고 오른쪽은 1/26 데이터 크기로 압축한 후의 모습이다.

CT, PET, MRI 스캔에 적용해봤다. 그리고 애초에 스캐너에서 데이터를 습득하는 전략을 개선하는 데도 웨이블릿을 사용했다. 로널드 코이프만Ronald Coifman과 빅터 워커하우저Victor Wickerhauser는 이것을 녹음에서 원치 않는 잡음을 제거하는 데 사용했다. 이 방식으로 성공을 거둔 사례가 있다. 요하네스 브람스Johannes Brahms가 연주한 헝가리 무곡 중 하나였다. 이 곡은 원래 1889년에 왁스 실린더에 녹음되었는데 그 왁스가 부분적으로 녹아 있었다. 이 곡은 78rpm 디스크에 재녹음됐다. 코이프만은 그 디스크의 라디오 방송분에서 시작했는데 그 무렵에는 주변 잡음에 묻혀 음악을 거의 알아들을 수 없는 지경이었다. 하지만 웨이블릿 청소를 하자 브람스의 연주를 들을 수 있었다. 완벽하지는 않았지만 알아들을 수는 있었다.

40년 전 함수 해석학은 이론 물리학에 주로 적용하는 추상 수학의 또 다른 신비의 영역에 불과했다. 하지만 웨이블릿이 도착하면서 모든 것이 변했다. 이제 함수 해석학은 특별한 속성을 갖춘 새로운 유형의 웨이블릿을 개발하는 데 필요한 토대를 제공해주고 있다. 그래서 응용 과학 분야와 기술 분야에서 대단히 중요해졌다. 웨이블릿은 오늘날 범죄 예방, 의학, 새로운 세대의 디지털 음악 등 우리의 삶 전반에 보이지 않는 영향을 미치고 있다. 이제 내일이면 이것이 세상을 지배할 것이다.

GPS로 길 찾기

천 리 길도 한 걸음부터
－노자,《도덕경》

부모들에게는 아주 익숙한 시나리오다. 가족이 500km 떨어진, 운전으로 6시간 거리에 있는 할머니네를 찾아가는 중이다. 아이들은 뒷좌석에 타고 있다. 30분이나 지났나? 뒷자리에서 애처로운 목소리가 들린다. "이제 '거의' 다 왔어요?"

나는 대서양 너머 미국에 살고 있는 사촌들과 따져볼 문제가 있다. 이 사촌들은 아이들이 "이제 다 왔어요?"라고 묻는다고 생각한다. 미국에서는 그런가 보다. 하지만 이건 좀 아니다. 이런 질문은 분명 오해에서 비롯되었다. 미국식 질문의 답은 항상 뻔하다. 다 왔으니 물어볼 필요가 아예 없거나 다 오지 않았으니 묻는 것 자체가 무의미하거나. 장거리 운전을 할 때 아이들이 투덜거리면 부모들은 친절하게(혹은 짜증이 나서) "이제 거의 다 왔어"라고 말한다. 아직 가야 할 길이 5시간이 남았어도 대답은 늘 이렇다. 그럼 아이들은 한동안 입을 다문다. 어쨌거나 몇 번 이렇게 다녀보고 나면 아이들은 희망보다는 절망에 "이제 거의 다 왔어요?"라고 은근슬쩍 물어본다. 이것은 합리적인 질문이다. 유리창 밖만 봐서는 얼마나 남았는지 알 수 없기 때문이다. 물론 지형지물을 잘 알고 있다면 얘기가 달라지겠지만.

이제 거의 다 왔어요? 어디쯤 왔어요? 20년 전만 해도 길을 찾아가며 운전하려면 지도, 지도 읽기 능력, 조수석에 앉아서 지도를 읽어주는 사람이 필요했다. 요즘에는 그 일을 전자 공학이 만들어낸 마법사에게 맡긴다. 위성 항법 장치가 길을 알려준다. 물론 가끔은 내비게이터만 믿다가 허허벌판 한복판에서 길이 끝나는 경우도 있다. 최근에 내비게이터를 믿고 가던 차가 강에 처박힌 적도 있다. 길을 잘 보고 다녀야 한다. 하지만 그렇게 다녀도 잘못될 수 있다. 작년에 우리는 아침 식사를 제공하는 숙박 시설을 찾아 다니다가 한 시골 집 마당까지 들어간 적이 있다. 내비게이터가 진입로처럼 보이는 진짜 도로와 진짜 도로처럼 보이는 진입로를 구분하지 못했기 때문이다.

위성 항법 내비게이터는 마술처럼 보인다. 자동차 안에서 스크린에 지도가 뜬다. 그 지도는 지금 내가 어디에 있는지 정확하게 알려준다. 차를 움직이면 지도도 함께 움직이면서 자동차 기호가 항상 올바른 장소 위에 찍힌다. 이 장치는 내가 어디로 향하고 있는지, 내가 지금 운전하고 있는 도로의 이름이나 번호가 무엇인지 알고 있다. 정체가 있는 구간도 경고해준다. 그리고 내가 어디로 가고 있는지, 얼마나 빨리 움직이는지, 제한 속도를 벗어났는지, 과속 단속 카메라가 어디에 있는지, 도착 시간이 얼마나 남았는지도 알고 있다.

아이들에게 이런 것을 읽는 방법을 가르치자. 그럼 어디쯤 왔느냐고 물어볼 필요가 없어질 것이다.

위대한 공상 과학 소설 작가이자 미래학자 아서 클라크Arthur C. Clarke는 "기술이 충분히 발전하면 마법과 구분할 수 없을 것이다"라고 적었다. 또 다른 공상 과학 소설 작가 그레고리 벤퍼드Gregory Benford는 이 말을 "마법과 구분할 수 없다면 충분히 발전한 기술이다"라고 고쳐 적었다. 위성 항법 장치는 충분히 발전했지만 마법은 아니다. 대체 어떻게 작동하는 것일까?

내비게이터가 당신이 어디를 가는지 아는 이유는 당신이 스크린 위의 글자와 숫자를 눌러 위치를 알려주었기 때문이다. 이것은 뻔한 부분이다. 그런데 뻔한 부분은 딱 여기까지만이다. 나머지 마법은 지구 궤도를 도는 수많은 인공위성, 전파 신호, 암호, 의사 난수, 수많은 똑똑한 컴퓨터 프로세서 등 첨단 기술에 의존하고 있다. 알고리즘이 가장 빠르고 저렴하며 환경 손상이 적은 경로를 찾아낸다. 기초 물리학이 중요한 역할을 한다. 궤도역학은 뉴턴의 중력 법칙에 밑바탕을 두고 있고 뉴턴의 법칙을 개선한 아인슈타인의 특수 상대성 이론과 일반 상대성 이론이 그 뒤를 받쳐주고 있다. 우주 공간에서는 인공위성이 빙글빙글 돌며 타이밍 신호timing signal를 보내고 있다. 내 쪽에서는 거의 모든 것이 하나의 작은 컴퓨터 칩에서 일어나고 있다. 여기에 지도 같은 것을 저장할 메모리칩 정도만 보태주면 된다.

이런 것들이 우리 눈에는 보이지 않기 때문에 마치 마법처럼 보인다.

두 말하면 잔소리지만 이 마법 중 상당 부분은 수학이다. 막대한 양의 물리학, 화학, 재료 과학, 공학은 말할 것도 없고 다양한 종류의 수학이 총동원된다.

위성의 제조와 설계, 위성을 우주 공간에 띄우는 데 필요한 기술은 무시한다고 쳐도 위성 항법 기술에는 적어도 7가지 분야의 수학이 필요하다. 이것 없이는 기술이 작동하지 못한다. 내가 여기서 염두에 두는 부분은 다음과 같다.

- 위성을 궤도에 올려놓기 위한 발사 로켓의 궤적 계산
- 지역을 잘 커버할 수 있는 궤도 설계하기. 위성이 적어도 3개가 필요하고 많을수록 좋다. 위성들이 어느 때, 어느 곳에서도 보여야 한다.
- 의사 난수 발생기를 이용해서 신호 만들기. 이렇게 하면 각각의 위성이 얼마나 떨어져 있는지 아주 정확하게 측정할 수 있다.
- 삼각법과 궤도 데이터를 이용해서 내 차의 위치 알아내기
- 특수 상대성 이론 방정식을 이용해서 위성의 빠른 속도가 시간의 흐름에 미치는 영향을 계산해서 바로잡기
- 일반 상대성 이론 방정식을 이용해 지구의 중력이 시간의 흐름에 미치는 영향을 계산해서 바로잡기
- 빠른 길 찾기, 최단 거리 길 찾기, 환경 친화적인 길 찾기 등 당신이 선택한 기준에 따라 최적의 경로를 찾는 변형된 순회 외판원 문제를 풀기

더 놀라운 부분에 초점을 맞추면서 이런 문제들에 대해 더 자세히

알아보자.

위성 항법 기술은 특별한 여러 개의 궤도 위성에서 정확한 원자시계가 만들어내는 고도로 정교한 타이밍 신호를 이용한다. 세슘 시계는 혼자 알아서 가게 내버려두면 $5/10^{14}$, 혹은 하루 4나노초 오차 수준의 정확도를 보이는데 내 위치가 하루에 1m 정도 오류가 생기는 것에 해당한다. 이렇게 점진적으로 발생하는 오차를 보상하기 위해 지상국에서 정기적으로 이 시계를 리셋해준다. 타이밍 오류가 생기는 다른 이유도 있는데 그 부분은 뒤에서 다시 다루겠다.

현재는 위성 내비게이션 시스템이 몇 가지 나와 있는데 여기서는 제일 먼저 시작해서 지금까지도 가장 널리 사용하는 GPS에 초점을 맞추겠다. 이 프로젝트는 미국 국방부의 후원 아래 1973년에 시작됐다. 이 시스템의 핵심은 궤도 위성이다. 원래는 총 24대가 있었는데 지금은 31대가 돌고 있다. 최초의 프로토타입 위성은 1978년에 발사됐고 1993년에 완전한 세트를 갖추고 작동을 시작했다. 처음에 GPS는 군사용으로만 사용이 제한되어 있었다. 하지만 1983년에 로널드 레이건 대통령의 행정 명령을 통해 저해상도 형태로는 일반 시민들도 사용할 수 있게 됐다. GPS는 계속 업그레이드가 이뤄지고 있고 현재는 오차 범위가 2m 안쪽인 러시아의 글로나스Global Navigation Satellite System, GLONASS를 필두로 몇몇 국가에서 자체적인 위성 위치 확인 시스템satellite positioning system을 운영하고 있다. 2018년에 중국에서는 베이더우 위성 항법 시스템BeiDou Navigation satellite system을 시작했다. 이 시스템은 이제 어느 때든 작동을 시작할 수 있다. 유럽연합의 시스템은 갈릴레오Galileo라고 한다. 영국은 이제 유럽연합을 탈퇴해서 갈릴레오 프로젝트에 참여하지 않을 테지만 이데올로기가 상식을 이겨버린 상황에서 영국 정부는 영국도 자체적인 시스템을 개발할 거라고 선언했다. 인도는 NavIC를 준비하고 있고 일본은 준천정 위성 시스템quasi-Zenith satellite system, QZSS을 구축하고 있다. 이 시스템이 완성되면 2023년에는 더는 GPS에 의존할 필요가 없어진다.

작동 방식을 살펴보면 GPS는 우주(위성), 통제(지상국), 사용자(당신과 당신의 자동차) 이렇게 세 부분으로 이루어져 있다. 위성은 타이밍 신호를 내보내고, 통제 부분에서는 위성의 궤도와 시계의 정확도를 감시해서 필요한 경우에는 궤도를 수정하거나 시계를 리셋하라는 명령을 전송한다. 사용자는 휴대폰에 들어갈 수 있는 저렴한 저

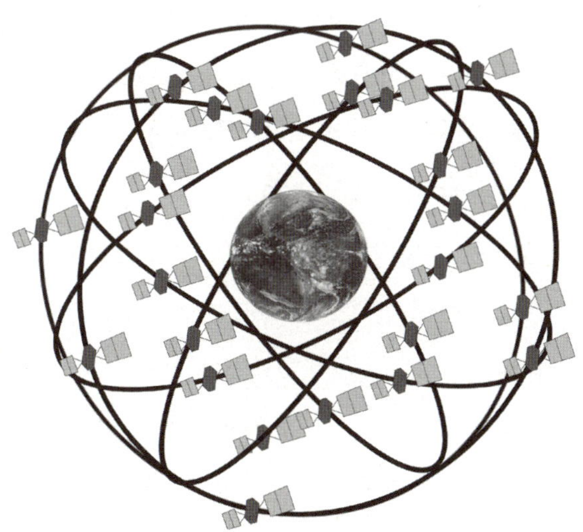

24대의 위성으로 구성된 원래의 GPS 위성군이다.
6개의 개별 궤도마다 위성이 4대씩 들어가 있다.

전력 소형 수신기를 갖고 있어서 이 수신기가 어플에게 위치를 알려 준다.

위성의 집합을 일반적으로 '위성군constellation'이라 부른다. 원래 'constellation'이라는 영단어는 오래전부터 밤하늘의 별자리를 일 컬을 때 사용하던 이름이다. 원래의 GPS 위성군은 24대의 위성으 로 이루어져 있었다. 이 각각의 위성은 지표면에서 20,200km, 지구 중심에서 26,600km 높이에서 대략 원형의 궤도를 그리며 돌고 있 다. 나중에 추가된 위성은 시스템의 신뢰성과 정확도를 높이는 역할 을 할 뿐 주요 개념에는 영향을 미치지 않기 때문에 무시하겠다. 궤 도는 모두 6개가 있다. 이 궤도가 움직이는 평면들은 적도와 55도의 각을 이루고 있고 적도 주변으로 균일한 간격으로 배치되어 있다. 각각의 궤도에는 동일한 간격으로 위성 4대가 배치되어 서로 꼬리 를 물며 영원히 궤도를 돌고 있다. 궤도의 반지름은 궤도 수학을 이 용해서 골랐다. 그래서 위성은 11시간 58분마다 궤도 안에서 같은 위치로 돌아온다. 이렇게 해서 위성이 하루에 2번씩 지구 위 거의 비슷한 위치로 돌아오지만 조금씩 오차가 생긴다.

다음에 등장하는 수학적 특성은 궤도의 기하학이다. 위성과 궤도 를 이런 식으로 구성하면 지구의 어느 지점, 어느 시간에서든 적어 도 6대의 위성이 보이게 된다(즉, 그 위성이 보내는 신호를 받을 수 있다). 24대 중 어느 6대가 보일지는 자신의 위치에 달려 있다. 지구가 자 전을 하고 위성은 궤도를 따라 공전하고 있기 때문에 이 구성은 시 간이 흐르면서 달라진다.

GPS는 사용자가 어떤 정보도 위성에 보낼 필요가 없도록 설계되어 있다. 대신 어느 것이든 보이는 위성에서 오는 타이밍 신호를 수신기가 포착할 수 있다. 수신기는 이 타이밍 신호를 처리해서 자기가 어디에 있는지 알아낸다. 기본 원리가 간단하니까 그거부터 살펴보자. 그다음에는 이것이 실제 세상에서 작동하게 만드는 데 필요한 몇 가지 수정 사항을 지적하겠다.

위성 1대에서 시작해보자. 이 위성이 당신에게 타이밍 신호를 보내면 그 신호를 통해 당신의 수신기는 그 위성이 그 시점에서 얼마나 멀리 떨어져 있는지 파악한다(이것을 어떻게 알아내는지 뒤에서 설명하겠다). 이 거리는 21,000km 정도가 나올 수 있다. 이 정보에 따르면 당신은 위성을 중심으로 반경이 21,000km인 구의 표면 위에 있게 된다. 이것만으로는 별 도움이 안 되지만 같은 순간에 적어도 5개의 위성이 더 보이는데 이 위성들을 위성 2, 위성 3, … 위성 6으로 부르자. 각각의 위성이 타이밍 신호를 보내고 당신은 그 신호를 동시에 수신한다. 그리고 이 각각의 신호에 따라 당신은 각각의 위성을 중심으로 하는 또 다른 구의 표면 위에 자리 잡게 된다. 이 구를 각각 2, 3, 4, 5, 6으로 번호를 매기자. 위성 2에서 보내는 신호와 위성 1에서 보내는 신호를 결합하면 당신은 구 1과 구 2가 교차하는 지점에 위치하게 된다. 이 교차 지점은 원 모양을 띤다. 위성 3도 또 다른 구를 만들고 이것이 구 1과 만나 또 다른 원을 만든다. 이 두 원은 두 점에서 만나고 이 점들은 각각 3개의 구 위에 놓이게 된다. 위성 4에서 오는 신호가 구 4를 만들어내면 일반적으로 이것을 통해 두 점 중 어느 쪽이 당신의 정확한 위치인지 구분할 수 있다.

세상이 완벽하다면 여기서 멈춰도 되고 위성 5, 위성 6은 쓸데없이 남는 위성이 되었을 것이다. 하지만 현실은 그렇게 간단하지 않고 모든 것은 오류가 있기 마련이다. 지구의 대기가 신호의 질을 저하시킬 수도 있고 전기적인 간섭이 일어날 수도 있다. 일단 이것으로부터 당신의 위치는 정확히 구 위에 놓인 게 아니라 해당 구에 가까이 붙어 있다고 볼 수 있다. 구의 표면이 아니라 그 표면을 포함하고 있는, 두께를 가진 껍질 속에 들어 있다고 봐야 한다. 따라서 4개의 위성에서 나오는 4개의 신호면 완벽하지는 않지만 어느 정도 정확하게 위치를 파악할 수 있다. 정확성을 높이기 위해 GPS는 추가적인 위성을 이용한다. 이 추가된 위성의 두터워진 구가 영역의 범위를 더 좁혀준다. 이 단계에 왔을 때 발생 가능성이 있는 오류를 무시한다면 당신의 위치를 결정하는 방정식이 거의 분명 실제 위치와 부합하지 않을 것이다. 하지만 통계학에서 오래전부터 사용하던 비법을 빌려오면 총오류를 최소화해서 자기 위치에 대한 최고의 추정치를 계산할 수 있다. 이것을 최소 제곱법method of least squares이라 하고 1795년에 가우스가 도입했다.

그 결과 GPS 수신기는 그냥 상대적으로 간단한 일련의 삼각법 계산만 체계적으로 수행하면 된다. 그럼 당신의 위치에 대한 최고의 추정치를 얻을 수 있다. 이것을 지구의 세부적인 모양과 비교해보면 해수면의 높이와 비교해서 얼마나 높은 곳에 있는지도 계산할 수 있다. 고도 계산은 일반적으로 경도/위도 위치 계산보다 정확도가 떨어진다.

* * *

　그냥 타이밍 신호를 보낸다고 하니까 간단한 것 같지만 실제로는 그렇지 않다. 천둥소리를 들으면 주변 어딘가에서 폭풍이 일고 있다는 사실은 알아도 그 소리만으로는 얼마나 떨어진 곳에서 폭풍이 이는지 알 수 없다. 번개도 함께 보이는 경우에는 빛이 소리보다 빠르기 때문에 천둥소리보다 번개의 빛이 먼저 도착한다. 이 두 신호의 시간 차이를 이용해서 번개가 얼마나 떨어져 있는지 추정할 수 있다. 어림잡아 1초 차이마다 340m 정도 떨어진 것으로 볼 수 있다. 하지만 소리의 속도는 대기의 상태에 따라 달라지기 때문에 이 규칙이 완전히 정확한 것은 아니다.

　GPS는 2차 신호로 음파를 사용할 수 없다. 그 이유는 뻔하다. 너무 느리기도 하고 우주가 진공 상태라 소리가 이동할 수 없기 때문이다. 하지만 별개지만 서로 관련이 되어 있는 두 신호를 비교해서 시간 차이를 추론할 수 있다는 밑바탕 개념은 똑같이 적용할 수 있다. 각각의 위성은 반복 구간이 포함되지 않은 0/1 펄스 시퀀스를 보낸다. 시퀀스 전체가 다시 반복될 때까지 아주 오래 기다리지 않는 한 시퀀스 안에서는 반복되는 구간이 없다. GPS 수신기는 위성으로부터 수신한 0과 1의 문자열을 그 지역 송신원에서 생성되는 동일한 문자열과 비교해볼 수 있다. 위성에서 보내는 신호는 위성과 수신기 사이의 거리를 지나서 와야 하기 때문에 지연된다. 그럼 두 신호를 나란히 놓고 한쪽을 얼마나 움직여야 양쪽이 일치하는지 보면 지연된 시간을 추론할 수 있다.

0과 1 대신 이 책에 나온 글을 이용해서 그 과정이 어떻게 이루어지는지 보여줄 수 있다. 위성에서 받은 신호가 다음과 같다고 해보자.

두 신호를 나란히 놓고 한쪽을 얼마나 움직여야

한편 지역 송신원에서 보낸 참고 신호는 바로 그다음의 문장으로 이어진다.

얼마나 움직여야 양쪽이 일치하는지 보면

여기서 아래처럼 지역 송신원의 신호를 오른쪽으로 밀어서 두 문장을 맞출 수 있다.

두 신호를 나란히 놓고 한쪽을 얼마나 움직여야
        얼마나 움직여야 양쪽이 일치하는지 보면

그럼 위성 신호가 지역 송신원 신호보다 두 단어 늦게 도착하는 것을 알 수 있다.

그렇다면 이제는 여기에 사용할 만한 적절한 비트 문자열을 만드는 일이 남았다. 반복이 거의 일어나지 않는 0과 1의 문자열을 만드는 간단한 방법은 동전 던지기를 100만 번 해서 앞면은 0, 뒷면은 1로 기록하는 것이다. 각각의 비트가 1/2의 확률로 발생하기 때문에 특정 문자열, 예를 들어 50비트의 문자열이 등장할 확률은 $1/2^{50}$

이 된다. 1,000조 번에 한 번 정도의 확률이다. 그럼 이 문자열은 평균적으로 문자열을 따라 1,000조 단계마다 한 번 정도 나올 것이다. 이런 신호를 훨씬 짧은 양만큼 변위된 버전과 비교해보면 짝을 맞춰주는 올바른 변위가 유일한 값으로 나온다.

하지만 컴퓨터는 동전 던지기를 잘하지 못한다. 컴퓨터는 구체적인 명령을 따르는 존재이고 모든 명령을 미리 결정된 대로 오류 없이 정확하게 해내야 한다. 다행히도 실제 과정은 결정론적이지만 통계적인 의미에서는 무작위로 보이는 문자열을 생성하는 정교한 수학적 과정이 존재한다. 이 과정을 의사 난수 발생기pseudorandom number generator라고 하며 GPS의 세 번째 주요한 수학적 요소다.

실제에서는 의사 난수 발생기에서 나오는 비트 스트림에 GPS가 습득한 다른 데이터를 결합한다. 이런 기법을 변조modulation라고 한다. 위성은 자신의 데이터를 초당 50비트라는 상대적으로 느린 속도로 내보낸다. 위성은 이 신호를 훨씬 속도가 빠른 의사 난수 발생기에서 생성된 비트 스트림과 초당 100만 칩chip 이상의 속도로 결합한다. 칩은 비트와 비슷하지만 0과 1대신 +1과 -1이라는 값을 취한다. 물리적으로 보면 +1이나 -1의 진폭을 갖는 사각파 펄스다. '변조'의 의미는 원래의 데이터 문자열에 매순간 칩의 값을 곱한다는 의미다. 다른 데이터가 상대적으로 대단히 느리게 변화하기 때문에 '밀어서 맞춰보기' 기법이 여전히 잘 작동하지만 맞춰보면 때로는 두 신호가 동일하고 때로는 한쪽 신호가 다른 신호의 마이너스가 된다. 상관관계의 통계적 기법을 이용하면 상관관계가 충분히 높게 나올 때까지 그냥 신호를 밀어보면 된다.

사실 GPS는 또 다른 의사 난수를 가지고 같은 일을 다시 한다. 이 번에는 신호 변조 속도를 10배 더 빠르게 한다. 느린 쪽은 거친 포착 부호Coarse Acquisition Code라 부르고 민간용으로 사용한다. 빠른 쪽 은 정밀 부호Precise Code라 부르고 군사용으로 따로 사용한다. 군사 용은 암호화도 되어 있고 반복하는 데 7일이 걸린다.

의사 난수 발생기는 일반적으로 유한체상의 다항식, 혹은 정수론 같은 추상 대수학에 기반하고 있다. 후자의 간단한 사례로 선형 합동 생성기linear congruential generator가 있다. 어떤 모듈러 m, 두 수 a와 b(mod m) 그리고 시작하는 수 x1(mod m)을 골라보자. 그리고 나서 이어지는 수 x_2, x_3, x_4 등을 다음의 공식을 이용해서 정의한다.

$$x_{n+1} = ax_n + b(\text{mod } m)$$

a의 효과는 현재의 수 x_n에 상수인 인수 a를 곱하는 것이다. 그리 고 그다음에는 b가 그 값을 정해진 양만큼 움직인다. 이렇게 하면 수열 속 다음 수가 나온다. 이것을 반복한다. 예를 들어 m=17, a=3, b=5, x_1=1이라면 다음과 같은 수열이 나온다.

1 8 12 7 9 15 16 2 11 4 0 5 3 14 13 10

그리고 이 수열이 무한정 반복된다. 눈으로 보면 뚜렷한 패턴이 보이지 않는다. 물론 실제에서는 m값을 훨씬 크게 만든다. 수열이 반복되는 데 오랜 시간이 걸리고 통계적 무작위성 검사를 타당하게 만족시켜주는 수학적 조건들이 있다. 예를 들어 출력값을 이진수로 바꾸고 난 후에는 모든 수 (mod m)이 평균적으로 동일한 빈도로 나타나야 한다. 주어진 길이의 0과 1의 문자열도 모두 어떤 타당한 크기까지는 그래야 한다.

선형 합동 생성기는 너무 단순해서 보안이 허술하다. 그래서 그것을 변형한 더 복잡한 방법들을 고안했다. 그 예가 1997년에 마츠모토 마코토가 발명한 메르센 트위스터Mersenne twister다. 마이크로소프트의 엑셀 스프레드시트를 포함하여 수십 개의 표준 소프트웨어 패키지에서 사용하기 때문에 많은 사람이 이것을 가지고 있을 것이다. 메르센 트위스터는 소수들을 결합한다. 소수는 수학을 더 쉽게 만들어주고 2진 표현을 깔끔하게 만들어 계산을 더 쉽게 한다. 메르센 소수Mersenne prime는 $2^p - 1$(여기서 p는 소수) 형태의 소수다. 예를 들면 $31 = 2^5 - 1$이나 $131{,}071 = 2^{17} - 1$ 같은 수다. 메르센 소수는 희귀하고 이 수가 무한히 많은지 여부도 아직 알지 못한다. 2021년 1월 기준으로 정확히 51개의 메르센 소수가 알려져 있고 그중 가장 큰 수는 $2^{82{,}589{,}933} - 1$이다.

2진수로 표현하면 위에 나온 두 메르센 소수는 다음과 같다.

$$31 = 11111 \qquad 131{,}071 = 11111111111111111$$

1이 각각 5번과 17번 반복된다. 이런 경우는 디지털 컴퓨터에서 이 수를 이용해 계산하기가 쉽다. 메르센 트위스터는 아주 큰 메르센 소수를 기반으로 한다. 보통 $2^{19{,}937} - 1$을 사용하고 합동 속의 수를 두 요소 0과 1로 이루어진 필드 위 행렬로 대체한다. 최대 623비트 길이의 부분열substring에 대한 통계적 테스트를 만족시켜준다.

GPS 신호에는 위성의 궤도, 시계 보정, 시스템의 상태에 영향을 미치는 다른 요인에 관한 정보가 들어 있는 훨씬 낮은 주파수의 신호도 함께 들어 있다. 복잡하게 들릴지도 모르겠다. 실제로 복잡하다. 하지만 현대 전자 공학은 대단히 복잡한 명령들을 한 치의 오차도 없이 처리할 수 있다. 이렇게 복잡해진 데는 그럴 만한 이유가 있다. 이것은 수신기가 그 시점에서 우연히 주변을 떠도는 다른 무작위 신호에 갇히는 것을 피하게 도와준다. 떠돌이 신호가 그런 복잡한 패턴을 재현하고 있을 가능성은 지극히 낮기 때문이다. 각각의 위성에는 자체적인 의사 난수 부호가 할당되어 있기 때문에 이 복잡성은 수신기가 한 위성에서 받은 신호를 다른 위성에서 받은 신호와 헷갈리지 않게 해준다. 덕분에 보너스로 모든 위성이 서로의 신호를 방해하지 않으면서 같은 주파수로 전송할 수 있게 됐다. 요즘에는 무선 주파수대가 점점 혼잡해지고 있는데 그 덕에 주파수를 아낄 수 있다. 특히 군사 작전에서는 적이 시스템을 교란하거나 기만 신호를 보낼 수가 없다. 전반적으로 미국 국방부가 난수 발생 부호를 관리하고 있기 때문에 GPS에 대한 접근을 통제할 수 있다.

* * *

타이밍 오류가 생기는 이유는 원자시계의 시간이 조금씩 어긋나는 것도 있지만 다른 원인도 있다. 예를 들면 위성 궤도가 원래 의도

했던 궤도와 형태와 크기가 살짝 달라지는 것도 그 원인이다. 지상 국에서는 위성으로 보정 내용을 전달하고 위성은 다시 그 내용을 사용자에게 전달하여 모든 것이 미 해군 관측소의 기준 시계와 동기화된다. 하지만 수학의 역할이 제일 돋보이는 영역은 상대론적 오류다. 여기서는 구식의 뉴턴 물리학 대신 아인슈타인의 상대성 이론이 필요하다.[61]

1905년에 아인슈타인은 〈움직이는 물체의 전기역학에 관한 연구On the electrodynamics of Moving Bodies〉라는 논문을 발표했다. 그는 뉴턴의 역학과 맥스웰Maxwell의 전자기 방정식 사이의 관계를 검토한 후에 이 두 이론의 양립 불가능성을 알아냈다. 핵심적인 문제는 전자기파가 퍼져나가는 속도, 즉 빛의 속도가 고정된 기준계 안에서만 일정한 것이 아니라 움직이는 기준계 안에서도 동일한 값을 갖는다는 것이었다. 움직이는 차에서 불빛을 비추어도 그 광자들은 차가 정지했을 때 비춘 불빛과 동일한 속도로 움직인다.

반면, 뉴턴 물리학에서는 빛의 속도에 자동차의 속도가 더해진다. 그래서 아인슈타인은 빛의 속도가 절대 상수가 될 수 있도록 뉴턴의 운동 법칙을 수정할 것을 제안했다. 특히 상대적 운동에 대한 방정식을 바꿔야 한다는 함축을 담고 있었다. 이런 이유 때문에 여기에는 상대성 이론이라는 이름이 붙었다. 이 이름은 살짝 오해의 소지가 있다. 빛의 속도가 상대적이지 않다는 것이 이 이론의 요점이기 때문이다. 아인슈타인은 자신의 틀 속에 중력을 포함시키기 위해 여러 해 동안 노력을 거듭해서 결국 1915년에 성공을 거둔다. 서로 관련이 있으면서도 별개인 이 두 이론은 각각 특수 상대성 이론과 일반 상대성 이론으로 알려졌다.

이 책이 상대성 이론 교과서는 아니니까 관련된 부분을 머릿속에 대략적으로 그려볼 수 있도록 몇 가지 두드러지는 특성만 간략하게 짚고 넘어가겠다. 여기서는 철학적인 문제까지 들여다볼 여유가 없고 여기서 철학적 문제까지 다루면 주제를 벗어나니 내가 지나치게 단순화해서 설명하더라도 이해해주기 바란다.

특수 상대성 이론에서는 일정한 속도로 움직이는 모든 기준계에 대해 빛의 속도가 같은 값이 나오도록 운동 방정식을 수정한다. 이것은 로렌츠 변환Lorentz transformation을 통해 이루어진다. 로렌츠 변환은 네덜란드의 물리학자 헨드릭 로렌츠Hendrik Lorentz의 이름을 딴 수학 공식으로, 서로 다른 기준계를 비교할 때 위치와 시간이 어떻게 변화하는지 기술한다. 여기서 나오는 예측은 뉴턴 물리학의 관점에서 보면 굉장히 이상하다. 그 무엇도 빛의 속도보다 빨리 움직일 수 없다. 물체의 속도가 빨라지면 길이가 줄어든다. 속도가 빛의 속도에 점점 가까워질수록 얼마든지 줄어든다. 이런 일이 일어나는 동안 주관적인 시간은 기어가듯 느려지고 질량은 무한대로 증가한다. 대충 말하면 빛의 속도에서 물체의 길이(운동 방향으로의 길이)는 0으로 줄어들고 시간은 멈추며 질량은 무한해진다.

일반 상대성 이론은 이런 측면들을 그대로 유지하고 있지만 그 안에 중력까지 아우르고 있다. 하지만 여기서는 중력이 뉴턴의 모형에서처럼 하나의 힘이 아니라 시공간의 곡률 효과로 나타난다. 시공간은 3차원의 공간과 1차원의 시간을 결합한 수학적인 4차원 구성물이다. 항성 같은 질량 근처에서는 시공간이 휘어져 4차원 안에서 일종의 함몰 부위를 만들어낸다. 그럼 그 근처를 지나는 빛이나 입자는 직선에서 벗어나 그 함몰된 곡면을 따라가게 된다. 이것이 항성과 입자 간에 인력이 작용하는 듯한 착각을 만들어낸다.

양쪽 이론 모두 고감도 실험을 통해 검증받을 만큼 검증받았다. 이 이론은 아주 기이한 특성에도 현재까지 물리학이 발견한 실재에 대해 최고의 모형을 제공해주고 있다. GPS의 수학은 위성의 속도와 지구의 중력 우물gravity well에서 발생하는 상대론적 효과를 고려해야 한다. 그렇지 않으면 GPS는 쓸모없는 존재가 될 것이다. 사실 GPS의 성공 그 자체가 특수 상대성 이론과 일반 상대성 이론의 정당성을 증명해주는 고감도 테스트나 마찬가지다.

대부분의 GPS 이용자들은 지구 표면 위 고정된 장소에 있거나 느린 속도로 움직인다. 빨라 봐야 빠른 자동차의 속도다. 이런 이유 때문에 GPS 설계자들은 회전하는 지구에 단단하게 부착되어 있는 기준계를 사용해서 위성 궤도에 대한 정보를 송출하기로 결정했다. 그리고 지구의 회전 속도가 일정하다고 가정했다. 지구의 형태를 지오이드geoid라고 하는데 대략 살짝 납작한 회전 타원면ellipsoid of revolution이다.

당신이 차를 타고 있고 위성이 머리 위를 돌고 있을 때 위성은 분명 당신에 대해 상대적으로 움직이고 있다. 특수 상대성 이론의 예측에 따르면 당신이 위성의 시계를 관찰하면 땅 위에 있는 기준 시계보다 느리게 흐르는 것으로 보인다. 실제로 위성의 시계는 상대론적 시간 지연 때문에 하루에 7마이크로초 정도씩 늦춰진다. 여기에 더해서 위성 궤도 높이에서는 중력이 지면보다 약하다. 일반 상대성 이론의 측면에서 보면 위성 근처의 시공간은 당신이 타고 있는 자동차 근처보다 더 납작하다. 즉, 덜 휘어져 있다. 이런 효과 때문에 위성의 시계는 지면에 있는 시계보다 더 빨리 흐른다. 일반 상대성 이론의 예측에 따르면 위성 시계는 하루에 45마이크로초 정도 더 빨라진다. 서로 충돌하는 이 두 효과를 합쳐보면 위성 시계는 하루에 45 -7 =38마이크로초 정도 더 빨라진다. 2분 후에는 이런 오류가 알아차릴 수 있을 정도로 커져 당신의 위치가 정확한 위치에서 하루에 10km 정도 어긋나게 된다. 그런 식으로 하루가 지나면 GPS는 당신을 엉뚱한 마을로 데려다 놓을 것이고 일주일이면 엉뚱한 자치주로, 한 달이면 엉뚱한 국가로 데려다 놓을 것이다.

　GPS를 연구하는 공학자와 과학자들도 처음에는 상대성 이론이 정말 중요하게 작용할지 확신하지 못했다. 위성의 속도는 사람의 기준으로 보면 빠르지만 빛의 속도와 비교하면 기어가는 것처럼 느리기 때문이다. 지구의 중력도 우주의 기준으로 보면 보잘것없다. 하지만 이들은 그 영향이 얼마나 큰지 최선을 다해 추정해봤다. 1977년에 최초의 프로토타입 세슘 원자시계를 궤도에 띄웠을 때도 여전히 그 영향이 얼마나 클지, 양으로 작용할지, 음으로 작용할지 확신하지 못했다. 상대론적 보정이 전혀 필요하지 않다고 믿는 사람도 있었다. 그래서 공학자들은 시계 속에 회로를 포함시켜놓았다. 필요할 경우 지상에서 신호를 보내 주파수를 바꾸어 예측되는 상대론적 효과를 상쇄할 수 있는 회로였다. 이들은 첫 3주 동안 그 회로를 꺼뒀다가 시계의 주파수를 측정해봤다. 그랬더니 지상 시계에 비해 442.5ppt(part per trillion, 1조 분의 1 단위)만큼 더 높은 것이 관찰됐다. 일반 상대성 이론에서는 446.5ppt 증가하는 것으로 나왔다. 거의 일치하는 값이었다.

* * *

GPS는 자동차, 상업용 차량, 도보 여행자 등의 위치를 추적하는 뻔한 용도나 애초의 개발 이유인 군사적 용도 말고도 용도가 다양하다. 여기서는 몇 가지만 언급해보겠다.

도로를 달리다가 차가 고장나서 긴급 출동 서비스를 부를 때는 자기 위치가 어디인지 알 필요가 없다. GPS가 대신 파악해서 알려주기 때문이다. GPS는 자동차 도난 예방, 지도 작성 및 측량, 반려동물과 고령인 가족의 위치 추적, 예술 작품 안전 보관 등 다양한 영역에서 사용하고 있다. 비행기와 선박의 운항과 운송 회사의 회사 차량 위치 추적 등도 중요한 용도다. 현재는 대부분의 모바일폰에 GPS 수신기가 장착되어 있어서 사진을 촬영하면 촬영 장소에 대한 정보가 함께 보관되고 잃어버리거나 도난당한 폰이 어디 있는지 파악할 수 있으며 택시를 부를 때도 유용하다. GPS를 구글 지도 같은 온라인 지도 서비스와 함께 결합해서 사용할 수도 있다. 그럼 당신이 어디에 있는지 지도가 자동으로 보여준다. 그리고 농부들은 운전자 없이 트랙터를 조정할 수 있고 은행 사람들은 금융 수송을 감시할 수 있으며 여행객은 자기 수화물을 추적할 수 있다. 과학자들은 멸종위기 종의 이동을 감시하고 기름 유출 같은 환경 재난을 추적할 수 있다.

GPS가 없으면 어떻게 살까? 세상을 바꾸는 기술을 가능하게 하는 약간의 수학적 마법이 우리의 삶을 얼마나 빨리 바꿔놓는지 볼 때마다 놀랍다.

북극 얼음이 녹는 수학적 모양

그린란드의 빙하가 기존의 생각보다 빠른 속도로 녹아내리면서 수억 명의 사람이 수면 상승으로 침수 위협을 받고 있으며, 돌이킬 수 없는 기후 비상사태의 영향이 훨씬 가까워졌다. 그린란드의 얼음은 1990년대보다 7배나 빠른 속도로 유실되고 있으며 얼음 상실의 규모와 속도가 기존의 예측보다 훨씬 높다.
– 〈가디언〉, 2019년 12월

아니, 그 아이싱icing이 아니다. 아이싱 Ising이다. 오자가 아니라 그냥 말장난이다.

지구가 뜨거워지고 있다. 위험하다. 우리의 잘못이다. 벌써 수십 년 동안 수천 명의 기후 과학자가 수백 개의 수학 모형을 돌려보며 이런 일을 예측했고, 또 기상학자들은 관찰을 통해 그 예측이 사실로 일어나고 있다는 것을 확인했다. 기후 문제는 아무것도 걱정할 필요 없다고 가짜 뉴스를 퍼 나르는 사람들 그리고 아직 불확실한 부분들은 세세하게 설명하면서 인간이 만들어낸 기후 변화의 현실을 보여주는 새로운 증거에는 눈을 감는 사람들을 비판하는 데 이 책의 나머지 부분을 할애할 수도 있다. 하지만 나는 그런 얘기를 하려고 이 책을 쓴 게 아니다. 이미 다른 사람들이 그 문제에 대해서는 나보다 훨씬 잘 설명해놓았고 몇몇 억만장자 때문에 지구가 망가지는 것을 막기 위해 수많은 사람이 노력을 기울이고 있다.

기후 변화는 본질적으로 통계적인 영역이다. 따라서 특정한 사건을 그냥 가끔씩 일어나는 희한한 일 중 하나로 치부하고 넘어갈 수 있다. 앞면이 3/4의 확률로 나오도록 조작한 동전도 일반 동전과 마찬가지로 한 번만 던지면 그냥 앞면, 아니면 뒷면이 나온다. 따라서 한 번만 던져서는 그 차이를 밝힐 수 없다. 공정한 동전이라도 앞면이 연이어 서너 번 나오는 경우가 가끔 생긴다. 하지만 100번을 던져서 80번 앞면이 나오고 20번 뒷면이 나왔다면 공정한 동전이 아닌 게 아주 확실하다.

기후 문제도 이와 비슷하다. 기후와 날씨는 같은 게 아니다. 날씨는 하루하루 시시각각 변화한다. 기후는 30년에 걸친 이동 평균moving average이다. 세계 기후는 지구 전체에 걸친 평균이다. 지구 규모에서 기후가 변하려면 장기간에 걸친 큰 변화가 필요하다. 그런데 전 세계적으로 기온 기록이 정확하게 이루어진 170년 동안 가장 뜨거웠던 해 18번 중 17번이 2000년 이후에 등장했다. 이것은 우연이 아니다.

기후는 본질적으로 통계적 속성이 있어서 기후 변화를 부정하는 사람들이 물을 흐리기가 쉽다. 지구를 빨리 감기해서 미래를 내다볼 수는 없기 때문에 기후 과학자들은 수학적 모형에 의존해서 미래를 들여다보며 기후가 얼마나 빠른 속도로 변하고 있는지, 그런 변화가 어떤 효과를 낳을지 추정해보고, 인류가 힘을 합쳐 할 수 있는 일이 무엇인지 알아내야 한다. 초기 모형들은 꽤나 초보적이었기 때문에 그런 예측을 좋아하지 않는 사람들이 쉽게 반박할 여지가 있었다. 지금 와서 보면 이런 모형들이 전 세계 기온 상승의 속도를 굉장히 정확하게 예측하고 있었는데도 말이다. 시간이 흐르면서 이 모형들은 개선되었고 모형이 예측한 온도는 지난 반세기 동안 상당히 구체적인 부분까지 현실과 잘 부합하고 있다. 그 결과로 얼마나 많은 얼음이 녹아내릴지는 아직 불분명하다. 아무래도 과소평가된 듯 보인다. 관련 메커니즘을 아직 잘 이해하지 못하고 있고 몇십 년 동안 과학자들은 사람들을 쓸데없이 걱정하게 만들지 말라는 압박에 짓눌려왔다.

지금까지는 수학이 어떻게 무대 뒤에서 아무도 알아주는 이 없이 묵묵히 일하며 우리의 일상에 영향을 미치는지에 초점을 맞춰왔다. 수학이 과학, 특히 이론 과학에 적용되는 중요한 부분들은 일부러 많이 뺐다. 하지만 기후 변화는 실제로 우리의 일상생활에 영향을 미친다. 2020년 초반에 전례 없던 규모의 들불과 싸워야 했던 호주 사람들에게 물어보라. 요즘에는 전 세계 여기저기서 폭염 기록을 새로 갈아치우고 있고 몇백 년에 한 번 올까 말까 하던 홍수가 이제는 5년에서 10년마다 한 번씩 덮친다. 그리고 이상하게도 극한의 한파도 가끔씩 휘몰아친다. 지구 온난화 때문에 일부 지역이 정상보다 더 추워질 수 있다고 하니 직관에 어긋나지만 간단하게 설명할 수 있다. 지구 온난화는 대기, 바다, 육지로 흘러들어오는 열에너지 양의 평균에 관한 것이다. 전 세계가 모두 균일하게 뜨거워진다고 말한 사람은 아무도 없다.

지구의 총열에너지가 상승하면 평균을 중심으로 요동이 심해진다. 이 요동은 정상보다 뜨거워질 수도 있지만 차가워질 수도 있다. 핵심은 전체적으로 보면 뜨거워지는 경우가 더 우세하다. 어느 한 장소에 갑자기 한파가 몰아친다고 해서 지구 온난화가 다 거짓말이라는 증거는 아니다. 만약 당신의 동네는 평소보다 10도 낮고 다른 동네 11곳은 평소보다 1도씩 뜨겁다면 전체적인 평균 기온은 상승한다. 만약 당신의 동네가 오늘은 평소보다 10도 추운데 나중에는 띄엄띄엄 11일에 걸쳐 1도씩 더 높고 나머지는 기존의 평균 기온과 같았다면 그런 경우도 전체적인 평균 기온은 올라간다. 사실 당신이 사는 곳의 평균 기온도 상승한 상태다.

문제는 날씨가 갑자기 추워지는 것은 금방 알아차리는데 그것을 상쇄하는 온난화 효과들은 너무 조금씩, 혹은 너무 드문드문, 혹은 다른 지역에서 일어나는 바람에 알아차리지 못할 수 있다. 최근에 유럽과 북미에 몰아쳤던 유례없는 한파는 제트 기류가 북극의 찬 공기를 평소보다 더 남쪽으로 밀어내는 바람에 생겼다. 그래서 평소에는 북극 만년설 주변을 돌고 있던 찬 공기가 바다 건너 그린란드, 캐나다와 러시아 북부까지 뻗쳤다. 그 찬 공기가 대체 왜 남쪽으로 내려왔을까? 극지방의 공기가 평소보다 훨씬 뜨거워져 찬 공기를 밀어냈기 때문이다. 결국 평균적으로 보면 영향을 받은 지역들은 더 뜨거워졌다.

기후 변화 모형에 대한 수학만으로도 책 한 권을 채울 수 있겠지만 그것까지 설명하지는 않겠다. 그냥 내가 여러분에게 말하고 싶은 내용을 전달할 수 있는 무대만 마련하려고 한다.

전 세계적으로 얼음이 녹고 있다. 몇몇 특이한 곳에서는 얼음의 양이 늘어나고 있지만 나머지 모든 곳에서는 줄어들고 있다. 그것도 아주 빠른 속도로. 빙하가 물러나고 있고 양쪽 극지방의 만년설은 규모가 줄어들고 있다. 이런 영향으로 인구 20억 명의 물 공급이 위협받고 있고 그 때문에 해수면이 상승하고 있어서 이것을 막지 않으면 5억 명 이상의 집이 물에 잠기게 된다. 그래서 개인적인 수준의 관심사였던 녹는 얼음의 물리학과 수학이 갑자기 거의 모든 사람의 핵심 관심사로 자리 잡게 됐다.

얼음이 녹는 현상에 대해 과학자들은 많이 알고 있다. 물이 끓어서 수증기로 변하듯이 얼음이 녹는 현상도 물질의 상태가 변하는 상전이phase transition의 고전적인 사례다. 물은 다양한 상태로 존재할 수 있다. 고체가 될 수도, 액체나 기체가 될 수도 있다. 그중 어느 상태에 놓일지는 주로 온도와 압력으로 결정된다. 대기압 상태에서 물의 온도가 충분히 낮아지면 고체인 얼음이 된다. 얼음은 온도가 올라 녹는점을 지나면 액체인 물로 변한다. 여기서 더 가열해서 끓는점을 넘어서면 기체인 수증기가 된다. 현재 과학에는 상이 다른 18가지 얼음이 알려져 있다. 그중 마지막으로 발견된 사각얼음square ice은 2014년에 발견됐다. 정상 기압 아래서는 이 18가지 중 3가지가 존재할 수 있다. 나머지는 훨씬 높은 압력이 필요하다.

우리가 알고 있는 얼음에 대한 대부분의 내용은 비교적 적은 양으로 실험실에서 실험으로 나온 것이다. 하지만 현재 우리가 녹는 얼음에 대해 급하게 알아야 할 내용은 자연에 존재하는 극단적으로 많은 양의 얼음이다. 이것을 알아낼 수 있는, 서로 밀접하게 관련된 2가지 방법이 있다. 일어나고 있는 일을 관찰하고 측정하고, 그것을 뒷받침하는 물리학에 관한 이론적 모형을 구축하는 것이다. 진정으로 이해하려면 이 양쪽을 함께 이끌고 가야 한다.

융해 연못melt pond의 형성은 극지방의 얼음, 특히 해빙이 녹고 있다는 신호 중 하나다. 얼음 표면이 녹기 시작하면서 작고 탁한 물웅덩이가 고여 순백의 얼음을 더럽힌다. 물웅덩이는 액체 상태의 물이라 얼음과 달리 색이 어둡다. 그래서 햇빛을 반사하기는커녕 오히려 흡수한다. 특히 그중에서도 적외선은 물이 얼음이었을 때보다 더 빠른 속도로 물웅덩이의 온도를 높이기 때문에 웅덩이의 크기가 커진다. 이 웅덩이가 충분히 커지면 서로 합쳐져 더 큰 웅덩이를 이루고

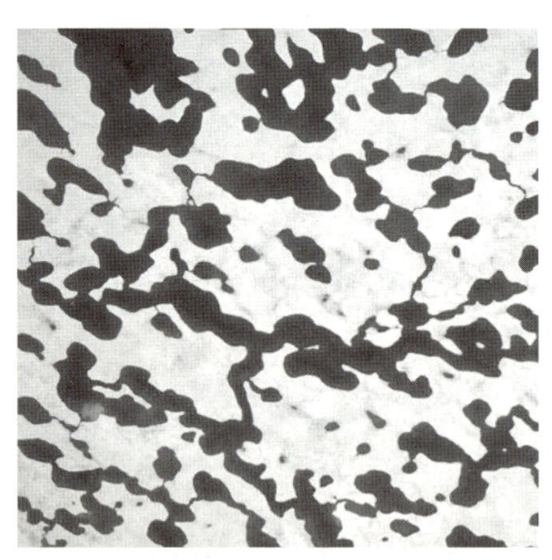

하얀 북극 얼음을 배경으로 어두운 융해 연못이 두드러져 보인다.
이 연못들은 어째서 이런 정교한 무늬를 만들어낼까?

결국 연못이라 부를 수 있을 정도로 커진다. 이것이 융해 연못이다. 이 연못은 형태가 복잡하고 정교하다. 작은 실 가닥으로 연결된 물방울들이 마치 기이한 곰팡이 조각처럼 가지를 치며 퍼져나간다.

융해 연못의 성장에 관한 물리학은 따뜻해졌을 때 해빙이 어떻게 행동하는지 보여주는 중요한 특성이다. 그리고 특히나 북극의 해빙에서 바로 그런 행동이 일어나고 있다. 지구가 더워지면서 해빙에 무슨 일이 일어날지 알아내는 것이 기후 변화가 미칠 영향을 이해하는 데 핵심적인 요소다. 따라서 수학자들이 그 비밀을 풀어헤치기 위해 녹고 있는 얼음의 모형을 조사하는 것은 자연스러운 일이다. 그리고 실제로 그렇게 하고 있다. 이는 전혀 놀랄 일이 아니다. 정말로 놀라운 일은 그 때문에 현재 연구가 진행되고 있는 모형 중 하나가 사실은 녹고 있는 얼음에 관한 모형이 아니라는 점이다. 이것은 자기magnetism에 관한 모형이다. 이 연구의 시작은 1920년으로 거슬러 올라간다. 자성체도 자체적으로 상전이를 거친다. 특히 이들은 너무 뜨거워지면 고유의 자성을 잃어버린다.

이 모형은 오랫동안 상전이의 전형으로 자리 잡았다. 독일의 물리학자 빌헬름 렌츠Wilhelm Lenz가 발명했지만 모두 아이싱 모형(Ising model, 이징 모형)이라고 부른다. 수학자와 물리학자는 항상 자기가 생각하기에 그 연구와 가장 밀접한 연관이 있다고 생각하는 사람의 이름을 따서 명명하기 때문이다. 그 사람이 실제 발명가가 아닐 때도 종종 있다. 빌헬름 렌츠에게는 학생이 한 명 있었다. 에른스트 이징Ernst Ising이었다(독일어 표기로는 이징이지만 저자는 영어로 'icing 아이싱'과 같은 발음으로 표현하고 있다-옮긴이). 렌츠가 그에게 박사 학위 논문 숙제를 주었다. 이 모형을 풀어서 자기 상전이가 일어난다는 사실을 증명하는 숙제였다. 이징은 그 문제를 풀었고 자기 상전이가 일어나지 않는다는 사실을 증명했다. 그럼에도 그의 연구는 수리 물리학이라는 산업 전체에 시동을 걸었고 자기를 이해하는 데 크게 기여했다.

그리고 지금은 녹는 얼음을 이해하는 데 기여하고 있다.

* * *

요즘에는 자기에 너무 익숙해져서 자기가 대체 어떻게 작용하는지 궁금해하는 경우가 별로 없다. 자석을 이용해서 플라스틱 돼지 인형을 냉장고 문에 붙이기도 하고(뭐, 우리 집에서는 그런다), 휴대폰에 커버를 고정하기도 하며, 아주 큰 자석을 이용해서 아원자 입자에 질량을 부여하는 그 유명한 힉스 보손Higgs boson을 감지하기도 한다. 일상에서 자석을 사용하는 경우로는 컴퓨터 하드 드라이브와 전기 모터 등이 있다. 자동차 유리창을 자동으로 열고 닫는 모터도 있고 기가와트의 전력을 생산하는 모터도 있다. 자석은 어디에나 널려 있지만 아주 신비로운 존재다. 자석은 보이지 않는 일종의 역장force field을 통해 서로를 끌어당기거나 밀어낸다. 가장 단순하고 익숙한 형태인 막대자석은 양쪽 끝에 N극과 S극이라는 2개의 극을 갖고 있다. N극과 S극은 서로를 끌어당기지만 N극끼리는 밀어낸다. S극도 마찬가지로 같은 극끼리 붙이려고 하면 서로 밀어내는 게 느껴진다. 서로 다른 극끼리는 떼어놓으려고 해도 서로 달라붙으려 한다. 원격 작용action at a distance처럼 이들은 서로 접촉하지 않은 상태에서도 서로에게 영향을 미친다. 자석을 이용하면 물체를 공중에 띄울 수도 있다. 기차처럼 큰 것도 띄울 수 있다. 신기하게도 이런 역장은 눈에 보이지 않는다. 아무것도 보이지 않는다.

인류는 적어도 2,500년 전부터 자석에 대해 알고 있었다. 자석은 철 산화물인 광물 자석 속에 천연으로 존재한다. 자철석lodestone이라는 작은 자석 덩어리는 철로 된 물체를 끌어당길 수 있고 실에 묶어 매달아놓거나 나무 조각에 붙여 물에 띄우면 나침반을 만들 수도 있다. 서기 12세기경부터는 항해에 자철석을 일상적으로 사용했다. 영구적인 자기장을 갖출 수 있는 이런 물질을 강자성체ferromagnetic라 한다. 대부분은 철, 니켈, 코발트로 만든 합금이다. 어떤 물질은 거의 영구적으로 자성을 유지하는 반면, 어떤 것은 일시적으로 자성을 띨 수 있지만 머지않아 다시 자성을 잃어버린다.

1820년에 덴마크의 물리학자 한스 크리스티안 외르스테드Hans Christian Ørsted가 자기와 전기 사이의 연관성을 발견하면서 과학자들은 자석에 진지하게 관심을 갖기 시작했다. 즉, 전류가 자기장을 만들어낸다는 사실이 밝혀졌다. 영국의 과학자 윌리엄 스터전William Sturgeon은 1824년에 전자석electromagnet을 만들었다. 전자기학의 역사는 자세히 설명하기에는 너무 방대한 내용이지만 결정적인 발전은 마이클 패러데이Michael Faraday의 실험에서 나왔다. 이후 제임스 클러크 맥스웰로 이어져 전기장과 자기장 그리고 둘 사이의 관계를 정리한 수학 방정식이 탄생했다. 이 방정식은 움직이는 전기가 자기를 만들어내고 움직이는 자기가 전기를 만들어낸다고 정확하게 말해주고 있다. 이 둘 사이에서 빛의 속도로 이동하는 전자기파electromagnetic wave가 만들어진다. 사실 우리가 보는 빛도 전자기파의 일종이다. 라디오파, X선, 마이크로파도 모두 마찬가지다.

강자성체의 당혹스러운 특징 중 하나는 가열했을 때의 반응이다. 퀴리 온도Curie temperature라는 임계 온도가 존재한다. 강자성체를 그 물체의 퀴리 온도 위로 가열하면 자기장이 사라진다. 그뿐만이 아니다. 그 전이가 갑자기 일어난다. 온도가 퀴리 온도에 접근할수록 자기장이 극적으로 약해진다. 그리고 퀴리 온도에 가까워질수록 더 빠른 속도로 약해진다. 물리학자들은 이런 행동을 이차 상전이second-order phase transition라고 부른다. 큰 의문이 하나 떠오른다. 어째서 이런 일이 일어날까?

아주 작은 전하를 싣고 다니는 아원자 입자인 전자electron의 발견으로 중요한 단서가 하나 생겼다. 전자들이 떼를 지어 움직이면 그게 바로 전류다. 원자에는 양성자proton와 중성자neutron로 이루어진 원자핵이 있고 그 주위를 전자구름이 둘러싸고 있다. 이 전자의 수와 배열이 그 원자의 화학적 속성을 결정한다. 전자에는 스핀spin이라는 속성도 있다. 이것은 양자적 속성이고 스핀이라고는 부르지만 실제로 회전하지는 않는다. 하지만 각운동량angular momentum과 공통점이 아주 많다. 각운동량이란 고전 물리학에서 회전하는 물체의 한 특성에 붙여준 수학적 이름이다. 이 값은 스핀 회전이 얼마나 강한지, 그 회전이 어느 방향으로 일어나고 있는지, 즉 어느 축을 중심으로 회전하고 있는지 말해준다.

물리학자들은 전자의 스핀이 전자에 자기장을 부여해준다는 사실을 실험을 통해 알아냈다. 양자역학은 말 그대로 양자역학인지라 기이하기 짝이 없어서 전자의 스핀은 어느 축을 기준으로 측정해도 항상 '업up' 아니면 '다운down'으로 나온다. 그럼 전자는 꼭대기가 N극, 바닥이 S극, 아니면 그 반대인 작은 자석이란 말이 된다. 측정하기 전에는 스핀의 업과 다운이 동시에 어떤 조합으로도 존재할 수 있다. 완전히 다른 축을 중심으로 돌 수 있다는 얘기다. 하지만 당신이 선택한 축을 중심으로 스핀을 관찰하는 순간 그 스핀은 항상 업 아니면 다운으로 나온다. 둘 중 하나만 가능하다. 이상한 일이다. 고전 물리학의 스핀 회전과는 완전히 딴판이다.

전자의 스핀과 그 자기장 사이의 상관관계를 통해 자석이 너무 뜨거워지면 자성을 잃는 이유뿐만 아니라 어떻게 잃는지까지도 많은 부분을 설명할 수 있다. 강자성체가 자화magnetization되기 전까지는 전자의 스핀이 무작위로 배열되어 있기 때문에 이 작은 자기장들이 서로를 상쇄해버린다. 하지만 전자석이나 다른 영구 자석과 가까이 붙어서 그 물질이 자화되면 전자들의 스핀이 나란히 배열된다. 그럼 그 자기장들이 서로를 강화해서 감지할 수 있는 자기장이 넓은 범위에 걸쳐 만들어진다. 이것을 교란하지 않고 놔두면 이 전자 스핀 배열이 계속 유지되기 때문에 영구 자석이 만들어진다.

하지만 물질을 가열하면 열에너지가 전자들을 뒤흔들어 일부 스핀을 뒤집어놓기 시작한다. 다른 방향에서 잡아당기는 자기장은 서로를 약화시키기 때문에 자기장의 전체적인 강도가 낮아진다. 이것으로 자기의 손실을 양적으로 설명할 수 있다. 하지만 그렇게 급작스러운 상전이가 생기는 이유나 항상 특정 온도에서만 생기는 이유는 설명하지 못한다.

다시 렌츠 이야기로 돌아가보자. 그는 전자가 배열되어 있고 각각의 전자가 자신의 상대적 스핀에 따라 이웃 전자에게 영향을 미치는 간단한 수학 모형을 만들어냈다. 이 모형에서 각각의 전자는 공간 속 고정된 점에 자리 잡고 있다. 보통은 커다란 체스판의 정사각형같이 규칙적인 격자 속 점에 자리 잡는다. 모형 속 각각의 전자는 두 상태 중 하나로 존재할 수 있다. +1이면 업 스핀, -1이면 다운 스핀이다. 어느 순간이든 이 격자는 ±1의 패턴으로 덮여 있다. 체스판에 비유하자면 각각의 정사각형은 검정색(업 스핀) 혹은 하얀색(다운 스핀)이다. 검정 사각형과 하얀 사각형이 어떤 패턴으로든 나타날 수 있다. 적어도 원칙적으로는 그렇다. 양자 상태는 어느 정도 무작위적이기 때문이다. 하지만 어떤 패턴은 다른 패턴보다 나올 확률이 더 높다.

박사 과정 학생들은 지도 교수가 하기 싫은 계산이나 실험을 맡기기에 좋은 대상이다. 그래서 렌츠는 이징에게 그 모형을 풀어보라고 시켰다. 여기서 말하는 '모형을 푼다'는 말의 의미가 좀 미묘하다. 스핀이 어떻게 뒤집히는지에 관한 역학이나 개별 패턴에 관한 것이 아니다. 모든 가능한 패턴의 확률 분포, 그리고 이 분포가 온도나 다른 어떤 외부 자기장에 따라 어떻게 달라지는지 계산한다는 의미다. 확률 분포는 공식으로 나올 때가 많은 수학적 도구다. 이 경우는 확률 분포를 통해 어느 주어진 패턴이 나올 확률이 얼마나 되는지 알 수 있다.

지도 교수가 뭔가를 시켰는데 박사 학위를 따고 싶다면 시킨 대로 해야 한다. 아니면 적어도 최선을 다 해야 한다. 지도 교수는 가끔 학생들에게 너무 어려운 문제를 내주기도 한다. 어쨌거나 학생에게 문제를 풀어보라고 시키는 이유는 지도 교수도 그 답을 모르겠고, 어떤 막연한 직감 말고는 그 해답을 찾는 게 얼마나 어려울지 감을 잡지 못하기 때문이다.

그래서 이징은 렌츠의 모형을 푸는 문제에 본격적으로 달려들었다.

* * *

박사 학위 지도 교수가 자신이 알고 있는 몇 가지 표준 비법을 학생들에게 알려주기도 하지만 정말 똑똑한 학생이라면 스스로 이 비법을 발견하거나 지도 교수가 한 번도 생각하지 못한 아이디어를 떠올리기도 한다. 그중에 별나기는 해도 전반적으로 맞아떨어지는 아이디어가 있다. 아주 큰 수를 다룰 때는 그 값을 무한으로 만들면 모든 것이 더 쉬워진다는 아이디어다. 예를 들어 현실적 크기의 강자성 물질 덩어리를 나타내는, 아주 크지만 유한한 체스판에서 이징 모형을 이해하고 싶을 때는 무한히 큰 체스판으로 작업하는 것이 수학적으로 편리하다. 유한한 체스판에는 가장자리가 있는데 가운데 있는 사각형과 가장자리 사각형은 다르기 때문에 계산이 복잡해지는 경향이 있다. 대칭은 계산을 쉽게 만들어주는데 이런 가장자리의 존재가 전자 배열의 대칭성을 깨뜨린다. 반면 무한한 체스판은 가장자리가 없다.

체스판의 그림은 수학자와 물리학자들이 2차원 격자라고 부르는 것에 대응한다. '격자'라는 단어는 그 기본 단위인 체스판의 정사각형이 아주 규칙적인 방식으로 배열되어 있다는 의미다. 수학적 격자는 어떤 수의 차원이라도 가질 수 있는 반면, 물리학적 격자는 보통 1, 2, 3차원을 갖는다. 물리학에서 가장 중요한 것은 3차원 격자다. 3차원 격자는 창고에 똑같은 크기의 상자가 깔끔하게 쌓여 있는 것처럼 똑같은 모양과 크기의 정육면체가 무한히 배열되어 있는 모양이다. 이 경우 전자는 소금 같은 입방 대칭cubic symmetry 결정 속에 들어 있는 원자처럼 공간의 한 영역을 채운다.

수학자와 수리 물리학자들은 단순하지만 현실성은 떨어지는 1차원 격자 모형으로 시작하는 쪽을 좋아한다. 여기서는 전자의 위치가 직선을 따라 규칙적인 간격으로 마치 수직선을 따라 있는 정수의 점처럼 배열되어 있다. 별로 물리적이지는 않지만 가장 단순한 설정 안에서 개념을 발전시키기 좋다. 격자의 차원이 높아질수록 수학적 복잡성도 커진다. 예를 들어 결정의 격자 유형이 선에서는 1개지만, 면에서는 17개, 3차원에서는 무려 230개나 된다. 그래서 렌츠는 자기 학생에게 이런 모형이 어떻게 행동하는지 알아내는 문제를 시키면서 현명하게 1차원 격자에 초점을 맞추라고 했다. 그리고 그 학생은 오늘날 이징 모형이라고 부르는 게 아깝지 않은 훌륭한 결과를 내놓았다.

이징 모형은 자기, 자기의 구조, 자기에 대해 생각하는 방식에 관한 모형이지만 열역학 분야에 속한다. 이 분야는 기체의 온도와 압력 같은 양을 다루는 고전 물리학에서 기원했다. 1905년 즈음 물리학자들은 마침내 원자가 존재하고 원자가 결합해서 분자를 이룬다는 사실을 확신하게 되었을 때 온도와 압력 같은 변수가 통계적 평균치라는 것을 깨달았다. 이는 우리가 쉽게 측정할 수 있는 '거시적' 속성이지만 그보다 훨씬 작은 '미시적' 척도에서 일어나는 사건들로 만들어진다. 미시적이라는 표현을 영어로는 현미경적이라는 뜻의 'microscopic'이라고 표현하지만 사실 원자는 현미경으로도 볼 수 없다. 물론 요즘에는 개별 원자의 이미지를 촬영할 수 있는 현미경도 나와 있다. 하지만 이런 작업은 원자가 움직이지 않는 경우에만 가능하다. 기체 속에서는 막대한 수의 분자들이 사방으로 날아다니면서 서로 충돌하며 튕겨 나온다. 이런 튕김 때문에 이들의 운동이 무작위적으로 변한다.

열은 분자의 운동으로 생기는 에너지의 한 형태다. 분자의 속도가 빠를수록 기체가 뜨거워져 온도도 올라간다. 온도와 열은 다르다. 온도는 열의 양이 아니라 질을 측정한 값이다. 분자의 위치와 속도, 열역학적 평균 사이에는 수학적 상관관계가 있다. 이런 상관관계가 통계역학statistical mechanics이라는 분야의 주제다. 통계역학에서는 상전이에 방점을 찍고 미시적 변수를 이용해 거시적 변수를 계산하는 것을 추구한다. 예를 들어 얼음이 녹을 때 변화하는 물 분자의 행동은 대체 무엇일까? 그리고 물질의 온도와 무슨 관련이 있을까?

* * *

이징이 푼 문제도 비슷했지만 렌츠는 H_2O 분자와 뜨거워지면서 물로 변하는 얼음 대신 뜨거워지면 자성을 잃는 전자의 스핀과 자석을 분석하고 있었다. 렌츠는 현재 우리가 이징 모형이라 부르는 자신의 모형을 최대한 단순하게 설정했다. 수학에서 흔히 있는 일이지만 모형 자체는 단순하더라도 그 모형의 풀이는 단순하지 않다.

이징 모형을 푼다는 것은 작은 자석의 배열이 가진 통계적 특성이 온도에 따라 어떻게 달라지는지 계산한다는 의미라는 사실을 떠올려보자. 결국 계의 총에너지를 찾아내는 문제로 귀결되고 자기 패턴, 즉 업 스핀과 다운 스핀의 수와 배열, 체스판 검은 사각형과 하얀 사각형의 수와 배열에 좌우된다. 물리계는 에너지가 최대한 낮은 상태를 선호한다. 예를 들어 뉴턴의 그 전설적인 사과가 땅으로 떨어진 이유도 그 때문이다. 땅으로 떨어지면 중력 퍼텐셜 에너지가 작아지니까 말이다. 뉴턴은 그와 동일한 추론을 달에도 적용할 수 있다는 사실을 깨달았다. 그의 천재성이 빛을 발하는 순간이었다. 달은 영원히 낙하하고 있지만 옆으로도 움직이고 있어서 땅에 도달하지 못하고 있다. 올바른 계산을 통해 뉴턴은 동일한 중력의 힘으로 양쪽 운동을 정량적으로 설명할 수 있다는 사실을 보여주었다.

어쨌거나 이 작은 자석들, 즉 스핀 방향이 있는 이 전자들은 자신의 전체 에너지를 가능한 한 작게 만들려고 한다. 하지만 어떻게 에너지를 줄여서 어떤 상태에 도달할지는 물질의 온도에 달려 있다. 미시적 수준에서 보면 열은 에너지의 한 형태로, 분자와 전자를 이리저리 무작위로 거칠게 움직이게 만든다. 물질이 뜨거워질수록 움직임도 더 거칠어진다. 자석 안에서는 스핀의 정확한 패턴이 무작위로 일어나는 거친 운동 때문에 계속 변하고 있다. 모형을 풀었을 때 스핀의 특정 패턴이 아니라 통계적인 확률 분포가 나오는 이유도 이 때문이다. 하지만 나올 확률이 가장 높은 패턴은 모두 아주 비슷해서 주어진 온도에서 전형적인 패턴이 어떤 모습일지 물어볼 수 있다.

이징 모형에서 결정적인 부분은 전자의 상호 작용 방식에 관한 수학적 규칙이다. 이 규칙은 어떤 패턴에 따라오는 에너지를 구체적으로 보여준다. 이 모형은 전자들이 바로 이웃한 전자하고만 상호 작용한다고 가정을 단순화한다. 강자성 상호 작용ferromagnetic interaction에서는 이웃한 전자가 스핀이 같은 경우에 음의 에너지에 기여한다. 반강자성계antiferromagnetic system에서는 이웃한 전자가 스핀이 같을 때 양의 에너지에 기여한다. 각각의 전자가 외부 자기장과 상호 작용해서 생기는 추가적인 에너지 기여도 있다. 단순화 모형에서는 이웃 전자들 간의 상호 작용 강도가 모두 동일하고 외부 자기장은 0으로 설정한다.

여기서 수학적 핵심은 한 정사각형의 색이 검정색에서 흰색으로, 혹은 그 반대로 바뀔 때, 즉 임의의 위치에 있는 단일 전자가 +1(검정색)과 −1(흰색) 사이를 뒤집히며 오갈 때 주어진 패턴의 에너지가 어떻게 변하는지 이해하는 것이다. 어떤 뒤집기는 총에너지를 증가시키고 어떤 것은 낮춘다. 총에너지를 낮추는 뒤집기가 일어날 확률이 더 높다. 하지만 총에너지를 높이는 뒤집기가 완전히 배제되는 것은 아니다. 열 때문에 생기는 무작위 뒤흔들기 때문이다. 직관적으로 보면 스핀 패턴이 에너지가 제일 낮은 패턴으로 수렴하리라 예측할 수 있다. 이렇게 되면 강자성 물질에서는 모든 전자가 스핀이 똑같아져야 하지만 실제로는 그렇게 되지 않는다. 시간이 너무 오래

걸리기 때문이다. 대신 적당한 온도에서는 스핀이 거의 완벽하게 배열된 뚜렷한 패치patch들이 군데군데 만들어지면서 검정색과 하얀색 타일로 불규칙하게 타일 붙이기를 한 것 같은 패턴이 나온다. 더 높은 온도에서는 무작위 뒤흔들기가 이웃한 스핀들 간의 상호 작용을 휘저어 패치들의 크기가 너무 작아지기 때문에 전자의 스핀과 이웃 전자의 스핀 사이의 상관관계가 사라진다. 그래서 패턴이 카오스적으로 변하고 아주 미세하게 흑백 구간이 생기는 곳을 제외하면 회색으로 보인다. 낮은 온도에서는 패치가 더 커지면서 더 질서 있는 패턴이 등장한다. 이런 패턴들이 완전히 어느 하나로 정착하는 일은 절대 없다. 항상 무작위적인 변화가 따른다. 하지만 주어진 온도에서 패턴의 통계적 특성은 자리를 잡는다.

물리학자들의 흥미를 가장 크게 자극한 부분은 질서가 있는 상태인 색을 띤 개별 패치들이 회색의 무작위 카오스로 전이하는 부분이다. 이것은 상전이다. 자화된 상태에서 탈자화된demagnetized 상태로 가는 강자성체 상전이 실험을 해보니 퀴리 온도 아래서는 자성 패턴이 패치 형태를 띤다는 사실이 밝혀졌다. 패치의 크기는 모두 제각각이지만 전형적인 특정 크기, 즉 길이 척도length scale를 중심으로 모인다. 온도가 높아지면 이 길이 척도가 작아진다. 퀴리 온도 위에서는 패치가 존재하지 않는다. 2가지 스핀 값이 뒤섞여 있다. 물리학자들은 퀴리 온도에서 일어나는 현상을 보고 흥분했다. 다양한 크기의 패치들이 존재하지만 지배적인 길이 척도는 존재하지 않았다. 패치들은 모든 척도에서 세부 구조를 가진 패턴인 프랙털을 형성한다. 이 패턴의 일부를 확대해보면 전체 패턴과 동일한 통계적 특성이 드러난다. 따라서 패턴만 보고 패치의 크기를 추론하는 것은 불가능하다. 명확하게 정의된 척도 길이가 더는 존재하지 않는다. 하지만 전이 동안에 패턴이 변화하는 속도에는 임계 지수critical exponent라는 수치를 부여할 수 있다. 실험을 통해 이 임계 지수를 아주 정확하게 측정할 수 있기 때문에 이론 모형을 위한 민감한 검증 방법을 제공해준다. 이론 물리학자들의 주요 목표는 정확한 임계 지수를 내놓는 모형을 이끌어내는 것이다.

컴퓨터 시뮬레이션으로는 이징 모형을 정확하게 풀 수 없다. 시뮬레이션은 올바른 엄격한 수학적 증명을 가진 통계적 특성에 대한 공식을 제공할 수 없다. 현대의 컴퓨터 대수학 시스템은 연구자들이 공식을 추측할 때 도움을 줄 수는 있다. 그 공식이 존재한다면 말이다. 하지만 그렇게 나온 공식은 여전히 증명이 필요하다. 더 전통적인 컴퓨터 시뮬레이션은 모형이 현실에 부합하는지, 부합하지 않는지에 관한 확고한 증거를 제공할 수 있다. 수리 물리학자들(그리고 물리학에 소질이 있는 수학자들도. 이 문제는 물리학에서 동기를 부여받았지만 순수하게 수학적이기 때문이다)이 찾는 성배는 이징 모형에서 스핀 패턴의 통계적 속성에 대한 정확한 결과를 얻는 것이다. 그중에서도 온도가 퀴리 온도를 통과할 때 그 속성들이 어떻게 변하는지가 큰 관심사다. 특히 연구자들은 모형에서 상전이가 발생한다는 증거를 찾고 있다. 그리고 임계 지수와 전이 순간에 나올 확률이 제일 높은 패턴의 프랙털 특성을 통해 그 특징을 포착하는 것을 목표로 하고 있다.

　　　　　　　　　　＊　＊　＊

　이제 더 전문적인 이야기로 들어가겠다. 하지만 세부 사항에 대해 걱정할 필요 없이 주요 개념만 전달할 수 있도록 노력하겠다. 잠시 의심은 접어두고 흐름에 몸을 맡겨보자.

　열역학에서 가장 중요한 수학적 도구는 분배 함수partition function다. 분배 함수는 계의 모든 상태에 대해 상태와 온도에 좌우되는 특정 수식을 모두 더해서 얻는다. 정확히 말하자면 어느 주어진 상태에 대해 그 상태의 에너지를 취하고 그 값을 음수로 만든 다음 온도로 나누면 그 상태에 대한 수식을 얻을 수 있다. 여기에 지수를 취해서 모든 가능한 상태에 대해 그런 수식을 모두 더해준다.[62] 여기에서 물리학적 개념은 에너지가 더 낮은 상태가 이 계산에 더 큰 값을 기여하기 때문에 나올 확률이 가장 높은 종류의 상태가 분배 함수에서 제일 우세하게 나타난다는, 즉 정점을 찍는다는 것이다.

　적절하게 조작하면 일반적인 열역학적 변수 모두를 분배 함수에서 연역할 수 있기 때문에 열역학 모형을 푸는 최고의 방법은 분배 함수를 계산하는 것이다. 이징은 자유 에너지에 대한 공식을 유도하고[63] 자화를 위한 공식을 연역하여[64] 해를 발견했다. 공식은 대단히 인상적이었지만 분명 이징에게는 큰 실망으로 다가왔을 것이다. 온갖 수를 내어 어려운 계산을 했는데 나온 결론은 외부 자기장이 없으면 물질이 자체적인 자기장을 가질 수 없다는 것이었으니 말이다. 설상가상으로 이것은 어느 온도에서도 적용됐다. 따라서 이 모형은 아무런 상전이도 일어나지 않으며 강자성 물질의 자발적 자화도 없

362

다는 사실을 예측하고 있다.

이런 부정적인 결과가 나온 가장 큰 이유는 모델이 너무 단순하기 때문이라는 의심이 바로 제기되었다. 실제로 의심의 눈길은 격자의 차원을 향하고 있었다. 기본적으로 1차원은 현실적인 결과를 이끌어내기에는 차원이 너무 작다. 그렇다면 다음 단계는 2차원 격자에서 같은 계산을 다시 해보는 것이었지만 이건 정말 어려운 문제였다. 이징의 방법은 부적절했다. 이런 계산을 더 체계적이고 단순하게 만들어주는 몇 번의 돌파구가 있고 난 후에 1944년이 되어서야 라르스 온사거Lars Onsager가 2차원 이징 문제를 풀어냈다. 이것은 수학의 역작이었다. 복잡하지만 명확한 답이 나왔기 때문이다. 하지만 결국 그도 외부 자기장이 없다고 가정해야 했다.

공식은 이제 $2k_B^{-1} J/\log(1+\sqrt{2})$(여기서 k_B는 열역학에서 가져온 볼츠만 상수이고 J는 스핀들 사이 상호 작용의 강도를 말한다)라는 임계 온도 밑에서는 0이 아닌 내부 자기장으로 이어지는 상전이가 존재한다는 점을 보여준다. 임계점 근처의 온도에서는 특정한 열이 상전이의 특징인 실제 온도actual temperature와 진짜 온도true temperature의 차이의 로그같이 무한으로 커진다. 후속 연구에서도 다양한 임계 요소가 유도되어 나왔다.

* * *

전자의 스핀과 자석에 관한 이 온갖 소란이 대체 북극 해빙에서 생기는 융해 연못과 무슨 관련이란 말인가? 얼음이 녹는 것은 상전이에 해당하지만 얼음은 자석이 아니고 녹는 것은 스핀이 뒤집어지는 것과도 상관이 없다. 이 둘 사이에 어떤 유용한 상관관계가 존재할 수 있단 말인가?

만약 수학이 그 수학을 낳은 특정 물리적 해석만을 고집한다면 당연히 그런 상관관계가 존재할 수 없다는 대답이 나올 것이다. 하지만 그렇지 않다. 분명 항상 그런 것은 아니다. 여기서 바로 미스터리한 수학의 터무니없는 효용성이 등장한다. 자연에서 얻은 영감이 그 효용성을 설명해준다고 주장하는 사람이 터무니없는 효용성을 잊어버리는 이유도 여기서 등장한다.

한 응용 분야에서 나온 수학 개념이 아무런 상관이 없어 보이는 분야로 넘나드는 이런 이식 가능성portability을 보여주는 첫 단서는 공식, 그래프, 수, 혹은 그림에서 나타나는 예상치 못한 가족 유사성family resemblance인 경우가 많다. 보통 이런 유사성은 결국 아무런 의미 없는 시각적인 트릭이나 우연으로 드러난다. 세상에는 수많은 그래프와 형태가 존재하니 그런 우연이 등장하는 것도 무리가 아니다.

하지만 가끔은 실제로 깊은 상관관계를 보여주는 단서일 때가 있다.

내가 이 장에서 다루고 있는 연구도 그렇게 해서 시작되었다. 약 10년 전에 케네스 골든Kenneth Golden이라는 수학자가 북극해 해빙 사진을 보다가 퀴리 온도의 상전이 근처에 나타나는 전자 스핀의 패치 사진과 섬뜩할 정도로 닮았다는 사실을 눈치챘다. 그는 이징 모형을 새롭게 적용해서 융해 연못이 어떻게 형성되고 퍼지는지 알아낼 수 있을지 궁금했다. 얼음에 모형을 적용하려면 작은 전자의 업/

다운 상태가 1m² 정도의 해빙 표면 영역의 얼음/녹음 상태로 대체되기 때문에 척도가 훨씬 커야 했다.

이런 생각이 진지한 수학으로 싹을 틔우는 데는 시간이 걸렸지만 일단 싹을 틔우고 나자 대기 과학자 커트 스트롱Court Strong과 함께 연구하던 골든은 기후 변화가 해빙에 미치는 영향에 대한 새로운 모형을 구축했다. 그가 이징 모형 시뮬레이션을 융해 연못 이미지 분석을 전문으로 하는 한 동료에게 보여주었더니 그 사람은 진짜 융해 연못의 사진인 줄 알았다. 연못의 면적과 둘레 길이 사이의 관계(이것은 경계가 얼마나 들쭉날쭉한지 측정하는 값이다) 등 이미지에서 나타나는 통계적 특성을 더 자세히 분석해봤더니 수치가 아주 가깝게 맞아떨어졌다.

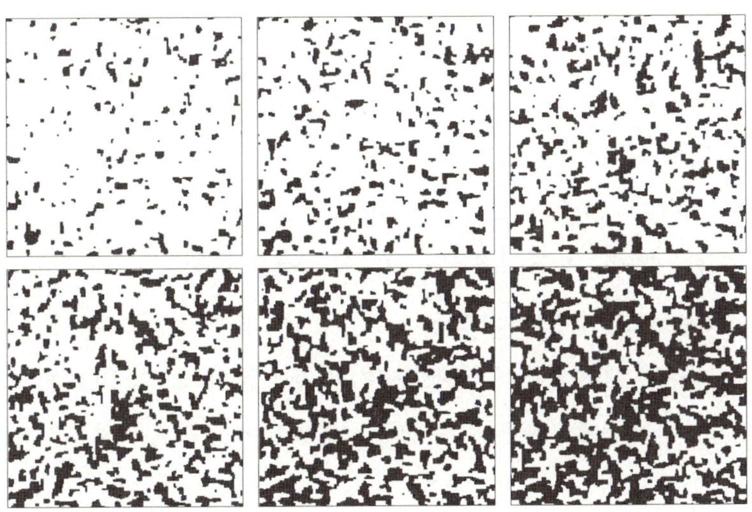

이징 모형을 바탕으로 만든 융해 연못 발달 과정을 시뮬레이션한 모습이다.

기후 연구에서는 융해 연못의 기하학이 대단히 중요하다. 해빙과 바다 상층부에서 일어나는 중요한 과정에 영향을 미치기 때문이다. 여기에는 해빙이 녹으면서 생기는 얼음 알베도(얼음이 빛과 복사를 반사하는 비율)의 변화, 빙원이 깨지는 방식, 빙원의 크기 변화 등이 해당한다. 이것은 다시 얼음 밑의 명암 패턴에 영향을 미쳐 조류algae의 광합성과 미생물 생태계에 영향을 미친다.

이것을 모형으로 받아들이려면 2가지 주요 관찰 내용과 부합해야 한다. 1998년에 SHEBA 탐사대가 헬리콥터를 타고 사진을 촬영해서 융해 연못의 크기를 측정했다. 거기서 관찰된 연못 크기의 확률 분포는 멱 법칙power law을 따랐다. 면적이 A인 연못을 찾을 확률이 A^k에 비례했다. 여기서 상수 k는 면적이 10~100m^2 사이의 연못에 대해서는 −1.5 정도의 값이다. 이런 유형의 분포는 프랙털 기하학의 존재를 말해줄 때가 많다. 이 데이터가 HOTRAX Healy–Oden Trans-Arctic eXpedition에서 나온 데이터와 함께 보여준 바에 따르면 융해 연못이 크기가 자라 서로 합쳐져 단순한 형태에서 경계가 공간을 채우는 곡선처럼 행동하는 자기 유사 영역으로 진화하면서 융해 연못의 프랙털 기하학에 상전이가 나타났다. 면적과 둘레 길이 사이의 관계를 보여주는 경계 곡선의 프랙털 차원은 1이었다가 약 100m^2 정도의 연못 면적 임계점에서 2 정도의 값으로 바뀌었다. 이것은 연못의 폭과 깊이 변화에 영향을 미치고 다시 물의 크기(연못이 얼음과 만나는 경계면)에 영향을 미쳐 결국은 얼음이 녹는 속도에 영향을 미친다.

지수 k를 관찰한 값은 −1.58 ±0.03이었다. 이는 SHEBA에서 관찰한 값인 1.5와 잘 맞아떨어졌다. HOTRAX에서 관찰한 프랙털 차원의 변화는 여과 모형percolation model을 이용해서 이론적으로 계산할 수 있다. 그리고 대략 2 정도의 값으로 나온 더 큰 차원은 이 모형에서는 91/48 = 1.896으로 나타났다. 이징 모형을 수치 시뮬레이션해보면 이 값과 아주 가까운 프랙털 차원이 나온다.[65]

이 연구에서 흥미로운 특성 하나는 이 모형이 몇 미터 정도의 아주 섬세한 길이 척도에서 작동한다는 점이다. 대부분의 기후 모형은 길이 척도가 수 킬로미터에 달한다. 따라서 이런 종류의 모형은 전에 없었던 완전히 새로운 출발점이다. 이 분야는 아직 유아기 중에서도 초창기에 머물러 있고 이 모형 자체도 얼음의 녹음, 햇빛의 흡수와 복사, 심지어 바람까지 다양한 물리학을 넓게 포괄하는 이론으로 개발할 필요가 있다. 하지만 이 모형은 이미 관찰한 내용을 수학 모형과 비교해볼 수 있는 새로운 방법을 제시하고 있고 융해 연못이 어째서 그렇게 정교한 프랙털 형태를 이루는지도 설명하기 시작했다. 또한 융해 연못의 기본적 물리학을 처음으로 수학적으로 설명한 모형이기도 하다.

이 장을 열면서 소개한 〈가디언〉의 기사는 암울한 전망을 보여준다. 단순히 수학적 모형이 아니라 관찰한 내용을 바탕으로 추론해봐도 최근에 북극의 얼음 상실 속도가 점점 빨라지고 있다. 이 추세가 계속된다면 2100년에는 해수면 높이가 2/3m 정도 높아질 것이다. 이는 기후 변화에 관한 정부간 협의체Intergovernmental Panel on Climate Change, IPCC의 예상보다 7cm 더 높은 수치다. 매년 4억 명 정도가 홍수의 위험에 처하게 될 것이다. IPCC에서 예상한 3억

6,000만 명보다 10% 높은 수치다. 해수면 상승으로 폭풍 해일도 더 심각해져 해안에서는 더 큰 피해를 입을 것이다. 1990년대에는 그린란드에서 매년 330억 톤의 얼음이 사라졌는데 지난 10년 동안 이 수치는 매년 2,540억 톤으로 높아졌고 1992년 이후로 총 3조 8,000억 톤의 얼음이 사라졌다. 이 중 절반 정도는 빙하가 더 빠른 속도로 이동하면서 바다를 만나 부서지면서 일어났다. 나머지 절반은 주로 얼음 표면이 녹아서 사라졌다. 따라서 융해 연못의 물리학은 이제 모든 이에게 대단히 중요한 문제가 됐다.

이징의 비유를 더 정교하게 만들 수만 있다면 여러 세대에 걸친 수리 물리학자들의 고된 노력을 통해 다듬어진 이징 모형에서 나온 막강한 개념들을 융해 연못 문제에 동원할 수 있다. 특히 이징 모형과 프랙털 기하학의 상관관계는 융해 연못의 복잡한 기하학에 대한 신선한 통찰을 열어준다. 그리고 무엇보다 이징과 북극의 녹고 있는 얼음에 관한 이야기는 수학의 터무니없는 효용성을 보여주는 멋진 사례다. 렌츠의 강자성체 상전이에 관한 모형이 기후 변화와 극지방 만년설의 지속적인 손실과 관련이 있을 줄이야 한 세기 전 어느 누가 내다볼 수 있었을까?

위상 수학자를 부르세요

위상 수학의 특성은 강력하다. 요소나 구멍의 수는 측정에서 생긴 작은 오류 따위로 변하지 않는다. 이는 응용에서 핵심적인 부분이다.
– 그리스트, 《기초 응용 위상 수학》

유연한 형태의 기하학이라 할 수 있는 위상 수학은 원래 순수 수학에서도 아주 추상적인 부분이었다. 위상 수학에 대해 들어본 사람들이라고 해도 대부분은 여전히 추상적인 수학이라 생각한다. 하지만 상황이 변하고 있다. '응용 위상 수학 applied topology'이라는 분야가 존재한다는 자체가 있을 수 없는 일만 같다. 마치 돼지에게 노래를 가르치는 것과 비슷해 보인다. 돼지가 노래를 부를 수 있다면 정말 놀라운 일이 될 것이다. 그냥 노래를 부르는 것만으로도 놀랍다. 돼지라면 이런 평가가 정당하겠지만 위상 수학은 그렇지 않다. 21세기에 들어 위상 수학이 현실 세계의 중요한 문제들을 척척 풀어내면서 그 위상이 하늘을 뚫고 있다. 사람들이 눈치채지 못하는 사이에 한동안 그런 변화가 일어나고 있었고 이제는 응용 위상 수학을 응용 수학의 새로운 분야라 말해도 무리가 없는 상황이 됐다. 그냥 위상 수학을 어쩌다 한 번씩 응용하는 수준이 아니다. 응용의 범위가 대단히 넓고 그와 관련된 위상 수학적 도구들이 가장 정교하고 추상적인 주제를 포함해서 광범위한 주제를 포괄하고 있다. 땋임braids, 피토리스-립스 복합체Vietoris-Rips complex, 벡터장vector field, 호몰로지homology, 코호몰로지cohomology, 호모토피homotopy, 모스 이론Morse theory, 렙셰츠 지수Lefschetz index, 번들bun dles, 쉬프Sheaves, 카테고리, 코리미트Colimits 등.

여기에는 그럴 만한 이유가 있다. 통일성이다. 처음에 위상 수학 자체는 소소한 호기심 덩어리에 불과했지만 한 세기만에 완전히 통합된 연구 및 지식 분야로 성장했다. 이제 위상 수학은 수학 전체를 떠받치고 있는 주요 기둥 중 하나로 자리 잡았다. 그리고 순수 수학이 이끌면 결국 응용 수학은 자연스럽게 따라온다(그 반대의 경우도 있다).

위상 수학은 연속적인 변화 아래서 형태가 어떻게 변하는지, 특히 그중에서 어떤 특성이 계속 유지되는지 연구하는 학문이다. 위상 수학적 구조물의 익숙한 사례로 앞뒤 구분 없이 면이 하나밖에 없는 도형인 뫼비우스의 띠와 매듭이 있다. 약 80년 동안 수학자들은 응용은 전혀 염두에 두지 않고 순수하게 호기심으로 위상 수학을 연구해왔다. 이 분야는 점점 더 추상적으로 변해갔고 위상 수학 도형에 있는 구멍의 수를 세는 것 등을 위해 호몰로지와 코호몰로지 같은 심오한 대수학적 구조를 발명했다. 하지만 이 내용들은 아직도 아무런 실용적 쓸모가 없이 그냥 모호해 보인다.

수학자들은 이에 굴하지 않고 계속 위상 수학을 연구했다. 상급 수학적 사고에서 핵심적인 역할을 하기 때문이다. 컴퓨터가 더 막강해지면서 수학자들은 위상 수학적 개념을 전자 장치로 구현해서 아주 복잡한 도형도 조사할 수 있는 방법을 찾아 나섰다. 하지만 컴퓨터가 계산을 감당할 수 있게 하려면 접근 방식을 바꿔야 했다. 그 결과로 탄생한 '영속 호몰로지'는 구멍을 감지하는 디지털 방법론이다.

언뜻 보기에 구멍을 감지하는 일은 현실 세계와 아주 동떨어져 보인다. 하지만 위상 수학은 보안 센서 네트워크에 관한 문제를 해결하는 데 이상적인 도구로 밝혀졌다. 삼림 지대에 둘러싸인 대단히 민감한 정부 시설이 테러리스트나 도둑의 관심을 끌고 있다고 상상해보자. 이들의 접근을 감지하려면 숲에 동작 센서를 설치해야 한다. 가장 효율적인 방법은 무엇일까? 그리고 나쁜 놈들이 발각되지 않고 통과할 수 있는 구멍이 없다는 사실을 어떻게 확신할 수 있을까?

잠깐, 구멍이라고? 그럼 당연히 위상 수학자를 불러야지!

* * *

위상 수학을 처음 접할 때는 보통 몇몇 기본 도형에 대한 이야기를 듣게 된다. 아주 간단하고 이상한 장난감처럼 보이는 도형이다. 어떤 것은 엉뚱하고 어떤 것은 완전 이상하게 생겼다. 하지만 엉뚱해도 그 안에는 중요한 의미가 담겨 있다. 위대한 수학자 힐베르트는 "수학의 예술은 보편성의 씨앗이 담겨 있는 특별한 사례를 찾아내는 데 있다. 올바른 장난감을 고르면 거기서 완전히 새로운 주제가 열린다"라고 얘기했다.

그림에서 처음 나오는 장난감 2개는 종이를 가져다가 끝과 끝을 이어 붙이면 만들 수 있다. 뻔한 방법으로 이어 붙이면 원통형 띠가 나오고 덜 뻔한 방법으로 한쪽 끝을 180도 꼬아서 붙이면 뫼비우스의 띠가 나온다. 뫼비우스의 띠는 1858년에 이것을 생각해낸 아우구스트 뫼비우스August Möbius의 이름에서 따왔다. 하지만 그에 앞서 가우스의 학생이었던 요한 리스팅Johann Listing도 이 개념을 생각해냈다. 1847년에 '위상 수학'이라는 이름을 처음 발표한 사람도 리스팅이었다. 하지만 선견지명을 발휘해서 애초에 이 새로 싹튼 주제에 덤벼든 사람은 가우스였다.

원통형 띠에는 별개의 가장자리가 2개 있고 각 가장자리는 원을

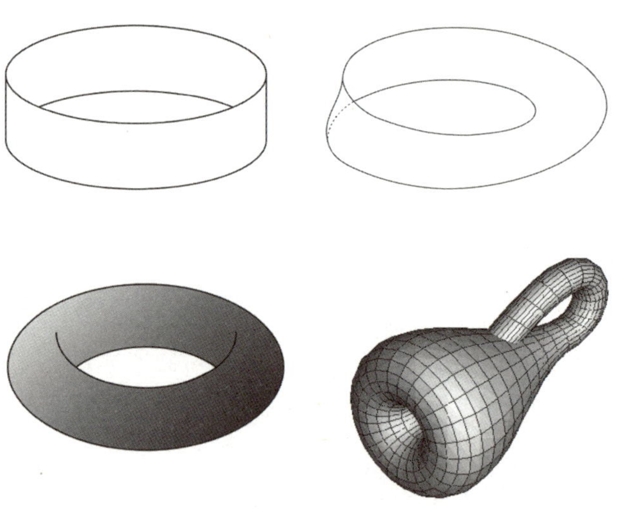

왼쪽 위는 원통형 띠, 오른쪽 위는 뫼비우스의 띠,
왼쪽 아래는 토러스, 오른쪽 아래는 클라인 병이다.

이룬다. 그리고 원통형 띠에는 면이 2개 있어서 안쪽 면은 빨간색으로, 바깥 면은 파랑색으로 칠할 수 있고 두 색은 절대 만나지 않는다. 위상 수학에서는 형태를 연속적으로 변형해도 계속 남아 있는 도형의 속성이 중요하다. 그 도형을 늘리거나 찌그러트리거나 꼴 수는 있지만 나중에 다시 모두 이어 붙일 게 아닌 한 자르거나 찢을 수는 없다. 그림에는 원통형 띠의 폭이 균일하게 나와 있는데 이것은 위상 수학적 속성이 아니다. 연속적 변형으로 폭을 바꿀 수 있다. 마찬가지 이유로 가장자리가 원의 형태를 이루고 있다는 점도 위상 수학적 속성이 아니다. 반면 별개의 가장자리 2개와 구분되는 2개의 면을 가지고 있다는 점 등은 모두 위상 수학적 속성이다.

형태가 바뀌어도 동일하다고 여기는 도형에는 특별한 이름이 있다. 이것을 위상 공간이라 부른다. 위상 공간의 실제 정의는 대단히 추상적이고 기술적이기 때문에 여기서는 비공식적인 형상화 방법을 사용하겠다. 내가 여기서 말하는 것들은 모두 정교하게 정의해서 적절히 증명할 수 있다.

원통형 띠와 뫼비우스의 띠는 모두 종이띠의 양쪽 끝을 이어 붙여서 만들지만 위상 수학적 속성을 이용하면 원통형 띠를 변형해도 뫼비우스의 띠를 만들 수 없다는 사실을 증명할 수 있다. 이 둘은 서로 다른 위상 공간이다. 그 이유는 뫼비우스의 띠는 가장자리도 하나, 면도 하나밖에 없기 때문이다. 뫼비우스의 띠의 가장자리를 따라 손가락을 움직여보면 두 바퀴를 돈 후에 다시 출발점으로 돌아온다. 180도 꼬아 붙여서 위와 아래가 바뀌기 때문이다. 면을 빨간색으로 칠하기 시작하면 결국에는 이미 색을 칠해놓은 곳으로 다시 돌아오게 된다. 이번에도 역시 180도 꼬아 붙였기 때문이다. 따라서 뫼비우스의 띠는 원통형 띠와 위상 수학적 속성이 다르다.

왼쪽 아래 그림은 반지 모양의 도넛이다. 수학자들은 이 도형을 토러스torus라고 부른다. 도넛의 반죽이 들어가는 덩어리 부분은 제외하고 도형의 표면만을 가리킨다. 그렇게 따지면 수영 튜브와 더 비슷하다. 여기에는 구멍이 나 있다. 그 구멍으로 손가락을 집어넣을 수 있다. 수영 튜브라면 몸통을 집어넣을 수 있을 것이다. 하지만 이 구멍은 표면 자체에 나 있는 구멍이 아니다. 만약 그랬다면 수영 튜브가 바람이 빠지면서 탄 사람이 물에 빠지고 말 것이다. 구멍은 표면이 아닌 곳에 나 있다. 당연하다. 맨홀 안쪽에 앉아 있는 광대역 인터넷 기술자도 표면이 아닌 곳에 앉아 있다. 하지만 맨홀에는 가장자리가 있는 반면, 토러스는 어떤 가장자리도 없는데도 구멍이 있다. 원통과 마찬가지로 토러스도 2개의 면이 있다. 그림에서 볼 수 있는 바깥 면과 보이지 않는 안쪽 면이다.

오른쪽 아래 도형은 좀 낯설다. 모양이 병을 닮아서 위대한 독일의 수학자 펠릭스 클라인Felix Klein의 이름을 따 클라인 병Klein bottle이라고 부른다. 이 이름은 아마도 독일식 말장난이었을 것이다. 독일어로 'Fläche'는 '면surface'을 의미하고 'Flasche'는 병을 의미하기 때문이다. 이 그림에는 오해의 소지가 하나 있다. 표면이 자신을 뚫고 지나가는 것처럼 보이는데 수학자들의 클라인 병은 표면이 표면을 통과하지 않는다. 이렇게 스스로를 관통하는 것처럼 보이는 이유는 대상이 3차원 공간에 자리 잡고 있는 것처럼 자연스럽게 그림을 그리기 때문이다. 스스로를 관통하지 않는 클라인 병을 얻으려면 4차원의 세계로 가거나 아니면 주변 공간에 대한 필요를 완전히 폐기하여 위상 수학의 표준 관례를 따라야 한다. 그러면 클라인 병의 본 모습이 보일 것이다. 클라인 병은 원형으로 생긴 원통의 양쪽 끝을 이어 붙인 것인데, 다만 이어 붙이기 전에 한쪽 끝을 까뒤집어 붙인 것이다. 클라인 병도 토러스처럼 가장자리가 없다. 하지만 면이 하나밖에 없다는 점에서는 뫼비우스의 띠와도 비슷하다.

이제 이 4가지 위상 공간을 모두 구분할 수 있게 됐다. 이들은 가장자리의 수가 다르거나 면의 수가 다르다. 아니면 구멍의 의미가 무엇인지 말할 수만 있다면 구멍의 종류가 다르다고도 말할 수 있다. 이 관찰을 통해 위상 수학의 근본 쟁점 하나가 열린다. 두 위상 공간이 같은지, 다른지 어떻게 알 수 있을까? 그냥 모양만으로는 알 수 없다. 모양은 바뀔 수 있기 때문이다. 위상 수학자의 눈에는 도넛과 커피잔이 같은 모양으로 보인다. 위상 공간을 구분하기 위해서는 위상 수학적 속성을 끌어들여야 한다.

그런데 이것이 꽤 어려울 수 있다.

* * *

클라인 병은 전형적인 수학자의 장난감으로 보인다. 대체 현실 세계와 무슨 관련이 있을지 도통 감이 오지 않는다. 물론 힐베르트의 주장처럼 수학적 장난감은 그 자체로 유용한 것이 아니라 거기서 영감을 받아서 나오는 이론 때문에 유용하다. 따라서 클라인 병은 자신의 존재를 직접 정당화하지 않아도 된다. 하지만 알고 보니 이 기이한 면이 실제로 자연에서도 나타나는데 영장류의 시각계에서 나타난다. 원숭이, 유인원 그리고 물론 우리한테서도 말이다.

100여 년 전에 신경학자 존 헐링스 잭슨John Hughlings Jackson은 인간의 대뇌 겉질에 어쩐 일인지 사람의 근육에 대한 위상 수학적 지도가 들어가 있는 것을 발견했다. 겉질(피질)은 뇌의 구불구불한 표면이다. 따라서 우리 모두는 머릿속에 자신의 근육에 대한 지도를 싣고 다니는 셈이다. 말이 된다. 뇌는 근육의 수축과 이완을 조절하여 우리를 움직이게 하니까 말이다. 겉질에서는 상당 부분을 시각에 할애한다. 그리고 현재는 시각 겉질에 시각 과정을 운용하는 비슷한 지도가 들어 있다고 알려져 있다.

시각은 눈이 카메라처럼 사진을 찍어 그냥 뇌로 전달만 해주면 끝이 아니다. 그보다 훨씬 복잡하다. 뇌가 이미지를 수신하는 데서 그치지 않고 그 내용을 인지해야 하기 때문이다. 카메라처럼 눈에도 들어오는 이미지의 초점을 맞춰주는 렌즈, 즉 수정체가 있고 망막은 필름과 비슷한 역할을 한다. 사실 디지털 카메라가 이미지를 기록하는 방식에 더 가깝다. 빛이 망막의 원뿔 세포와 막대세포라는 작은 수용체에 와서 부딪히면 시신경은 거기서 발생한 신호를 수많은 신경 섬유의 다발인 시신경을 따라 겉질로 보낸다. 그 전달 과정에서도 신호 처리가 이뤄지지만 분석은 대부분 겉질에서 담당한다.

시각 겉질은 층층이 쌓여 있는 일련의 층이라 생각할 수 있다. 그리고 각각의 층은 특정한 역할을 담당한다. 제일 위층인 V1은 이미지 속 서로 다른 부분 사이의 경계를 감지한다. 이것은 신호를 요소별로 나누는 첫 번째 단계다. 경계에 관한 정보는 겉질 더 깊숙한 곳으로 전달되어 각각의 단계를 거칠 때마다 그다음 종류의 구조 정보를 분석한다. 그리고 나서 다음 층으로 전송하기 위해 변형한다. 사실 이런 설명은 지나치게 단순화한 것으로 '층'이라는 개념도 마찬가지다. 그리고 설명한 과정과 반대 방향으로 이동하는 신호도 많다. 이 전체 시스템을 통해 우리 머릿속에 외부 세계에 대한 총천연색의 3차원 표상이 만들어진다. 이 표상은 너무도 생생하고 구체적이어서 우리는 이 표상이 바로 바깥세상 그 자체라 가정한다. 하지만 다양한 착시와 불명료함이 보여주듯 이는 완전히 그렇지만은 않다. 하여튼 결국 겉질은 이미지를 고양이면 고양이, 강아지면 강아지로 인식한 수 있는 부분별로 나눈다. 그리고 나면 뇌는 그 고양이나 강아지의 이름 같은 추가적인 정보를 호출할 수 있다.

V1 층은 특정 방향을 가리키는 가장자리에 민감하게 반응하는 신경 세포 패치를 이용해서 경계를 감지한다. 다음에 나오는 그림은 V1의 한 부위를 보여준다. 마카크원숭이macaque monkey의 시각 겉질에서 광학 녹음optical recording 방식을 이용해 촬영한 장면이다. 각기 다른 회색 음영(원래의 논문에서는 색상으로 표현되어 있으니 이후로는 색이라 부르겠다)은 그 방향의 가장자리를 가리키는 데이터를 수신하고 흥분하는 신경 세포에 해당한다. 색이 한 색상에서 다음 색상으로 연속적으로 합쳐지고 있다. 다만 어느 고립된 점에서는 일종의 바람개비 형태를 이루며 근처에 모든 색이 존재한다. 이 점은 방향장orientation field의 특이점들이다.

이런 배열은 방향장의 위상 수학적 속성에 제약을 받는다. 특이점 주변으로 일련의 색을 배치해서 색이 연속적으로 변화하게 만드는

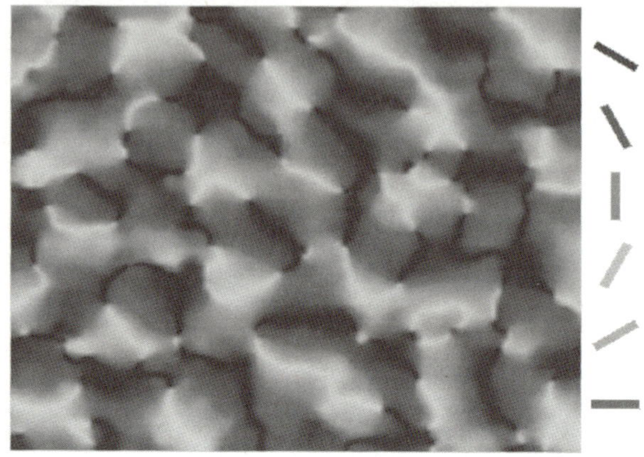

겉질의 각각의 영역에서 가장 큰 활성을 만들어내는 방향이 색상(여기서는 회색 음영)으로
나타나 있다. 모든 색이 만나는 특이점을 제외하고는 인지되는 방향이 매끄럽게 변화한다.

방법은 2가지밖에 없다. 색이 순서를 시계 방향으로 따르거나 반시
계 방향으로 따르는 경우다. 사진을 보면 2가지 사례가 모두 나온다.
특이점의 존재는 불가피하다. 겉질이 완전한 선을 감지하기 위해서
는 여러 개의 바람개비를 사용해야 하기 때문이다.

이제 뇌가 이 방향 정보를 가장자리의 움직임에 관한 정보와 어
떻게 결합하는지 알아보자. 방향에는 화살표가 있다. 북쪽은 남쪽의
반대지만 양쪽 모두 동일한 직선 위에 있다. 180도 회전하면 화살표
의 방향이 뒤바뀐다. 360도를 전부 돌아야 원래의 방향으로 되돌아
온다. 반면 가장자리에는 화살표가 없다. 그래서 180도만 돌아도 원
래의 위치로 돌아온다. 겉질은 어떻게든 이 2가지 작업을 동시에 해
내야 한다. 특이점 주변으로 루프를 그려보면 그 루프를 따라 방향
이 연속적으로 바뀌지만 방향장은 주어진 방향에서 반대 방향으로

378

한 번, 혹은 더욱 일반화하면 홀수 번만큼 뒤집어져야 한다. 예를 들면 북쪽에서 남쪽을 가리키는 방향으로 말이다. 이런 진술들은 본질적으로 위상 수학적이다. 그래서 다나카 시게루는 수용야receptive field가 클라인 병의 위상 수학을 따라 서로 연결되어 있다고 결론 내렸다.[66] 이런 예측은 현재 올빼미원숭이, 고양이, 담비 등의 다양한 동물에서 실험을 통해 입증되었다. 그리고 다양한 포유류 종에서 시각 겉질의 조직 방식이 유사할지도 모른다는 증거를 제공해주었다. 윤리적 이유 때문에 사람에서는 실험이 진행된 바 없지만 인간도 포유류, 그중에서도 영장류다. 따라서 마카크원숭이처럼 우리도 머릿속에 클라인 병을 갖고 있다는 주장이 설득력이 있다. 클라인 병은 움직이는 물체를 인지하는 데 도움을 준다.

생물학자들만 이런 개념에 흥미를 느끼는 것은 아니다. 빠르게 성장하고 있는 생체 모방 공학biomimetics 분야에서 공학자들은 자연으로부터 얻은 힌트로 기술을 개선해서 새로운 물질과 기계를 만들어낸다. 예를 들어 바닷가재의 눈에서 나타나는 신기한 구조는 X선 망원경 발명에서 결정적인 역할을 했다.[67] X선 빔의 초점을 맞추려면 그 방향을 바꿔야 하는데 에너지가 너무 강해서 그 장치에 적절한 거울로는 빔을 아주 작은 각도로만 편향시킬 수 있다. 바닷가재는 가시광선에서 그와 비슷한 문제를 진화를 통해 수백만 년 전에 풀어냈다. 그리고 그와 동일한 기하학을 X선에도 그대로 적용할 수 있다. 포유류 겉질 V1 층에 대해 새로이 이해한 내용을 컴퓨터 시각에도 적용할 수 있다. 그럼 자율 주행차나 군사용, 민간용 위성 이미지의 기계 해석 같은 곳에 응용할 수 있을 것이다.

* * *

위상 수학에서 핵심적인 질문은 '이것은 무슨 모양인가?'이다. 즉, '내가 여기서 보고 있는 것은 어떤 위상 공간인가?'라는 질문이라 할 수 있다. 진부한 질문으로 들릴 수도 있지만 수학은 우리에게 그림, 공식, 방정식의 해 등 셀 수 없이 많은 방식으로 위상 공간을 제시한다. 따라서 자기가 받아든 것을 알아보기가 항상 쉽지만은 않다. 예를 들어보자. 마카크원숭이 뇌의 V1 층에서 클라인 병을 볼 수 있으려면 위상 수학자가 나서야 한다. 내 그림에서 원통형 띠, 뫼비우스의 띠, 토러스, 클라인 병 이렇게 4가지 위상 공간을 구분해주는 위상 수학적 특성이 있다는 사실을 알았을 때 우리도 이 문제를 시도해봤다. 19세기 말 그리고 20세기 초에 수학자들은 이 질문에 체계적으로 접근할 수 있는 방법들을 개발했다. 그 핵심 아이디어는 위상 불변성topological invariant을 정의하는 것이었다. 위상 불변성은 계산이 가능한 속성으로, 위상 수학적으로 대등한 공간에서는 동일하지만 적어도 대등하지 않은 일부 공간에서는 달라지는 속성을 말한다. 보통 서로 다른 모든 공간을 구분할 수 있을 정도로 민감하지는 못하지만 부분적인 분류만으로도 유용하다. 만약 두 공간에 어떤 종류의 서로 다른 불변성이 있다면 이 둘은 분명 서로 다른 위상 공간이다. 방금 언급했던 4가지 도형을 생각하면 여기에서 불변성은 '가장자리가 몇 개인가?', '면이 몇 개인가?' 등이 될 것이다.

수십 년이 지나는 동안 일부 불변성이 다른 것들보다 더 유용하다는 사실이 밝혀졌고 근본적인 중요성을 갖는 것들도 일부 구축되었다. 최근에 진지한 적용 분야도 생기고 해서 여기서 논의해보고 싶은 불변성이 있다. 호몰로지다. 본질적으로 호몰로지는 한 공간을 가진 차원에 구멍이 몇 개 있는지 세는 것이다. 사실 그저 세는 데서 그치지 않고 구멍hole과 비구멍non-hole을 단일 대수적 대상인 호몰로지군homology group으로 결합도 한다.

내가 아직 언급하지 않은 아주 기본적인 위상 공간이 있다. 구체sphere다. 토러스의 경우와 마찬가지로 수학자가 말하는 구체는 속이 찬 구체가 아니라(그건 공이다) 무한히 얇은 면으로 이루어진 구체를 말한다. 구체는 토러스나 클라인 병처럼 가장자리가 없다. 하지만 구멍이 있느냐 없느냐로 구체가 이 양쪽 도형과 위상 수학적으로 다르다는 사실을 입증해 보일 수 있다.

토러스부터 시작해보자. 눈으로 봐도 토러스 한가운데를 관통하는 커다란 구멍이 보인다. 구체에서는 이런 것이 전혀 보이지 않는다. 하지만 수학적으로 구멍을 어떻게 정의할 수 있을까? 주변 공간에 의존하지 않는 방식으로 말이다. 그 해답은 표면에 있는 폐곡선closed curve을 살펴보는 것이다. 구체 위에 존재하는 모든 폐곡선은 위상 수학적으로 원반disc에 해당하는 영역의 경계를 이룬다. 원반은 원의 내부를 말한다.[68] 증명하기는 꽤 까다롭지만 가능하니 그냥 참이라 가정하고 진행하자. 토러스에서도 일부 폐곡선은 원반의 경계를 이루지만 그렇지 않은 것도 있다. 사실 구멍을 관통해서 지나가는 폐곡선은 원반의 경계를 이루지 않는다. 이것 역시 증명하기가 꽤 까다로우니 그냥 흐름에 맡기고 그런가 보다 가정하자. 이제 구체가 토러스와 위상 수학적으로 다르다는 것을 보였다. '폐곡선', '원

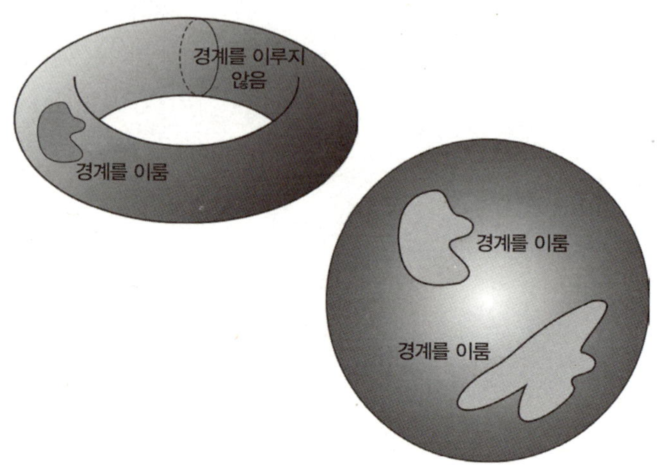

왼쪽은 토러스 위에서 일부 폐곡선이 원반의 경계를 이루지만 그렇지 않은 것도 있는
모습이고, 오른쪽은 구체 위에서 모든 폐곡선이 경계를 이룬 모습이다.

반의 경계 이루기' 등은 위상 수학적 속성이기 때문이다.

이 게임을 더 높은 차원에서 즐길 수도 있다. 예를 들어 3차원에서
는 '폐곡선'을 '(위상 수학적) 구면'으로, '원반의 경계를 이룬다'는 '공
의 경계를 이룬다'로 대체할 수 있다. 만약 공의 경계를 이루지 않는
구면을 찾아낸다면 그 공간에는 일종의 3차원 구멍이 있는 것이다.
여기서 더 나아가 어떤 종류의 구멍인가라는 해석을 부여하기 위해
초기 위상 수학자들은 폐곡선, 혹은 폐구면을 더하고 뺄 수 있다는
사실을 밝혀냈다. 이것이 면 위의 곡선에는 어떻게 적용되는지 뒤에
서 알아보겠다. 더 높은 차원에서도 비슷하지만 더 어지럽다.

기본적으로 같은 면에 2개의 폐곡선을 그려서 2개의 폐곡선을 더
할 수 있다. 곡선의 집합을 통째로 더하고 싶으면 모두 그리면 된다.

기술적으로 개선된 부분도 있다. 곡선을 그릴 때 그 방향을 명시하는 화살표를 그리면 유용할 때가 많다. 그리고 같은 곡선을 여러 번 그릴 수도 있고 심지어 음수의 횟수만큼 그릴 수도 있다. 이것은 어떤 의미에서는 뒤집은 곡선(같은 곡선이지만 방향을 반대로)을 양수의 횟수만큼 그리는 것과 거의 비슷하다. 그 의미에 대해서는 바로 뒤에서 설명하겠다.

몇 번이나 그리는지 말해주는 횟수를 표시해놓은 곡선의 집합을 사이클cycle이라고 한다. 면 위에 그릴 수 있는 사이클은 무한히 많지만 위상 수학적으로 보면 그중 상당수는 다른 사이클과 동등하다. 방금 전에 마이너스 사이클은 화살표를 모두 뒤집어놓은 사이클과 같다고 했다. 이것은 말 그대로의 참은 아니다. '같다'는 것은 '동일하다'는 의미인데 이 둘은 동일하지 않기 때문이다. 하지만 정수론 학자들이 모듈러 연산에서 사용하는 트릭의 위상 수학적 버전을 이용하면 이 둘을 같은 것으로 만들 수 있다. 0과 5는 서로 다르지만 적절한 목적을 위해서는 이 둘이 같은 척해서 정수 모듈러 5의 Z_5 환을 얻는다. 호몰로지 이론에서도 그와 마찬가지로 원반의 경계를 이루는 폐곡선이 복사본을 하나도 그리지 않는 0개의 곡선과 같은 척한다. 이런 곡선을 경계boundary라 하고 0과 상사homologous라고 말한다. 똑같은 개념이 사이클로도 확장된다. 사이클이 각각 경계를 이루는 곡선들의 조합일 때 그 사이클을 0과 상사라고 한다.

앞에서 얘기했듯이 사이클 C, D를 더해서 C+D를 얻을 수 있고 D의 화살표를 뒤집어서 C−D로 빼기를 할 수도 있다. 다만 C−C가 꼭 0은 아니다. 참 짜증나는 일이지만 빠져나갈 방법이 있다. 이것은 항

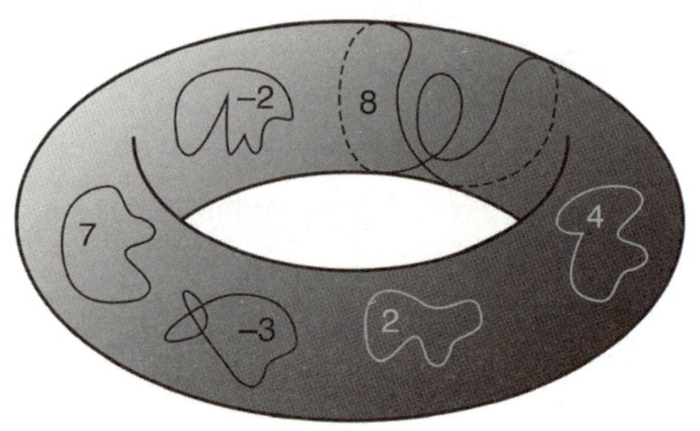

토러스 위의 사이클

상 0과 상사다. 0과 상사인 것은 모두 0인 척하면 면의 호몰로지군이라는 멋진 대수학적 대상이 나온다. 사실 우리는 5의 배수를 무시하여 (mod 5)라는 연산을 수행하는 것처럼 사이클 모듈(즉, 무시)로 경계에 대해 대수 연산을 수행한다.

이것이 호몰로지다.

구체의 호몰로지군은 시시하다. 모든 사이클이 0과 상사이고 군 전체가 0으로만 이루어져 있다. 토러스의 호몰로지군은 시시하지 않다. 일부 사이클이 0과 상사가 아니다. 모든 사이클이 그림에서 '경계를 이루지 않음'으로 표시된 사이클의 정수 배수와 상사다. 따라서 토러스의 호몰로지군은 정수 Z가 가면을 쓰고 있는 것이다. 계산과 도표는 여기서 보여주지 않겠지만 클라인 병의 호몰로지군은 $Z_2 \times Z_2$, 정수 모듈로 2의 쌍 (m, n)이다. 따라서 일종의 구멍을 갖고 있지만 토러스에 있는 것과는 다른 종류의 구멍이다.

내가 호몰로지군의 다소 복잡한 구성에 대해 장황하게 설명한 데는 이유가 있다. 위상 수학자들이 불변성을 어떻게 구축하는지 감을 잡을 수 있게 하기 위해서다. 하지만 여기서는 모든 공간에 호몰로지군이 있다는 메시지만 이해하면 된다. 이것은 위상 불변성이며 이것을 이용하면 공간이 어떤 형태인지 많이 알아낼 수 있다. 물론 위상 수학적으로 말해서 말이다.

＊ ＊ ＊

호몰로지군은 19세기 말 엔리코 베티Enrico Betti와 푸앵카레의 선구적 연구로 거슬러 올라간다. 이들의 접근 방식은 구멍 같은 위상 수학적 특성을 세는 것이었지만 1920년대 말에 레오폴트 피토리스Leopold Vietoris, 발터 마이어Walther Mayer, 에미 뇌터Emmy Noether가 군론의 언어로 재구성하였고 얼마 안 가서 포괄적으로 일반화된 형태가 등장했다. 내가 지금껏 호몰로지군이라고 부른 것은 1차원, 2차원, 3차원 등의 구멍의 대수학적 구조를 정의하는 그런 군의 전체 시퀀스 중 첫 번째에 불과하다. 코호몰로지라는 이원적 개념, 그와 관련된 개념인 호포토피도 있다. 호포토피는 곡선이 경계와 어떻게 관련되는지를 다루지 않고 곡선이 어떻게 형태가 변하고 끝과 끝이 연결되는지를 다룬다. 푸앵카레는 이렇게 구성하면 군이 나오고 이 군은 보통 가환군이 아니라는 사실을 알고 있었다. 대수적 위상 수학algebraic topology은 이제 고도로 전문화된 거대한 주제이고 새로운 위상 불변성이 계속해서 발견되고 있다.

응용 위상 수학이라는 급성장하는 분야도 있다. 어린 시절부터 위상 수학을 배운 신세대의 수학자와 과학자들은 구세대 사람들과 달리 위상 수학을 별로 기이하게 여기지 않는다. 이들은 위상 수학의 언어로 유창하게 말하고 실용적인 문제에 적용할 수 있는 새로운 기회들을 엿보기 시작했다. 시각에서의 클라인 병은 생물학의 최전선에서 나온 사례다. 재료 과학과 전자 공학 같은 분야에서도 위상 부도체topological insulator 같은 개념이 등장한다. 위상 부도체는 전기적 속성의 위상 수학을 변화시켜 스위치를 키고 켜듯 전도체와 부도체 사이를 왔다 갔다 할 수 있는 물질이다. 형태 변화에도 그대로 보존되는 위상 수학적 특성들은 대단히 안정적이다.

순수 수학자들이 컴퓨터에게 호몰로지군 계산법을 알려주는 알고리즘을 작성하려고 하다가 응용 위상 수학에서 가장 유망한 개념 중 하나가 등장했다. 이들은 컴퓨터 계산에 더 적합한 방식으로 호몰로지군의 정의를 고쳐 쓰는 데 성공했다. 그러고 나니 이 개념들은 '빅 데이터'를 분석하는 새롭고 막강한 방법이라는 사실이 밝혀졌다. 모든 과학에 접근할 수 있고 크게 유행하고 있는 이 접근 방식에서는 컴퓨터를 이용해서 수치 데이터 속에 숨어 있는 패턴을 찾아낸다. 그리고 그 이름이 암시하듯이 이 방법은 엄청난 양의 데이터를 처리할 때 가장 유용하다. 다행히도 요즘 나오는 센서와 전자 장치들은 막대한 양의 데이터를 측정, 저장, 조작하는 데 아주 능하다. 반면 안타깝게도 일단 이런 정보를 수집하고 나면 그 정보로 대체 무엇을 해야 할지 난감할 때가 많다. 바로 빅데이터가 마주하고 있는 수학적 도전이다.

수백만 개의 수치를 측정한 후에 개념에 따라서 그 수치를 다차원 변수 공간 그래프에서 일종의 점 구름으로 그렸다고 가정해보자. 그 데이터 구름에서 의미 있는 패턴을 추출하려면 그 안에서 두드러지는 구조적 특성을 찾아야 한다. 여기서 가장 중요한 것이 구름의 형태다. 그냥 점들을 스크린 속 그래프 위에 찍은 후에 뚫어져라 쳐다본다고 될 일은 아니다. 바라보는 각도가 틀릴 수도 있고 중요한 점 영역이 다른 점들 때문에 가려져 안 보일 수도 있으며 변수의 수가 너무 많아서 시각적으로 처리하기가 불가능할 수도 있다. 앞에서도 보았듯이 위상 수학에서 가장 근본적인 질문은 '이것은 무슨 모양인가?'이다. 따라서 위상 수학적 방법론이 유용할지도 모른다. 예를 들면 대략 구체 형태의 데이터 구름을 구멍이 있는 토러스 형태의 데이터 구름과 구분하는 식이다. 우리는 8장 FRACMAT에서 이것의 아기 버전을 알아본 바 있다. 거기서 중요한 부분은 점 구름이 얼마나 치밀한가 여부, 둥근 형태인가 꿸런 형태인가 여부였다. 위상 수학적인 세부 사항은 중요하지 않았다.

수백만 개의 데이터 점을 손으로 일일이 처리해서는 위상을 파악할 수는 없다. 컴퓨터를 이용해야 한다. 하지만 컴퓨터는 위상 수학 분석용으로 만든 게 아니다. 그래서 순수 수학자들이 호몰로지군의 컴퓨터 계산을 위해 개발해온 방법을 빅데이터 분야로 바꿔 사용해봤다. 그리고 늘 그렇듯이 있는 것을 그대로 가져다 써보면 원하는 대로 잘되지 않기 때문에 빅데이터의 새로운 요구 사항에 맞추어 수정이 필요했다. 이 중 중요한 요구 사항 중 하나는 데이터 구름의 모양이 명확하게 정의되지 않는다는 문제를 해결하는 것이었다. 특히나 이것은 그것을 관찰하는 척도에 좌우된다.

예를 들어 코일로 감아놓은 호스를 상상해보자. 적당한 거리에서 보면 호스의 한 부분이 곡선처럼 보인다. 곡선은 위상 수학적으로는 1차원 대상물이다. 더 가까이 가서 보면 긴 원통형 표면으로 보인다. 여기서 더 가까이 가서 보면 그 표면은 한 층으로 덮여 있다. 더군다나 그 원통의 가운데를 따라 구멍이 나 있다. 뒤로 다시 물러나서 멀지만 넓은 각도로 바라볼 수 있는 거리에서 바라보면 호스가 눌린 스프링처럼 코일로 감겨 있는 것이 보인다. 시야를 흐리게 만들면 코일 모양이 흐려지면서… 토러스 형태가 된다.

이런 효과는 데이터 구름의 형태가 고정되지 않았다는 의미다. 따라서 호몰로지군 역시 그렇게 훌륭한 개념은 아니다. 대신 수학자들은 데이터 클라우드에서 인식되는 위상이 관찰의 척도에 따라 어떻게 변하느냐는 질문을 던졌다.

구름과 선택한 길이 척도에서 시작해서 두 점이 그 길이 척도보다 더 가깝게 붙어 있을 때마다 변으로 그 두 점을 이으면 위상 수학자들이 말하는 단순 복합체simplical complex를 만들 수 있다. 그다음에는 가까운 변들로 삼각형을 그리고 가까운 삼각형으로 사면체tetrahedron를 만드는 식으로 이어진다. 다차원 사면체 multidimensional tetrahedron를 단순체simplex라 하고 어떤 식으로든 단순체들을 한데 이어놓은 묶음을 단순 복합체라고 한다. 여기서는 간단하게 '삼각화triangulation'라고 표현하면 된다. 다만 여기서 말하는 삼각형은 어느 차원의 삼각형이라도 될 수 있다는 사실을 기억하자.

삼각화를 할 때는 호몰로지를 계산하는 수학 규칙이 있다. 하지만 이제 삼각화는 관찰의 척도에 좌우된다. 따라서 호몰로지도 마찬

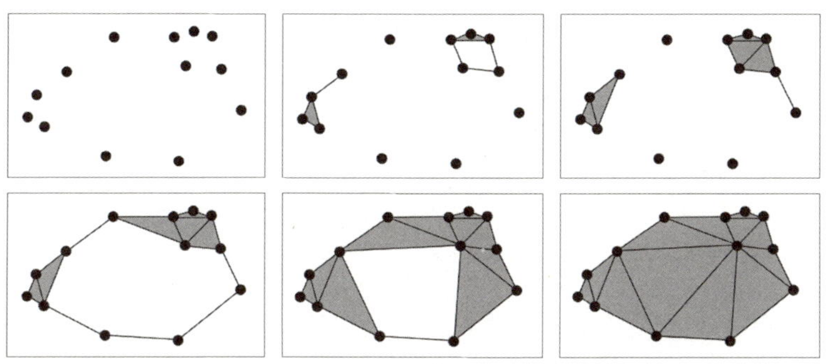

다양한 거리에 떨어져 있는 데이터 점들을 연결하면 삼각화 시퀀스가 만들어져
다양한 크기의 구멍이 드러난다. 영속 호몰로지로 그런 효과를 감지한다.

가지로 거기에 좌우된다. 그럼 도형에 대한 흥미로운 질문이 등장한다. 척도의 변화에 따라 삼각화의 호몰로지는 어떻게 변할까? 도형에서 가장 중요한 특성이라면 척도에 민감하게 좌우되는 일시적 특성에 비해 변화에 덜 휘둘려야 할 것이다. 그럼 척도가 변화할 때도 영속적으로 유지되는 호몰로지군의 측면에 집중할 수 있다. 그렇게 해서 나온 도구는 그냥 하나의 호몰로지군이 아니라 각각의 척도마다 호몰로지군이 존재하는 호몰로지군의 집단으로, 영속 호몰로지라고 한다.

위에 6개 시퀀스 그림은 다양한 척도에서 어느 점이 합쳐지는지 보여준다. 길이 척도가 길어지면서 더 거친 구조를 보이고 그럴수록 처음에는 동떨어진 점들의 구름으로 보였던 것들이 작은 덩어리를 이루기 시작한다. 그중 하나에는 작은 구멍이 있고 그 구멍이 채워지면서 덩어리가 자란다. 그러다 덩어리들이 반지 모양으로 합쳐지면서 큰 구멍이 드러난다. 덩어리가 두꺼워지기 시작하지만 큰 구멍

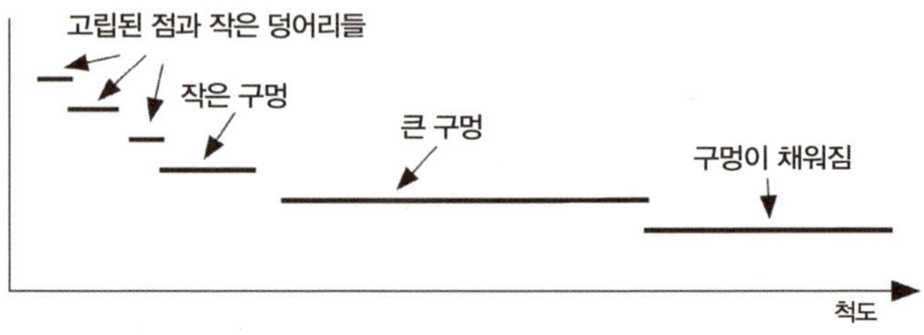

영속 호몰로지 바코드가 어떤 척도에서 어떤 구조가 영속되는지 보여준다.

은 남아 있다가 척도가 아주 커지면 모든 것이 채워진다. 이 그림은 도식적인 것이고 컴퓨터 알고리즘이 보탰을 때 드러날 세부적인 것들은 명료한 전달을 위해 숨겨놓았다. 길이 척도에서 가장 넓은 범위에 걸쳐 일어나는 두드러진 특성은 가운데 있는 큰 구멍이다.

이런 기술은 위상 수학만이 아니라 거리 정보도 포함하고 있다는 점에 주목하자. 엄밀하게 따지면 위상 변환은 거리를 보존할 필요가 없지만 데이터 분석에서는 전체적인 위상 수학적 형태뿐만 아니라 데이터의 실젯값도 중요하다. 이런 이유 때문에 영속 호몰로지에서는 위상 수학적 속성뿐만 아니라 계량적 속성에도 관심을 기울인다. 영속 호몰로지에서 제공하는 정보를 표현하는 방법 중 하나가 바코드다. 바코드는 수평의 선을 이용해 구멍 같은 특정 호몰로지 특성이 지속되는 척도의 범위를 표현한다. 예를 들어 그림에서 점 구름에 해당하는 바코드는 위 그림과 조금 비슷하게 보일 수 있다. 바코드는 척도에 따라 위상이 어떻게 달라지는지에 관한 도식적 요약이다.

* * *

영속 호몰로지와 그 바코드가 모두 참 우아하고 좋기는 한데 대체 어디에 쓸모가 있을까?

당신이 사업체를 운영 중이고 사무실이 숲속 공터에 자리 잡고 있다고 해보자. 그럼 좀도둑들이 숲을 통해 들키지 않고 접근할 수 있다. 그래서 당신은 센서들을 설치한다. 이 각각의 센서는 운동을 감지해서 이웃 센서에 알리고 밤에 이 기능을 켠다. 권한이 있는 사람이든, 아니든 누군가가 접근하면 센서가 경보를 울리고 보안 담당자가 가서 살펴볼 수 있다. 아니면 당신이 테러 집단이 활발히 활동하는 지역의 군사 기지를 운영하는 장군이라고 해보자. 그럼 무기를 갖고 다니면서 비슷한 일을 하게 될 것이다.

센서가 범죄자나 테러리스트가 몰래 들어올 수 있는 틈 없이 지역을 적절히 커버하고 있다고 어떻게 확신할 수 있을까?

센서의 수가 얼마 되지 않으면 센서 배치 지도를 만들어 눈을 부라리고 지켜볼 수 있다. 하지만 그 수가 많아지고 지형 때문에 다양한 제약이 생기면 이렇게 하는 것이 점점 실용성이 떨어진다. 그럼 센서 커버에 생긴 구멍을 감지할 방법이 필요하다. 잠깐! 구멍 감지라고? 그럼 영속 호몰로지가 등장해야 할 순간인 듯싶다. 실제로 이것은 현재 이 새로운 개념을 통해 생겨나고 있는 용도 중 하나다. 그와 비슷한 응용 분야로 '장벽 커버barrier coverage'가 있다. 이것은 센서들이 중요한 건물이나 단지를 완벽하게 둘러싸고 있는지 여부를 판단할 때 사용한다. '포괄적 커버barrier coverage'는 움직일 수 있는 센서를 다룬다. 가정용, 상업용 버전은 로봇 진공청소기에 적용한다. 과연 청소기가 바닥 전체를 청소할 수 있을까?

좀 더 과학적인 응용 분야에서는 8장에서 언급한 동역학적 끌개를 재구성하는 슬라이딩창 방법과 함께 사용한다. 영속 호몰로지는 끌개의 위상이 현저하게 변화했을 때 감지할 수 있다. 동역학 이론에서는 이런 효과를 분기bifurcation라 부른다. 이것은 동역학에 커다란 변화가 생겼다는 신호다. 중요한 응용 분야 중 하나는 따뜻한 시기에서 빙하기, 심지어 지구가 눈덩어리처럼 완전히 얼음으로 덮였던 시기에 이르기까지 수백만 년의 세월 동안 지구의 기후가 어떻게 변화했는지 알아내는 것이다. 제시 비왈드Jesse Berwald와 그 동료들은 슬라이딩창 데이터 구름이 전체적인 기후 영역의 변화를 파악하는 데 굉장히 뛰어나다는 것을 밝혀냈다.[69] 똑같은 방법이 다른 물리계에 적용된 사례로는 제조에 사용하는 기계 장치의 진동이 있다. 기계의 진동은 원치 않는 결함을 만들고 제작하는 물건의 표면에 흠집을 낼 수도 있다. 피라스 카사우네Firas Khasawneh와 엘리자베스 먼치Elizabeth Munch는 절삭 도구를 시계열로 측정해보면 이런 종류의 진동(이쪽 업계에서는 이런 진동을 '수다chatter'라고 부른다)을 잡아낼 수 있다고 밝혀냈다.[70] 의학 영상 촬영 분야에서도 응용하고 있다. 크리스토퍼 트랄리Christopher Tralie와 호세 페레아Jose Perea가 후두 동영상 내시경에서 이중 발성biphonation을 감지하는 방법을 개발한 것이 그 사례다.[71] 이중 발성은 성대가 두 진동수의 소리를 동시에 만들어낼 때 일어나는 효과로 질병이나 마비가 일어났다는 의미다. 내시경은 카메라가 장착된 광섬유 케이블을 코를 통해 목구멍으로 삽입한다. 사바 엠라니Saba Emrani[72]는 오디오 데이터에 바코드를 적용해서 환자의 쌕쌕거림을 감지하는 방법을 찾아냈다. 쌕쌕거림은 비정상적인 고음정의 소리로 기도가 부분적으로 막혔거나 천식, 폐암, 울혈성 심부전 같은 폐질환이 생겼다는 암시다.

데이터 처리에 문제가 생겼다고? 급하게 도움이 필요하다고?

어서 위상 수학자를 불러라!

여우와 고슴도치

여우는 여러 가지를 알고 있지만 고슴도치는 아주 큰 것을 하나 알고 있다.
- 기원전 650년경 아르킬로코스로 추정

나는 이 책을 쓸 영감을 찾다가 다음 문장을 우연히 마주쳤다.

"Πόλλ' οἶδ' ἀλώπηξ, ἀλλ' ἐχῖνος ἓν μέγα."

나는 학교에서 라틴어는 배웠지만 그리스어는 배우지 않았다. 하지만 수학자들은 그리스 문자를 안다. '고슴도치'와 '큰' 같은 단어는 알아볼 수 있고 대충 짐작할 수 있는 단어도 있어서 이 글이 큰 고슴도치에 대한 글이라는 것은 알 수 있다. 이 글을 실제로 번역하면 "여우는 여러 가지를 알고 있지만 고슴도치는 아주 큰 것을 하나 알고 있다"가 된다. 이 말은 고대 그리스의 시인 아르킬로코스 Archilochus의 말로 전해지고 있지만 확실하지는 않다.

나는 여우가 되어야 할까, 고슴도치가 되어야 할까? 지난 50년간 수학의 무수히 많은 놀라운 발전과 그 수학을 어떻게 사용하고 있는지에 대해 얘기해야 할까? 아니면 큰 거 하나에 초점을 맞추어야 할까?

나는 둘 다 하기로 마음먹었다.

지금까지 13개의 장을 통해 여우가 아는 것들을 살펴봤다. 이제 모든 것을 하나로 묶어 고슴도치가 아는 것을 알아볼 차례다.

내가 지금까지 다룬 주제들을 돌아보니 수학의 서로 다른 분야들이 가진 풍부함과 다양성이 정말 놀랍다. 이제 이 분야들은 21세기 초반의 삶을 특징짓는 시스템과 장치들로 파고들었다. 부유한 서구 민주주의 국가가 덜 부유한 국가들보다 더 많은 혜택을 보기는 하겠지만 그들만 혜택을 본 것은 아니다. 전 세계 모든 국가의 수십억 명 인구가 모두 혜택을 보고 있다. 휴대폰은 개발도상국에도 현대적인 통신 수단을 제공해주었다. 이제는 어딜 가도 휴대폰이 있고 휴대폰이 모든 것을 바꿔놓고 있다. 항상 좋은 변화만 있는 것은 아니지만 변화란 원래 양날의 검이다. 수학이 없고 상급 수준에서 그 사용법을 훈련받은 수많은 사람이 없었다면 휴대폰은 세상에 나오지 못했을 것이다.

나는 지면을 할애해서 언급하지 못한 수많은 응용 분야에 대해서도 알고 있다. 이 책에서 소개한 내용이 꼭 최고이고 가장 중요하며 가장 인상적이고 가장 가치 있는 내용은 아니다. 다만 원래 그런 목적으로 발명되지 않은 새롭고 훌륭한 수학을 가져다가 깜짝 놀랄 분야에서 사용한 것에 매력을 느끼고 소개한 것뿐이다. 나는 다양성도 염두에 두었다. 응용 편미분 방정식에 대해 쓰려면 자료를 구하고 그 중요성을 정당화하기도 쉬웠겠지만 그렇다고 이 책의 90%를 응용 편미분 방정식에 할애하는 것은 말이 안 된다고 생각한다. 나는 독자들에게 수학의 다양성을 보여주고 수학이 오늘날 얼마나 광범위하게 사용되고 있는지 보여주고 싶었다. 그리고 그에 더해서 전체적으로 수학과 인류의 관계도 확실히 보여주고 싶었다.

이 책에서 빠뜨린 부분에 좀 미안한 기분이 들어서 이 책에 소개해도 좋았을 다른 수백 가지 응용 분야에 대해 빙산의 일각일지언정 간략하게 언급하고 지나가려 한다. 이 책을 쓰기 위해 조사한 내용들을 파일로 정리했는데 이 사례들은 그 파일에서 가져왔다. 특별한 순서로 정리하지는 않았다.

홍수 수위 예측하기

대규모 데이터 분석과 라임병Lyme disease

케첩을 병에서 꺼내려면 병을 몇 번이나 흔들어야 하는가?

제재소에서 목재의 사용을 최적화하는 방법

집이나 파이프를 단열하는 최고의 방법

알고리즘에서 인종적 편견, 성별에 대한 편견을 감지하기

건축에 사용하는 강철 프레임 같은 공학 프레임의 강도

컴퓨터로 암세포 인식하기

일정한 두께의 유리판 제조 개선 방법

콘크리트를 양생할 때의 이산화탄소 생산

사무실 건물의 마스터키 시스템 설계

가상 심장의 컴퓨터 모형화

허리케인에 버틸 수 있는 건물 설계

생물종 간의 혈연관계 찾아내기

산업용 로봇의 운동 계획 수립

소의 질병 전염병학

교통 체증

날씨에 대응하는 스마트 전력 공급망 건설하기

허리케인에 대한 지역 공동체의 대응 능력 강화하기

수중 통신 케이블

전쟁이 끝난 국가에서 지뢰 탐지

항공사를 돕기 위한 화산재의 이동 예측

전력 공급망의 전압 요동 줄이기

코로나19의 전 세계 유행 동안 바이러스 검사 효율성 높이기

이런 주제 모두 한 장을 할애해도 좋았을 만한 좋은 내용이다. 수학이 지구에 살아가는 모든 이에게 얼마나 다양한 방식으로 혜택을 줄 수 있는지 보여주는 사례다.

* * *

이런 사례나 내가 자세히 다루었던 사례들을 보면 수학 응용 분야가 정말 아찔할 정도로 다양하다는 것을 알 수 있다. 특히 그중 상당수가 원래는 다른 목적을 염두에 두었거나 언제 어디선가 어느 수학자가 그냥 재미있겠다 싶어 들여다본 것에 불과했다는 사실을 생각하면 더욱 놀랍다. 여기서 1959년에 유진 위그너를 당혹스럽게 만든 심오한 철학적 질문이 다시 떠오른다. 그리고 그 당혹스러움은 여전히 남아 있다. 적어도 내게는 그렇다. 지금도 그때만큼이나 놀

라운 것은 마찬가지다. 더하면 더했지, 덜하지는 않다. 위그너는 주로 이론 물리학에서 수학의 터무니없는 효용성에 초점을 맞추었지만 지금은 우리와 더 긴밀하게 연관된 훨씬 폭넓은 인간의 활동에서 그런 터무니없는 효용성을 발견하고 있다. 이런 터무니없는 효용성은 대부분 수학과 관련성이 그리 두드러지지 않았던 부분이다.

위그너와 마찬가지로 나도 많은 사람들이 내놓는 설명에 공감이 가지 않는다. 수학이 실제 세상에서 유래했으니 분명 실제 세상에서 효용성이 있을 수밖에 없다는 설명 말이다. 물론 이런 주장이 합리적인 효용성에 대한 설명으로는 훌륭하다. 하지만 앞에서도 이미 말했듯이 나는 이런 주장이 핵심을 놓치고 있다고 생각한다. 내가 이 책에서 소개한 이야기들은 언뜻 보기에 원래의 목적과는 아무런 연관도 없어 보이는 분야에서 유용하게 사용되는 수학의 특성들을 보여주고 있다. 수학자 겸 철학자 벤저민 퍼스Benjamin Peirce는 수학을 '필연적인 결론을 이끌어내는 과학'이라 정의했다. 이것저것 고려해보면 대체 무슨 일이 일어날까? 이것은 바깥세상에서 일어나는 대부분의 문제에 공통적으로 적용되는 아주 포괄적인 주제다. 요즘에는 수학이 대단히 포괄적이라서 그런 질문에 대답하기 유용한 도구를 제공해준다. 이 도구들은 어서 빨리 그런 일에 이용되기를 기다리고 있다. 망치의 사용 가능한 모든 용도를 파악하지 못해도 망치하나쯤은 가지고 있으면 도움이 되겠다는 판단을 내리는 데 문제는 없다. 뭔가를 두드리거나 깨부술 수 있는 망치의 능력은 아주 보편적인 기능이기 때문에 폭넓은 영역에 적용이 가능하다. 하나의 용도로 쓸모가 있는 망치는 다른 용도로도 꽤 쓸모가 있다. 수학적 방법론도 하나의 응용 분야에서 완벽하게 다듬어진 것을 적절히 변형해서 다른 분야에서 사용할 수 있는 경우가 많다.

내 마음에 드는 또 다른 수학의 정의는 린 아서 스틴Lynn Arthur Steen의 '의미 있는 형태의 과학'이다. 수학은 구조에 관한 과학이다. 수학은 구조를 이용해서 문제를 이해하는 방법을 다룬다. 이런 관점 역시 상당한 보편성을 담고 있고 경험에 따르면 문제의 핵심을 꿰뚫을 수 있다.

절망 속에서 제안된 세 번째 정의가 있다. 수학이란 '수학자들이 하는 것'이라는 정의다. 여기에 수학자는 '수학을 하는 사람'이란 정의를 보탤 수 있다. 사실상 동어 반복이다. 그럼 비즈니스는 '비즈니스맨이 하는 것'이고 비즈니스맨은 '비즈니스를 하는 사람'인가? 맞다. 하지만 여기에는 그 이상의 것이 필요하다. 그냥 비즈니스를 한다고 다 비즈니스맨은 아니다. 다른 사람은 간과한 비즈니스의 기회를 포착하는 사람이 진정한 비즈니스맨이다. 그와 마찬가지로 수학자도 다른 사람이 간과한 수학적 기회를 포착하는 사람이 진짜 수학자다.

그리고 이를 위해서는 수학적 사고방식이 있어야 한다.

수 세기에 걸쳐 수학자들은 반사적으로 문제의 핵심을 찌르는 사고방식을 진화시켰다. 문제의 자연스러운 맥락이 무엇인가? 확률 공간은 무엇인가? 중요한 속성을 표현할 수 있는 자연스러운 구조는 무엇인가? 어떤 특성이 본질적이고 어떤 특성이 버려도 될 중요하지 않은 세부 사항이거나 핵심 파악을 방해하는 요소인가? 이런 것을 어떻게 버릴 것인가? 그리고 남은 것의 자연스러운 구조는 무엇

인가? 수학계는 수없이 많은 난제에 대해 이런 방법론을 갈고닦아왔
으며 그 방법론을 우아하고 막강한 이론으로 정제해서 현실 세계의
수많은 문제 해결에 적용해왔다. 그 과정에서 이 이론들은 점점 더
상호 연결되고 포괄적이고 막강해졌으며 이식 가능성도 넓어졌다.

어쩌면 수학의 효용성은 그렇게 터무니없지만은 않을지도 모른다.

어쩌면 당혹스러운 일이 전혀 아닐지도 모른다.

* * *

수학이 없는 세상을 상상해보자.

환호성을 지르는 사람들의 목소리가 들린다. 그 이유는 나도 충분
히 공감한다. 내가 매력을 느낀다고 다른 사람도 그래야 할 이유는
없기 때문이다. 하지만 내가 하는 얘기는 그냥 당신만 개인적으로
수학이란 과목을 면제해주겠다는 의미가 아니다.

드넓은 저 우주 어딘가에 막대한 양의 수학을 먹고 사는 외계 문
명이 존재한다고 가정해보자. 말 그대로 수학을 먹는 문명이다. 어
떤 물리학자는 수학이 우주를 설명하는 데 터무니없이 효과적인 이
유는 우주가 수학으로 만들어졌기 때문이라 주장한다. 이 설정에서
는 수학이 세상을 이해하는 기술이 아니다. 수학은 세상에 존재하는
모든 것에 깃들어 있는, 실체를 가진 영묘한 물질이다.

개인적으로 이런 설정은 미친 소리라 생각한다. 이렇게 설정해서
바라보면 수학에 대한 철학적 난제가 하찮아 보인다. 하지만 외계인
들은 내가 틀렸다는 것을 안다. 그들은 십억 년 전에 이미 우주가 정

말 수학으로 만들어졌다는 사실을 발견했다. 그리고 그 외계 문명은 우리가 지구의 자원을 소비하듯 수학을 엄청난 양으로 먹어치운다. 사실 이 외계인들은 수학을 너무 많이 소비해서 이미 오래전에 소비할 수학이 바닥날 뻔했다. 간단한 해법이 등장하지 않았더라면 그랬을 것이다. 이들의 기술은 극도로 발전해 있었고 그들의 태도 또한 극도로 공격적이었기 때문에 이들은 완전무장한 채로 항성들 사이로 거대한 우주선 선단을 보냈다. 그리고 새로운 생명체를 찾아 그 생명체들의 수학을 게걸스럽게 먹어치웠다.

그 수학 포식자들이 오고 있다.

새로운 세계에 도착한 그들은 그 세계의 수학을 모조리 먹어치운다. 개념만이 아니라 영묘한 물질 그 자체도 먹어치운다. 그리고 수학에 의지했던 모든 것도 자기를 뒷받침해주던 수학을 박탈당하자 함께 사라져버린다. 수학 포식자들은 정제가 잘된 먹이를 좋아하기 때문에 아주 상급 수학부터 시작해서 점차 세속적인 수학까지 먹어치운다. 이들은 보통 긴 곱셈 정도까지 먹어치우고 나면 다른 곳으로 떠난다. 이들의 입맛에 기본 산수는 그다지 맛이 없기 때문이다. 덕분에 이들의 공격을 받은 문명이 완전히 무너지지는 않는다. 하지만 이제 그 문명은 기존의 영광이 남긴 희미한 그림자에 불과하다. 그리고 은하계에는 탈출의 희망이 없는 암흑시대로 빠져들어간 행성들이 여기저기 널려 있다.

만약 이 수학 포식자들이 내일 지구에 찾아온다면 우리가 잃게 될 것은 무엇일까?

연구의 최전선을 달리고 있는 순수 수학이 사라진다고 해도 아마

우리는 알아차리지 못할 것이다. 몇 세기 단위로 보면 나중에는 큰 문제가 되겠지만 지금 당장은 필수적인 부분이 아니다. 하지만 수학 포식자들이 수학의 상아탑부터 시작해서 점점 응용 수학 분야로 잠식해 들어오자 중요한 것들이 사라지기 시작한다. 제일 먼저 지구에서 수학적으로 가장 정교한 산물인 컴퓨터, 휴대폰, 인터넷이 사라진다. 그다음에는 우주비행과 관련된 것들이 사라진다. 기상 위성, 환경 감시 위성, 통신 위성, 위성 항법 장치, 항공 네비게이션, 위성 TV, 태양 플레어 관측선 등. 전기 발전소가 기능을 멈춘다. 산업용 로봇이 멈춰서고 제조 산업도 종말을 고한다. 그리고 우리는 진공청소기 대신 다시 빗자루를 든다. 제트 항공기도 사라진다. 이제는 항공기를 컴퓨터로 설계할 수 없다. 항공기를 공중에 띄우려면 공기역학이 필요한데 그것도 사라지고 없다. 라디오와 TV도 외계인이 뿜은 담배 연기 한 줄에 사라져버린다. 이 기술은 맥스웰의 전자기 복사 방정식을 이용하는 전파가 필요하기 때문이다. 대형 건축물도 무너진다. 이런 건물을 설계하고 구축하는 데는 컴퓨터가 필요하고 짜임새 있는 구조를 만들려면 탄성 이론elasticity theory이 필요하기 때문이다. 마천루도, 대형 병원도, 스포츠 경기장도 모두 사라진다.

역사가 뒤로 달리고 있다. 이미 우리는 한 세기 전의 삶으로 퇴행했는데 수학 포식자들은 이제야 막 시작한 상태다.

사라져서 좋은 것도 있다. 예를 들면 핵무기와 다른 군사적 수학 응용 분야도 사라지니 말이다. 하지만 스스로를 방어할 능력도 함께 사라진다. 수학 자체는 중립적이다. 수학이 좋은지 나쁜지는 사람이 그것으로 무엇을 하느냐에 달려 있다.

손실 중에는 좋다 나쁘다 평가하기 애매한 것도 있다. 은행이 주식 시장 투자를 모두 멈출 것이다. 주식 시장이 어떻게 변할지 예측해서 경제적 위험을 최소화해야 하는데 그런 능력을 잃어버리기 때문이다. 금융 시스템이 완전히 붕괴하기 전에는 위험을 인식하지 못하는 사람만 아니면 보통의 은행가들은 위험을 좋아하지 않는다. 돈에 대한 자기 파괴적인 집착은 줄겠지만 금융 투자가 필요한 많은 유용한 프로젝트도 멈춰버릴 것이다.

대부분의 손실은 나쁘다. 날씨 예보는 침을 바른 손가락을 허공에 들어 바람이 어느 쪽에서 불어오는지 알아보는 수준으로 퇴보할 것이다. 의학 분야도 마취제와 X선은 남아 있겠지만 스캐너가 사라지고 전염병의 전파 모형을 만드는 능력도 사라진다. 통계에 의존하던 것들도 모두 완전히 몰락한다. 의사들은 새로운 약이나 치료법의 안전성과 효능을 더는 평가할 수 없게 된다. 농업은 새로운 품종의 식물이나 동물을 평가할 능력을 상실한다. 제조업은 이제 효과적인 품질 관리가 불가능해지고 당신이 구입하는 제품은 구입할 수 있는 품목조차 제한되어 있는데 설상가상으로 품질마저 신뢰하기 어려워진다. 정부는 미래의 경향과 수요를 예측할 능력을 상실한다. 애초에 그런 능력이 신통치도 않았지만 더 형편없어진다. 소통 방식도 원시 시대로 퇴보한다. 전보조차 불가능해져 말을 타고 편지를 배달하는 것이 가장 빠른 소통 방식이 된다.

이쯤 되면 현재의 인구를 지탱하기가 불가능해진다. 식량 생산을 늘리고 바다 건너 물건을 운반하는 데 사용했던 기발한 기술들이 이제는 작동하지 않는다. 이제는 범선의 시대로 퇴화했다. 수십억 명이 굶어죽고 질병이 창궐한다. 시간의 종말이 찾아오고 세상에 남은 얼마 안 되는 자원을 두고 싸우며 간신히 살아남은 생존자들 앞에는 아마겟돈이 기다리고 있다.

* * *

내 시나리오가 너무 과장되었다고 느끼는 사람도 있을 것이다. 하지만 나는 여기서 내가 과장한 부분은 수학을 먹을 수 있는 물질에 비유한 것밖에 없노라고 힘주어 말하고 싶다. 우리 지구를 유지하는 거의 모든 것이 실제로 수학에 의존하고 있다. 수학을 쓸모없다고 여기는 사람이 많지만 사실 모르는 사이에 그들의 일상은 수학이 쓸모없지 않다는 사실을 알고 있는 사람들의 활동 덕분에 유지되고 있다. 물론 수학의 가치를 모르는 사람들의 잘못은 결코 아니다. 이런 활동은 무대 뒤에서 이루어지고 있기 때문에 전문가가 아니고는 그 사실을 알 길이 없다.

그렇다고 수학이 없으면 우리는 아직도 동굴 속에 살고 있었을 거라는 의미는 아니다. 수학이 없어도 우리는 발전할 다른 방법을 분명 찾아냈을 것이다. 우리가 이룩한 모든 발전이 다 수학 덕분이라는 얘기도 절대 아니다. 수학은 인류가 직면한 문제를 해결하기 위해 동원하거나 어떤 목적을 염두에 두고 구상했던 다른 모든 것과 결합되었을 때 가장 유용하다. 하지만 우리가 지금 여기까지 올 수 있었던 것은 다른 그 모든 것과 함께 수학이 우리를 이곳으로 이끌어주었기 때문이다. 이제는 기술과 사회 구조에 수학이 너무도 깊이 뿌리를 내리고 있기 때문에 수학이 없다면 우리는 아주 끔찍한 상태가 될 것이다.

1장에서 나는 수학의 여섯 가지 특성을 말했다. 현실성, 아름다움, 보편성, 이식 가능성, 통일성, 다양성이다. 나는 이것들이 한데 어울려 유용성으로 이어진다고 주장했다. 이제 1장에서 13장까지 읽고 나니 그 말이 타당해 보이는가?

우리가 다룬 수학적 개념 중에는 실제 세계에서 기원한 것이 많다. 수, 미분 방정식, 순회 외판원 문제, 그래프 이론, 푸리에 변환, 이징 모형 등. 수학은 자연에서 영감을 얻는다. 그래서 더 좋다.

반면 순수 수학자들이 느끼는 미적 감각에서 나오는 수학도 있다. 복소수는 어떤 수는 제곱근이 2개 있는데 어떤 수는 제곱근이 없는 것이 보기 싫어서 발명됐다. 모듈러 연산, 타원 곡선, 정수론의 나머지 부분은 사람들이 수에서 나타나는 패턴을 좋아하기 때문에 세상에 나왔다. 라돈 변환은 기하학의 한 흥미로운 질문 때문에 생겼다. 한 세기 동안 현실 세계와는 아무런 관련이 없었던 위상 수학은 수학이라는 거대한 건물에서 중심적인 자리를 차지하게 됐다. 근본적인 부분인 연속성에 관한 것이기 때문이다.

모든 것을 일반화하려는 욕구는 어디서나 보인다. 오일러는 쾨니히스베르크 다리의 퍼즐을 그냥 풀기만 하지 않았다. 그는 같은 종류의 모든 퍼즐을 동시에 풀어내어 그래프 이론이라는 수학의 새로운 분야를 개척했다. 모듈러 연산에 바탕을 둔 부호는 계산 복잡도 문제와 P =NP인가, 라는 질문을 낳았다. 복소수는 해밀턴에게 영감을 불어넣어 사원수를 탄생시켰다. 해석학은 함수 해석학으로 일반화되어 유한 차원 공간은 무한 차원 함수 공간으로 대체하고, 함수는 범함수와 연산자로 대체됐다. 수학자들은 물리학자들이 그 용도를 찾아내기 오래전에 양자론의 힐베르트 공간을 발명했다. 뫼비우스의 띠 같은 장난감에서 출발한 위상 수학은 폭발적으로 성장해서 인간의 사고 영역 중 가장 심오하고 추상적인 영역으로 발전했다. 이제 이것 역시 일상생활에서 제 몫을 시작하고 있다.

우리가 접한 많은 방법론은 이식이 가능하다. 따라서 어디서 기원했느냐에 상관없이 여기저기서 사용하게 됐다. 그래프 이론은 콩팥 이식에 관한 의학적 문제에도, 순회 외판원 문제에도, 양자 컴퓨터의 공격에서 데이터를 보호할 수 있는 양자 암호 문제에도, 합리적인 경로를 선택하는 위성 항법 시스템에서도 등장한다. 푸리에 변환은 원래 열의 흐름을 연구하기 위해 고안되었지만 의학 스캐너에 사용하는 라돈 변환, JPEG 이미지 압축에 사용하는 이산 코사인 변환, FBI에서 지문을 효율적으로 저장하는 데 사용하는 웨이블릿 같은 사촌들이 생겨났다.

수학의 효용성은 내가 소개한 이야기들을 관통하는 가닥이기도 하다. 그래프 이론은 위상 수학으로 부드럽게 넘어간다. 복소수는 정수론 문제에 등장한다. 모듈러 연산은 호몰로지군의 구축에 영감을 불어넣었다. 위성 항법 장치는 의사 난수에서 상대성 이론에 이르기까지 응용 분야 하나에서 적어도 5가지의 서로 다른 수학 분야를 통합하고 있다. 동역학은 인공위성을 궤도에 올리는 데 도움을 주고 스프링 철선의 새로운 품질 관리 방법을 제시해준다.

다양성? 이 책의 장들은 수십 가지 서로 다른 수학 분야를 조합해서 선보이고 있다. 그 범위도 수에서 기하학까지, 무리수에서 클라인 병까지, 공평한 케이크 나누기에서 기후 모형까지 다양하다. 확률론(마르코프 연쇄), 그래프, 운용 과학(몬테카를로 방법)이 함께 힘을 합쳐 환자가 안전하게 콩팥을 이식받을 수 있는 확률을 높여주었다.

유용성에 관해 말하자면 영화 애니메이션에서 의학, 스프링 제조에서 사진술, 인터넷 상거래에서 항공기 경로 설정, 휴대폰에서 보안 센서에 이르기까지 응용 범위가 오히려 훨씬 더 다양하다. 수학은 어디에나 있다. 내가 여기서 보여준 것은 저 세상 밖에서 보이지도 들리지도 않게 세상을 굴리고 있는 수학의 극히 일부에 불과하다. 나도 그것들이 어떤 것인지 대부분 알지 못한다. 그중에는 사업상의 비밀도 많으니까 말이다.

최대한 많은 사람이 수학을 가능한 한 폭넓게 이해하고 있어야 한다. 자기 자신만의 이득을 위해서가 아니다. 대부분의 사람이 배운 수학을 직접 써먹을 일이 없다는 점은 나도 인정한다. 하지만 그건 모든 분야가 마찬가지다. 나는 학교에서 역사를 배웠고 그 덕에 분명 내가 몸담고 있는 문화권에 대해 좋은 인식을 갖게 됐다. 지금은 보면 볼수록 편견에 치우친 듯한 식민주의 선전 선동에 대해서도 알게 됐다. 하지만 나는 내 업무나 일상생활에서 역사를 사용하지 않는다. 역사가 재미있기는 하다. 나이가 들면 들수록 더 재미있다. 그 역사를 사용하는 역사가들이 있어서 다행이라는 생각도 든다. 나는 역사 교육을 하지 말아야 한다는 생각은 꿈에도 해본 적이 없다. 마찬가지로 수학이 오늘날의 삶에서 필수적이라는 증거는 분명하다. 더군다나 내일 쓸모가 생길 수학이 대체 어떤 수학인지 예측하기도 힘들다. 내가 말했던 타일공 스펜서도 실제로 필요해질 때까지 π가 쓸모가 있으리라고는 생각해본 적이 없었다.

많은 이가 상상하는 저급한 만화에 등장하는 모습이 아니라 풍부하고 창의적인 본연의 모습으로 제대로 이해할 수만 있다면 수학은 인류가 달성한 가장 위대한 업적 중 하나다. 지적으로만이 아니라 실용적으로도 그렇다. 하지만 그럼에도 우리는 수학을 어둠 속에 숨겨놓는다. 이제 수학을 밝은 곳으로 데리고 나올 때가 됐다. 내가 앞에서 소개한 공상 과학의 수학 포식자 같은 어떤 것이 실제로 등장해서 수학을 빼앗아가기 전에 말이다.

맞다. 여우는 여러 가지를 알고 있지만 수학자들은 큰 것 하나만 알고 있다. 바로 수학이다. 그리고 그 수학이 새로운 세상을 만들어가고 있다.

1. 2012년에 회계업체 딜로이트에서 '영국에서 수학 연구에 따른 경제적 이득 측정 Measuring the Economic Benefits of Mathematical Science Research in the UK'이라는 설문 조사를 진행했다. 당시 280만 명이 순수 수학, 응용 수학, 통계학, 컴퓨터 과학 등의 수학 분야에서 일하고 있었다. 그해 수학이 영국의 경제에 기여한 금액은 2,080억 파운드(총부가가치)였다. 이 280만 명은 영국의 노동 인구 중 10%를 차지했고 경제의 16%에 기여했다. 그중 가장 큰 섹터는 은행업, 산업 연구 및 개발, 컴퓨터 서비스, 항공 우주 산업, 제약, 건축 설계, 건설이었다. 이 보고서에 나온 사례로는 스마트폰, 일기 예보, 의료 보건, 영화 특수 효과, 운동 수행 능력 향상, 국가 안보, 전염병 관리, 인터넷 데이터 보안, 제조 과정 효율화 등이었다.

2. https://www.maths.ed.ac.uk/~v1ranick/papers/wigner.pdf

3. 그 공식은 다음과 같다.

$$\frac{1}{\sigma\sqrt{2\pi}}e^{-\frac{1}{2}\left(\frac{x-\mu}{\sigma}\right)^2}$$

여기서 x는 무작위 변수의 값, m은 평균, s는 표준 편차다.

4. 비토 볼테라Vito Volterra는 수학자 겸 물리학자였다. 1926년에 그의 딸이 해양 생물학자인 움베르토 단코나Umberto D'Ancona와 연애를 하고 있었고 다음 해에 두 사람은 결혼했다. 단코나는 제1차 세계대전 동안에 어업 활동이 전체적으로 줄어들었는데도 어부들이 잡아 올리는 포식성 어류(상어, 가오리, 황새치)의 어획량은 늘어나고 있다는 사실을 발견했다. 볼테라는 포식자와 피식자의 개체수가 시간의 흐름 속에서 어떻게 변하는지 설명하는 단순한 미적분 기반의 모형을 적었다. 이 모형은 계가 포식자 수가 폭발적으로 증가하고 피식자의 수는 급감하는 주기를 계속 반복한다는 사실을 보여주었다. 특히 중요한 점은 평균적으로 포식자의 수가 피식자의 수보다 비율적으로 더 증가한다는 것이다.

5. 뉴턴이 물리학적 직관력도 발휘했다는 것은 의심할 여지가 없다. 역사가들에 따르면 뉴턴은 아마도 로버트 훅Robert Hooke에게서 아이디어를 훔쳐왔을 거라고 한다. 하지만 잘하는 게 하나밖에 없는 사람이 되는 것은 별 의미가 없다.

6. www.theguardian.com/commentisfree/2014/oct/09/virginiagerrymandering-
voting-rights-act-black-voters

7. 시간만 문제가 아니었다. 선거인단 투표제로 이어진 1787년 헌법제정회의
Constitutional Convention에서 제임스 윌슨James Wilson, 제임스 매디슨James
Madison 같은 사람들은 일반 투표가 최고의 방법이라 여겼다. 하지만 누구에게 투
표권을 줄 것이냐에 대해 북쪽 주와 남쪽 주 사이에 의견 차이가 크다는 현실적인
문제도 있었다.

8. 1927년에 E. P. 콕스Cox는 고생물학에 똑같은 양을 사용해서 모래 알갱이가 얼마
나 둥근지 평가했다. 이것은 바람에 날려 온 모래와 물에 떠내려 온 모래를 구분하
는 데 도움을 주어 선사 시대의 환경 조건이 어땠는지에 관한 증거를 제공해주었
다. 다음의 자료를 참고하라. E. P. Cox. 'A method of assigning numerical and
percentage values to the degree of roundness of sand grains', Journal of
Paleontology 1 (1927), 179-183. 1966년에 조셉 슈와츠버그Joseph Schwartzberg
는 선거구의 둘레 길이와 같은 면적을 가진 원의 둘레 길이 비율을 이용하자
고 제안했다. 이것은 폴스비-포퍼 스코어의 제곱근의 역이기 때문에 숫자는 다
르지만 선거구를 동일한 방식으로 순위 매기게 된다. 다음의 자료를 참고하라.
J. E. schwartzberg. 'Reapportionment, gerrymanders, and the notion of
"compactness"', Minnesota Law Review 50 (1966), 443-452.

9. 그녀는 휘어진 면인 언덕을 에워싸서 훨씬 많은 면적을 자신의 원 안에 욱여넣을
수 있었다.

10. V. Blåsjö. 'The isoperimetric problem', American Mathematical Monthly
112 (2005), 526-566

11. 반지름이 r인 원에 대하여,
둘레 길이(원주) = $2\pi r$
면적 = πr^2
원주^2 = $(2\pi r)^2 = 4\pi^2 r^2 = 4\pi(\pi r^2) = 4\pi \times$ 면적

12. N. Stephanopoulos and E. McGhee. 'Partisan gerrymandering and the
efficiency gap', University of Chicago Law Review 82 (2015), 831-900

13. M. Bernstein and M. Duchin. 'A formula goes to court: Partisan gerrymandering and the efficiency gap', Notices of the American Mathematical Society 64 (2017), 1020-1024

14. J. T. Barton. 'Improving the efficiency gap', Math Horizons 26.1(2018), 18-21

15. 1960년대 초에 존 셀프리지John Selfridge와 존 호턴 콘웨이John Horton Conway는 3명이 서로를 질투할 일 없이 케이크를 나누는 방법을 각자 독립적으로 발견했다.

  1) 앨리스가 케이크를 자기가 생각하기에 동일한 가치로 보이는 3개의 조각으로 자른다.
  2) 밥은 가장 큰 조각을 두고 평가했을 때 2개 이상의 조각이 비겼다고 생각하면 그냥 패스하고, 제일 큰 조각이 있다고 생각하면 다듬어서 크기가 같게 만든다. 다듬어낸 부분은 '남은 것'이라고 이름 붙이고 따로 둔다.
  3) 찰리, 밥, 앨리스의 순으로 가장 크다고 생각하거나 제일 큰 조각으로 비겼다고 생각하는 조각을 선택한다. 만약 밥이 2단계에서 그냥 패스하지 않았다면 찰리가 먼저 선택하지 않는 한, 밥은 반드시 다듬어낸 조각을 선택해야 한다.
  4) 밥이 2단계에서 패스해서 '남은 것'이 없다면 끝난다. 그렇지 않은 경우는 밥이나 찰리가 다듬어낸 부분을 가져간다. 가져간 사람을 '자르지 않는 자', 나머지 사람을 '자르는 자'로 부른다. 자르는 자가 '남은 것'을 같은 크기라 생각하는 3조각으로 자른다.
  5) 자르지 않는 자, 앨리스, 자르는 자 순으로 이 3조각 중 1개를 선택한다. 누구도 다른 사람이 가져간 것을 질투할 이유가 없다. 질투한다면 자신이 전략을 잘못 세운 것이고 다른 선택을 내렸어야 한다. 증명 과정은 다음의 자료를 참고하라. en.wikipedia. org/wiki/selfridge-Conway_procedure

16. S. J. Brams and A. D. Taylor. The Win-Win Solution: Guaranteeing Fair Shares to Everybody, Norton, New York (1999)

17. Z. Landau, O. Reid, and I. Yershov. 'A fair division solution to the problem of redistricting', Social Choice and Welfare 32 (2009), 479-492

18. B. Alexeev and D.G. Mixon. 'An impossibility theorem for gerrymandering', American Mathematical Monthly 125 (2018), 878-884

19. B. Gibson, M. Wilkinson, and D. Kelly. 'Let the pigeon drive the bus: pigeons can plan future routes in a room', Animal Cognition 15 (2012), 379-391

20. 내가 좋아하는 사례가 있다. '거짓말 이론lie theory'에 돈을 쓴다고 난리법석을 떨었던 정치인이 있었다. 그는 'lie'를 거짓말을 의미하는 단어로 발음했다. 그는 이 이론이 거짓말하는 법에 관한 거라고 생각했다. 그렇지 않다. 소푸스 리Sophus Lie는 노르웨이의 수학자였다. 그의 이름에 들어 있는 'Lie'를 거짓말이라는 단어로 오해한 것이다. 소푸스 리의 연구는 수학에서도 근본적이고 중요하지만 물리학에서는 더 중요하다. 바로 오해라는 지적이 나왔지만 그 사람의 행동은 달라진 것이 없었다.

21. 기술적인 이유 때문에 내가 조각 퍼즐 맞추기에 관해서 한 얘기로는 문제를 풀지 못한다. 그랬다면 내가 제일 먼저 풀었을 것이다.

22. M. R. Garey and D. S. Johnson. Computers and Intractability: A Guide to the Theory of NP-Completeness, Freeman, San Francisco (1979)

23. G. Peano. 'Sur une courbe qui remplit toute une aire plane', Mathematische Annalen 36 (1890), 157-160

24. 여기서는 좀 주의할 필요가 있다. 실수 중에는 십진수 표기법이 고유한 하나만 존재하지 않는 것이 있기 때문이다. 예를 들어 0.5000000… =0.499999…이다. 하지만 이런 것은 쉽게 가려낼 수 있다.

25. E. Netto. 'Beitrag zur Mannigfaltigkeitslehre', Journal für die Reine und Angewandte Mathematik 86 (1879), 263-268

26. H. Sagan. 'Some reflections on the emergence of space-filling curves: the way it could have happened and should have happened, but did not happen', Journal of the Franklin Institute 328 (1991), 419-430. For an explanation, see: A. Jaffer. 'Peano space-filling curves', http://people.csail.mit.edu/jaffer/Geometry/PSFC

27. J. Lawder. 'The application of space-filling curves to the storage and retrieval of multi-dimensional data', PhD Thesis, Birkbeck College, London (1999)

28. J. Bartholdi. 'Some combinatorial applications of spacefilling curves', www2.isye.gatech.edu/~jjb/research/mow/mow.html

29. H. Hahn. 'Über die allgemeinste ebene Punktmenge, die stetiges Bild einer Strecke ist', Jahresbericht der Deutschen Mathematiker Vereinigung, 23 (1914), 318-322. H. Hahn. 'Mengentheoretische Charakterisierung der stetigen Kurven', Sitzungsberichte der Kaiserlichen Akademie der Wissenschaften, Wien 123, (1914) 2433-2489. S. Mazurkiewicz. 'O aritmetzacji kontinuów', Comptes Rendus de la Société Scientifique de Varsovie 6 (1913), 305-311 and 941-945

30. Published in 1998: S. Arora, M. Sudan, R. Motwani, C. Lund, and M. Szegedy. 'Proof verification and the hardness of approximation problems', Journal of the Association for Computing Machinery 45 (1998), 501-555

31. L. Babai. 'Transparent proofs and limits to approximation', in: First European Congress of Mathematics. Progress in Mathematics 3 (eds. A. Joseph, F. Mignot, F. Murat, B. Prum, and R. Rentschler) 31-91, Birkhäuser, Basel (1994)

32. C. Szegedy, W. Zaremba, I. Sutskever, J. Bruna, D. Erhan, I. Goodfellow, and R. Fergus. 'Intriguing properties of neural networks', arXiv:1312.6199 (2013)

33. A. Shamir, I. Safran, E. Ronen, and O. Dunkelman. 'A simple explanation for the existence of adversarial examples with small Hamming distance', arXiv:1901.10861v1 [cs.LG] (2019)

34. 이 그래프를 함수의 그래프와 혼동하지 말자. 함수의 그래프는 예를 들어 포물선 그래프 $f(x)=x^2$ 처럼 변수 x와 그 함숫값인 f(x)의 사이를 보여주는 곡선이다.

35.내가 다른 책에서 이 부분을 잘못 알고 있었는데 그 부분을 친절하게 지적해준 로빈 윌슨Robin Wilson에게 감사드린다.

36.어느 육지에서 출발하는지 알고 있는 경우라면 건넌 순서대로 다리 기호만 나열해도 충분하다. 다리 기호가 연이어져 있기 때문에 인접한 두 다리가 공통으로 접해 있는 육지가 어딘지 알 수 있다.

37.오일러가 밝힌 열린 경로의 특징을 이용하면 이것을 쉽게 증명할 수 있다. 주요 아이디어는 다리 하나를 잘라내서 가상의 닫힌 경로를 깨뜨리는 것이다. 그럼 이제 열린 경로 하나와 원래는 두 끝을 이어주고 있던 다리가 남는다.

38. 이 장의 나머지 부분은 다음의 자료를 기반으로 하고 있다. D. Manlove. 'Algorithms for kidney donation', London Mathematical Society Newsletter 475 (March 2018), 19-24

39.페르마가 마지막 정리에 대해 진술한 정확한 날짜는 불분명하지만 연도는 1637년으로 추정할 때가 많다.

40.여러 가지 응용 수학 분야에 대해서도 똑같은 말을 할 수 있다. 하지만 차이가 있다. 수학자의 태도다. 순수 수학은 대상의 내적 논리에 이끌려간다. 단순히 호기심뿐만이 아니라 구조가 존재한다는 느낌, 우리의 이해 어딘가에 현저한 간극이 존재한다는 느낌이 이끌어간다. 응용 수학의 경우는 주로 실세계에서 발생하는 문제에 이끌려간다. 하지만 응용 수학은 답을 구하는 과정에서 정당하지 못한 지름길이나 근사조차 감당하려는 의지가 더 강하고 그 답은 실용적인 함축이 있을 수도 있고 없을 수도 있다. 하지만 이 장에서 보여주듯 역사의 어느 순간에는 완전히 쓸모없어 보였던 주제가 문화나 기술이 바뀌면서 갑자기 실용적인 문제를 해결할 실마리가 되는 경우가 있다. 더군다나 수학이라는 학문은 서로 연결되어 있는 하나의 전체다. 순수 수학과 응용 수학이라는 구분 자체가 작위적이다. 자체적으로는 쓸모가 없어 보이는 정리라도 유용성이 높은 결과를 낳을 수 있다.

41. 그 정답은 다음과 같다.
p = 12,277,385,900,723,407,383,112,254,544,721,901,362,713,421,995,519
q = 97,117,113,276,287,886,345,399,101,127,363,740,261,423,928,273,451
나는 컴퓨터에서 기호 대수학 시스템을 이용해서 이 두 소수를 시행착오 방식으로 곱해보면서 찾아냈다. 시간은 몇 분 정도 걸렸는데 대부분 우연히 소수와 만날 때까지 내가 숫자들을 무작위로 바꿔보는 데 걸린 시간이다. 그러고 난 후에 컴퓨터에게 그 곱한 값의 소인수를 찾아내라고 시켜봤는데 아주 오랜 시간이 지나도록 아무런 결과도 내놓지 못했다.

42. n이 소수의 제곱인 p^k라면 $\varphi(n)=p^k-p^{k-1}$이다. 소수 제곱의 곱의 경우는 프라임의 n 팩토리얼에서 모든 소수 제곱에 대해 이 수식을 한데 곱해준다. 예를 들어 $\varphi(675)$를 찾고 싶으면 $675=3^35^2$라 적는다. 그럼 $\varphi(675)=(3^3-3^2)(5^2-5)=(18)(20)=360$이 된다.

43. 관련 주제에 대해 더 자세한 내용을 알고 싶으면 다음의 자료를 참고하라. Ian stewart, Do Dice Play God , Profile, London (2019), 15-16장

44. L. M. K. Vandersypen, M. Steffen, G. Breyta, C. S. Yannoni, M. H. Sherwood, and I. L. Chuang. 'Experimental realization of Shor's quantum factoring algorithm using nuclear magnetic resonance', Nature 414 (2001), 883-887

45. F. Arute and others. 'Quantum supremacy using a programmable superconducting processor', Nature 574 (2019), 505-510

46. J. Proos and C. Zalka. 'Shor's discrete logarithm quantum algorithm for elliptic curves', Quantum Information and Computation 3, (2003)

47. M. Roetteler, M. Naehrig, K. Svore, and K. Lauter. 'Quantum resource estimates for computing elliptic curve discrete logarithms', in: ASIACRYPT 2017: Advances in Cryptology, Springer, New York (2017), 214-270

48. 예를 들어 -25의 제곱근은 5i다. 그 이유는 다음과 같다.
$(5i)^2=5i.5i=5.5.i.i=25i^2=25(-1)=-25$
사실 이것은 두 번째 제곱근인 -5i도 있다. 이유는 위와 동일하다.

49. 대수학자들은 0은 0이라는 제곱근을 2개 갖는다는 표현으로 이런 상황을 규격화한다. 즉, 같은 값이 두 번 나왔다는 것이다. x^2-4는 $x+2$, $x-2$ 이렇게 2개의 인수를 갖고 있다. $x^2-4=0$이라는 방정식에 대해 각각 $x=-2$와 $x=+2$라는 해가 있다. 그와 마찬가지로 x^2은 x 곱하기 x라는 2개의 인수를 갖고 있다. 그냥 우연

히 같은 값이 나온 것이다.

50. 실수 c에 대해 함수 $z(t) = e^{ct}$는 초기 조건 $z(0) = 1$인 미분 방정식 $dz/dt = cz$를 따른다. 같은 방정식이 유효하도록 복소수 c에 대해 지수 함수를 정의하고 $c = i$로 놓으면 $dz/dt = iz$가 된다. 복소수에 i를 곱하면 90도 회전하기 때문에 t의 변화에 따른 $z(t)$에 대한 탄젠트는 $z(t)$에 직각이 된다. 따라서 점 $z(t)$는 원점에 중심을 둔 반지름 1인 원을 기술한다. 이 점은 단위 시간당 1라디안이라는 일정한 속도로 이 원의 주위를 돈다. 따라서 시간 t에서 그 위치는 t라디안에 직각이 된다. 삼각법에 따르면 이 점은 $\cos t + i \sin t$다.

51. 더 정확히 말하면 '내적'이 있어야 한다. 내적은 거리와 각도를 결정한다.

52. 1988년에 가장 빠른 슈퍼컴퓨터는 2000만 달러짜리(현재 가치로는 5000만 달러 이상) Cray Y-MP였다. 이 컴퓨터로는 윈도우 운영 체계를 돌리기도 버거웠을 것이다.

53. K. Shoemake. 'Animating rotation with quaternion curves', Computer Graphics 19 (1985), 245-254

54. L. Euler. 'Découverte d'un nouveau principe de mécanique' (1752), Opera Omnia, Series Secunda 5, Orel Fusili Turici, Lausanne (1957), 81-108

55. 절반의 각도라는 속성은 양자역학에서 중요하다. 양자역학에서는 양자 스핀에 관한 한 공식이 사원수를 기반으로 하고 있다. 페르미온fermion이라는 입자의 파동 함수를 360도 회전하면 스핀이 역전된다(이것은 입자 자체를 회전하는 것과는 별개다). 스핀을 원래의 값으로 되돌리려면 파동 함수를 720도 돌려야 한다. 단위 사원수가 회전의 더블 커버를 형성한다.

56. C. Brandt, C. von Tycowicz, and K. Hildebrandt. 'Geometric flows of curves in shape space for processing motion of deformable objects', Computer Graphics Forum 35 (2016), 295-305

57. www.syfy.com/syfywire/it-took-more-cgi-than-you-think-to-bringcarrie-fisher-into-the-rise-of-skywalker

58. T. Takagi and M. Sugeno. 'Fuzzy identification of systems and its application to modeling and control', IEEE Transactions on Systems, Man, and Cybernetics 15 (1985), 116-132

59. 이것은 웹에서 사용하는 JFIF 인코딩이다. 카메라에 사용하는 Exit 코딩은 날짜, 시간, 노출량 같은 카메라 설정을 기술하는 메타데이터도 포함하고 있다.

60. A. Jain and S. Pankanti. 'Automated fingerprint identification and imaging systems', in: Advances in Fingerprint Technology (eds. C. Lee and R. E. Gaensslen), CRC Press, (2001), 275-326

61. N. Ashby. 'Relativity in the Global Positioning System', Living Reviews in Relativity 6 (2003), 1; doi: 10.12942/lrr-2003-1

62. 좀 더 정확히는 $Z = \Sigma \, \exp(-\beta H)$. 여기서 합은 스핀 변수의 모든 구성에 대한 합이다.

63. $\beta - 1/k_B T$로 설정하면(여기서 k_B는 볼츠만 상수) 공식은 다음과 같다.
$$g(T, H) = -\frac{1}{\beta}\log\left[e^{\beta J}\cosh(\beta H) + \sqrt{e^{2\beta J}\cosh^2(\beta H) - 2\sinh(2\beta J)}\,\right]$$

64. 공식은 다음과 같다.
$$\frac{\sinh(\beta H)}{\sqrt{\sinh^2(\beta H) + \exp(-4\beta J)}}$$

여기서 H는 외부장의 강도고 J는 스핀 사이 상호 작용의 강도다. 외부장이 없는 경우에는 $H = 0$, 따라서 $\sinh(\beta H) = 0$이므로, 전체 분수 값이 0이 된다.

65. Y.-P. Ma, I. Sudakov, C. Strong, and K. M. Golden. 'Ising model for melt ponds on Arctic sea ice', New Journal of Physics 21 (2019), 063029

66. S. Tanaka. 'Topological analysis of point singularities in stimulus preference maps of the primary visual cortex', Proceedings of the Royal Society of London B 261 (1995), 81-88

67. 'Lobster telescope has an eye for X-rays', https://www.sciencedaily.com/releases/2006/04/060404194138.htm

68. 엄밀히 말하면 곡선은 원반에서 구체로 가는 사상寫像 아래서 원반 경계의 이미지다. 곡선은 자신을 가로지를 수 있고 원반은 찌그러질 수 있다.

69. J. J. Berwald, M. Gidea, and M. Vejdemo-Johansson. 'Automatic recognition and tagging of topologically different regimes in dynamical systems', Discontinuity, Nonlinearity, and Complexity 3 (2014), 413-426

70. F. A. Khasawneh and E. Munch. 'Chatter detection in turning using persistent homology', Mechanical Systems and Signal Processing 70 (2016), 527-541

71. C. J. Tralie and J. A. Perea. '(Quasi) periodicity quantification in video data, using topology', SIAM Journal on Imaging Science 11 (2018), 1049-1077

72. S. Emrani, T. Gentimis, and H. Krim. 'Persistent homology of delay embeddings and its application to wheeze detection', IEEE Signal Processing Letters 21 (2014), 459-463

그림 출처

p.128 Tommy Muggleton (Redrawn)

p.293 Jen Beatty. 'The Radon Transform and the Mathematics of Medical Imaging' (2012). Honors Theses. Paper 646. https://digitalcommons.colby.edu/honorstheses/646

p.327 Wikipedia

p.365 Yi-Ping Ma

p.378 G. G. Blasdel. 'Orientation selectivity, preference, and continuity in monkey striate cortex'. Journal of Neuroscience 12 (1992), 3139-3161

찾아보기

수학의 이유

1판 1쇄 인쇄 2026년 2월 5일
1판 1쇄 발행 2026년 2월 25일

—

지은이 이언 스튜어트
옮긴이 김성훈

—

펴낸이 백성빈
펴낸곳 반니출판
주소 서울 서초구 서초중앙로 69 806호
전화 02-6204-0491
전자우편 banni@banni.co.kr
출판등록 2025년 10월 13일 (제2025-000266호)

—

ISBN 979-11-24280-30-0 03410

—